住房城乡建设部土建类学科专业“十三五”规划教材
高等学校城乡规划学科专业指导委员会规划推荐教材

城乡开发的理论与实践

夏南凯 主 编
周建军 侯 丽 副主编

中国建筑工业出版社

图书在版编目（CIP）数据

城乡开发的理论与实践 / 夏南凯主编. — 北京：中国建筑工业出版社，2019.12
住房城乡建设部土建类学科专业“十三五”规划教材
高等学校城乡规划学科专业指导委员会规划推荐教材
ISBN 978-7-112-24539-0

Ⅰ.①城…　Ⅱ.①夏…　Ⅲ.①城市规划—高等学校—教材　Ⅳ.①TU984

中国版本图书馆CIP数据核字（2019）第286239号

本教材为住房城乡建设部土建类学科专业“十三五”规划教材、高等学校城乡规划学科专业指导委员会规划推荐教材。教材由同济大学、华中科技大学、浙江工业大学、浙江大学、上海同济城市规划设计研究院等多家院校和设计单位共同编写，详细论述了城乡开发的相关知识，主要包括总论、理论、管理、城乡开发实践汇总几个部分，理论与实践相结合，案例丰富。本书可作为高校城乡规划及相关专业的教材，也可供相关行业从业人员学习参考。

为更好地支持本课程的教学，我们向使用本书的教师免费提供教学课件，有需要者请与出版社联系，邮箱：jgcabpbeijing@163.com。

责任编辑：杨　虹　尤凯曦
责任校对：王　瑞

住房城乡建设部土建类学科专业“十三五”规划教材
高等学校城乡规划学科专业指导委员会规划推荐教材
城乡开发的理论与实践
夏南凯　主　编
周建军　侯　丽　副主编
*
中国建筑工业出版社出版、发行（北京海淀三里河路9号）
各地新华书店、建筑书店经销
北京雅盈中佳图文设计公司制版
北京建筑工业印刷厂印刷
*
开本：787×1092毫米　1/16　印张：27　字数：580千字
2019年12月第一版　2019年12月第一次印刷
定价：59.00元（赠课件）
ISBN 978-7-112-24539-0
（35213）

前 言

— Preface —

《城乡开发的理论与实践》教材是经过同济大学、华中科技大学、浙江工业大学、昆明理工大学、浙江大学、上海同济城市规划设计研究院、华东理工大学等高校和规划设计单位共同努力编写而成的教材。本教材可供高校城乡规划、建筑学、经济管理、风景园林、旅游类专业的学生使用，也可供相关专业人员参考使用。

本教材由夏南凯主编，周建军、侯丽副主编；第一部分由夏南凯统稿，第二部分由周建军、崔宁统稿；第三部分由侯丽统稿。具体编写分工如下：周建军、崔宁编写第一章，夏南凯、顾哲编写第二章，莫文竞、夏南凯编写第三章；钱仁赞、张剑、夏南凯编写第四章，夏南凯、吕晓东编写第五章，夏南凯编写第六章，刘晟、燕雁编写第七、八章，崔宁编写第九章，张林兵编写第十章，莫文竞编写第十一章，郭广东、夏南凯编写第十二章，夏慧怡、陈红军编写第十三章，刘晓青、白涛编写第十四章，夏南凯编写第十五章，匡晓明、陈君、陈敏编写第十六章，苏振宇、夏南凯编写第十七章，刘爱萍、钱仁赞编写第十八章，任琛琛、姚子刚编写第十九章，王岱霞、蒋婷婷编写第二十章、二十一章。

目 录

—Contents—

第二部分　管理

第九章　建设管理

第十章　房地产投融资

第十一章　社会管理

第十二章　城乡开发策划

第十三章　城乡开发的智慧运营与管理

第三部分　城乡开发实践汇总

第十四章　基础设施的开发

第十五章　城市生活区开发

第十六章　城市中心区的开发

第一章 总论

第一节 发展历程

一、背景和起源

（一）"城乡开发"是产业革命以来全球城市化进程的普遍形式

"城乡开发"是以产业革命为契机，在地方政府推动下的城市化，是城市发展建设的一种典型模式。

"城乡开发"虽然包含"城"和"乡"，但重心是城市开发，是城市规划区内未城市化区域的城市化，是独立于旧城的城市新区开发，是城市旧区的品质和功能提升。村、乡、镇三级行政区范围内的建筑和环境品质改造、美丽乡村建设、特色农业或旅游产业开发等，特别是集体建设用地上的开发建设，均不宜纳入"城乡开发"的定义范畴，不能采用城市化的开发建设路径。

"城乡开发"起源可以追溯至18世纪英国为代表的资本主义国家，以蒸汽机为标志的产业革命带来的工业化需求，以及城市用地规模和城市居住人口的大暴发。自农业社会以来，分散无组织且缓慢的城市发展建设进程发生了根本改变，支撑或服务于农耕或畜牧生产方式的、具备少量商品贸易集散的城市发展为满足工业化需求的生产型城市，农耕状态下的城市发展彻底变革为以工业化为背景的城市开发模式。

区别于传统农业社会，产业革命背景下的城市成为人、财、物和信息等高价值资源的集聚地，城市的区位、土地、建筑、人口、环境、交通、景观、生态等硬件设施，以及行政、服务、教育、医疗、治安、人文、活动、财税等软环境，共同构成差别化的城市资源和城市竞争力。集聚在城市之中的人口和企业借助城市资源，孕育和释放巨大的生产力和创造力，城市真正成为一切人类活动的中心。

工业化国家的人口和产业以前所未有的高速向城市集聚，全球城市伴随着远洋贸易开始发挥绝对的控制力，新兴工业城市从无到有快速崛起在烟囱林立的地平线上，成片的居民点漫延滋生在铁路沿线和矿区周边，历史文化名城在人口无序膨胀和工业化下风貌巨变。快速城市化积累了广泛而深刻的各种各样的问题，包括社会问题、经济问题、土地问题、景观问题、环境问题、卫生问题、法律问题等。

针对上述问题，以E. 霍华德（Ebenezer Howard）为代表的城市管理和城市规划的先驱者们，开始了一系列城市规划和建设开发的理论探索与实践活动。经过上百年的总结和积累，在政界和学术界的不懈努力下，将工业化早期混乱无序的城市开发建设逐渐引向科学实践和科学管理的坦途。

我国仅仅利用三十年的时间，就初步完成了发达国家百年的城市化发展进程。在宏观环境方面，改革开放给予的巨大政策红利，相对稳定的国际周边环境，经济全球化和加入世界贸易组织（WTO），发达国家制造业转移……中国获得了难得的战略发展机遇期。中国城市进入了工业化和城市化双高速的持续增长周期。在此期间，中国的城市开发建设走过了与发达国家相同的城市化道路，经历和遇到了同样的问题和矛盾。在地方政府层面，从计划经济下地方政府大包大揽，政企职责不分，到市场经济下的政府职能逐渐转变，地方政府已经完全适应了当前的城市化进程，并能主动有所作为。

城乡开发的主要对标是城乡空间的开发。但城市空间和乡村空间是存在本质差别的。城市空间是城市社会、经济、政治、文化等要素的运行载体，各类城市活动所形成的功能区则构成了城市空间结构的基本框架。它们伴随着经济的发展，特别是持续不断的城市开发活动，不断地改变各自的结构形态和相互位置关系，并以用地形态来表现城市空间结构的演变过程和演变特征。

城市空间不同于乡村空间，它比乡村空间更复杂，包含的要素更多，空间要素之间的联系也更密切。伴随着城乡开发，乡村空间可以向城市空间转化，但更加现实的是通过城乡开发，提升乡村空间的品质，丰富乡村空间的要素，并在更广域的空间格局下，加强乡村之间、乡村与城市之间的联系和交流，特别是人口和公共服务之间的交流。

在中央和各级地方政府的推动下，城乡开发相配套的土地政策、房地产政策、金融政策，以及全过程、全覆盖的监管和调控制度相继建立。经过经验积累和认识提高，政府主导的，与市场紧密结合的大规模城乡开发成为一种非常普遍的城市发展模式。

（二）城乡开发是适应高速城市化需求的最佳实施路径

在19世纪中后期，西方资本主义国家经历了城市发展的第一个黄金期，代表西方工业文明伟大成就的一批现代城市初具雏形，它们是巴黎、伦敦、柏林、纽约、芝加哥等，科学合理的城市功能结构，美轮美奂的城市景观风貌，开创先河的公用市政配套，廉价便捷的公共交通服务，从无到有的公共卫生设施等一系列堪称革命性的伟大创造。

在第二次世界大战之后，欧美城市发展再度进入新的城乡开发周期，逆城市化（郊区化）和城市更新是其间的典型方式。随着中高收入家庭居住地的郊区化，商业服务业、教育医疗和“白领”就业岗位也从城市中心区向郊区逐步迁移，城市中心区人口和产业的综合素质的下降导致部分城市中心进入衰退期。城市政府面对中心城区税源减少，人口下降，公共基础设施破败和商业日渐衰退的局面，借助1980年代美国新一轮的强劲经济增长，通过改善基础设施、新建商住办综合区、开发改造旧区、美化城市环境等，对城市中心城区开展一轮城市复兴或城市更新运动。

根据国务院数据，中国总人口从2000年的126743万人增长至2016年的138271万人，年均增长约720万人，其中城市镇人口从45906万人增长至79298万人，城镇化水平从36.22%增长到57.35%，城市镇人口年均增长超过2000万。城市镇人口年均增长人口接近上海市常住人口，按照人均城市用地100平方米计算，中国年均新增城市建成区超过2000平方千米，近似于上海市的建成区面积。

中国模式的高效率和高增长的城市规模的持续扩张，重要原因之一是政府主导推进，政府资源集中在较短的时间内和有限的空间上，带动社会资本密集投入的城乡开发。中国式的高效率城乡开发，确保了中国城市规模的增长速度与中国产业规模扩张相适应，推动了城市高速持续的城市化，抓住了经济发展的战略机遇。

经过持续三十多年的高速城市化，中国地方政府的财力初步具备了对城乡开发建设的基本控制力，地方政府与社会资本的博弈越来越趋于平衡。在土地和税收之外，城市之间围绕营商环境、生态质量、产业政策、人才成长等新领域的竞争成为新常态。区别于以往围绕招商引资的发展观，地方政府逐步形成以更高格局、更高目标导向的城市发展观，自由贸易试验区、主题产业园区、航空枢纽港、智慧新城等，城市发展的竞争意识和品质意识不断增加。

二、中国城乡开发历程简述

区别于1949年后前三十年间的工矿业城市建设和战略需要的“三线”建设，我国现代意义上的城乡开发始于1980年代，城市发展建设中融入了产业发展和投资回报的经济概念。随着计划经济逐步向商品经济再到市场经济的过渡，以土地政策、财税政策、金融政策、房地产政策的标志性改革突破为分界点，中国城乡开发可分为三个发展阶段。

土地政策的标志性改革是先后确立的国有土地所有权和使用权分离制度，土地有偿使用制度，土地储备制度和土地市场的招拍挂制度。

财税政策是1994年分税制为核心的财政税收体制改革，是衍生出“土地财政”的标志性政策举措。

城市管理的规范性文件是城市规划法及各项条例，其为政府管理和宏观调控城市开发建设提供了法律依据和管理规范。

房地产政策是1998年停止政策上的福利房分配和单位系统集资建房，推行住房分配货币化，2011年个人住房征收房地产税试行。同期，配套金融政策方面，中国人民银行颁布《个人住房贷款管理办法》。

（一）第一阶段，1980年代，服务于城市功能和产业需求的城乡开发起步阶段

1980年代，中国改革开放的初期处于计划经济向商品经济转型阶段，城市规模和城市人口与经济容量高速增长的需求极不相符。由于长期存在的“重生产轻生活”的政策导向，《雅典宪章》定义的“居住、工作、游憩、交通”的城市四大功能比例失调形成的结构性矛盾，单纯依靠城市内部的调节或者局部完善已无力扭转进一步恶化的趋势。另外，城市经济的发展动能被全面激发，人口和产业快速向城市集聚，城市空间和外部需求之间的空前矛盾难以在旧城挖潜解决。

政策上，1989年，财政部颁发《国有土地使用权有偿出让收入管理暂行实施办法》，规定凡有偿出让国有土地使用权，各级政府土地出让主管部门必须按规定向财政部门上缴土地使用权出让收入。其中，土地使用权出让收入包括土地出让金、续期土地出让金和合同改约补偿金。自此，土地出让金正式进入了财政收支体系，也是“土地财政”的原点。

在政策允许的条件下，部分城市开始借鉴他国城市的发展经验，在旧城之外选址开发新区，运用市场经济思维推动城市开发建设，典型案例是上海虹桥开发区。

上海虹桥开发区位于长宁区现中山西路以西和延安西路以北地区，原为上海当年的城郊结合部，区位通达虹桥国际机场与城市中心城区。上海虹桥开发区1979年开始规划，1983年开始建设，是经国务院批准的第一批十四个经济技术开发区之一，承接以当时作为华东地区门户口岸的虹桥国际机场功能拓展形成的对外经贸功能的办公、会展、宾馆、商业等需求为主。虹桥开发区规划土地面积仅0.65平方千米，建筑容量约150万平方米，与三十年后动辄上百平方千米的开发区不可同日而语。

虹桥开发区集中早年此类开发区的核心特征，即政府主导并设立，政府委托国有企业投资建设并持有和运营，非国有资本少量参与。虹桥开发区是中国第一个进行国际招标土地批租的诞生地，1988年以2800万美元成功出让开发区第26号地块1.29万平方米50年土地使用权，承担城市开发相关政策试验田的角色。

（二）第二阶段，1990年代，城乡开发与房地产市场培育同步发展的探索阶段

1990年代，特别是邓小平同志南方谈话之后，市场经济全面向社会和经济纵深推进。参照境外土地市场化运作方式，城市政府终于打破了传统计划经济对城市发展观念的束缚，在财政积累结余严重不足的背景下，土地使用权出让后的土地收益成为新的城市建设资金来源。

这10年周期也是我国房地产市场从零点起步的培育成长期。海南省房地产从疯狂到崩盘，亚洲金融危机重创香港房地产并蔓延到内地是期间的重要性事件。海南房地产市场崩盘引发的一系列金融和心理连锁反应，与亚洲金融危机的叠加扩散影响波及全国，造成全国城市财政和房地产市场的灾难性后果，标志性后果之一就是遍布大中城市的“烂尾楼”，很多城市的“烂尾楼”直至十年后也没有消化掉。

地方政府相应出台了一系列政策措施化解危机，包括大城市“蓝印户口”政策，购房返个人收入调节税政策，购房印花税减免政策，旧区改造免综合配套费政策等。决定性的政策则是在1998年7月，国务院做出重大决定，党政机关一律停止实行了四十多年的实物分配福利房，推行住房分配货币化。

在宏观政策层面，与地方政府力主推动城乡开发最紧密的改革是1994年的分税制改革。分税制重新界定了中央、地方政府之间的财权和事权范围，以增强中央政府的宏观调控能力为目的，表面上地方一级财政来源缩小了，但客观上也理清了地方政府与中央政府财政之间的界面关系，地方政府名正言顺地拥有了行政职责范围的责、权、财的自主权，可以理解为地方政府与中央签订的以GDP为考核目标的“承包制”。其中，分税制改革为平衡利益，明确土地出让收入的大部分归于地方政府，此项内容成为地方政府开始集中力量推进城市开发建设的最大动力源。分税制下，城市财政摆脱了计划经济的束缚，城市拥有了“集中财力”进行开发建设的自主动力，通过城市开发建设和招商引资带动的财政收入源源注入来年的财政年度，城市开发循环滚动的良性机制初步建立起来，地方政府对土地收入的依赖程度也越来越高，直至“土地财政”一词引发广泛争议。

1990年的《中华人民共和国城镇国有土地使用权出让和转让暂行条例》、1990年的《中华人民共和国城市规划法》、相关部委的《关于确定土地权属问题的若干意见》(〔1989〕国土〔籍〕字第73号）和《确定土地所有权和使用权的若干规定》(〔1995〕国土〔籍〕字第26号）相继颁布。结合1989年土地出让金政策，无偿划拨建设用地受到严格约束，六类建设用地供地严格按照土地有偿使用制度收取土地使用费，国有土地进入房地产市场的制度框架初步规范，围绕总体规划和详细规划、“一书两证”制度的开发控制管理体系初步形成，房地产市场制度体系初步建立。

此阶段城乡开发的典型案例是上海浦东新区、苏州工业园区。

上海浦东新区是国家支持上海市政府跨越式发展的国家战略。1992年10月11日，国务院（国函〔1992〕145号）批复：设立上海市浦东新区。浦东新区的设立为我国城市开发树立了一个方向性标杆，城市在内部改造之外，政策上允许在旧城之外选址建设新城。上海浦东新区的开发建设加快了上海建成国际经济、金融、贸易、航运中心的步伐，将上海的城市空间资源向东拓展了数倍，为新的城市功能和产业落地提供更加优质和充足的综合资源保障。

苏州工业园区是中国与新加坡两国政府的合作工程，是满足出口外向性经济，吸纳境外先进制造业落户苏州的产业新城，是此期间全国各地设立的各个产业新城之中的成功典范。1994 年，经国务院批复同意，苏州工业园区正式成立并启动建设。苏州工业园区学习新加坡先进的工业园区开发建设理念，结合中国实际设置适度灵活的土地政策和招商引资策略，苏州工业园区 1997 年底首期 8 平方千米基本开发完成。

区别于 1980 年代的上海虹桥开发区，浦东新区和苏州工业园区内具体项目的开发建设主体由政府转为市场，企业向政府拿地和申请公用配套服务，依据规划自主开发建设。

因为处于市场经济和城市开发的初期阶段，各种问题和矛盾也相对集中暴发，特别是积累了很多深层次的矛盾，甚至一些不可弥补的错误。部分城市在开发早期阶段学习境外级差地租的土地经济学，将城市中心城区优质地块盲目进行置换开发，甚至采用毛地出让的粗放型开发方式，结果是城市发展未能遵循城市空间和功能结构最优的方向，而沿着开发成本最低的路径，蚕食了城镇之中区位条件好、拆迁成本低、收益率高的地块，具体呈现出蔓延和跳跃共存的无序发展形态。新建筑包围的城中村，永远消失的历史文化街区，十年拆不掉的“钉子户”，非宜人尺度的大广场大绿化街区，滞后于城市发展的公共交通等问题均成为这个阶段城市发展的负面印象。

（三）第三阶段，21 世纪的城乡开发，规模、效益和品质的逐步提升阶段

迈入 21 世纪，得益于早期的一系列针对房地产市场的刺激政策和宽松的金融财政政策，我国房地产市场强劲复苏，经过前期的行业低谷期的优胜劣汰，一批品牌房地产开发企业开始做大做强，房地产项目在开发规模和品质上明显提升。

在国家政策层面，依据 2001 年国务院 15 号文件（即《关于加强国有土地资产管理的通知》）和 2002 年国土资源部 11 号令（即《招标拍卖挂牌出让国有土地使用权规定》），中央政府在制度上重新设计了城乡建设用地市场。国务院 15 号文件提出，从严控制建设用地供应总量，严格实行国有土地有偿使用制度，推行招标拍卖，制度上约束了土地使用权场外约定转让。国土资源部 11 号令对经营性土地协议出让“叫停”，明确四类经营性用地使用权出让必须采用招、拍、挂方式。

地方政府依据政策，建立了地方财政投资设立的土地储备机构和土地招标拍卖挂牌市场。政策上禁止了房地产开发企业与原土地使用权人（国有或集体单位）之间非公开土地议价交易，原来非公开交易后到土地行政部门办理过户手续，再到规划部门申请核定规划指标的建设流程被彻底废止。地方政府设立的土地储备机构以土地收储的垄断形式统一了土地一级市场，房地产开发企业仅能通过土地招、拍、挂的方式通过土地二级市场取得新增开发建设用地。

从 2003 年起，房地产市场从萧条中逐渐复苏之后立刻转为远超经济增长的持续过热，政府被动地陷入了保经济增长和遏制房地产泡沫化的两难局面之中。为遏制房地产市场泡沫化，先后出台了一系列如鼓励中小户型住宅，加快大型居住社区建设，各种保障房、经济适用房、廉租房、公租房、共有产权房

等政策。实际效果是在城市面貌天翻地覆的同时，房地产价格，特别是住宅价格以远高于 GDP 的增速几乎连续增长到 2016 年。

2005 年，作为地方政府预算外收入的土地出让金收入高达 5500 亿元，约为地方财政收入的 1/3，到 2012 年，土地出让金收入已达到 2.68 万亿元，占地方财政收入的 48.4%，加上 1.8 万亿元的土地相关税收收入（其中一小部分与中央分享），地方政府对土地收入形成严重的依赖。地价持续上涨推动住宅市场价格的跟随上涨，再持续不断地推高了城市开发土地资源的成本，这种循环下，地方政府开始丧失持续推动旧区改造和城市更新的能力。高房价在城市开发建设之外，还涉及产业升级和人才流动，以及高房价下任何风吹草动可能带来的一系列社会问题和经济问题。

这一阶段，城乡开发案例的特点是目标导向更具体更实际。城市开发的项目名称清晰地指明了功能和目标，如大学城、科学城、行政中心、总部集聚区、高新产业园区、航空枢纽港等。城乡开发新热点、新理念和新建设机制层出不穷，比较有代表性的有产城融合，城市事件，滨水区，轨道交通枢纽，特色小镇，历史风貌保护，新型卫星城，大型居住社区等。

广州大学城，位于广州市东南部番禺区小谷围岛，小谷围岛面积 17.9 平方千米。大学城建设于 2003 年 1 月正式启动，2004 年 9 月 1 日，广州大学城一期进驻十所高校。广州大学城二期位于小谷围岛南岸，面积 25.3 平方千米。大学城一期、二期和广州国际生物岛在内共 73 平方千米，定位为“广州国际创新城”。

郑东新区是郑州市的城市新区，西起中州大道，东至万三公路，北起黄河南岸，南至陇海铁路，由中央商务区、龙湖区域、白沙园区、综合交通枢纽区、龙子湖高校园区、沿黄河都市观光区六大功能组团组成。2003 年 1 月 20 日，以郑州国际会展中心开工奠基为标志，建设正式启动。截至 2015 年年底，郑东新区建成区面积突破 115 平方千米，入住人口突破 115 万人。

天津市滨海新区的于家堡金融区和响螺湾商务区。于家堡金融区位于海河北岸，东西南三面临海河，规划占地 3.86 平方千米，规划项目地块 120 个，总建筑面积 950 万平方米。建成后，于家堡金融区将成为全球规模最大的金融企业集聚区之一，是“与中国北方经济中心相适应的金融服务体系和金融改革创新基地”。响螺湾商务区位于海河南岸，与于家堡金融区隔海河相望。响螺湾商务区规划面积 3.2 平方千米，总建筑面积 567 万平方米，融商务办公、商业文化、金融办公、会务会展、城市观光等诸多功能为一体。

北京市通州城市副中心总面积约 155 平方千米，新城规划行政办公区、商务中心区、文化旅游区等功能区。根据《京津冀协同发展规划纲要》的意见，通州行政副中心位于通州区潞城镇，规划承接“疏解非首都功能”的北京市主要党政机关和事业单位，将是北京市级党委和政府的新办公场所，主体工程通州行政副中心大楼项目位于潞城镇郝家府村。2016 年 12 月，行政办公区首批约 65 万平方米办公楼结构封顶。2017 年起，北京市委机关、市人大机关、市政府机关、市政协机关及相关部门开始入驻行政副中心，预计带动 40 万人疏解到通州。

三、城乡开发相关公共政策分析

（一）土地政策对城乡开发策略的约束作用

城乡开发是对城乡土地资源的开发，法律法规严格约束城乡建设用地进入城乡开发（房地产项目）的路径。法律规定土地为全民所有制和劳动群众集体所有制，任何单位和个人不得侵占、买卖或者以其他形式非法转让土地，土地使用权可以依法转让。土地政策是制度红线，没有例外和弹性空间。地方政府依法进行土地储备，收储建设用地土地整备（"三通一平"或"七通一平"）后，经营性建设用地只能通过招、拍、挂的方式用于开发建设。

无论城乡开发策略如何研究，在现有土地政策的红线下，城乡开发投资主体取得经营性开发建设用地的唯一途径是招拍挂。为支持城乡开发，地方政府仅可以在招拍挂具体过程，或者土地出让金相关优惠等方面给予开发主体一定的支持。

（二）城乡规划对城乡开发资源的定性定量

城乡规划的功能之一是对开发区域土地资源的各类城乡功能的核定，在经济上的定性定量和技术的指标化。土地资源价值的挖掘需要城乡规划的科学论证和均衡量化，是城乡开发实施的基础蓝图。

城乡开发的规划编制需要比一般规划更宏观的视野，也需要更加聚焦城乡开发的核心问题，特别是城乡开发目标是第一位的问题，目标包括经济目标、环境目标、社会目标、风貌目标、人文目标等具体分项。城乡规划给予土地资源的经济技术指标是开发项目实现经济目标的前提，也是城乡开发投资回报的保证。编制城乡规划之前，应就城乡开发聚焦的主要问题有一个整体的研究和梳理，将主要矛盾和解决思路进一步理清，制定相应的开发策略，形成"城乡开发策划报告书"。

（三）财税政策对城乡开发目标的支撑作用

分税制和土地有偿使用制度与地方政府的"土地财政"联系在一起，共同构成了城乡开发的财税政策基础。一方面，"土地财政"虽然一直饱受各方"争议"，甚至将土地拆迁引发的各种负面社会现象，城市历史文化遗产的破坏，城市的无序生长和蔓延等问题归因于它，另一方面，"土地财政"切实激励了地方政府在城乡开发上的积极性。为实现城乡开发的总体目标，在土地政策红线的刚性约束下，财税政策是地方政府唯一的政策工具。

（四）政策导向对城市开发策略的引领作用

2015 年起，城乡开发相关政策相继发生重大调整，影响力仅次于 2002 年土地收储制度改革。国家对地方政府要求的供给侧改革、产城融合、公共租赁房、商品房限购限售、"租购同权"、清理地方债、推广 PPP 项目、金融去杠杆等宏观经济政策的转向，衍生的各种效应将在未来逐步显现在房地产市场和城乡开发策略上。

在倡导方面，国家加大对地方政府新区建设的政策扶持。2010 年前，仅有 1992 年上海浦东新区、2006 年天津滨海新区两个国家级新区设立。从 2010 年重庆两江新区开始直至 2017 年河北雄安新区设立，国家先后批准浙江舟山群岛新区、兰州新区、广州南沙新区、陕西西咸新区等 17 个新区，截至 2017 年 4 月，国家级新区总数达到 19 个。国家级新区是辐射带动区域发展的重要增长极、产城融合发展的重要示范区。国家级新区实质均拥有副省级管理自主权，而与新区所处区域行政级别无关。如广州南沙新区，国家定位立足广州、打造粤港澳全面合作示范区，既不脱离广州，又因港澳社会制度不同，甚至需要省级以上的权力来管理和协调。

2017 年 4 月 1 日，中共中央、国务院印发通知，决定设立河北雄安新区，是国家级的重大的历史性战略决策，是继深圳经济特区和上海浦东新区之后又一具有全国意义的新区，是千年大计、国家大事。雄安新区对于集中疏解北京非首都功能，探索人口经济密集地区优化开发新模式，调整优化京津冀城市布局和空间结构，培育创新驱动发展新引擎，具有重大现实意义和深远历史意义。

上述密集的政策调整释放的信号表明城乡开发策略和开发模式将进入一个新的调整周期，政策进一步调整带来的“不确定性”，既是机遇也是风险。

四、城乡开发外因演化分析

（一）城乡开发的国际化

在全球化和“一带一路”倡议背景下，国内开发资本和技术必将跟随国家的“一带一路”倡议，向沿线国家进行规模化输出。预计城乡开发项目将沿“一带一路”，首先在各个交通枢纽，重点是交通基础设施，如国际港口、高速铁路，或者地区经济中心重点投入。城乡开发资本输出需要国家“一带一路”倡议的扶持，国家推动亚洲投资银行、新开发银行（金砖国家）的运行就是服务于开发资本国际化。国际化的开发项目不仅是单纯的投资行为，也是国家政策的延伸和落地。在国际化方面，投资运作可以汲取其他国家主权财富基金的成功经验，如阿联酋的阿布扎比投资局、新加坡的淡马锡公司等。

在资本输出的同时，在原来仅限于中国香港和新加坡等少数窗口之外，中国各地陆续建立的自由贸易试验区也是国际资本输入的窗口，地方政府可与更多源的国际资本开展城乡开发建设合作。

（二）开发外部条件的更新加快

城乡开发的外部条件是多元动态的，需要与时俱进解决发展中的新需求和新问题。不同城市的开发策略研究上，经济转型和产业升级是必须契合的主题，供给侧改革和环境保护是未来的发展方向，特色小镇、产城融合、城市更新、历史风貌保护等则是具体化的理论实践。

高速铁路在中国的快速成网是最重量级的外部影响因素，其大幅度压缩了城市间的时空距离，城市间区位差别被弱化，每一个新建成的高速铁路车站都是城市开发的新机遇。其次的影响因素是在超特大城市之外，近五十个大城市启动了市域内轨道交通建设，甚至城际轨道交通建设，大运量轨道交通建设往往是新城市开发的催化剂。重大城市事件，如奥运会、世博会等，也是城市开发的重要契机。

（三）效益与品质并重的开发策略

城乡开发品质的内涵是多重的，包括艺术性、人性化等主观评价，也包

括可量化的集合效益，绿色生态，集约统一，功能布局，运营维护等内容。经过广泛的城市开发的实践积累，“千城一面”的问题逐步得到重视，统一规划、统一设计、统一开发的模式正在逐步推行，城市设计从大尺度大空间向人性化空间回归，特色风貌和历史建筑保护在加强，多功能复合的混合开发带来了城市 24 小时活力。

第二节　城乡开发的定义和内涵

一、城乡开发的定义

“开发”一词，源于英语 Development，原意指以荒地、矿山、森林、水利等自然资源为劳动对象，通过人力加以改造，以达到为人类所利用的目的。“城乡开发”在抽象上，是一种有组织，成规模的城乡资源，特别是城乡空间资源的再拓展、再提升、再挖掘的人力、财力和物力的投入，并以期在经济效益方面获得相应回报，在社会效益和环境效益方面获得改善；在具体外在上，指在城乡范围内，政府主导和市场参与，大规模、成区域的城乡旧区改造、城市更新或新区建设。

城乡开发区别于某一大型单体项目或某一区域内的多个项目的集群建设，其所有开发项目围绕的唯一目标是城市或城镇发展战略规划的具体行动的谋划和实施，是地方政府从城市长远发展战略的高度，为城市规模和能级提升制定的发展方向。

二、城乡开发的内涵要素

（一）城乡开发的目标导向

城乡开发必须设定唯一的目标，目标设定的主体是地方政府或地方人民代表大会，目标内容可以聚焦于某一重点，也可以是多方面的集合。

城乡开发目标的具体内容必须与省市各级相应周期的“五年规划”、地方发展战略、城乡总体规划相应一致。城乡开发目标原则上应包含四个方面的量化内容：一是提升和扩大城乡空间资源，二是满足产业需求和市民福祉，三是改善生态环境和景观风貌，四是充实地方财政收入。

城乡开发目标必须具体落实在《城乡开发前期策划书》《控制性详细规划》《城市设计》《城乡开发总项目建议书》之中，并相互印证、相互支撑。

城乡开发目标能够量化的指标必须清晰准确，并配套相应措施举措。城乡开发目标应将带有某些主观审美取向或艺术评判标准的内容排除在外，避免城乡开发在实际进程中偏向取悦个人的风貌景观，标新立异的新潮建筑，滥用的城市大空间等。

（二）城乡开发的组织结构

城乡开发的组织结构的最上层是地方政府，也是整体组织结构的设计者。

城乡开发的核心主体是地方政府，地方政府是城乡开发的关键要素，是土地资源、土地市场和城乡规划的管理和行政许可方。地方政府下属的土地储备机构负责城乡开发区域内建设用地的收储工作，可承担建设用地储备期间的看管和配套基础设施的建设工作。为实现城乡开发区域的封闭和高效的管理，特别是在非城市化地区，如城市远郊区、工矿区、滨海吹填区等城市行政机关空白区，地方政府设立统一的管理机构，通常是管理委员会或开发建设指挥部，将城乡开发涉及的，分散在各个行政部门的管理和审批职能集中在统一机构内，指定具体的责任人和责任主体，实行扁平化的、灵活高效的指挥。在管理职能之外，统一机构还需要将招商和建成后运行的服务职能纳入。

统一机构也是未来开发区建成后的新行政机构的机构班底。

（三）城乡开发的工作构成

城乡开发全过程细分的工作类别很多，但科目大类可分为书面图文类和实体建设类，前者是调研策划等软课题研究，以及行政审批、规划设计、估算概算等必须的前期文件文本；后者是分项分类实施的各个实体工程的建设项目。

书面图文类工作是城乡开发的战略性和基础性工作，包括：开发策划书，控详规划，环评报告，交评报告，节能报告，项目建议书，项目工程可行性研究报告，项目匡算、估算、概算、预算、结算、审计等报告，地质灾评，卫生学评价，建筑设计，专项设计，基坑安评技评，幕墙安评环评，景观设计，市政设计，招标文件，专项咨询报告，施工方案等。

各个工作内还包括一定的子项内容，例如仅开发策划书就应包括：总体战略、开发目标、开发模式、开发需求、开发强度、开发步骤、节点时序、投融资方案、回报效益、风险评估、建成后运行模式等。

实体建设类项目，分类方式很多，站在开发建设主体的视角，可分为基础设施和服务配套项目、经营性开发项目。

基础设施和服务配套项目，按照投资主体可分为三小类：第一类投资主体是土地储备机构或地方政府指定的开发公司，项目包括“三通一平”或“七通一平”的基础设施和市政公用项目，工程建设费用纳入土地储备成本中；第二类投资主体可以是前者，也可以是地方政府建设财力，项目包括公共绿化、交通枢纽、轨道交通、公共服务配套，如文化体育设施等；第三类是来源于市场化的投资主体，投资非商业开发项目，其与商业开发项目联合建设或混合建设，如交通设施、文化设施、公立医院、基础教育设施等。

经营性开发项目，市场化投资主体在地方土地交易中心，通过招拍挂程序受让开发土地，按照相关政策法规组织工程建设，建成后自用、租赁或出售。

（四）城乡开发主体间的权益关系

城乡开发的权益分为三个集合体，政府、企业、公众（含社会组织），任何城乡开发不能回避三者之间的权益交换和利益分配的问题。权益交换是指根据政策或自愿平等的原则，各个主体之间进行的资源转移，如土地拆迁、土地出让等；利益分配是指城市开发新增利益在各个主体之间的分配，包括政府、开发企业、入驻企业、公共服务部门、普通公众等。

理想化的利益分享模式是在不损害公共利益的基础上，各个主体的利益最大化。现实情况下，各个主体谋求自身利益最大化的过程必然导致其与公共利益的博弈。维护公共利益最大的责任主体是政府，政府为实现城乡开发目标，让渡部分政府利益授予特定对象，如土地出让金和税收优惠授予开发企业，提高开发强度以吸引目标产业，调整拆迁补偿标准或原拆原建让利于公众等，上述行为的实质还是出于避免损害开发目标这一最大的公共利益。

城乡开发过程中各个主体间的权益关系先后可分三个阶段：身份博弈阶段、权益交换阶段和利益分配阶段。在身份博弈阶段，首先是参与博弈的主体资格的身份界定，围绕城乡开发的目标，各个主体选择各自的行为或策略，以及具体的实施步骤等，例如城乡开发模式的选择。在权益交换阶段，城乡开发相关主体之间将掌握的资源进行充分的交换，典型行为是土地拆迁和招商引资。在利益分配阶段，投资主体就城乡开发产生的预期或现实收益进行分配，政府获得土地出让金、新增财税收入、新增就业岗位、生态环境改善、城市风貌改善等，公用事业单位获得提供新增需求必备配套设施的所有权，经营性开发企业获得房地产开发的利润或不动产，公众则改善了住房、就业、消费、教育、医疗等生活软硬件设施。

在身份博弈和权益交换之中，由于现实定位的差异，各个主体之间存在事实上的不对等，博弈和交换也不可能遵循绝对公平的原则，如企业土地征收的类似于剪刀差的政府统一定价，土地强制征收行为，公用事业单位的行业垄断，针对经营性建设用地的招拍挂制度等。

三、城乡开发的分类

城乡开发是限定区域和目标导向的开发建设，差别体现在功能、主题、区位、投资等方面。

（一）按照核心功能分类

按照核心功能分类，城乡开发可分为：政务中心、商务商贸区、公共活动中心、交通枢纽、居住社区、产业园区、大学城、自贸区保税区、旅游风景区等。城乡开发项目的功能类别一般体现在项目命名上，如北京通州行政副中心、上海陆家嘴中央商务区、郑州航空港区、苏州工业园区、广州大学城等。

例如，郑州空港新区郑州航空港经济综合实验区（Zhengzhou Airport Economy Zone），简称郑州航空港区，是中国首个国家级航空港经济综合实验区，规划面积 415 平方千米，是集航空、高铁、城际铁路、地铁、高速公路于一体的综合枢纽，是以郑州新郑国际机场附近的新郑综合保税区为核心的航空经济体和航空都市区。2013 年 3 月 8 日，国务院批复《郑州航空港经济综合实验区发展规划（2013—2025 年）》，标志着全国首个国家级航空港经济实验区正式设立。

（二）按照开发主题分类

城乡开发目标是内涵复合多元，为便于推广和宣传，也同时设定一个特色鲜明的主题。例如，2001 年上海市“一城九镇”的开发建设，规划设定“欧式风貌”主题开发，松江新城为英国风格的新城，安亭镇建成德国式小城，浦江镇以意大利式建筑为特色，高桥镇建成荷兰式现代化城镇，融入法国和澳大利亚风情等。

主题开发的核心是创新和差异化，在不远的时空距离上，新的城乡开发项目不会考虑复制同类主题新区开发。例如松江新城内的广富林古文化遗址保护与综合开发项目，则不再延续规划原定的英国风格，回归中国传统的江南风格，整个区域有遗址公园、文化展示馆、古镇改造区、会馆区和精品酒店，周边建设中式风格的住宅区。

城乡开发主题分类如下：城市更新、历史保护、金融商务、总部经济、展览贸易、绿色生态、高新产业、特色风貌、名人古迹、风景名胜、奥运会世博会、海洋经济、物流集散、交通枢纽等。

（三）按照区位特征分类

按照区位特征分类，根据区位与建成区（旧城）的关系，可分为旧城开发和新区开发；根据区位与城乡地理标志（湖、海、山等）的关系，可分为滨水区开发、岛屿开发、山地开发等；根据区位特征与城市标志性设施的关系，可分为机场新区开发、交通枢纽开发、港务新区开发、城乡遗产保护开发。

2009 年设立的上海虹桥商务区位于上海西部，依托上海市虹桥综合交通枢纽（虹桥国际机场和虹桥高速铁路站为核心），总占地面积 86.6 平方千米，核心区面积共 4.7 平方千米，核心区规划商务办公约 110 万平方米，文化娱乐约 6 万平方米，酒店约 14 万平方米，会展约 14 万平方米。上海虹桥商务区设上海虹桥商务区管委会，统一领导商务区开发建设。虹桥综合交通枢纽是包含高速铁路、城际和城市轨道交通、公共汽车、出租车及航空港的现代化大型综合交通枢纽。2009 年 7 月商务区启动开发建设工作，项目包含中国博览会会展综合体、新虹桥国际医学中心等重要的城市标志建筑。

第三节　城乡开发流程和实操

一、城乡开发的流程简述

城乡开发的流程，指城乡开发推进中各项工作的次序的计划和安排，是各个环节的集合和连接，是实现城乡开发目标的线路图。

城乡开发的流程受法规和政策影响，跟随政府的行政审批流程的调整而调整。

城乡开发的流程调整是伴随着相关土地政策的两次重大调整而划分为三个阶段。第一次调整是 1989 年财政部《国有土地使用权有偿出让收入管理暂行实施办法》和 1990 年国务院《中华人民共和国城镇国有土地使用权出让和转让暂行条例》；第二次是 2002 年国土资源部《招标拍卖挂牌出让国有土地使用权规定》和 2004 年财政部《土地出让金收支管理办法》。前者明确了国有土地的有偿使用和土地使用权取得路径，后者则是在原有政策的基础上，强化了土地使用权的招拍挂制度和进一步规范了土地出让金的收支使用。

（一）第一阶段

计划经济向市场经济转轨过程中，开发建设管理执行的是建设用地划拨制度。

1989 年前，国有土地有偿使用制度尚未推广和城市规划法尚未颁布，地方政府通过政府文件许可（批文）的方式，将国有土地通过划拨形式转至开发建设公司。

城乡开发建设基本流程分为三个基本步骤。

第一步，地方政府组织编制开发建设项目的项目建议书，在项目建议书审批通过之后，政府根据开发建设的项目的类别，成立项目开发公司或将项目转至已有开发公司；

第二步，项目公司根据项目建议书，向建设用地部门审批划拨国有土地，或委托征收集体土地后再划拨；

第三步，项目进入工程建设的基本建设程序，从项目立项，编制项目可行性研究报告和设计方案起，前期行政审批，建设施工，直至项目建成竣工。

（二）第二阶段

多轨并行的土地市场下，开发建设管理逐步统一且规范有序。

在土地有偿使用制度和土地出让金制度建立后，我国房地产市场建立起从集体用地征收，建设用地转让直至商品房销售的开发建设流程。

城乡开发基本流程调整为四个基本步骤：

第一步，地方政府组织编制开发区域总体规划（或分区规划、结构规划）和详细规划。地方政府报上级批准设立负责开发建设的组织机构，一般是管理委员会和地方政府投资的区域开发建设公司。

第二步，地方政府制定开发区域内有利于开发的土地征收政策，包括拆迁和征地补偿标准，落实农业用地转为非农业用地的土地指标，旧区改造或扶持项目的税费优惠政策等。针对列入政府重点工作的项目，如危房棚屋类的旧区改造项目，制定冻结区域户籍，限制单位用地转让，统一单位用地征收标准等政策。

第三步，区域开发责任主体制定开发（土地出让）计划，开展项目招商引资工作，按计划将开发建设用地推向市场。

第四步，开发企业，包括用地开发建设方（房地产开发商）、基础设施建设方、公用事业建设方等，按照工程项目的基本建设程序，组织项目开发。

在土地收储制度建立之前，实行的是多轨并行的土地市场，开发建设方可以通过多种方式和渠道获得经营性开发建设用地。

境外开发企业（资本）获得经营性开发建设用地，政策规定是通过招标定价的土地批租流程。土地批租是指土地使用权有偿出让，即政府在一定年限内将国有土地使用权有偿出让给土地使用者的行为。由于当年地方政府城建资金不足，土地批租分为两类情况："毛地"批租，指批租用地上原有居民和使用单位尚未拆迁，现有市政公用事业设施不能保证开发建设的配套要求的宗地；"净地"批租，特指相对于"毛地"，政府已经完成批租用地上的拆迁工作，出让宗地满足"三通一平"的标准。

境内开发企业，不论是民企或者国企，获得经营性开发建设用地主要有六种方式，第一是企业按照规划开发自有建设用地，可自主开发，亦可联合开发；第二是开发企业与建设用地所有单位协议转让宗地，根据协议在政府相关部门办理土地转让协议并补交土地出让金；第三是开发企业与政府签订旧区改造协议，企业承担旧区改造任务并支付拆迁费用；第四是开发企业与地方政府签订集体用地开发协议，企业承担征地补偿费用；第五是开发企业参与出让土地的竞标；第六是开发企业在市场收购开发停滞中的项目。

土地所有单位转换身份，开发自有用地是当时的普遍现象。地方政府对土地资源流向的监管意识不强，城市规划区之外的各类土地通过各种渠道流转至开发主体名下。城市建设不是在政府的统一规划和统筹协调下进行，而是在市场多主体的合力的牵引下，集中开发所谓的“价值洼地”。由于开发主体获得开发土地的渠道多且相对容易，土地资源的潜在价值普遍被低估，土地开发的绝大部分增值收益转化为企业的利益。

期间，城市规划也与城市开发脱节，城市规划管理尚不能适应开发建设主体多元的局面，城市用地性质变更和开发强度核定程序不完善、不科学，部分建设用地的规划性质调整和容积率核定未能兼顾公众利益和城市发展大局。

（三）第三阶段

围绕土地收储制度和经营性用地招拍挂制度建立全新的开发建设管理和运行体系。

针对原土地政策的不完善，特别是政府投资基础设施却不能获得相应的土地增值收益的问题，政府建立了统一、规范、公开、透明的经营性开发建设用地市场。2002 年国土资源部颁布《招标拍卖挂牌出让国有土地使用权规定》，在制度上将所有的经营性开发项目的土地资源全部纳入政府的招标拍卖挂牌出让平台。企业开发自有建设用地和自主转让建设用地使用权的两种行为被禁止。

各级地方政府陆续成立土地储备中心和土地交易中心，前者成了地方政府法定的、唯一的国有建设用地征收主体，后者则是经营性建设用地进入房地产市场的交易平台。此次制度政策的重大改革，影响极其深远，在土地交易环节和规划指标设定上将经营性用地的开发行为固化，具体表现在以下几个方面：

（1）经营性用地价格的形成机制基本公开透明，土地价值的增值部分通过交易平台提留在政府收入内，将充裕政府投入城市开发的后续资金。

（2）经营性建设用地在交易平台交易后，宗地受让方与地方政府土地主管部门签订《国有建设用地使用权出让合同》，合同中明确规定土地价格和规划指标，以及其他开发建设要求，杜绝了后续开发建设中随意变更规划指标，无序建设的问题。

（3）地方政府形成对土地市场的事实垄断，具备了对经营性用地市场的宏观调控能力，期望在一定程度上可避免土地市场供给失衡产生的房地产市场的大起大落。

（4）在土地收储制度下，地方政府土地收入成为地方政府持续稳定的重要财政收入来源，城市开发的内在动力更加健康和可持续，但交易平台竞争机制触发了土地价格和不动产价格的快速增长，积累了新矛盾。

城乡开发基本流程调整为五个基本步骤：

第一步，地方政府组织编制开发区域总体规划（或分区规划、结构规划）和详细规划，增加编制土地储备计划。地方政府报上级批准设立负责开发建设的组织机构，在成立管理委员会和区域开发建设公司之外，指定开发区域内的

土地储备机构。

第二步，土地储备机构编制土地储备方案和征收补偿标准报地方政府批准，特别是针对旧区改造、历史风貌保护区、老工业区改造、农业用地转为非农业用地等。开展相关土地征收储备工作。土地收储除基本的征收拆迁之外，还包括丘陵山地的用地平整，滨海临江的吹填，滩涂围垦造地等。

第三步，土地储备机构，或区域开发建设公司按照规划进行地区基础设施建设工作，即土地整备工作。

第四步，根据地方政府相关指令，按土地出让计划，配合招商引资工作，地方土地交易中心将经营性建设用地在交易平台出让，收取土地出让金。

第五步，开发企业，经营性建设用地受让方进行项目建设。非经营性开发企业，如教育、文化、体育、医疗、公用事业单位等依法划拨建设用地，根据不同建设资金渠道开展建设。

（四）制度和操作的弹性空间

城乡开发基本流程是各个环节的集合和连接，不同环节依不同配套政策设置。在城乡开发主体的具体操作行为上，要识别不同环节配套政策的刚性和弹性的制度空间。

刚性政策主要包括：基本农田和生态保护区，建设用地指标，控制性详细规划的经济技术指标之中的用地性质和开发强度，经营性建设用地招拍挂制度，可划拨的建设用地的用途，工程建设中强制政府平台公开招标、报监和备案的项目，各种强制规范和程序，竣工验收制度，不动产登记制度等。

例如，建设用地储备和招拍挂制度是绝对意义上的制度红线，是地方政府组织城乡开发建设的制度基础，原则上没有可选择的弹性操作的制度空间。在具体项目操作上，在三个方面有一定的弹性空间。首先是招拍挂环节上，地方政府可以选择适当的招拍挂方式，避免价格上的恶性竞争，引入符合城市发展需要的产业；其次是在基础设施建设上，政府在融资平台受限或资金不足时可引入市场投资，如 PPP 模式、BOT 模式等；第三则是地方政府在土地出让金对应年限或其他财税政策上，给予开发企业一定的优惠。

二、驱动和保障机制

（一）驱动机制的关键成因

城乡开发不仅仅是单纯的经济行为，在一定程度上，更是一种政治等多重复合行为。在某一地方政府新区开发之初的开发策略研究阶段，就参与主体各方的驱动机制进行相应的研究，梳理其中的同性和特性。

例如，关于地方政府投资在老城区之外营造新区的内在动机上，有研究分析整理为五个方面。第一，增加政府财政收入；第二，新区建设的天量投资可以拉动经济快速增长；第三，可以有效地抑制高房价，同时还能防止人口过度向中心城区聚集；第四，有利于促进社会公平，打破既得利益格局；第五，有利于社会稳定。最终研究总结为：“大规模的基础设施建设特别是交通基础设施建设可以改变一个区域的发展条件。政府掌握的经济资源的主动迁徙，从老城区迁往新城区，可以最小的社会代价，来促进经济发展和社会公平，在抑制高房价的同时治理好大城市病。新区建设的本质，就是以人的流动、空间资源的流动，来规避强制房屋拆迁的矛盾，同时打破代际之间的利益固化、阶层固化的格局。"

在研究土地供应这一政策工具的取舍上，特大城市政府同时面临"遏制高房价"和"控制城市人口规模"的双重目标，主政者处于一个两难的困局，"增加土地供应，房价增长受到遏制，担心流动人口将通过买房成为常住人口甚至户籍人口，加剧交通拥堵等大城市病，破坏控制人口的政府目标；如果减少土地供应，限制房地产开发，城市常住人口的刚性需求将加剧房价上涨，良性的城市人口流动将停滞，贫富差距和阶层固化成为新的社会问题"。

城乡开发的策划和规划阶段的研究内容，涉及政府、企业和社会，分析各方在城乡开发之中行为生成的驱动机制，将有助于把握城乡开发的目标构成、行动策略和实施方案，更加合理高效地投放资源，消弭分歧，凝聚合力。

（二）保障机制的构成要件

城乡开发是复杂的有组织的行动，参与主体多，各方利益诉求不同。为确保实现城乡开发的核心目标，有必要就其保障机制的组成要素进行梳理和分析。

城乡开发的保障机制由组织机构保障、建设用地保障、开发资金保障、政策法规保障、专业经验和技术保障组成。

组织机构保障，特指地方政府专为城乡开发项目设立的指挥部、管理委员会、领导小组办公室等政府派出机构，以及政府投资成立的专职开发建设公司，政府机构和开发建设公司的职能设置以管理、督查、服务城乡开发全过程为目的。组织机构的行政级别务必与城乡开发项目的行政审批单位相一致，甚至高一级配置，可有利于项目的顺利推进。

建设用地保障，即作为资料的建设用地的保障，建设用地资源受政策法规的严格控制，特别是集体用地、基本农田、自然生态保护区、历史保护街区、水域滩涂吹填、山地丘陵等转为国有建设用地，政策门槛是制约其保障的最大因素。

开发资金保障，城乡开发建设周期长，项目资金需求巨大，动辄数百亿，甚至上千亿元建设投资。在城乡开发建设的策划阶段，对项目整体的资金需求、资金来源、资金使用计划、资金平衡均需要一个整体性规划。

政策法规保障，在某些赋予特殊功能或特定产业集聚的城乡开发项目中，如自由贸易试验区、跨国企业总部集聚区、高科技产业园区等，政策法规保障重点需要关注土地拆迁配套政策，土地招拍挂门槛和程序，入驻企业产业配套政策，招商配套政策设定，税收优惠适用法规等。

专业经验和技术保障，在城乡开发的策划研究和规划设计阶段，各个工程项目的开发建设阶段，地方政府需要甄别和选择具备专业开发经验的研究单位和开发企业，通过其将其他开发项目的成功经验引入到本地，在理念和视野上进一步提升，特别是国际视野的一流开发企业不仅可以在功能结构、空间品质和风貌景观上保证项目的开发水平，还可以通过其引入高水平高质量的功能性企业，带来更好的产业和更大的效益。

三、开发模式的构成

（一）开发模式

城乡开发模式包含两层含义，分别是政府和企业在城乡开发过程中的组织模式，以及开发策划中围绕开发策略、理念、路径、产业、行业等制定的路线方针。

前者是理清在城乡开发过程中政府的组织机构设置，政府机构与各个企业的行政和业务隶属关系。在行政和市场的具体规则设定下，细化企业参与城乡开发的路径、赢利模式、竞争领域和非竞争领域的边界等。

后者是开发策略和开发内涵的选择，某些策略和内涵可复合选择，某些只能是唯一选择。例如，TOD（Transit–Oriented Development，公共交通导向的开发模式）和 SOD（Service–Oriented Development，公共服务设施以及商业设施先导的开发模式）是可复合选择的两种模式；而 SOD 模式与生态先导性开发模式和产业先导性开发模式之间则是不能复合选择的开发模式。

开发模式是编制开发区城乡规划的重要依据之一，开发模式与城乡规划的契合程度越高，城乡规划实施的障碍越少，开发模式的不断创新需要相适应的城乡规划的编制思维。

（二）开发时序

城乡开发时序，即各个开发项目在时间和空间上先后次序的统一安排，亦可理解为开发节奏，即先行开工的建设工程项目遴选，先行开工建设的工程项目集中区域或空间分布。

开发时序往往也是开发理念的外在表现，开发时序应有利于功能品质、生态环境、集约统一、服务配套和可持续发展等方面协调发展。城乡开发从早期的简单“三通一平”，尽快卖地上项目，回笼前期投资的粗放理念，调整为先期建设政府项目、标志性项目、市政公用基础设施、道路和公共交通、环境景观、生态修复等项目，近期的土地收益与远期的税收财政收益综合考虑。

在具体工程项目的方案设计和开工建设上，从早期项目各自独立分散实施，向集约化统一开发建设转变。例如，上海世博地区后续开发建设，率先实现了多个项目主体的地下空间“统一规划、统一设计，统一建设，统一管理”的整体同步开发。

（三）建设模式

现行的城乡开发基本流程的五个基本步骤之第三个步骤，土地储备机构，或区域开发建设公司按照规划进行地区基础设施建设工作是运用建设财力或土地储备金投入的工程建设项目，属于政府投资，或政府平台公司投资，或政府平台公司融资的工程建设项目。在政府建设财力受限的情况下，可选择合适的建设融资模式引入市场资金推动基础设施建设。

政府和市场普遍接受的投融资模式为 BOT、BT、TOT、TBT 和 PPP 模式。无论是早期广泛推行的 BOT 模式，还是当前政府较多采用的 PPP 模式，各路模式之间仅仅是合作方式和获取投资回报的差别，并无实质的优劣之分。政府和市场合作采用哪种模式，必须结合具体实际和项目需求商定（表 1–3–1）。

投融资模式 表 1-3-1

	BOT	BT	TOT	TBT	PPP
定义	Bulid-Operate-Transfer 建设—运营—移交	Build-Transfer 建设 - 移交	Transfer-Operate-Transfer 转让—经营—转让	Transfer-Build-Transfer 转让—建设—转让	Public-Private-Partnerships 政府市场合作模式（公私合作模式）
内容	政府将基础设施的经营权有期限的授予投资企业，实现基础设施建设，企业通过期限内的经营收益回收投资	政府引入投资企业负责基础设施项目的融资和建设，项目竣工后移交政府，政府给予企业相应的回报	政府将现有基础设施资产的经营权转让，获取的资金投资建设新的基础设施，经营期结束后转回政府	TBT 就是将 TOT 与 BOT 融资方式组合起来，以 BOT 为主的一种融资模式	政府特许投资企业进行项目的开发和运营，市场投资获得项目经营的直接收益外，可获得事先与政府商定的其他效益
实质	政府将项目提供的公共服务在一段时间的收益授予投资企业	政府暂借企业投资，缓解当前的资金压力	政府将已经建成项目的收益授予企业，引入企业投资，缓解当前的资金压力项目	政府将已经建成项目的收益和待建项目的收益授予企业，引入企业投资	通过项目，政府与市场更广泛地合作，回报形式更加市场化
应用	桥梁，供水，收费公路，燃气等	隧道，综合管廊，道路等	—	—	供水，道路、收费公路，桥梁，燃气，隧道，轨道交通、城际铁路等
比较	政府财力不足时采用。政府控制力弱，让渡收益高		政府财力不足时采用。政府控制力弱，让渡收益更高，环节多，综合风险大		盘活财政资金，合理分配财力投资，政府市场双赢

建设主体委托基础设施工程项目可选择三种委托模式，分别是设计和施工分别总承包模式，设计施工一体化总承包模式（EPC，Engineering Procurement Construction），工程总承包模式。三种模式各有利弊，需结合项目具体实际、项目建设周期和委托方管理团队构成三方面因素综合确定。

四、城乡开发的规划体系

城乡规划，特别是控制性详细规划是城乡开发的重要依据，但不是唯一依据。支撑城乡开发的规划体系，包括各个专业和专项规划，如交通规划（包含城市道路、静态交通、机动车、非机动车、轨道交通、对外交通、货运物流）、历史文化保护规划、市政基础设施规划（包含能源、电力、水务、综合管廊等）、景观照明规划、智慧城市规划、海洋规划、信息化规划、地下空间规划、指定区域城市设计等，部分上述规划经一定程序可纳入控制性详细规划，部分规划如海洋规划，经行政主管部门专业程序批复后作为行政主管部门和开发企业的依据。与编制规划同步，区域交通影响评价（含内部和外部）、区域环境影响评价、地质灾害评价等法定审批文件宜同步编制。

城乡开发区域的控制性详细规划是城市总体规划和市域城镇体系规划的下位规划。高规格级别的城乡开发必须研究并确认其与跨行政区域经济发展规划和行政区“五年规划”的一致性。

地方政府组织编制城乡开发区控制性详细规划，城乡开发前期研究的成果和共识，如开发策略、开发模式、开发主体、土地政策、建设周期、产业门槛等，需要在规划方案阶段具体落实。城乡开发规划的经济技术指标和功能结构是项目的实施保障的核心，即区域的开发总量、交通组织结构、开发量的分配、功能的空间结构、市政公用设施和公共服务设施配套等。在功能和经济的基础上，生态环境、风貌景观、建筑形态、公共空间、历史保护、活力街区、特色文化等是城乡开发的项目特色和亮点。

新区开发为背景的城乡规划编制，区别于城市更新项目，需要将开发时序与拆迁事务相结合考虑。规划方案与拆迁结合考虑，目的之一是节约拆迁的经济和时间成本，目的之二是确保开发时序与拆迁进度相一致。

城乡开发控制性详细规划的公共服务配套设施规划需要注意其系统性和完整性，在规划编制方法上注意发挥各个专业规划和专项规划的作用，特别注意一些功能特殊，规划遗漏后难以重新选址的项目，例加油站、消防站、垃圾压缩站、分布式能源中心、区域给水调蓄站、长途客运站、专业执法站等。

五、城乡开发资金平衡

（一）建设用地的成本构成与平衡

在城乡开发建设用地进入市场之前，地方政府设立的土地储备中心需要对土地进行收储和土地整备（"三通一平"或"七通一平"），相当规模的各类建设费用成为前期投资成本。土地收储和土地整备的支出包括直接成本和间接的财务成本。在漫长的土地储备期间，建设费用成本大项包括：

（1）土地动拆迁成本，包括给予原土地使用个人或单位的货币补偿、拆迁安置（地）房费用、个人或单位过渡期安置费用、房屋设备拆除清运费用、上述工作配套的工作经费等。

（2）土地整理成本，包括地面地下障碍物清除费用、污染源清除费用、土壤修复费用、绿化搬迁费用、管线搬迁或保护费用、历史建筑保护费用。特殊情况下，还包括山体修复、地质加固、采空区修复费用等。

（3）基础设施建设成本，城市道路、雨污排水系统、防洪防汛、公共绿化、垃圾处理等费用。无特殊约定，给水、电力、燃气、信息化、有线电视、供暖等建设费用原则上由市政公用设施企业承担，不纳入土地储备成本，企业通过市政配套费或后续公共服务收费回收上述投资。

（4）其他成本：土地收储期间的看管费用、控制性详细规划等规划编制费用（注：设计费不能纳入）、土地储备期间的财务成本等。

在总体上，上述成本之和通过土地出让金进行平衡。

（二）开发后城市运维的资金平衡

建成后，城市运营维护的直接成本由环卫保洁、城管联防、公共部分电费水费、绿化养护、维修保养、应急救灾、防汛抗寒等构成。城市运营维护费用的使用单位比较分散，包括绿化部门、城建部门、环卫部门、城管部门、水务部门、路政部门、消防部门等。地方财政收入是运维费用的唯一来源。

在经济中高速增长期间，开发后城市运维资金平衡的矛盾不是十分突出。随着区域开发建设的逐渐停止，政府运维开支增长如果不能和地方财政收入增长相匹配，运维的资金压力将成为一个重要问题。

现在一个普遍趋势是开发项目之中的公共空间和公共文化建筑的用地面积占比逐渐提高，大型公共绿地、大型广场、滨水空间、景观大道、博物馆、音乐厅、会展中心在成为城市标志物的同时，上述部分在城市的运营维护比重也在逐年快速增长。绿地、广场、公建、道路四类用地占比的合理控制，是有效管控运营维护成本的直接途径。

六、城乡开发建设主体

城乡开发不同类别的建设项目对应不同类别的建设主体。

为便于建设主体归类，城乡开发建设项目可分为市政公用基础设施类、公共服务配套设施类、经营性开发类。

市政公用基础设施类，建设主体是地方政府专门设立的开发建设公司，工程建设费用纳入土地储备成本。该建设主体投资建设的工程建设项目包括城乡道路、雨水污水泵站、防汛设施、桥梁隧道、消防站、给水调蓄设施、公共绿地、公交枢纽、公共停车场库、区域能源中心等。原则上，该建设主体不承担电力系统、燃气系统、给水系统、热力系统、信息化系统的建设费用，此部分费用由相应的企业投资建设。

公共服务配套设施类，建设主体是公共服务配套项目的相应主体分别向地方政府相应的主管部门申请财政拨款，如学校通过教育主管部门申请教育专项建设资金。少数情况是依据规划和项目建议书，将项目委托开发建设公司统一投资代建，建成后分别交付相应的使用单位。

经营性开发类，建设主体通过土地招拍挂程序，取得建设用地，自行组织开发建设。

部分城乡开发项目，采用项目总包干方式，开发建设公司承担所有非经营性项目的投资建设。包括应由市政公用企业投资的管线场站,公共服务配套等。包干方式的益处是工程建设集中统一，提高效率节约投资。风险是建成后的产权及物业的移交，工程建设费用的结算。

第四节　城乡开发的评估体系

一、城乡开发评估的必要性

城乡开发评估是一项伴随城乡开发全过程的、独立的系统工程，工作基础是开发过程中有价值信息的收集和记录，核心是定性定量的评估体系，目的是总结经验教训，推动开发理论的进步，指导后续开发项目提升品质和效益。

（一）开发周期长

城乡开发周期从酝酿到建成出效益至少需要七年到八年的时间，浦东新区的开发周期则长达二十年以上，需要几届地方政府、几代基层工作人员的持续努力。人员更替，时间消磨，大量有价值的信息如果不主动收集、整理、提炼、分析，将随着开发的结束、人员的流散而湮灭在汗牛充栋的原始资料库中。有价值的争论，中间成果的多方案比较，重大调整决策的缘由和背景，由于直接当事人的工作变化，或者其他原因，如不能即刻记录，后人也将无人查证。

（二）变化调整多

城乡开发周期长导致其过程一直处在变化的环境中，国家政策，宏观经济，人事调整，市场需求，产业升级，一系列变化作用于城乡开发的具体实施上。变化和调整，不论是主动还是被动，必然产生新的连锁反应。开发评估工作的最有价值部分就是开发中应对变化调整的过程和策略。

（三）成果见效晚

城乡开发的过程不产生效益，需要待道路、建筑、配套建成，人口导入，产业运行之后，所谓经济效益、社会效益和环境效益才能显现。在开发建设的各个阶段，都有针对目标的各种研判和描绘，其间得出结论的依据和过程是否科学，选用的技术路线是否准确，预先设定的长周期目标与实际结果偏差的原因分析，均是开发评估的重要工作内容。

（四）经验价值高

城乡开发是一种理论与实践高度结合的综合性系统工程，开发理论的进步和综合管理的提高必须依赖前面开发项目的经验积累。同时，城乡开发项目区位差异决定，每一个新开发项目不可能是前面开发的案例的简单复制，遇到的问题不可能直接在其他开发项目中找到答案。城乡开发项目评估可以通过专业人员在具体实践中总结有价值的经验和教训，形成“可复制，可推广”的系统性理论和方法。

二、城乡开发评估的工作组织

城乡开发评估工作的委托主体是启动项目开发的政府背景的管委会或指挥部。评估对象是城乡开发的责任主体，具体包括责任主体承担的各项工作，形成的各个阶段工作成果，以及工作成果产生的各种绩效。

评估工作应在城乡开发项目相关研究，如策划、规划、项目建议书等基本完成，责任主体身份明确时同步启动，同步委托。

被委托评估单位应为不参与城乡开发其他具体的工作的，独立的第三方专业咨询机构。评估单位应在评估启动前递交“评估工作策划书”，明确评估工作相关的核心要素，保障机制，评估内容，成果要求等。

根据“评估工作策划书”和委托单位的要求，评估工作对应城乡开发的不同阶段，分阶段形成评估分报告。各个阶段的评估分报告与最终评估报告构成一个完整的城乡开发评估报告体系。

三、城乡开发评估工作要点

（一）完善的评估工作机制

城乡开发评估工作，由城乡开发管理责任单位委托专业的第三方专业咨询机构承担。评估单位不参与具体的城乡开发工作，造成评估单位缺乏与其他单位交换信息的工作平台，因此委托单位需要建立一个重要相关单位全部参加的评估工作小组，定期组织工作推进会，安排固定人员帮助评估单位与其他城乡开发工作相关单位的联系沟通。

（二）问题导向的工作原则

城乡开发是目标导向，城乡开发的评估工作应是问题导向。评估单位在城乡开发过程中首先是履行记录者的职责，记录必须坚持客观性，坚持问题导向，把开发过程中遇到问题、解决问题的过程、解决问题的方法、其间形成的经验教训，客观真实地记录下来。城乡开发的评估，评估价值比较低的是特殊性或者专业性较偏的问题。评估更需要关注带有普遍性、系统性、全局性的问题，不是关注问题本身，而是问题的成因、后果、解决过程和方法，从中总结有价值的经验和教训。

（三）全方位、多视角的评估体系

评估单位的工作需要尽可能避免仅关注受到委托单位预设影响的事项，不能仅评估委托单位视野内聚焦的事项。全方位的概念是指评估单位建立完整、均衡的城乡开发评估体系，将城乡开发涉及的方方面面纳入评估体系之内，研究深度要均衡，评估总结亮点和创新，更要挖掘规律性、基础性和普遍性的事务。评估工作需要避免带有个人意志的主观价值判断和结论，避免方法之一是评估人要脱离单一的角色定位，站在更多的视角，代表更多的角色开展评估工作。

（四）评估相关原始资料收集

原始资料的收集是评估工作的关键环节，也是最容易忽视的环节。由于人员更替、场所搬迁、制度缺失、时间久远等问题，资料缺失之后很难补救。“评估工作策划书”中需要包含相关原始资料收集的专篇，专篇应列出需要收集的资料清单，资料的来源渠道，资料收集的工作方法，相应的工作制度和责任主体。资料收集过程中，注意收集会议的电子版资料和书页材料、多方案比选后放弃的方案、影音视频资料。不一定强求原件，尽可能做好书页资料的数字化工作。借鉴工程档案的管理制度，建立资料库的归类和使用制度，确保资料不遗失不篡改，便于后续评估工作的资料调阅和利用。

第五节 发展趋势展望

一、价值观念的根本转变

城乡开发是一个巨量社会财富的新增过程，也是一个巨量社会财富的再分配过程。社会财富的再分配是一个涉及政治、经济、社会、论理的复杂命题，公平、正义、效率是核心问题。

城乡开发相关政策的每一次重大调整的实质，是政府、企业、公众三者利益分配次序的调整。以土地收储制度和招拍挂制度为界，之前利益分配的优先次序是“企业、政府、公众、城市”，之后则是“政府、公众、企业、城市”。随着政府职能的深化转变，预计未来城乡开发的利益分配的优先次序将发生根本性转变，即“公众、城市、企业、政府”。

“公众、城市、企业、政府”的新次序是全局性、根本性的转变，未来的城乡开发项目谋划的出发点和落脚点需要进行相应的转变。美丽中国、绿水青山、历史文化保护等新出现的发展理念，标志着地方政府将逐步淡化经济效益的直接回报，注重通过城乡开发调整完善城市功能结构，强调人民群众在城乡开发中的真实获得感，着力解决“人民日益增长的美好生活需要和不平衡不充分的发展之间的矛盾”。

二、政策环境的不断完善

城乡开发政策进入了一个新的调整周期，政策调整关注两个重点，其一是遏制部分城市房地产，特别是住宅价格的快速增长，削弱不动产的金融投机属性，消减高房价对实体经济和政府公信力的冲击；其二是引导地方政府逐渐摆脱“土地财政”的依赖和通过政府举债的方式搞外延的发展道路，严格控制城市的人口规模和用地规模。

城乡开发需要面对全新的政策环境，特别是在住宅市场的供给侧，建立“购租并举”的房地产市场，共有产权房、公共租赁房和开发商自持商品房与传统商品房将共同构成全新的房地产市场。

雄安新区的设立，是中国城乡开发的一个新起点，在总结原有开发建设经验教训的基础上，其将肩负在国家战略上探索新型的中国特色城市化道路的责任，为地方政府未来新一轮城市开发提供全新范例。

三、新技术、新理念的提升作用

互联网、云计算、大数据以及人工智能等为代表引领的新技术革命，美丽中国、绿水青山、新能源、生态环保等的新型绿色发展观，必然对城乡开发带来彻底的颠覆性的冲突和改变。新技术、新理念与城乡开发中的结合运用，预计将在未来以下十个方面引领城乡开发的发展趋势：

（1）从经验决策向人工智能转变

在城乡开发阶段，以智慧城市为目标，运用大数据和人工智能在城乡开发的各个阶段，特别是城乡开发初期的规划阶段，智慧化城市模型运用大数据和人工智能在动态模拟和虚拟现实（VR）方面的技术突破，在城市设计、人口预测、交通组织、产业优化、风貌保护等方面，将进一步辅助城乡开发决策和管理。

预计智慧化大数据辅助将推动交通组织规划理念的升级，提供更多人性化、多样化的交通方式选择，公共交通方式之间的换乘更加便捷舒适，共享交通工具、智慧物流系统、各种新能源汽车的配套设施的规划设置更加合理。

在基础设施规划建设方面，海绵城市、共同管沟、智慧路灯、安防系统等是未来城市开发的亮点。

（2）从粗放低效向集约增效转变

土地政策高压严管的政策氛围下，粗放低效的、围绕招商的、产业落地的开发建设将逐步退出城乡开发。地方政府通过与业绩优良的品牌开发商合作，成规模成区域地集中推动城乡开发项目。政府不再直接面对单个具体招标项目，而是通过管控产业园区的定位，通过品牌开发商或园区开发商引进产业。在严控建设用地不合理开发强度之外，建设用地单位面积的 GDP 产出、生态指标、增量税收（注意与转移税收的差异）、就业人口和居住人口等指标将成为城乡开发的评估要素。

（3）从追求增量向盘活存量转变

以《北京城市总体规划（2016年—2035年）》提出的“实施人口规模、建设规模双控”为标志，未来城市开发的土地来源将从城市增量建设用地转向城市存量建设用地。以北京和上海为代表的，在城市更新的大概念下，疏解特大城市非核心功能、城市老旧棚屋区改造、老工业区产业置换转移等均是存量建设用地的来源。特色小镇和美丽乡村项目是中小城市盘活存量建设用地的典型案例。

（4）从速度优先向品质优先转变

在未来的发展趋势上，经济高速增长不再是地方政府的唯一压力，“雾霾”唤醒了全社会对环境恶化的担忧，政府和市民对城市综合品质的要求在不断增长。在舆论上，地方政府在新增项目上越来越回避“开发”一词，而是把开放、民生、就业、产业升级、生态修复、公众获得感等与城乡开发联系在一起。

（5）从单一功能向复合功能转变

单一功能是指区域内某一功能过于集中，而其他配套辅助功能严重不足，造成一系列城市问题。例如，缺乏生活配套的产业园区，缺乏商业居住的中央商务区，缺乏一定就业岗位的大型居住社区，远离人口密集区的大型郊野公园，孤立在城市之外的大学城等，在建成之后需要很长的时间来修复当初规划和开发建设时留下的遗憾。未来的城乡开发规划，趋势上是将丰富多样的城市功能集中复合，保留各个阶层公众对多种多样社会生活的自主权和选择权。

（6）从物质形态向文化内涵转变

在以往一段时间内，历史印记在城乡开发中逐渐消失，千城一面，城乡开发与“高、大、奇”的标志物联系在一起，建成各类大广场、大绿地、大马路、大主轴、大场馆、大雕塑等非功能必需和非人性尺度的建筑物、构筑物。城市的差别是历史和文化内涵形成的，城市开发需要从城市传承的历史文化中去寻找城市的基因密码，从城市独一无二的发展历史上探寻城市发展的宿命，而不是简单地复制千山万水之外的另一个城市，也不是盲目截取城市本身的一个历史片断拼贴在当今城市的表皮之上。

（7）从零星分散向统一开发转变

在招商主导的城乡开发过程下，零星分散开发不可避免。地方政府在观念上虽然认同统一开发，但限于当年的财力与市场的不对称，发展经济的迫切性，只能接受迁就于市场。统一开发实现的关键是开发模式中的机制建设，将开发权适度集中于主导开发企业，将统一开发的责任和收益集中赋予该企业，建立相应的鼓励和约束机制。

（8）从产业“橙色”向生态“绿色”转变

城乡开发不再局限于服务于产业“橙色”的规划落地。城乡开发在要求上，开始包括了建筑物全生命周期的绿色、生态、环保技术的应用，严格规划控制绿色建筑星级标准，工程阶段的绿色建造（施工），绿色出行，无公害垃圾处理，中水系统、零碳街区等前沿技术或理念。

分布式能源中心，可再生能源的利用（江水源热泵、地源热泵、太阳能）开始试点应用于高强度开发区、大型单体建筑群、高校园区、适合的产业园区等。

（9）从单一需求向多重体验转变

在商务人群和市民公众生活各项需求不断提升，不断多元化的背景下，在基本的商务和生活功能开发之外，有必要增加开发区的人文和活力元素，工作生活的康体休闲元素。24 小时活力街区的规划理念，在基本规划配套之外，可增加设置区域的大型健身活动中心，跨区域的跑步、自行车等慢行系统，街区文化体育场所，社区教育文化中心，滨水区水上运动中心，商务区公共健身中心、博物馆、艺术中心、舞蹈戏曲歌剧院等。

（10）从平面开发向立体开发转变

平面开发是指单一地块单一主体的单一功能开发建设，而立体开发则是多建设主体、跨地块的地下空间统一开发或多地块分层的多功能复合开发。地下空间统一开发，如在中央商务区或产业园区中心区域，多建设主体联合的地下空间统一开发，与周边交通枢纽连接的多功能地下空间，在更高层面可与市政综合管廊、轨道交通合建的地下空间等。多功能复合开发，典型是轨道交通场站的上盖的分层分功能复合开发、大型水务设施的复合开发等。

第一部分

理　论

第二章 经济学

城乡发展的基础是经济发展，因此经济发展的理论与城乡发展关系密切。无论宏观经济理论还是微观经济理论都对城乡开发的实践都有重要的指导意义。

第一节 宏观经济的理论

宏观经济的理论很多，如投入产出理论、凯恩斯主义理论、系统论等，在城乡开发过程中这些理论可以从宏观层面指导开发决策行为。

一、投入产出理论

建立投入产出数学模型，编制投入产出表，运用线性代数工具建立数学模型，揭示国民经济各部门、再生产各环节之间的内在联系，并据此进行经济分析、预测和安排预算计划。在城乡开发过程中就可以将开发过程中的投入产出编制专门的投入产出表，并且将结果融入各级国民经济投入产出表，进行城乡开发经济分析、预测。这对开发的中短期计划，安排预算是非常有效的。投入产出法的关键是建立投入产出的平衡关系模型：

$$\text{中间产品 M}\begin{pmatrix}0\\ \vdots\\ n\end{pmatrix}+\text{最终产品 L}\ (0\cdots m)=\text{总产出 T}\begin{pmatrix}0&\cdots&m\\ \vdots&\ddots&\vdots\\ n&\cdots&z\end{pmatrix}\quad \text{公式 2-1-1}$$

注："投入产出分析方法"，又名部门联系平衡法，是首先由美国经济学家华西里·里昂惕夫（Wassily Leontief）1930年代提出来的，旨在探索和解释国民经济的结构及运行。1936年，里昂惕夫发表了第一篇投入产出分析的论文《美国经济制度中投入产出的数量关系》。七十多年来，投入产出技术有了很大的发展，已经成为当代经济分析的一种重要工具。

在城乡开发过程中，以数学形式表达的投入产出表可以反映城乡开发各部门生产与分配使用之间的平衡关系。尽管城乡开发的部门复杂，要素众多，但建立投入产出数学模型后，可以通过电子计算机的运算，揭示城乡开发各部门、各环节间的内在联系。

二、凯恩斯主义理论

1936年，英国经济学家约翰·梅纳德·凯恩斯（John Maynard keynes）出版了《就业、利息和货币通论》一书，该书对国家干预经济的实践进行了理论总结，形成了凯恩斯主义。凯恩斯主义的理论主张政府对经济的积极干预，突出了政府赤字支出对总需求的扩张作用，认为在总需求不足，即经济陷入产出水平远远低于潜在产出水平的状况下（产能过剩），如果政府增加其购买量，总需求就会增加。在城乡开发过程中政府增加其购买量，体现在大规模的基础设施建设过程中。政府通过大规模的举债，进行道路、给水排水管道等水利设施建设，能源供给设备及管网，废物废水收集及处理设施的管网设施、公共服务设施等开发活动，改善城乡环境和品质，从而提高城乡土地的产出效能。经济发展了，税收就会增加。

在正常情况下，城乡财政收入主要依靠税收，税收的收入要用于城乡管理的各个方面，公务员工资、低收入人群的救助、文化教育、车险、城乡基础设施管理与建设等公益事业等，可以拿出来增加基础设施的经费有限，但是基础设施建设带来的土地收益是非常明显的，投入产出往往要百倍以上。在中国，政府的财政收入还可以从城乡土地的经营中获得，即征用效用比较低的土地，通过基础设施的改造，提高土地的产出效能，通过招拍挂推向市场，政府从中获得土地的最大溢价收入。由于土地经营是一个较长时间的过程，需要的资金量很大，很多地方政府为了促进城乡快速增长，就会通过各种融资方式来解决资金不足的问题。

如图2-1-1所示，象限一说明一个地区的经济水平决定了这个地区的地方财政收入（地方税收加地方收费简称 R），显然是一个线性增长的关系。象限二，一个地方政府一般都会将财政收入一部分用于公共服务，政府的日常运营，基础设施的维护；一部分用于基础设施的改造提升、扩充（简称 I），一般来说也是一个正相关关系。象限三，基础设施投入后会改善城乡空间的品质和数量，可以用城乡空间的市场价值来表达（简称 P），这也是一个正相关关系。象限四说明空间质量的提高，会带动经济发展，多数情况下也是正相关关系。

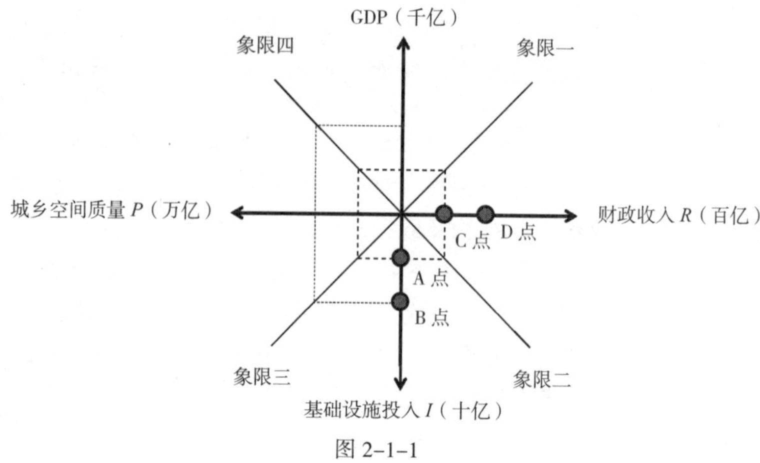

图 2-1-1

图上 A 点表示没有多余的基础设施投入，城乡空间维持原有质量，经济发展停滞，空间发展也会停滞；如果基础设施投入增加，即图上 B 点，城乡空间质量提高，就会促进产业发展，增加 GDP，从而增加财政收入。凯恩斯理论的要点就是必须保持 A 点到 B 点的投入，这种投入只要小于第二年财政收入增加值，即图上 C 点到 D 点，有足够的资金来偿付前一年的投入，理论上就形成了空间质量不断提升带来经济不断发展的良性循环。反之，如果基础设施投入减少，空间质量恶化，造成经济恶化，形成恶性循环。此理论的基本思路是需求的不断扩张，但是城乡空间的供给是有限的，一定条件下社会人口是有限的，社会需求也是有限的。一旦需求不足，供给过剩，就会带来系统性风险。

三、系统论

现代系统论自 1920 年代初建立以来，已成为人们全面认识事物的指导思想。它改变了以前人们熟悉的笛卡尔分析方法在局部或要素上着眼的局限性，以把握全局的心态去接近具体问题。

系统理论认为系统是由相互联系、相互作用的若干要素结合而成的，具有特定功能的有机整体。它不断地同外界进行物质和能量的交换，维持一种稳定的状态。与此类似，城乡也是由各相关要素组成的，是组织社会生产、生活最经济的形式。

系统分为一般系统和控制论系统。多个矛盾要素的统一体就叫系统。这些要素也叫系统成分、成员、元素或子系统。用 S 表示系统，用 A 表示组成系统的要素，R 代表各要素间的各种关系（矛盾），则

$$S = \{A, R\} \qquad \text{公式 2-1-2}$$

这是按系统定义列成的集合数式。

根据系统论相关观点，物理、工程系统称为硬系统，而以人的主观意识为转移的系统是软系统，城市系统中有建筑物、道路等硬系统，也有城市管理、城市文化意识等软系统。从城市学的观点看，现代化城市是一个以人为主体，以空间环境利用为特点，以聚集经济效应为目的，集约人口、经济、科学、文

化的空间地域大系统。S 代表城市系统，而 A 是组成城市系统的子系统，R 表示子系统之间的相互关系。

从生态经济学的角度看，城乡是由人的社会经济活动与周围生态环境各因子的交织而形成的复合系统——城乡生态经济系统。城乡生态经济系统不同于其他生态经济系统，它既包含了自然生态系统和环境的各个要素，也包括了经济发展中的各个环节，还包括了人类社会设施的各个组成部分。因此，城乡生态经济系统是一个自然、经济和社会的复合人工生态系统。

四、动态发展理论

动态是指事物总是在不断变化之中，而不是静止的。如城乡的人口每时每刻都在变化，这种变化有生老病死的自然变化，也有迁徙（迁出、迁入）的机械变化。城乡中的其他各个因素也在不停地发生变化。城乡的建成区面积、城乡的产业运行、城乡的交通运输状态、城乡的信息传输，每时每刻都不是静止的。

城乡作为一个有机体，需要不断的新陈代谢，它从形成兴起至发展衰落有一个生命周期，城乡的这种生命周期因工业化和现代化的发展而变化。在城乡的发展过程中，城乡功能会发生部分、甚至根本性的变化，原有的发展模式和建筑、各类基础设施服务和生活设施会显得陈旧落伍或丧失效用；原有城乡会因物质磨损、结构性失调而使城乡整体功能不能适应城乡发展对空间提出的新需求，这在客观上要求加速对原有城乡进行改造或重新开发，以保持和增强城乡的生命力，延长城乡的生命周期。因此，对作为城乡多种经济活动得以开展和城乡基础设施赖以建立基础的城乡土地进行开发和再开发，就是以土地为手段，改善城乡的生产环境和生活环境，为城乡改造提供必要的区位开发，促进城乡的繁荣发展。

可见，合理的城乡土地开发和再开发，直接影响并制约着整个城乡的改造规模、速度和方式；而城乡改造的结果，常常会使城乡某些功能更新扩大，并又推动城乡土地的开发与再开发。在这一过程中，我们必须要充分考虑各个城乡相关因素之间的推动、制约关系，在城乡发展过程中为城乡开发、再开发留有充分的考虑余地，促进城乡的有序、健康发展。

基本理论：城乡各因素都是不断发展的，每一个发展时段都是前一时段发展的延续。城乡空间是一个相对稳定、不易变的因素，为了满足城乡经济的不断发展，城乡开发应该留有充分的余地和提前量，数学模型为：

$$A_n=A_{n-1}+B_n \qquad \text{公式 2-1-3}$$

$$A_n=A_0\times(1+a)^{n} \qquad \text{公式 2-1-4}$$

典型用途：(1) 人口预测；(2) 经济预测。

五、平衡理论

基本论点：城乡发展各个因素之间的关系应该达到一个相对稳定点。

数学模型为：

$$\frac{f(B)}{f(A)}=\beta \quad \text{公式 2-1-5}$$

A、B——变量；

β——常量。

典型用途：用地平衡，即城乡用地有一个合理的比例结构。例如城乡道路用地，发达国家约占城乡总用地的15.0%~20.0%，我国约占城乡总用地的7.0%~15.0%；道路用地比例太高会增加投资，比例太低会影响交通。

第二节　微观经济学

微观经济学是从产品的供给分析、需求分析、研究供需关系出发的经济研究方法。城乡空间也是一种产品，一般的供需原理也适用；同时城乡空间有与一般产品不一样的特征，还具有一些特殊的生产分配原则。

一、城乡空间供给

（一）城乡空间供给的含义

城乡空间有市场化和非市场化两类，为了描述方便，本节主要研究市场化的空间供给。

市场化城乡空间供给的含义应从微观和宏观经济两个层面去把握。从微观经济角度来看，城乡空间供给是指空间生产者在某一特定时期内、其他条件不变的情况下，在各种价格水平下有意愿且有能力提供的数量。在生产者的供给中既包括新生产的城乡空间商品，也包括过去生产的存货。从宏观角度来看，城乡空间供给就是城乡空间总供给，这是指在某一时期内全社会城乡空间供给的总量，包括实物总量和价值总量。

城乡空间供给要具备两个条件，一是出售或出租的意愿，这主要取决于价格为主的交易条件；二是供应能力，这主要取决于空间生产者的经济实力和经营管理水平；两者缺一不可。在市场经济条件下，以价格为主的交易条件是主要的，当价格下跌时，市场供给量会减少，价格上升时，市场供给量会增加。

（二）城乡空间的类型

从自然属性的角度来说城乡空间是由土地及土地上的构筑物共同构成的，是人类活动的空间。在中国，城乡空间可以分成两种基本类型：一种是有构筑物的建设用地，一般来说建设用地上可以建造多层建筑，提供的城乡空间可以大于建设用地的投影面积，尤其是在高强度开发的城乡地区，提供的空间面积甚至可以达到相应的土地投影面积的10倍以上；另一种是没有构筑物的非建设用地，常见的如农田、森林、水面，原始自然生态用地等，它的投影面积就是提供的空间面积。

从使用权属的角度来说城乡空间也有两种基本类型：一类为只能由政府投资开发，难以获得直接经济回报的公共性空间，如道路、基础设施空间、生态绿化空间、大型文教体卫公共服务设施等；另一类为可以通过市场化运作获得回报的空间，如商品房、办公楼、商场、工厂企业等。

（三）城乡空间供给的特性

城乡空间商品化供给与一般商品供给基本上是相同的，因此经济学中所描述的供给曲线、供给函数、供给定理等一般原理对城乡空间供给也是适用的。另外，城乡空间是一种特殊商品，是以土地为基础的空间供给。而城乡土地则存在供给刚性和一级市场垄断性的特点。城乡土地可以分成两种基本类型。

因此，城乡空间供给的特性可从城乡土地的两个特性和城乡空间的三个特征加以说明。

（1）城乡土地的有限性和刚性

城乡土地的供给分为自然供给和经济供给两类。土地的自然供给是指自然界为人类所提供的天然可利用的土地，它是有限的，相对稳定的。土地的自然供给是没有弹性的，是刚性的。土地的经济供给是指在自然供给基础上土地的开发强度变化以及各种用途的相互转换。土地的经济供给有一定的弹性，但由于受自然供给刚性的制约，其弹性也是不足的。总体上说，作为城乡空间基础的土地，其供给是有限的、刚性的。城乡空间的总体供给就比一般商品弹性弱，刚性强。

（2）城市土地的一级市场垄断性

我国城市土地属于国家所有，国家是城市土地使用权市场的唯一供给主体，因此城市土地一级市场是一种垄断性市场。

一方面，法律赋予政府垄断一级土地市场的权力，城乡政府是具体行使垄断权的执行者。另一方面，在一级土地市场中，城乡政府既是市场上端货源（土地）的垄断性（唯一）筹集（买入）者，又是市场下端商品（买入的土地）的垄断性供应（卖出）者，在土地市场上起着垄断性中间商的作用。在市场上端，政府凭借垄断性“征地权”征用农民集体所有的土地或通过土地储备权收回城市中原土地使用者的国有土地，以获取在土地市场上可供出让的土地资源。在市场下端，政府又通过垄断性出让权将土地通过招拍挂出让给开发商。

（3）城乡空间供给具有层次性

城乡空间供给一般分为三个层次：

一是现实供给层次，这是指城乡空间产品已经进入流通领域，可以随时出售和出租的城乡空间。如空间上市量，主要部分是现房，也包括已经上市的期房，这是城乡空间供给的主导和基本的层次。城乡空间的现实供给是供给方的行为状态，它并不等于城乡空间商品价值的实现。城乡空间商品价值的实现取决于供给和需求的统一。

二是储备供给层次，这是指城乡空间生产者出于一定的考虑将一部分可以进入市场的城乡空间商品暂时储备起来（不上市），这部分城乡空间商品构成储备供给层次。城乡空间储备供给是由于生产者主动采取的一种商业行为而形成的供给状态，它和人们常说的空置房是有区别的，空置房主要是指生产者想出售而一时出售不了的城乡空间商品。

三是潜在供给层次，这是指已经开工和正在建造的以及已竣工而未交付使用等尚未上市的城乡空间商品，还包括一部分过去属于非商品城乡空间，但在未来可能改变其属性而进入市场的城乡空间数量。

城乡空间的三个供给层次是动态变化转换的。

(4) 城乡空间供给的滞后性和风险性

相对于一般商品而言，城乡空间商品价值大而且生产周期长，一般要1~2年，甚至数年。较长的生产周期决定了城乡空间供给的滞后性，这种滞后性又导致了城乡空间投资和供给的风险性。如果城乡空间生产者依据现时的城乡空间市场状况确定开发计划，该计划在目前是可行的，但数年后空间商品投入市场时，就有可能因市场变化而造成积压和滞销。对任何市场行为主体而言，认识这一特性十分重要，这就需要其对经济形势走向做出正确预测，使开发计划尽可能符合实际并留有弹性空间。

(5) 城乡空间供给的时期性

城乡空间供给具有明显的时期性，所谓时期性是指从不同的长短时期来考察，城乡空间供给呈现出一些不同的特征和规律。根据经济学的一般原理，长短期的划分不是以时间的长短为标准的，而是根据生产要素投入或产品的可变程度大小做出的区分。根据这种概念，城乡空间供给的时期一般可分为特短期、短期和长期三种。特短期又称市场期，是指市场上资源、产品等供给量固定不变的一段时间，由于城乡空间商品生产周期长，因而其特短期在绝对时间上要比普通商品长些。在特短期内，城乡空间供给量保持不变。所谓短期，是指这样的一段期间，土地、厂房设备等固定要素不变，但可变要素可以变动，从而影响到城乡空间供给的较小幅度的变化。例如，房屋向高空拓展，一般被认为是一种可变要素的变动。在短期内，土地供给量不变，房屋供给量会有较小幅度的变动。所谓长期，是指这样的一段期间，行业内的所有生产要素都可变动，而且行业壁垒也不存在，因此，在长期内，城乡空间供给将呈现较大幅度的变化。

（四）城乡空间供给的主要影响因素分析

影响和决定城乡空间供给（量）的因素是多方面的，主要有以下因素：

(1) 城乡空间的供给与价格

对于开发者来说盈利是一个主要目标。一般地说，当价格低于某一特定的水平，则不会有空间的供给，高于这一水平，才会产生空间的供给，而且其价格与供给量之间存在着同方向变动的关系，即在其他条件不变的情况下，供给量随着价格的上升而增加，随着价格的下降而减少。因此空间供应曲线从一般意义上说是一条向右上方倾斜的曲线。与一般的商品一样，空间价格是影响空间供给量的首要因素，因为在成本既定的情况下，空间价格的高低将决定空间开发量。

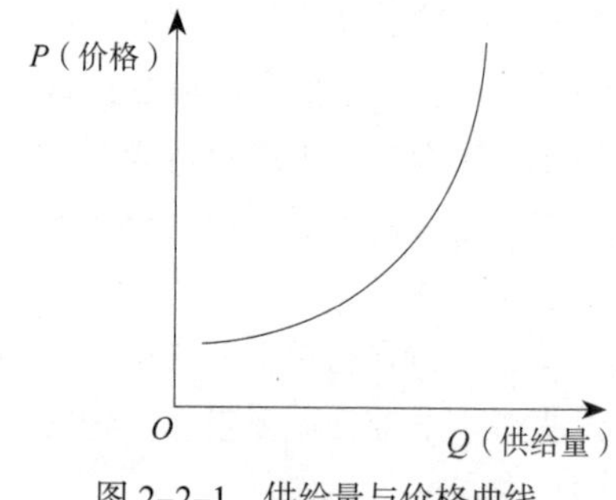

图 2-2-1　供给量与价格曲线

空间的供给是随价格升降而变化的。供给量与价格是正相关关系（图 2-2-1）。

(2) 土地价格和城乡土地的数量

土地价格是空间成本的重要组成部分。土地价格的提高对土地所有者来说意味着收益的增加，因而会增加土地的供给，但这种增加是有限的。土地价格的提高对开发商来说意味着成本的上升，面对这种局面，开发商一般会采取两种可供选择的对策：一种对策是向上空间拓展以提高房产容积率，促使单位建筑面积所含的地价比重下降，消化地价成本的上涨，从而有利于增加房产供给；另一种对策是缩小生产规模和放慢开发进度，当地价上涨的因素难以消化时，开发的收益水平受到影响，同样的资金能够运作的规模也会相应减少，从而会引起空间供给的减少。

城乡空间的供给能力，在很大程度上取决于能够供给城乡使用的土地数量。在一定的历史时期内，一个国家能够把多少土地提供给城市使用，这决定于经济发展的水平。一般来说，一个国家经济发展水平越高，特别是农业生产力越高——单位产出越高，保障国家粮食安全所需的耕地量就越少，因此，可提供给城市使用的土地相对就越多。

（3）税收政策

税收是构成空间开发成本的重要因素，据测算，我国目前各种税费约占空间价格的10%~15%，假定空间价格既定，其他成本既定，那么税收就是影响空间企业盈利水平的决定因素。如果实行优惠税收政策，或减免税收或纳税递延，就会降低空间成本。减免税收相当于给开发商额外的收益，纳税递延相当于给开发商额外的利息补贴。开发成本的降低，既使等量资金的空间实物量供给增加，又提高了开发商盈利水平，从而吸引更多的社会资本从事空间开发，增加空间供给量。如果税费增加，则会直接增加空间开发成本，减少开发商盈利水平，其结果是同量资金开发的空间数量减少，或使开发商缩小其投资规模，甚至将资本转移到其他行业中去，从而导致空间供给的减少。

（4）开发商对未来的预期

空间市场的不确定性导致开发商对未来的不同预期。

对未来的预期包括：国民经济发展形势、通货膨胀率的预期，空间价格、城乡空间需求的预期，国家空间税收政策、产业政策的预期。预期要解决的核心问题是未来的投资回报率，如果预期的投资回报率高，开发商一般会增加投资，从而增加空间供给；如果预期的投资回报率低，开发商一般会缩小规模或放慢开发进度，从而会减少城乡空间供给。对未来的预期是一件复杂而又难度较大的工作，需要开发商掌握众多的经济信息，运用科学的方法和手段，进而得出正确的结论。

（五）时间与空间供给

一般的，空间总量的供给随时间而增加，呈上升趋势。这是因为，空间的固定性与长久性特点决定了空间一旦形成，短期内不会消失。同时，由于经济的发展，居民收入水平的提高，活动能力扩大，必然导致空间消费的增加，供给量随之逐步上升。另外，不同时期人们对房产的功能质量要求会发生变化，新的空间类型也应运而生，空间供给总量增加（图2-2-2）。

二、城乡空间的需求

（一）城乡空间需求的含义

在城乡空间商品市场上，需求来源于城乡空间各种类型的使用者，这些使用者既可以是租客或业主，也可以是企业或家庭。对企业来说，空间是其众多

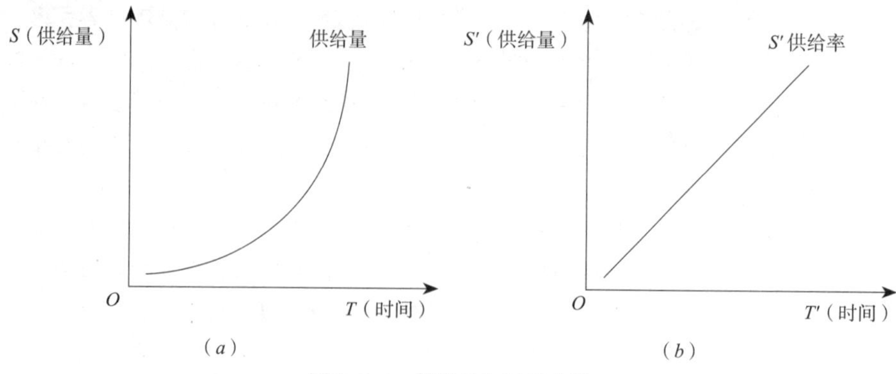

图 2-2-2 供给量与时间曲线

生产要素中的一种，和其他要素一样，其使用数量取决于企业的产出水平和与之相关的空间使用成本。一个家庭要将其消费预算支出在许多商品之间进行分配，住房只是其中的一种，所以说家庭的住房需求数量取决于其收入水平以及住房消费与其他如食物、服装或文化娱乐等消费成本的相对比较。

一般的，需求是随着需求物的价格变化而变化的，价格越高需求量越少，价格越低需求量越多。同样每一个家庭和企业的城乡空间需求是随着空间商品的价格而变化的，价格越高需求量越少，价格越低需求量越多。

城乡空间需求要具备两个条件，一是购买意愿，这主要取决于价格为主的交易条件；二是购买能力，这主要取决于需求者的经济水平；两者缺一不可。

（二）城乡空间需求的分类

城乡空间的基本需求分两大类：市政类和市场类。市政类空间主要指那些不以盈利为目的的公共设施建设和市政设施建设，其中相当数量的设施由城乡政府部门直接管理经营，或由政府补贴进行日常运行。由于不具有市场价值，一般不单独进入城乡空间开发和空间市场。尽管这一类土地没有直接经济效益，但它又是城乡社会、经济发展，城乡环境发展所必需的。这一类用地包括政府机关，学校、图书馆等教育设施，公园、小游园等公共绿地，变电站、自来水厂、污水处理厂等设施的用地，以及低收入居民和市政动迁户的安居住宅用地，约占城市总用地的 25%以上。

市场类城乡空间主要指那些以盈利为目的而进行的城乡空间开发，经营开发项目的产权属个人或企业所有。例如商品房、标准厂房、企业性办公楼、商业建筑等，这种城乡空间的主要特征是可以单独进入市场进行交换，理论上这一类用地约占城市总面积的 75%以下。

市场类城乡空间按购买对象的需求类型还可分成投资型与消费型两种。

投资型的需求与经济发展，尤其是扩张性经济发展密切关联。扩张性经济是以扩大简单再生产为经济发展动力的，经济发展快，新建企业多，扩建企业也多，投资量大，企业对城乡空间的需求自然大。投资型城乡空间需求目的是获取利润，其中大部分是将城乡空间作为生产资料投资再生产过程；另一部分是中介者，购房是为了保值和出租，或者转手倒卖。

消费型主要指住宅消费者，此类购房者购房的主要目的是自己使用。

（三）城乡空间需求的主要影响因素分析

影响空间需求的因素很多，主要有消费者的收入、区位、功能。

（1）需求与经济收入

A. 需求三阶段

消费者的需求受限于即期的预算约束。一般而言，消费者的经济收入决定了他们的预算约束；而预算约束则决定需求的总量和需求的结构。

图 2–2–3 表明人们对城乡空间的需求受到经济收入的影响。考虑以下三种情况：

第一种情况，当经济收入持续徘徊在低位时（$I<I_A$），相对而言，城乡空间需求是一种奢侈消费品，这时人们可以用于城乡空间需求的预算支出比较少，预算支出主要用于生活必需品（恩格尔系数比较高），因此，总体上对城乡空间的需求保持在一个相当低的水平。

第二种情况，当经济收入突破 I_A 点时，收入水平在满足生活必需品的预算支出基础之上又有了长足的增长，可支配收入的增加使得人们对于城乡空间的购买欲望迅速上升，直到经济收入达到 I_B 点时。在 I_A~I_B 阶段，随着经济收入的增加，人们的城乡空间购买愿望呈现出快速上升趋势。

第三种情况，当经济收入水平突破 I_B 时，随着收入的持续增加，人们对于城乡空间的购买欲望的边际增幅减缓，该曲线斜率慢慢变小。

说明，在点 O~A 之间属于第一种情况，A~B 之间的区域属第二种情况，B 点右边是第三种情况。

B. 需求变动

从图 2–2–4 中可以看出：需求曲线从 D_1 到 D_2，表明经济收入水平提高后，需求曲线向右移动，原因是人们对同等品质的城乡空间有意愿支付更高的价格（从 P_1 到 P_2）；或者在原来的价格水平（如 P_1）上，人们有了更加强烈的城乡空间需求（从 Q_1 上升到 Q_2）。

（2）需求与位置曲线

众所周知，城乡空间商品是完全相异化的，对于某一特定地段的建设用地上的空间商品供给是固定的；但从另一个角度讲，某一地段的建设用地的需求对价格非常敏感，因为与其毗邻的地块都是价格竞争者。

因此，对于每一块建设用地的定价，必须能够使其使用者从该块土地的位置优势上获得的价值可以弥补其额外支出。这种差异补偿方式有助于解释土地或住宅空间的合理分布，同时也使人们认识到需求因素对土地和住宅价格的决定作用。

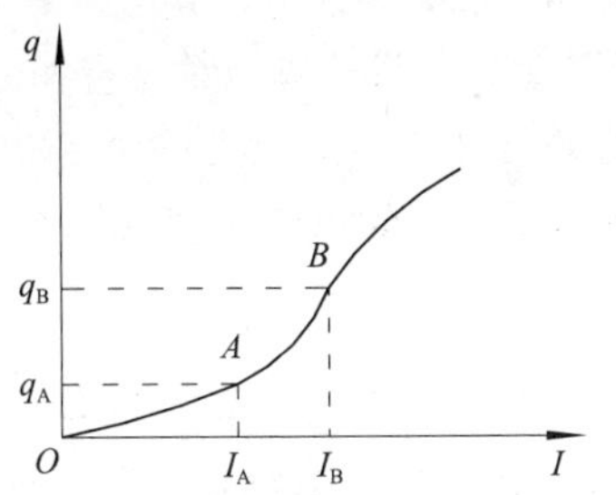

图 2–2–3 空间需求与经济收入水平

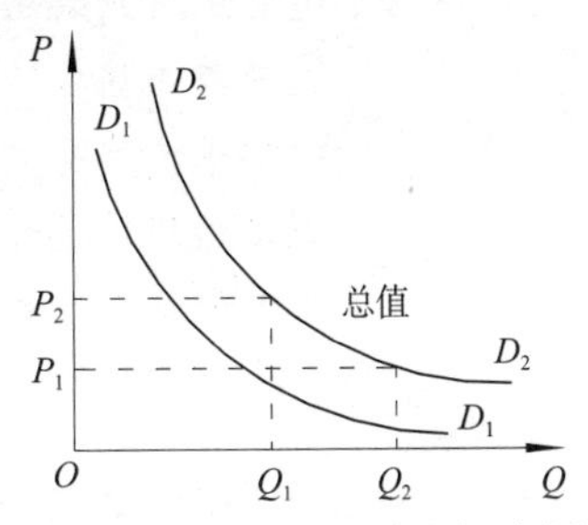

图 2–2–4 收入变化后价格与需求关系

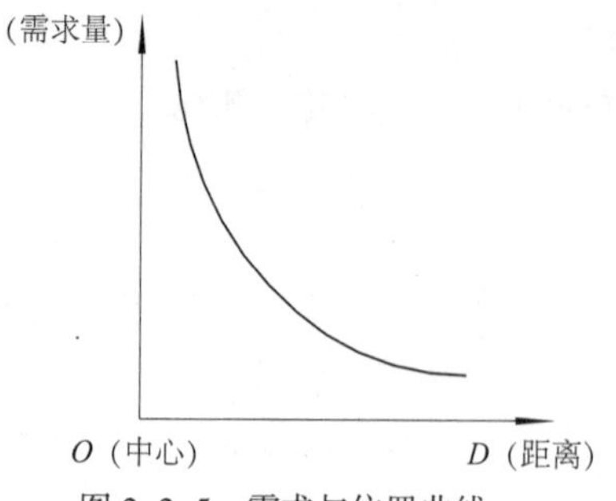

图 2-2-5 需求与位置曲线

住房的租金和价格是随着城乡空间的不同分布而变化的，不同用途的土地以及不同类型的家庭会在空间上产生分离现象。由于建设用地最终会归属于出价最高者，所以市场上的这种空间分离会自然出现。将租金转化为住房价格的资本化水平会随着项目在城乡位置的不同而有所变化，尤其是当城市区域正在扩张并且这种扩张预期将会持续的情况下。

需求与位置曲线（图 2-2-5）揭示了城乡空间的需求是随着位置的改变而改变的，越靠近城市就业中心（原点），对城乡空间的需求越大，城乡空间的租金和价格就会越高。

而当位置远离就业中心时，对城乡空间的需求就会逐渐降低，其对应的租金和价格就会随之下降。

（3）功能与需求曲线

A. 租金——双功能城市（企业与居住）

对于存在中央商务区（CBD）的城市，企业对中心地区土地的评价必然要高于家庭。在一个竞争的、没有管制的土地市场中，一个中央商务区或者制造区，只有在从这些非居住土地用途中得到的土地租金超过为周围的工作者提供居住服务所获得的租金时才能够存在。

假定城市和企业具有以下特征：

①该城市只有唯一的港口或者交通中转站，企业必须将其货物运至那里后向外运输，同时从那里接收原材料或者来自其他城市的输入品。同样，输入的消费品也是通过这种设施到达的。在这个城市内，货物的转移（自该中转站）费用为每单位距离 s 元，与该交通中心的距离以符号 d 来表示。

②企业采用相同的生产过程来生产同质产品。每个企业生产的产品数量恒为 Q。

③没有替代要素。每一企业使用的地块大小 f 和建筑物资本是固定的。企业所使用的建筑物租金是 C，而企业每单位面积土地的租金随着位置而发生变化，为 $r(d)$。对于一定的土地和建筑物，单位土地上的产出是固定的。

④产出市场和投入市场是完全竞争的，该行业可以自由进入。这意味着每一企业将价格视为既定价格，经济利润为零。

⑤土地配置给或者出租给那些能产生最高租金的用途（工厂或办公室）。

使用这些假设，探讨企业的利润（收入减去全部成本）怎样随着位置而发生变化。如果每一企业销售的产品数量为 Q，其产品单位价格是 P，那么企业的总收入将为 PQ。每单位产品的可变成本包括工资和生产材料成本为 A，销售每单位产品的转移或者运输成本为 sd。企业的固定成本包括建筑物租金 C，以及每单位面积土地的租金 $r(d)$，除以企业使用的土地单位面积数 f，从而每单位面积上的利润 π 为：

$$\pi=\{Q(P-A-sd)-C\}/f-r(d) \qquad \text{公式 2-2-1}$$

由于企业间的竞争使得利润为零，每单位面积土地的租金 $r(d)$ 可以作为剩余值得到：

$$r\ (d)=\{Q\ (P-A-sd)\ -C\}/f \qquad \text{公式 2-2-2}$$

在公式 2–2–2 中，土地租金定义为使企业不管在什么位置，都获得同样的零利润租金。在同一都市区中的 P、Q、A 和 C 都不随着位置而变化的假设条件下，土地租金正好补偿了企业由于与交通中转站的距离增加而产生的运输成本的上升额。

在这个模型中，住宅用地租金正好补偿了家庭由于位置较远而形成的交通成本。城市中心（d=0）的运输成本为零，而 r（0）等于 $[Q\ (P-A)\ -C]\ /\ f$。离开该中心，每单位面积土地租金的下降额正好是企业每单位面积运输成本的上升额：$-sd\ /\ f$。如果租金的下降额大于（小于）该值，则企业可以通过移出（移入）城市中心来实现超额利润。在均衡状态时，迁移的动机也必然不存在。

企业的租金梯度必然要大于家庭的租金梯度，这意味着随着人们远离交通中转站，企业的运输成本（每单位面积商业用地）必然高于该工厂的工作人员前往该企业的交通成本（每单位面积住宅用地）。如果商品或者原材料的转移成本比人的交通费用更高（如步行），以及如果商业用地比住宅用地更密集，那么实际的情况很可能就是这样的。在这些条件下，企业用地构成了从中心到某一中间边界 m 的主要土地用途。而从 m 到城市的边界 b，住宅用地成为土地的主要用途。在中间边界上，从企业获得的土地租金将会等于住宅用地的租金。租金的这种模式可以在图 2–2–6 中看出。

B. 租金——三功能城市（商业、居住与工业）

在早期的城市中，写字楼、仓库、制造工厂和商店都位于中央商务区。随时间的推移，第一类分散化的企业是工业企业——那些从事制造或者仓储的企业。工业技术的变动使得工业用途的零利润租金梯度在不同空间上变得更为平缓。对制造业和批发业工作分散化的解释着重在于两种技术的发展：第一种是交通系统的发展，铁路交通正式出现；同时，由于制造商对卡车运输的依赖性上升，这一模式进而导致高速公路的分散化模式。铁路运输和卡车运输的广泛采用表明，企业不再需要将它们的货物运往城市中心或者从城市中心接收它们所需要的材料。

除了交通技术的变化之外，工业的生产方法和储存技术也在这一时期得到了发展。生产和储存技术的变化极大地增加了工业企业每单位产品使用的土地数量。在工业革命的最后阶段，制造商逐渐采用了那些基于集中流水线的生产过程，流水线增加了每单位产出所需要的土地数量。现代的储存技术同样需要较多的土地，因为它要求制造商将货物储存于大的、单一的水平储存建筑物内。

作为这些变化的一个结果，和传统城市中心距离相关的工业企业的每平方米零利润租金梯度变得相当小了。这样，工业企业愿意为中心位置每单位土地而支付的金额会低于其他的使用用途。在一个竞争性的土地市场中，选择更远的位置对工业企业而言是更为有利的。现在，新的工业建筑基本上总是建在城

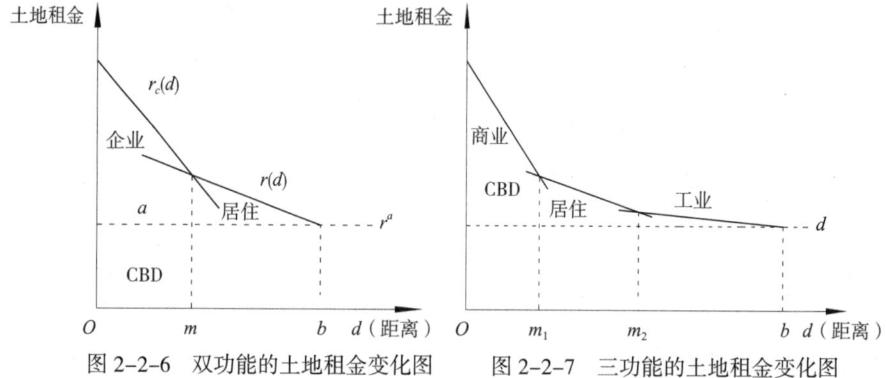

图 2-2-6　双功能的土地租金变化图　　图 2-2-7　三功能的土地租金变化图

市最边缘处，因为来自其他用途的土地竞争在那里是最小的。最终的位置和土地租金模式如图 2-2-7 所示。商业用途和办公用途占据了 CBD 地区（直到距离 m_1 处），接着是居住用途占据了距离 m_1 到 m_2 之间的地区。在住宅以外，土地用途为低密度的工厂和仓库。

在 O~m_1 区域，因为每单位面积零利润租金梯度最陡，商业用地支付的地价最高，所以该区域成为商业区。在 m_1~m_2 区域，相比而言，在该区域生活、居住用地支付的地价相对低于 O~m_1 区域，而用于生活、居住建筑用地。在 m_2~b 区域，工业用地每单位零利润租金梯度较 m_1~m_2 区域平坦，在此区域工业愿意支付的地价相对最高，该区域成为工业区。

C. 租金——多功能城市

显然，随着现代城市的日益发展和各项功能的不断完善，加上各产业的细分，城乡空间的需求不会局限于上述三类。可以认为，在需求图上将有十数条乃至更多的曲线，然后由各曲线对应的切点组成一条包络线，该线是城乡空间各种需求类型因空间使用功能不同而产生的一条需求曲线。如图 2-2-8 所示。

三、城乡空间的供需平衡

（1）各类用地的平衡。如自然生态用地与人类生产生活用地的平衡；城市与农村用地的平衡；产生用地与居住生活用地、服务用地、基础设施用地、交通用地等不同用地功能的平衡。

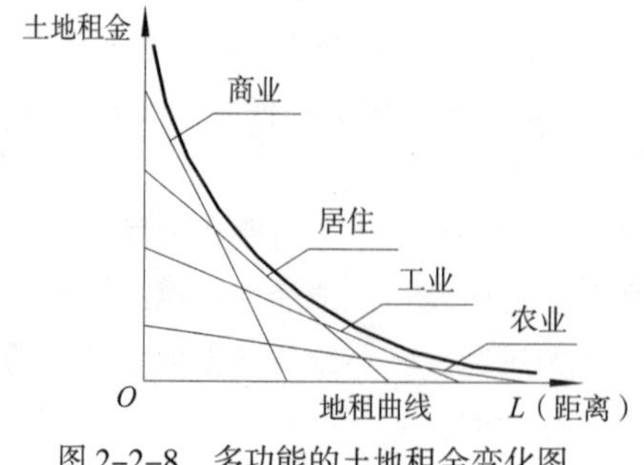

图 2-2-8　多功能的土地租金变化图

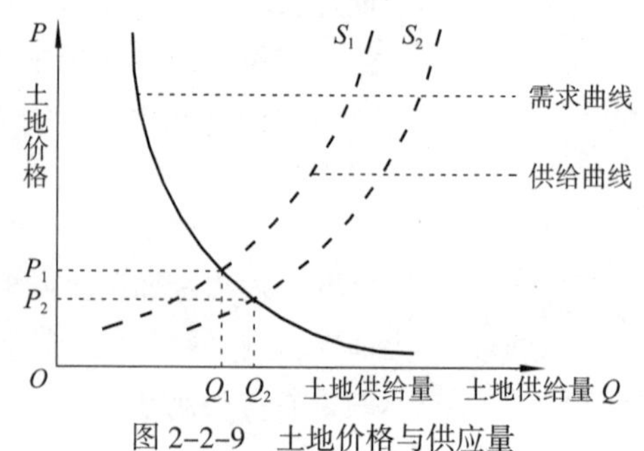

图 2-2-9　土地价格与供应量

(2) 投资与收益的平衡：城乡开发的投资收益应该与城乡其他收益类似，收益率太高，社会资本大量进入城乡开发领域，会造成开发量过大，形成空间开发泡沫；反之收益率太低，社会资本大量从城乡开发领域抽逃，会造成开发量过小，影响城乡发展。

(3) 供给与需求的平衡：例如，城乡土地的供给应该与市场需求一致，供应量太小，地价上涨，造成房价过高，居民住房难以改善；土地供应量太大，地价太低，政府收益减少，进一步开发的后劲不足。

如图 2-2-9 所示，当土地供给量增加，土地供给由 Q_1 变为 Q_2，相应的土地价格由 P_1 降为 P_2。

思考题：

如何理解城乡开发的经济作用？

参考文献：

[1] 缪代文．微观经济学与宏观经济学 [M]. 北京：高等教育出版社，2001．

[2] 胡细银．可持续发展之路 [M]. 北京：中国经济出版社，2010．

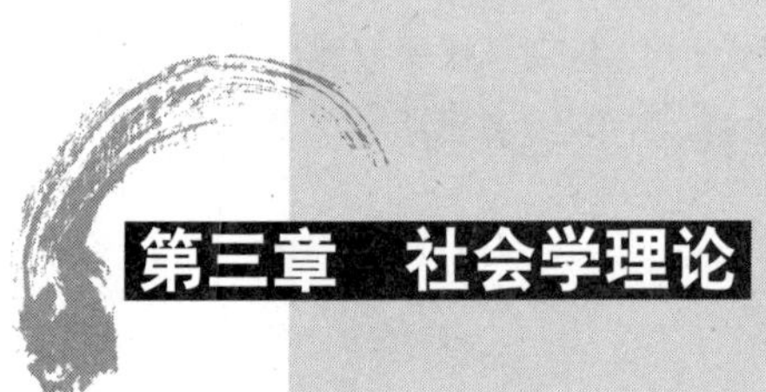

第三章　社会学理论

社会学是一门研究社会事实（客观事实：社会行为、社会结构、社会问题等。主观事实：人性、社会学心理等）的拥有多重范式的学科，起源于19世纪末期，是从社会哲学演化出来的现代学科。社会学是一门具有多重研究方式的学科，主要有科学主义的实证论的定量方法和人文主义的理解方法，它们相互联系，发展及完善一套有关人类社会结构及活动的知识体系，并以运用这些知识去寻求或改善社会福利为主要目标。与城乡空间开发有关的理论很多，主要有人口理论、社会熵理论、公共参与理论、社会隔离与融合理论、社会公正理论、空间均衡理论、历史文化保护理论等。

第一节　人口理论

人口理论主要研究人口规模结构，研究人口发展与社会、经济、生态环境等相互关系的规律性和数量关系。人口理论的历史很久，人口问题研究古代早已有之，中国先秦时期的管子、孔子、商鞅、韩非子等人的著作中都涉及有关人口问题的观点，甚至提出人口和土地之间应有一个理想的比例思想。古希腊的柏拉图和亚里士多德从城邦国家的防务、安全和行政管理角度研究人口“适度”问题。随着资本主义生产方式的产生和兴起，古典哲学理论有关重商主义、重农主义的著作中都探讨过人口问题，但作为人口理论，应该从托马斯·罗伯特·马尔萨斯（Thomas Robert Malthus）的《人口论》算起。马尔萨斯认为，人口在无所妨碍时按几何级数增长，生活资料呈算术级数增长，两者形成巨大的差额。只有通过晚婚、不婚等道德抑制和罪恶、贫困、战争等积极抑制，才可能使人口增长与生活资料增长相平衡。马尔萨斯人口论是作为反对W. 葛德文（W. Godwin）和 A.de 孔多塞的理论而问世的。之后引入人口学起了巨大争论，有赞成者，有反对者。反对者不仅来自马克思主义，也来自其他各种学派。古典经济学家亚当·斯密（Adam Smith）、D. 李嘉图在他们的经济学著作中都有有关人口理论的论述。新古典经济学派创始人 A. 马歇尔提出，人口增长是促使报酬递增的因素之一，在比较先进的国家里人口增长是有利的。19 世纪末 20 世纪初建立的以 E. 坎南为代表的适度人口论，认为平均生产率最高时为适度人口点，在此之前为人口不足，在此之后为人口过剩。J. M. 凯恩斯（John Maynard Keynes）从马尔萨斯有效需求原理出发，根据英国的资料认为人口增长不足是投资需求和消费需求不足的原因之一，强调人口应该保持适度增长。

人口学通过专家搜集、整理、评价、分析人口现象数量资料的方法及指标体系、分析技术和数学模式等进行研究。具体说来，包括用人口普查、抽样调查、生命登记等方法搜集资料、评价资料，以及对人口现象和过程的数量关系具体描述的统计方法、实验方法和数学方法，也包括研究人口现象内在纯数量规律（如在一定年龄别的生育率和一定年龄别的死亡率条件下，必然形成一个稳定人口模式）。其结论如城市老龄化、农村空巢化对城乡开发有重要的指导意义。

第二节 社会熵理论

随着世界城市人口的爆炸式增长，城市化、工业化步伐的推进，能源危机、资源危机和环境污染日趋严重，全球环境问题日渐突出。为了人类的整体持续生存，维护人与自然的和谐发展成为世界发展主题，可持续发展已成为一种共识。在帮助人们构筑新的生活理念时，一个物理学概念起了极大的作用，这就是熵。为了更好地把握对熵的理解，需了解一些热力学的概念。

可逆过程：在一个过程中，系统发生了变化，外界也要发生变化。如果系统从状态 I 变到状态 II 的过程具有这样的性质，即当系统再从状态 II 回到状态 I 时，在原过程中外界所产生的一切变化也同时被消除，而没有留下任何痕迹，那么这个过程就称为可逆过程。不存在任何耗散性效益（如摩擦、粘滞等）的准静态过程，是可逆过程。

不可逆过程：系统和外界经某过程而发生变化之后，若不能恢复到初始状态，这样的过程称为不可逆过程。自然界发生的一切实际过程，都是不可逆过程。城市开发过程是一种不可逆过程，一旦大规模建成以后，城乡空间状态难以恢复到原始状态。

热力学第二定律：热力学的基本定律之一。这个定律是对“在有限空间和时间内，一切与热运动有关的物理、化学过程的发展，都具有不可逆性”这一事实的总结。

既然热力学第二定律指出了一切与热现象有关的宏观过程的不可逆性，而热现象总是与大量分子的无规则热运动相联系的，所以，从统计的观点看待热力学第二定律，一个孤立系统内部发生的任何过程，总是从概率小的状态向概率大的状态进行，总是从包含微观状态数目少的宏观状态向包含微观状态数目多的宏观状态进行。这就是热力学第二定律的统计意义。

从城市开发的角度来看，城市居民就像热力学中分子活动规律一样，总是会不断向更好的状态努力，选择更好的工作，更好的居住，更方便的交通，更优美的环境。一旦获得较好的状态，就难以恢复到原始的较差状态。这就形成城市开发的原始推动力。

基本论点：城市人口众多，单个人活动偶然性强，利用统计的办法得到城市居民活动趋势，从而得到城市开发的目标。一般表达式：

$$Q_i=q_i \times F(t_0,\ t_n) \qquad \text{公式 3-2-1}$$

Q_i——事物 F 发展趋势；

q_i——相关事物本身强度；

$F(t_0,\ t_n)$——事物出现概率。

典型用途：

(1)城市开发时机选择。一般来讲可以认为城市的功能区是一个封闭区域，根据耗散结构的理论，发展到一定时期城市形态的作用相对稳定，活力降低，进入沉寂期。就需要改造，这往往是再开发的最佳时机。

(2) 城市设计。在城市设计过程中利用统计的方法研究城乡空间中人们的活动趋势，获得人群日常活动的一般规律，设计合理的流线通道、活动空间。

第三节　公共参与理论

城乡空间的开发关系到公众利益，公众应该有知情权、参与权。公众参与是实现公众权利的基本途径。在城乡开发过程中，虽然公众的权利都得到了相关法规、政策、规范的确认和保障，但由于开发者的利益与公众利益不一定一致，开发者与普通公众往往会有各种各样的矛盾，这些法定权利并不会自动实现。公共参与是公众争取和扩大个人权利的最主要途径，只有通过积极的公共参与，公众的个人权利才能得到最充分的实现。正是从这个意义上，我们可以说，广泛的公共参与，是现代城乡开发的重要工作，是政府、开发者与普通公众沟通的方式，是化解开发者与公众矛盾的主要工具。

一、公共参与的作用

开发权是一种公共权利，公共参与可以有效防止公共权力的滥用。权力不加制约就会被滥用，而权力一旦被滥用，即可能导致开发者的腐败，损害公众的合法权益。因此，制约权力是城乡开发的一个基本要素。有效地制约

公共权力的滥用，一方面权力体系自身内部有相互制衡，如国家的立法、行政、司法权力之间的相互制约；另一方面，也需要权力体系之外的制约，即公众和公众社会的制约。公众对政治生活的积极参与，是实现对公共权力有效制约的基本条件。如果公众对城乡开发漠不关心，城乡开发的公共权力就有失控的危险。

公共参与可以使城乡开发的决策更加科学和民主。公共参与的直接结果通常就是影响公共决策和公共生活，使城乡开发决策者倾听公众的意见，并且按照公众的意见来制定有关政策，从而使相关的政策变得更加符合公众的利益。公众对决策过程的参与，还可以及时发现政策的失误和偏差，及时纠正决策失误，从而使开发决策更加科学，开发过程运行更加合理。因此，公共参与是提高城乡开发的质量，保护和增进公众权益的重要手段。

公共参与能够促进社会生活的和谐与安定。公共政策的制定过程，实质上是一个利益分配和调整的过程。大到开发目标的决策，小到开发空间分配使用，都涉及利益关系的协调。如果一项政策或一种制度导致了利益分配的严重不公正，那么利益相关者之间就会发生矛盾和冲突，利益受损的群体就会对城乡开发的项目产生抵触，从而损害开发项目的合法性，进一步威胁社会的公共秩序。进而言之，即使一项开发项目体现了公众利益，但如若这个项目没有为公众所理解和接受，同样可能造成公众与公众之间，以及公众与开发者之间的对立，带来社会矛盾。如果公众能够实质性地参与相关的决策过程，通过公众的参与有效协调各种利益关系，这样的政策就容易为公众所接受，公众对公共政策就会有更多的共识，公众之间以及公众与开发者之间就容易和睦相处。

公共参与本身就是公众的价值和美德。公众的参与通常都有着明确的目标，如影响政府决策、制约开发者权力、保护公众权益等。但是，即使公众在政治参与或社会参与中没有达到预定的这些目标，也不能说这些参与是没有意义的。在民主政治条件下，公众的参与本身就是一种价值。参与可以唤醒公众的权利意识和民主意识，可以培养公众的公共合作精神，可以增进公众的政治认同，可以使公众学会适应公共生活，提高参与的技巧，积累参与的经验，发展参与的能力。

二、公共参与的形式与领域

公共参与有许多种不同的形式，而且随着信息和科学技术的发展，参与的形式也在不断增加。凡是旨在影响公共决策和公共生活的行为，都属于公共参与的范畴。投票、竞选、公决、结社、请愿、集会、抗议、游行、示威、反抗、宣传、动员、串联、检举、对话、辩论、协商、游说、听证、上访等，是公共参与的常用方式。在信息和网络技术日益发达的今天，一些新的公共参与形式正在出现，如电视辩论、网络论坛、网络组织、手机短信等。

凡是有集体生活的地方，就有公共参与的领域。首先是参与国家的政治生活，如参加各种政治组织、选举各级人民代表、讨论政府政策、评议政府官员、举报违法行为、管理公共事务等；其次是参与社会的经济生活和文化生活，如参与工厂管理、发起环境保护行动、组织公益文化活动、救助弱势群体等；最后是参与居民的社区生活，如社区管理人员的选举、社区的互助合作、小区的治安保卫和环境卫生等。

三、公共参与的条件

公共参与受许多条件的制约，其中最主要的是以下几个：

首先，公众的参与跟社会的经济发展水平以及公众自己的社会经济地位密切相关。许多研究表明，在不同的经济条件下，公共参与的程度及政策偏向可以极不相同。虽然经济发展的程度与公共参与的程度不存在简单的对应关系，但从各国政治发展的长远过程来看，一般而言，经济发展程度越高，公众的参与程度也越高。

其次，公众的参与也跟其传统文化背景密切相关。鼓励公共参与的政治文化会促进公众的参政热情，相反，遏制公共参与的政治文化则会导致公众的政治冷漠。

再次，公众的参与程度跟其教育水平密切相关。研究表明，教育程度越高，公众的参与积极性也越高；反之，教育程度越低，其参与积极性也越低。

最后，特别重要的是，公众的参与状况与其所在国家或地区的政治环境直接相关，特别是国家的政治制度和政治当局的民主精神。公共参与必须有相应的政治制度保障和政治宽容精神，否则就难以有真正的公共参与。国家的政治制度为公众的参与提供合法的渠道、方式、场所，并且当公众的参与行为受到非法侵害时，保护公众的正当参与权。此外，一些技术性的手段和工具也会影响公共参与的质量和后果，例如，大众媒体和现代通信技术能够在多大程度上服务于公共参与，直接关系到公共参与的效率和效果。

四、公共参与的危机

在政治现代化进程中，公共参与也会产生危机，主要体现在以下四个方面：

第一方面，公众在政治上参与热情较低。关心公益事业的人不多，政策对话和政策讨论不热烈，这些现象都是政治冷漠的后果。

第二方面，公众有很高的参与热情和参与需求，但缺乏通畅的合法参与途径。公众正常的政治参与受阻，而非正常的公共参与则大量出现。

第三方面，公众在政治参与中与开发者发生大规模冲突。例如，当公众对某项建设项目不满，通过请愿等方式要求开发者调整时，如果开发者不愿做出调整，公众与开发者之间极可能产生矛盾，从而引发参与危机。

第四方面，公共参与失去控制，危害社会的正常秩序。如果政府对公共参与没有正确的引导和规范，如果公众在参与过程中缺乏足够的理性，如果公共参与机制不健全，都可能使正常的公共参与演变为破坏社会秩序的事件。

五、推动公共参与的建议

在相当程度上可以说，城市开发带来的公共参与的危机，也是国家的政治危机。这些危机最终的结果，就是破坏社会的安定局面。一旦发生危机，社会政治就可能动荡不定，社会的经济发展就会受阻，公众的正常生活也势必受到

严重影响。从各国政治发展的经验教训来看，要使公共参与有利于维护公众的权利，有利于维持政治稳定，有利于促进社会和谐，国家通常要做到以下几点：

第一，政府要培育公众的民主精神和法治精神。要使公众真正具有当家作主的主人翁意识，充分认识到积极的政治参与是实现其民主权利的基本途径，它既是一种价值，也是公众的一种美德，从而始终保持高涨的参与热情；同时，要努力培育公众的法治意识，使“有序参与”的观念深入人心，养成自觉遵守国家法律的习惯，使自己的公共参与行为符合宪法和法律的规范。

第二，政府要健全和完善公共参与的制度和机制。要建立有效的利益表达机制，及时发现并适当疏导公众的参与需求；公共参与要有专门的法律制度，使公众的参与有法可依，从而维护公众的正当参与权利；要努力使公共参与制度化、规范化和程序化，使公众能够合法地参与社会的公共生活；要建立一套适当的激励机制，鼓励公众通过公共参与为国家的民主、富强、文明与和谐做出自己的贡献。

第三，政府要为公众的参与提供更多的渠道。随着社会经济的发展、民主政治的推进和公众文化素质的提高，公众的权利意识、法律意识和民主意识在不断增强，对政治生活和社会生活的参与要求日益增强。在社会转型时期，公众的参与需求与社会的参与渠道之间经常会构成一对矛盾，出现某种张力。解决这一矛盾的基本出路，就是开辟新的参与途径，运用现代的科技手段提高参与的效率，尽量满足公众的参与要求。

第四，政府要正确引导和规范公共参与。因为公共参与是集体行动，即使有良好的动机，如果没有统一的组织领导，公众的行动也可能会失去控制。在公共参与中，每个人的动机不可能完全相同，如果没有很好的协调，参与者之间也可能发生冲突和矛盾。在公共参与中，也难免个别人欲利用公众的行为达到其个人的目的，对此必须有防范的措施。所有这些方面，都需要政府采取有效措施，对公共参与进行引导和规范，防止公众行为的失控，保证公共参与能够在法律的框架内有序地进行。

第五，政府与公众在公共参与中要积极合作。公共参与的直接目的通常是影响政府的公共政策和政治进程，但其最终目的无非是最大限度地增进公共利益。要实现这些目标，公众与政府之间必须进行积极的合作。公众与政府在政治生活中的良好合作，是善治的实质所在，而善治就是使公共利益最大化的政治管理过程。

最后，公众要积极而有序地参与社会的公共生活。公众是公共参与的主体，也是公众参与最终的决定因素。良好的公共参与对公众自身也有许多要求。第一，公众要充分认识到公众参与对于维护自身合法权利的极端重要性，增强参与的自觉性和主动性；第二，公众在参与过程中必须遵守国家的法律，维护社会公共秩序，使参与具有合法性和有序性；第三，公众需要不断提高自身的参与能力，讲究参与技巧，提高参与的有效性；第四，公众应当具有合作精神，在参与中不仅要与政府合作，也要与其他公众合作；第五，公众在参与中要有足够的理性，既要维护自身的正当权益，也要为对方的权益考虑，防止因失去理智而导致秩序的失衡。

第四节　社会隔离与融合理论

在城乡发展过程中，由于历史、经济等原因会形成社会隔离现象，在城乡开发过程中如何认识和解决由此带来的相关的实践问题，也十分重要。

一、社会隔离的相关理论

社会隔离是指由于群体间缺乏社会互动而导致的社会群体隔阂和疏离的现象，包括制度性隔离、区位性隔离及主观认同偏差导致的自我隔离，可见导致社会隔离的原因既有客观因素也有主观因素，同时，被隔离者也会策略性地运用自身资源应对社会隔离。社会隔离表现在城市生活中最明显的是居住隔离。不同阶层之间的居住隔离，使低收入人群被排斥在高收入人群之外，形成低收入人群集聚区，将产生如就业机会减少、住房匮乏、贫困加剧、犯罪等一系列社会问题，产生“贫困区”。

在城市居住隔离课题长达一个多世纪的研究中，有诸多学科和学派不同程度的涉及，其中主要包括人文生态学、都市人类学及空间经济学等。

（一）人文生态学

20 世纪初由罗伯特·帕克（Robert Park）领导的芝加哥学派（Chicago School）所创立的“人类生态学”，着力探讨城市的空间社会环境，集中于对城市中人际关系的研究。他们将自然生态学的基本理论体系尝试性地、系统地运用于对人类社区的研究，并将导致城市空间使用变化的现实条件归入 10 个生态过程，即吸收、合并、集中、集聚、分散、离散、隔离、专门化、侵入、接替。这 10 个过程在人与人之间的相互作用关系中得到全面演绎，并揭示了城市空间演进过程的本质内容。

芝加哥学派先后提出了有关城市空间结构的三种描述模式：1925 年伯吉斯（B. w. Burgess）的同心圆模式、1939 年霍伊特（H. Hoyt）的扇形模式以及 1945 年哈里斯（C. D. Harris）和乌尔曼（E. Ullman）的多核模式，这三种模式亦成为城市居住空间隔离的基础模式，在工业社会城市中获得了广泛的应用。而 1980 年代后世界经济的重组和产业结构的变迁，带来了城市居住空间形态的演化及居住隔离的新模式，但是这三种传统的模式仍以其经典性在居住隔离研究中占有重要的地位。

（二）都市人类学

都市人类学研究是在 1960~1990 年代中，最初伴随着文化人类学者继续他们关于农民和部落人口的研究开始的。作为现代化进程的一部分，这些人口大量地迁移到城市。研究起初集中在刚刚移民到城市的这些集团的文化转变等课题，后来的研究则被扩展定义为诸如贫困、社会阶层、少数民族集团的适应、种族邻里和城市人群的研究，旨在理解在都市化、工业化和复杂结构的都市环境中的生活如何影响集团和个体的命运。在 1950~1960 年代，文化人类学者开始借鉴由社会学、经济学和政治学学者研究复杂都市环境的方法。例如，在都市生活研究中，采用多种人口样本（诸如随机样本和分层随机样本）、口头或书面问卷调查的应用或网络分析方法。社会科学方法与标准的人类文化学方法

的结合，形成了当代都市人类学研究方法，成为文化人类学者在文化和社会生活复杂的都市环境中从事研究的常规方法。1980 年代，都市人类学者第一次在大都市地区进行了大城市种族集团、贫困集团、新的移民定居邻里的研究。

在都市人类学者的研究中，Lewis（1966）定义并分析了都市化、工业化国家最低收入群体的生活方式，提出了"贫困文化"理论。此外，A. Rapoport 自 1960 年代中期起亦对空间关系中的人文因素进行探讨，并对城市空间组织提出了新的见解和方法。整体而言，都市人类学对城市人群隔离的研究极其成功。

（三）空间经济学

住宅区位分布的研究一直是空间经济学的一个主要课题。其中最主要的一个流派是抵换理论（Trade-off Theory），认为最佳区位的决定是对交通费用与居住费用比较的选择，也有人认为居住地点的选择是居住空间大小与可达性比较的结果。其中，以 W. Moiiso 的需求模式、E. S. Mills 的供给模式及供给与需求模式为代表。与居住隔离研究较为密切的是 Alonso 的需求模式，他以一系列假设为基础，根据古典消费者均衡理论，建立了数学式来进行计算，得出：从城市中心到边缘，土地成本递减，由于土地价格成本是住宅费用的重要组成部分，因此住宅的价格或房租也递减，而交通成本递增，人们唯有在居住费用所导致的节省大于通勤费用增加时，才会定居下来。Alonso 的研究在一定程度上揭示了不同社会阶层的居住空间分布及居住隔离的形成（唐富藏，等，1986）。但由于太过理想化的假设，其模式与现实的差距较远。另外，现代公共交通系统的发达，也极大地降低了交通费用在人们择居时的重要影响。

二、居住隔离状况

（一）以种族文化隔离为主导的北美城市居住隔离

在北美的美国和加拿大，由于经历大量的、连续的种族移民潮，所以关于不平等研究经常使用的是种族或文化等词汇。在美国背景中，种族文化隔离与阶层差异是并联的，因为在美国关于种族隔离和阶层差异的相关性在空间上发展得最充分。在美国由种族隔离带来的居住隔离，尤其是黑人的居住隔离，是由国家特定的历史造成的。1920 年的统计资料表明，美国的几个最大的城市里约 60% 的人口是在外国出生的不同民族或种族的人口，或者是在外国出生的人的后代（Warde，1969）。1950 年代以后，美国的多数城市经历了居民隔离的过程。例如，波士顿移民的种族分离很显著，形成了沿海型的具有典型民族或种族分割的社会居住空间（N. Kantrowitz，1979）。继正式的和非正式的隔离措施的废除以及 1960 年代修正的肯定法案的实施，严格的种族聚居地解体，少数民族团体，尤其是各个亚洲裔和拉丁美洲社区也出现了郊区化。这些进程基本与少数民族团体上升的经济地位和因之而起的与主流白人社区的经济融合相关联，尽管没有单一的决定因素可以确定地分辨出来。然而，种族在非洲裔美国人口的隔离的永久性中继续扮演着一个重要的角色。

美国居住隔离研究的重点在 1980 年代后期与 1990 年代初期仍然是种族人口的居住隔离、居住隔离的规模以及隔离和下层阶级的产生等，主要研究者有

Massey 和 Denton。Karen（2001）研究了表现为种族倾向的憎恨犯罪的都市种族冲突问题。Farley 和 Frey 等人在 1990 年代进行了种族隔离及种族融合的广泛社会研究。

（二）受福利政策影响的欧洲居住隔离

在讨论欧洲模型的城市社会不公平及其在空间上的不平等反映时，福利制度的影响是必须引起重要注意的方面，诸如住房政策、住房补贴和住房分配制度等。尽管如此，这些福利国家却不存在一个典型的模型，各国都有着它们自己意识形态上的特质。

被西方舆论称为"福利国家的窗""第三条道路的楷模"的瑞典，在"二战"以后推行了一套相当完整的社会福利制度。1960 年代中期，政府完成了建造 100 万套住房的计划，并于 1969 年进一步改进了住房津贴制度。与此同时，贫富阶层的居住隔离普遍存在，首都斯德哥尔摩存在着多种类型的个体边缘化问题。不同地区和生活状态下的人们不容易将各自等同起来，在一些衰败的地区，居民们被迫在留下或迁离之间做出选择。因此，当今瑞典不同政治努力的目标也都集中在防止社会分裂。特别是在繁荣的 1960 年代建造的许多高层住宅的郊区，规划与政治都试图在此形成功能良好的邻里。研究表明，受到后现代影响的政治决策可能影响居住隔离；就建造模式而言，在住房政策和隔离间只是一个偶然的联系（Danemark 和 Jacobsson，1989）。在消除隔离上，社会所面对的主要问题是怎样使被边缘化的人们重新加入主流社会。

（三）经济发展时期我国的居住隔离

社会贫富差距悬殊、住宅市场分化加剧以及财产权的明确确立，构成了我国现阶段城市居住隔离问题研究的鲜明背景。

许学强、胡华颖等（1989）以及郑静、许学强等（1995）对广州市社会空间结构进行了分析研究，两次研究表明影响西方住宅区的经济收入水平因子作用较弱，城市经济发展政策、历史因素、城市规划、住房制度、自然因素等是影响当时广州社会空间结构的主要因素。吴启焰（2001）则明确针对"社会空间分异"进行研究，他认为居住空间分异是社会阶层分化、住房市场空间分化与个人择居行为交互作用的空间过程与结果，并据此对城市居住空间分异的历史、机制和模式进行了总结，可以说，他的研究在这方面进行了积极有益的探索。

三、社会融合的相关理论

"社会融合"是西方的重要城市研究领域，也是城市社会政策的重要目标。较早对社会融合进行定义的是芝加哥学派的代表人物 Park 和 Burgess，他们也是"同化论"的较早提出者。他们提出"社会融合是个体间、群体间相互渗透和融合的过程，个体与群体从其他群体中获得记忆、情感和态度，通过经验和历史的分享，汇聚成为他们共同的日常文化生活"。

1994 年 3 月，联合国社会发展研究组织（UNRISD）在《社会融合：方法和议题》（*Social Integration：Approaches and Issues*）报告中指出，对社会融合的认识存在三种不同的理解：第一种认为社会融合意味着全体成员共享机会和权利，提高融合状况为了改善生活和增加发展机会；第二种认为提高社会融合会产生消极的影响，会导致群体间的无差异性；第三种认为社会融合并非意味着要造成某种积极或消极的状况，而只是对特定社会已建立的人际关系模式的描述。国内也有学者提出社会融合是个体、群体、文化间互相配合及互相适应的过程，且伴随着作为进入者的差异性群体与地方之间的排斥、阻碍和相互冲突。西方社会融合研究主要围绕跨国移民与主流社会的关系展开，形成了多种不同流派或理论。其中，具有代表性的是"同化论"与"多元文化论"两大流派。"同化论"认为移民在经历定居、适应和同化三个阶段后，最终将接受主流社会的文化，实现完全同化。"多元文化论"则承认不同族群之间的差异，多元文化并存是其共识。在社会融合测算指标上，不同的研究采用的衡量指标不尽相同，如张文宏等人在对上海城市新移民的社会融合研究中，通过因子分析得出新移民的社会融合包含着文化融合、心理融合、身份融合和经济融合四个维度；周皓认为流动人口社会融合一般经历经济融合、文化适应、社会适应、结构融合和身份认同五个阶段。此外，社会融合和社会适应的相似度较高，社会适应也是评价社会融合状况的一个视角。

第五节 社会公正理论

改革开放以来的四十多年，一方面，中国取得了举世公认的巨大成就；另一方面，社会矛盾也日益凸显。胡锦涛同志指出："在当前和今后相当长一段时间内，我国经济社会发展面临的矛盾和问题可能更复杂、更突出"（胡锦涛，2005）。究其主要原因，是由于社会建设和社会管理的发展明显滞后于经济发展，特别是在社会建设和社会管理的核心内容亦即社会公正方面出现了问题。社会公正是社会安全的基础，也是制度安排的基本依据。维护社会公正是缓解贫富差距的重要杠杆。社会公正有利于形成良性互动的社会结构。维护社会公正是形成橄榄型的社会结构的主要途径。只有维护并促进社会公正，才能有效地解决和缓解社会矛盾问题，确保社会的安全运行。

一、社会公正的内涵及特征

（一）基本概念

社会公正可以从广义和狭义两个方面来理解。从广义方面讲，又可以从两个方面来把握：从主观方面来看，所谓社会公正，主要是指对一定社会结构、社会制度、社会关系和社会现象的一种伦理认定和道德评价，具体表现为对一定社会的性质、制度以及相应的法律、法规、章程、惯例等的合理性和合理程度的要求和判断；从客观方面来看，社会公正包含着上述这些内容对稳定、优化社会秩序和促进社会发展的适应性和有效性。从狭义方面讲，所谓社会公正，指的就是社会基本结构的公正。

社会公正总原则，表现为政治公正、经济公正、教育公正、法律公正等方面的具体要求，社会公正是人类的理想。社会公正是社会政策制定的原则。在社会公正的概念下发展出了多个社会公正的理论，马克思主义、功利主义、自由主义和罗尔斯等都提出不同的社会公正理论。

（二）主要理论

马克思主义是从阶级角度出发，认为上层社会的人拥有资源和生产方式从而能够享有社会产品……，但是多数人获得这些社会产品。富人资本家看不起穷人，而穷人却别无选择。这样的贫富分化是不公正的。所以，要想实现社会公正，需要对社会进行激进的改革，从而使人们能够公平地享有社会产品。要想实现这种再分配，就需要在全社会范围内达成统一的再分配原则并坚持贯彻下去。从社会政策上，马克思主义支持社会再分配，消除贫困，并设法让人们不至于因为贫富差距过大而产生相互嫉妒，因为这是犯罪产生的重要根源。

功利主义理论认为一个社会应该最大程度地实现社会福祉。首先要看是什么能让个人幸福，再把个人的幸福偏好或者要求汇总在一起，计算出如何才能够让尽可能多的人得到满足，或者如何能够让最少的人不满意。所以，只有在某项政策能够增加幸福指数的时候才算是有意义的。从再分配的角度看，如果同一件物品对不同的人价值不一样，比如钱币，富人得到钱币的福利增加比穷人得到钱币的福利增加要小。那么，进行贫富间的再分配有助于提高社会总体福利，因而是公正的。这就是税收的道德基础。

自由主义反对政府干预，主张分配应该在个人之间实现。自由主义分为右派和左派。右派自由主义强调个人的自由和自立是绝对重要的，即人是属于自己的。因此，国家的干预应该尽量减少，特别是通过再分配的方式进行干预应当受到严格的限制。个人表现良好就应该受到奖励，由此产生的结果虽然是不平等的，但它是公正的，应该得到容忍。

罗尔斯反对功利主义的同时也不满意自由派理论。他主张个人自由，同时又考虑到社会契约的重要性。他认为人的行为是出于自利的，并基于自利的动机和社会其他成员达成契约。他们是理性的、对人生和社会的运行享有充分的信息，而且他们都带着无知的面纱，不知道自己的哪些特点和状况有可能影响到决策的公平性。个人的自由应当得到制度上的保证。从制度上看，正义应该遵循两个主要原则：每个人都有权利享受基本的自由，这个自由和其他人所享有的自由不应矛盾；社会和经济的不平等所带来的利益应该是所有人都有机会享受到的。罗尔斯主张程序正义。结果平等看上去比较明确，但是却有可能忽视了需要、价值观和偏好的不同，或者是个人责任的不同。例如，即使所有的人都是收入相等，他们的满意度和幸福感也会大不相同。程序平等从消除歧视的角度看非常重要，但是它并不能解决所有的歧视问题。比如，强调程序平等有可能大大减少性别歧视、种族歧视、年龄歧视对弱势群体的影响。但是，我们却不大可能仅仅通过程序平等来解决对残疾人的歧视。对于机会平等的讨论，是为了把上述内容中除了结果以外的平等内容都纳入进来。所谓的机会是和人所掌握的资源、才能、制度、努力程度和运气有关系的。所以布尔查特和维萨德谈到从择优论耽的角度看，公平机会就意味着一个人面对的机会取决于才能和努力程度。如果不平等的造成与才能和努力程度无关，那么就是不公正的。

社群主义强调社会利益和社会和谐优先，应当关注社会资本的构建。他们主张实行再分配，但是不一定要国家按照单一的配置原则来完成福利的提供，可以通过不同的社区和群体按照符合分配的物品的特征和社会所能接受的原则提供社会福利。这种再分配是自发的，从社会总体来看，再分配的原则可以是多元的，只要基于社群共识就可以。但是，社群主义根据自愿的多元正义性意味着它并没有真正意义上的强制性再分配原则，甚至是反对实质性的再分配的。简言之就是，想要建立为社会所接受的统一公正分配原则是不可能的。不过，和社群主义不同的是，他不认同社会利益优先，而是崇尚个人自由。

二、城市开发中的社会公正问题

（一）程序正义问题

根据自然公正原则，城市开发干涉土地使用者的权益，应当同其进行协商。虽然我国城市规划的相关法律已经有了相关规定，如《中华人民共和国城乡规划法》（简称《城乡规划法》）第八条规定："城乡规划组织编制机关应当及时公布经依法批准的城乡规划。但是，法律、行政法规规定不得公开的内容除外。"第二十六条规定："城乡规划报送审批前，组织编制机关应当依法将城乡规划草案予以公告，并采取论证会、听证会或者其他方式征求专家和公众的意见。公告的时间不得少于三十日。组织编制机关应当充分考虑专家和公众的意见，并在报送审批的材料中附具意见采纳情况及理由。"但是就目前制度的执行来看，还存在很多问题，如信息公开不够，公众参与形式化。

（二）平等问题

平等原则主要体现在对个人利益的尊重和平等对待，平等原则表现在因规划调整而造成的相关利害关系人利益损失的赔偿问题上。公众利益受损是城市拆迁中经常出现的问题。被拆迁公众本应是城市拆迁过程中的主体，但是在现实中却成为弱势群体。很多时候，公众会作为一个被动主体参与到城市拆迁过程中。在国有土地的所有权结构下，不论是公益性拆迁还是商业性拆迁，被拆迁者不能作为完全独立的主体参与到拆迁过程中，缺乏相应的话语表达权，拆迁收益获得与否、获得多少都是被拆迁者无法左右的。在一些情况下，"小闹少得，大闹多得"的现象催生出一个个"钉子户"。

（三）均等问题

均等原则是指城市规划在保护和帮助如外来民工、低收入群体等城市弱势群体方面的规定。《城市规划编制办法》第五条规定："编制城市规划，应当考虑人民群众需要，改善人居环境，方便群众生活，充分关注中低收入人群，扶助弱势群体，维护社会稳定和公共安全。"虽然在《城乡规划法》和《城市规划编制办法》这两部法律法规中都在不同方面对公平作出了规定，但这些只是原则性的规定，并没有对规划的编制和实施有具体操作上的要求，更没有针对用地开发与控制中的公平问题给出依据与保障。这与长期以来规划承袭计划经济时期的"工程型规划"有一定的关系，如今无论是社会全面领域还是城市规划领域都面临复杂的社会问题，社会公平问题在城市建设上的体现也已凸显，城市规划也面临着工程技术向公共政策转变的任务，在法律中完善社会问题尤其是社会公平问题的内容显得十分紧迫。

三、城市开发中社会公正的建构

社会公正的基本规则包括：社会成员基本权利的保证；机会平等；按照贡献进行分配以及合理的社会调剂。社会公正的基本立足点在于：以维护每个社会成员的基本权利为出发点，不管这个人是低收入人群还是高收入人群，只要属于社会成员基本权利范围内的事情，都应当得到充分的保护。

另外，社会公正使得公平合理的基本制度的制定程序成为可能之事。如果基本制度的制定程序不公平不合理，那么在此基础上所形成的基本制度就不可能具有积极的社会意义。基于社会公正理念的制度制定程序首先要求“公平对待”，于此至少有两层含义：一是在处理社会成员利益关系时，应当按照同一尺度一视同仁作出安排；二是采取必要的措施，建立必要的规则体系约束制度制定者以公权谋取私利，也就是不能“夹带私货”。其次要求多方成员的广泛参与，即：不仅需要公共权力部门成员参与，更应当让权力部门之外的社会成员，尤其是相关社会利益群体，特别是弱势群体成员有充分的参与和表意的机会，以获得必要的民意基础和起到有效监督的作用，以维护全体成员的利益。再次要求信息公开。信息占有的对称性是制度制定程序具有公平性的必要条件，以避免权力一方通过垄断信息操控制定和实施制度的过程及其营私舞弊的可能性。如果一方对相关信息相对充足地占有，而另一方则是信息匮乏者，那么，社会成员对相关制度的合理性就失去了判断、选择的权利，并很难做到有效参与和被公正对待。

第六节　空间均衡理论

一、空间均衡理念的内涵及特征

空间均衡在经济社会及生态方面的含义可作两个方面解释：一方面为数量概念，指相互对立的两个经济变量在数量上大体相等；另一方面作为状态概念，指相互对立的双方均没有改变现状的意愿和能力，彼此处于均衡和平衡状态，即市场主体对现存的产品总量和结构具有的一种基本满足的状态，它们无意也无力通过增加新的供给来改变这种状态。本书指的空间均衡不是数量均衡，而是状态均衡，立足于区域比较优势，充分体现其地域功能综合价值的区间均衡。状态空间均衡，意味着人口、经济、资源与环境协调的一种空间上的帕累托效率状态，不仅代表着空间内人与人、人与地之间的各种复杂关系，也代表着空间与空间之间的分工与协作关系，是基于区域性要素的比较优势，对非区域性要素的效率选择以及非区域性要素的流动，使各要素最优的空间配置。一方面使各要素配置最优化，在一定的空间内获得最大收益，最大限度地发挥各要素的潜力和优势，以空间区域优势换取区域竞争力；另一方面使整体效益最大化。在开发格局中，让开发成本低、资源环境容量大、发展需求旺盛的地区承担高强度的社会经济活动，允许这些地区进行高强度的开发；而生态价值高、开发难度大的地区，使其主要承担生态维护功能，严格控制其开发强度。

二、城市开发中空间均衡的内容构成

（一）职住平衡理论

传统的城市空间规模依据城市人口的规模来确定，而城市人口的增长变化很大程度上依赖城市发展的经验类推和定性分析。面临城市发展急剧转型的中国城市，传统的人口预测方法几乎全部失灵，每一轮城市规划中最先受到挑战和突破的便是人口规模，而建立在人口规模基础上的空间规模主要局限来自两个方面，一是空间规模的确定与城市发展不相协调，城市空间规模与人口规模失衡（Spatial Unbalanced）；二是城市空间中人口分布与空间增长结构失衡，人口增长迅速的区域相应的就业增长不足，造成城市空间失衡。根据就业中心的就业量合理预测就业人口催生的居住人口规模，合理引导居住人口在城市空间中的分布，避免城市居住空间无限制与无方向的拓展，构建"居住—就业"均衡的空间格局，不仅有利于促进城市多中心结构的形成与稳定，同时也有利于减少城市通勤，优化城市交通格局，促进资源节约型社会的建设。

（二）公共资源空间均衡

公共资源主要是指与公共利益相关，由政府进行配套的相关公共设施，与市场化相较而言，公共资源是政府公权中重要的市场应对策略，避免市场化对正常的公共利益产生不利影响，保障全体居民具有基本的生存保障。让所有市民充分享受城市公共资源，在城市总体规划中就应充分界定公共资源与市场资源的界限。以学校为例，政府配置的公立学校应统一纳入公共资源，同时应充分保障其教育资源的空间分布平等，教育质量平等，教育设施平等。另外，依托市场机制，可充分引入私立学校资源作为公共资源的补充，但在私立学校的界定上，不应将其与公立学校资源混淆，应在用地与机制上予以区别，如在土地供给、税收、入学门槛等进行区分，而这部分不应属于城市总体规划层面的公共资源配置考量，总体规划层面需要决策的是不同类型和级别的公共资源的空间配置，保障所有居民能便利、平等地共享城市公共资源。

（三）社会权力均衡

在体制转型和全球化、市场化、分权化背景下，原本单纯的"中央政府—地方政府—单位"三级纵向权力组织格局发生了质变。在纵横交错的权力关系中，以地方政府为代表的政府权力组织，以国资、民资和外资为代表的市场权力组织，以社区和非营利组织为代表的社会权力组织，这三者相互竞争，又因权力资源的相互依赖性而互相合作，形成了多中心、网络状的权力格局。

（四）生态空间均衡

生态环境是城市赖以生存的基础，生态环境恶化是我国目前大多数城市面临的现实。长株潭作为我国两型社会示范区，环境友好是城市建设的根本目标之一。目前长沙市由于中心城区人口密度过高，绿地等开放空间缺乏，建成环境过度集中，造成城市热岛效应突出，尤其是夏季，超过 40℃ 的天数日益增多。城市中河湖水面日益被侵占，洪涝灾害等现象突出，城市内外生态环境割裂现象严重，缺乏有机联系。大野秀敏在东京 2050 概念规划中提出可持续性"纤维"绿廊的概念，突出绿色空间的柔性与可行性，对东京未来生态环境改善提出了指导策略；武汉市在新版总体规划中提出构建城市风道与冷桥概念，缓解中心城区的生态环境压力。长沙市中心城区的生态环境与以上两个城市均有所差别，但依托山水洲城构建城市内外贯通的生态格局，尤其是将主要的生态绿心通过局部“纤维”绿廊进行贯通，将湘江的风道充分引入城市内部，是本次总体规划首先需要解决的课题。

其次，在生态环境保护与空间增长中，构建空间增长与生态保护之间的均衡格局。城市开发与生态保护的均衡分布，将带来经济与生态效益的最大化，而土地等投入成本更小，资源利用更加节约。然而，局部城市开发过度，则造成城市生态环境质量下降；与之相反，如果城市开发减少，生态环境提升，经济效益相较则下降。城市开发过程中需要寻求经济效益与生态效益之间的平衡区间，有效控制与引导城市空间增长，构建城市开发与生态环境保护的均衡格局，提高城市开发区域的生态环境质量。

第七节　历史文化保护理论

城乡开发过程常常会遇到有一定历史保护价值的空间，如何认识这些价值，在城乡开发中协调开发与保护之间的矛盾也是要认真对待的。

一、历史文化遗产的作用和价值

价值认识是遗产保护学科的基础问题，遗产对于城市、人类生活和人类的未来具有战略性的价值。人们对建筑与城市遗产价值的认识是随着社会进步而不断发展和深入的。建筑与城市遗产的价值不仅是遗产本身给人们的使用价值，同时也表明它们所代表的生活方式和生活环境对于人们生活质量的意义。

（一）历史价值

建筑与城市文化遗产是在历史的某个时刻形成的，反映当时人类的创造活动，带有时代性特点，因此可以说历史价值是其最基本的价值。

建筑与城市遗产的历史价值包含很多内容，结合《中华人民共和国文物保护法》中对文物古迹历史价值的相关内容，我们可以判定：首先建筑与城市遗产见证了某个时间段人类生活的发展状况。一是指物质生活的内容，如生产力水平、生产技术、生活水平、日常用具等；二是指非物质生活的内容，如社会习惯、风土人情、习俗、思想观点、价值观等。其次，见证了历史活动、事件、人物行为，提供了该事件、活动的发展所在的空间环境，证实了该事件被文献记载的真实性。再次，补充、证实、丰富和完善文献记载的史实。由于文献内容在记载的过程中会发生疏漏，也会夹杂个人情感产生误差，导致不实，因此仅靠文献内容研究历史是不可行的，还需要物质内容进行证实，建筑与城市遗产可以作为物证对历史事件、活动进行文献记载的进一步证实、补充和完善，两者相互补充才能提供较为真实的历史面目。最后，某些建筑和城市遗产具有稀缺性，使其具备了独特的历史价值。稀缺性有两种表现形式，一是由于时间的原因，如历史非常久远的建筑，因为时间太久保存下来的数量很少；二是有些建筑因为其他因素遭到破坏，保留下来的数量非常稀少。

（二）美学价值

建筑与城市遗产由于本质上具有一定的“美”的特征而具有一定的美学价值，从宏观视角说，建筑与城市遗产的美学价值涉及艺术、美学、视觉等方面。

建筑与城市遗产的美学价值体现在多个方面，结合《中华人民共和国文物保护法》中对文物古迹美学价值的相关内容，我们可以判定：首先，建筑与城市遗产本身具备美学价值，如建筑造型、建筑材质、建筑色彩，包括大小、比例、光影、明暗等一切要素在内都存在一定的美感。例如世界文化遗产——英国巴斯古城完整地保留着维多利亚时期的风格和样式，整个古城的规划和建筑设计，甚至是建造都是主要由纳什、伍德和艾伦完成的。城市街道整齐划一，沿街建筑风格纯粹，均以当地石材修建，具有强烈的秩序感；主要街道通过城市广场相衔接，又辅以城市绿地。游人步入其中，感受到的是那份将艺术融入城市建设中的精神。其次是附属于建筑与城市遗产的艺术品，包括雕塑、石碑、壁画、造像、家具和陈设，它们具有一定的审美价值，如威斯敏斯特教堂内的历朝国王石棺上的雕塑，它们都是由自己时代的艺术大师雕刻而成，具有很高的欣赏价值。苏州园林狮子林中展示的清末时期的家具，让我们了解了当时家具工艺水平及当时人们的审美偏好。敦煌莫高窟中的各式壁画，让我们为古代美术艺术家的高深造诣深深惊叹。再次是建筑与周边环境形成的美学价值，《中华人民共和国文物保护法》将其界定为景观环境，即建筑与周边的自然景观相互融合，相互辉映，共同构成的具有独特美感的艺术景观。如印度的泰姬陵和建筑前的水池所组成的景观，杭州西湖和其中的雷峰塔组成的景观，苏州园林等。在这一类型的景观中，建筑往往成为自然景观的一部分。另外值得注意的是，除了自然人文景观，由新老建筑共同组成的新旧并置的城市景观也具有一定的美学价值。我们也可称其为历史场所的美感，即由一系列风格不同的新旧建筑组成，体现了多样性、和谐、统一。它比单调贫乏的现代风格建筑组群更有活力，能产生令人感觉更为深沉和丰富的美感。最后，建筑与城市遗产的美学价值还在于其所反映的艺术风格和艺术工艺、水准。这些内容往往带有时代的烙印，反映当时人类社会或某一民族的技术发展水平。如我们现代号召保护近现代工业遗产，这些老厂房是当时建筑界反对古典主义的繁复设计，体现机械大工业时代简洁、高效、明快的设计特征，有些厂房采用了当时最为先进的结构，显现这一技术的诞生及发展的全过程。有些建筑造型新颖独特，成为地区标志。如同济大学建筑学院 A 楼是包豪斯风格的代表，还有北京“798”工厂等。

值得说明的是，建筑与城市遗产的美学价值具有“时间和空间”的维度，我们不能超越这一界限，幻想用统一的美学标准来界定一切的建筑与城市遗产。换一个角度说，我们不能声明“一般的建筑”有什么样的美学价值，只能说某个建筑具有的美学价值是审美。我们要从历史—文化—地理的视角对所观察的建筑进行研究，探究其演进的过程。

（三）科学价值

建筑与城市遗产的科学价值是指反映在其产生、使用和发展的时代内的生产力发展水平，包括科学技术水平、知识水平。从建筑和城市遗产本身，我们可以看出当时的科学技术水平、文化状况、艺术水平、人类的认知和创造能力。

它是历史信息的载体，凝聚了人类的精神文明和物质文明，是进行历史科学研究的重要对象。根据学者对文化遗产的研究，中国在长达人类历史四分之三的时间内，一直是世界科技水平领先的国家，造纸术、印刷术、指南针、火药这些技术都从文化遗产中得到体现和证实，为世界文明作出了贡献。

建筑与城市遗产的科学价值包含很多内容，结合《中华人民共和国文物保护法》中对文物古迹科学价值的相关内容，我们可以判定：首先是规划和设计方面的科学价值，包含建筑的选址、布局、造型、结构、市政设施等；其次是材料和制作工艺，包含构件的加工制作、施工管理、材料选择；再次在其中记载和保存着重要的科学技术内容；最后本身是从事某项科学技术实验的场所。再如我们前文中提到的工业遗产建筑，我们可以从其设备工艺的内容了解当时的生产状态，从车间结构理解当时工人们之间的交流协作状态，从产品明白当时社会的消费水平和人们的喜好，这些科学价值对于我们理解当时整个社会的发展状态和人们的生活状态有很大的帮助。

（四）社会价值

建筑与城市遗产的社会价值主要体现在人们对这些遗产的认知价值上。弗朗索斯·萧依（Francoise Choay）被认为是现代国际上有关历史文化遗产保护理论研究的权威人物，她首先提出了历史文化遗产具有教育性的认知价值，不管历史文化遗产属于哪个时代，它们无可厚非地是历史的见证者，因此它允许我们建立关于政治的、习俗的、艺术的和技术的历史多样性，同时满足理性研究的需求。对于市民来说，人们通过历史记忆获得了文化教育，激发人们的自豪感和民族优越感，对人类记忆产生重要影响。[①]

基于认知价值，这些建筑与城市遗产会使其所处的区域具有一种场所精神。如北京故宫，从元大都，到明清皇城，一直都是中央集权的象征。故宫内建筑庄严肃穆、秩序井然，居住其间的人们有一种自豪的心态，同时又有一种外在所赋予的自律性。平遥的城隍庙，是平遥古城内的“祈福中心”，周边的建筑无论建筑形式、建筑材料、建筑朝向，都顺应着城隍庙，以突出其中心的地位。居住其间的人们的行为举止都表现出对城隍的尊重和敬畏，以期得到城隍的庇佑。英国约克古城内的大教堂（York Minster），是英格兰北部的主教堂，建筑气势恢弘，装饰细腻奢华，哥特式尖顶直插云霄，感觉拉近了人和上帝之间的距离。大教堂的东边是一大片商业区，那里繁华热闹，但当穿过小巷来到大教堂前时，顿时感到这里一片肃静，虔诚的基督徒怀着对上帝崇高的敬意前来聆听上帝的教诲，连前来参观的人们都被这种氛围所感染，他们都低声细语，不再喧哗，生怕打扰了这份肃静的景象。正是这些建筑遗产所传承的场所精神的力量，使其所在的区域一直以来都维持着稳定的社会关系，而这种稳定的社会关系正是城市持续发展的重要基础。

（五）经济价值

萧依提出历史古迹的经济价值，主要表现在两个方面，一是它提供了一种

---

① 弗朗索斯·萧依是巴黎大学和科内尔大学有关建筑历史和理论的荣誉教授，柏林艺术学会成员，她的论著《历史纪念物的发明》(*The Invention of the Historic Monument*)，最初为法文版，1992 年出版，1995 年被法国政府授予“国家遗产最高奖”，2001 年被译为英文。

“产业”类型，即生产，法国曾由于在英国的楔形木材工厂而带来国家收入的快速增长；二是旅游，历史遗产对游客产生极大吸引力，因此给国家带来巨大的经济收益[①]。

对建筑与城市遗产的崇拜促进了文化产业的产生，由此，历史遗产成为面对所有人的知识和快乐的散播者，同时也是需要制造、包装和面向消费者的文化产品。由使用价值转变为经济价值产生了一系列文化事业，如交流专家、发展代理、工程师和文化传承者，他们通过各种方法使建筑与城市遗产被公众所认识。

萧依意识到当代遗产所面临的双重价值体系和保护方式，一方面，人们尊重遗产，在新的科学技术的帮助下，进行19世纪、20世纪以来不断革新的保护；另一方面，在当今占主导地位的是受利益所驱使，通常在政府和公共部门的支持下，引导出新的价值，如经济价值。萧依将当前遗产保护领域比喻为一个不公平的、令人怀疑的剧院，市长、建筑师、城市规划师、遗产管理部门拥有相当大的权利，以至于能够左右一处古迹或古城的命运。对于文化产业来说，历史建筑场景化的目的是将其转化为一种表演，比如通过灯光和声音的介入来渲染气氛，产生历史遗产和参观者的相互作用。在遗产最终变成经济产品的过程中，通过场景式的保护和再利用，使遗产附加了许多虚伪的、错误的信息。那么，我们到底应该坚持对古迹的“崇拜”还是将其转化为一种“产业”呢？“一方面，人潮在损坏、侵蚀和瓦解地面、墙壁和街道、广场、花园以及居住区中脆弱的细部装饰，它们无法承受这么多匆忙的脚步和触摸的手。另一方面，它们仍被使用，我们的老建筑一直在被维修，城市重铺街道、维修、重新粉刷、重新植树，在和时间进行无情的战斗。但是，如果以削弱建筑与城市遗产的寿命和真实性为代价，这些再进行的工作范围就不能增加，它们的变化速度也不能再加快。”[②]在遗产保护和文化产业的斗争中，一些建筑与城市遗产的核心价值受到了威胁，历史文化的意义在消融。

另外，我们还可以从经济学的角度来认识建筑与城市遗产的经济价值。经济学中，供给关系是衡量商品经济价值的基本标准，简单地说，一般情况下越稀少的商品，其经济价值就越高。随着国家经济的发展和人民生活水平的提高，特别是城市地区，建筑与城市遗产的数量越来越少，但人们对保护稀缺的建筑与城市遗产的支付意愿却不断上升，亦即随着经济社会的发展，建筑与城市遗产将不断升值。现在，无论是政府、群众，还是开发商，越来越意识到建筑与城市遗产的经济价值，对建筑与城市遗产的利用也越来越科学，投入也越来越大。虽然，前面说到，利用建筑与城市遗产来做旅游、搞开发，是一把双刃剑，但它让人们越来越关注建筑与城市遗产的保护，至于何种保护方法更科学，更合理，这些都是在重视了其价值以后，才会考虑到的问题。

（六）情感价值

建筑与城市遗产能够满足当今社会人们关于城市记忆、情感的需求，具有

---

① Francoise Choay. The Invention of the Historic Monument[M]. First published by Editions du Seuil in 1992. Translated by Lauren M. O' Connell, Cambridge : Cambridge University Press, 2001 : 3-85.

② Francoise Choay. The Invention of the Historic Monument[M]. First published by Editions du Seuil in 1992. Translated by Lauren M. O' Connell, Cambridge : Cambridge University Press, 2001 : 3-142.

一定的精神象征意义，称为情感价值。个人对自我的认同建立在他对自我过去的认识的基础上，由此推及一个民族、国家，我们可以说民族认同感、家国意识也是建立在对这个民族和国家过去的发展历史的认同之上。建筑与城市遗产即可通过有形的物质实体被当代的人感知和体验，可以说它们凝聚着所在地区、民族、国家的历史、文化的精神，是一个地区、民族、国家的人们共同的情感基础。它体现了人们对历史环境与建筑的情感认同、历史延续感、国家责任感、精神象征意识凝聚、宗教崇拜等，也体现了文化人类学的价值——民族与种族的、宗教的、民俗的、历史场景与仪式、可记忆的精神居所等。如意大利人崇尚的罗马，希腊人尊崇的雅典卫城，中国的长城，这些遗产体现着各地区各民族的创造力，成为各自的精神家园。

建筑和城市遗产的情感价值起的作用是教育，通过教育在人们与民族精神之间建立联系，例如在建筑与城市遗产中，有一些名人故居，为了纪念这些名人，人们把他们生前居住过的建筑作为遗产加以保护，用这种方法将他们留在人们心中。情感价值的教育作用日益被人们认识和重视，它可以帮助群体建立较强的凝聚力，以较大的力量进行发展，建筑与文化遗产本能地促使人们回想起共有的体验和情感，激发出人们的乡土意识、民族意识、国家意识。在欧洲，建筑和城市遗产的这种作用历来受到重视，如华沙在“二战”后重建华沙城，市民们以极大的热情投入重建计划，使得重建在最短的时间最完整地呈现。

二、城市历史地区保护与更新的相关理论

城市历史地区并不是许多历史建筑的简单组合，它的表现形式包括由历史建筑、环境要素等构成的物质空间、具体的社会生活等，整体真实性正是它的表现形式与文化意义的内在统一。历史地区物质空间的本身及其物质变化都是真实性的重要表现内容，物质空间的真实性呈历时性状态。

首先，物质空间本身的真实性是核定历史街区的最基本也最客观的标准。历史地区内要有一定数量和规模的历史遗存，包括建构筑物、传统街巷、环境要素等。它们是记载着历史信息的真实的物质实体，不是仿古假造的，也不是恢复重建的。失去了历史信息的真实载体，也就失去了历史地区保护的意义与价值所在。即使承认物质变化是历史地区真实性的表现内容，也不等于可以把街区中大多数历史建筑推倒重建成“新”的历史地区。

其次，物质变化也是历史街区真实性的重要表现内容，物质空间的变化呈历时性状态。但这不同于静态型遗产所表现的历时性特征，文物古迹的历时性特征反映在它所携带的丰富的有价值的历史信息，有时甚至包括有历史意义的残损状态，对文物古迹而言，它已被过去的人所创造完成，原有传递的信息已不再改变。保护的最终目的是要把这些历史信息保存下去，而不是去有意识地篡改它。而对于历史街区而言，由于种种的历史原因，街区的生活环境相对较差。保护决不能以牺牲街区物质生活环境和居民的社会利益为代价，作为真实的生活场所，历史地区环境的改善、更新是一个必然也是必须的过程，只是这个更新的过程应该是个渐变的过程，包括时间和景观的改变。

尽管历史地区的意义在于它仍然在城市生活中发挥作用，但是现实中历史地区往往处于尴尬的地位，缺乏永续利用的内涵和动力。永续利用并不是原有功能的消极延续，而是要改善街区的生活环境，提高街区的生活质量，需要功能的提升和重整。另外，历史地区保护的真正困难不是物质空间的保护，而是社会生活的延续，价值主体的认同参与是社会生活真实性的衡量标准。社区居民是街区社会生活的主体，他们对遗产的认同对街区保护来说至关重要。

经过多年的发展和总结，原真性、整体性、可读性和可持续性已经成为城市历史文化遗产保护的核心理论和基本原则。对四性原则的解读实际上是对保护的价值认知，明晰保护的意义和思路。阮仪三教授在《城市遗产保护论》中对四性原则的解释如下：

原真性：要保护历史文化遗存原先的本来的真实的历史遗物，要保护它所遗存的全部历史信息，整治要坚持“整旧如故，以存其真”的原则，维修是使其“延年益寿”不是“返老还童”。修补要用原材料、原工艺、原式原样，以求达到原汁原味，还其历史本来面目。

整体性：一个历史文化遗存是连同其环境一同存在的，不仅保护其本身，还要保护其周围的环境，特别对于城市、街区、地段、景区、景点，要保护其整体的环境。这样才能体现出历史的风貌，整体性还包含其文化内涵，形成的要素，如街区就应该包括居民的生活活动及与此相关的所有环境物件。

可读性：是历史遗物就会留下历史的印痕，它的“历史年轮”是可以被读取的。可读性就是在历史遗存上应该承认不同时期留下的痕迹，不应按现代的想法去抹杀它，大片拆迁和大片重建都不符合可读性的原则。

可持续性：保护历史遗存是长期的事业，不是今天保了明天不保，一旦认识到，被确定了就应该一直保下去，没有时间限制。有的一时做不好，就慢慢做，不能急于求成，我们这一代不行下一代再做，你要一朝一夕恢复几百年的原貌必然是做表面文章，要加强教育，使保护事业持之以恒。

（一）“原真性”保护

“原真性”本身的含义并不难理解，它的英文（Authenticity）本义是表示真的、而非假的，原本的、而非复制的，忠实的、而非虚伪的，神圣的、而非亵渎的含义。Jokilehto Jukka 博士是联合国 UNESCO 下属国际文化遗产保护中心的建筑部主任，其对真实性的定义代表了当时学术界的主流认识。“文化遗产保护方面的真实性可以定义为：作品的创作过程与其物质实现的内在统一达到真实无误的程度，及其历经沧桑的剥蚀程度。”“对于一件艺术品、文物建筑或历史遗址，真实性可以被理解为那些用来定义文化遗产意义的信息是真实的。切沙雷·勃兰迪在他的文物修复理论中认为：定义一件艺术品应该考虑它具有两个基本性质，即艺术品的创作和艺术品的历史。创作由思维过程和物质营建所组成，这才导致了艺术品的问世；历史包含了能够界定该作品时间性的那些重大事件——其变化、改动以至风雨剥蚀——的现实情况的全部内容。”①

原真性的判断要考虑遗产物质实体本身所能传达的真实信息和隐藏在其

① 林林．关于文化遗产保护的真实性研究 [D]．上海：同济大学，2003.

背后的文化意义。不同类型的文化遗产的判断标准是不一样的，对于遗址、文物建筑、文物古迹地段等静态型的遗产，其真实性与建筑、环境等物质因素的真实性是一致的，而承载居民生活的历史街区则是动态性的遗产，它的文化意义在于永续利用，因此作为其表现形式的物质空间的变化、社会生活的内涵等都是其真实性的内容。

《圣安东尼奥宣言》区分了不同类型的遗产的真实性，进一步说明真实性是与遗产本身的价值意义相联系的。尤其是对动态如历史城区的遗产而言，永续利用和传统延续如生活的真实性要比物质材料的真实性重要得多。对动态的遗产，"例如历史城市这样的动态性场所可以看作是一代代人长期建设创造的结果，并将持续下去。永续的利用能有助于维系过去、现在和将来的连续性。传统在这样的持续利用中得到延续。这样的演变是正常的，它构成了遗产本质的特征。遗产被继续使用所带来的物质变化非但不会影响，反而会增加它的历史意义。因此，这种情况下的物质变化将作为持续演变的一部分被接受"。

（二）"整体性"保护

"整体性"（Integrity）保护是一种活的保护、一种文化保护，一种涵盖了物质空间和社会生活的保护。从保护对象看，整体性保护涵盖了从杰出的重要建筑、古迹到许多由于时光流逝而获得文化意义的一般建、构筑物以及非物质形态的无形文化遗产；从保护范围看，整体性保护从点的保护扩大到历史地段乃至城市的整体历史环境的保护；从保护的深度看，整体性保护从文物单体的保护演进到对自然环境、历史环境和人文环境的综合保护；从保护的方法和手段看，整体性保护亦由单纯的考古、修复等技术性行为演进为多学科参与的综合行为和公众参与的保护运动；从保护的对策看，整体性保护已经从单一的规划文本拓展到包括法律、法规、管理程序与办法和实施政策措施的研究和制定上。总之，整体性保护是将保护从"纯粹纪念意义上的关注走向规划意义上的关注，从物质形态的解决转而在一个更大系统内寻找对策（这个系统涉及了经济、社会、环境、生态等诸多领域）。"①

从 1931 年的《雅典宪章》提出保护文物古迹的要求、到 1964 年《威尼斯宪章》提及了保护文物周边环境、再到 1976 年的《内罗毕建议》正式提出保护城市历史地区的问题和 1987 年《华盛顿宪章》基于以往保护经验的总结提出"为了更加卓有成效，对历史城镇和其他历史城区的保护应成为经济与社会发展政策的完整组成部分，并应当列入各级城市和地区规划"的要求，可以看到七十多年来历史保护的对象范围不断扩大，已经从单体建筑的保护逐渐扩大到历史城镇和历史城区的整体空间范围。并且从物质层面的保护向非物质遗产和社会生活层面扩展。1970 年代，博洛尼亚在世界上第一次提出了"把人和房子一起保护"的口号，即不只保护历史建筑，更要留住居住在其中的生活者。1974 年，欧洲议会上对这一思想的肯定，标志着全球性的保护新观念——"整体性保护"的正式形成。目前，"整体性保护"已经成为城市历史地区保护与

① 张松．历史城市保护学导论——文化遗产和历史环境保护的一种整体性方法 [M]. 上海：上海科学技术出版社，2001：134.

发展的“唯一有效的准则”[①]和全世界历史保护工作者的共同理想。

（三）“可读性”保护

“可读性”（Readability）的保护理论来源于对文化遗产真实性的讨论，这一理论的基本点是尊重和保护文物建筑在整个历史进程中形成的各种有价值的信息，每一个有意义的历史时期留给遗产的历史痕迹都是有价值的，如同考古学中的“文化层”，对于历史遗产的保护就是要保护全部的历史信息，并且使各部分历史清晰可读；对于文物建筑的修缮，增补部分应该可以很容易识别。在1933年，由国际联盟倡议成立的“智力合作所”在雅典召开了国际会议，通过了关于文物建筑修缮与保护的《雅典宪章》，认为：

——文物建筑具有多方面的价值，它不仅仅是艺术品，更是文化史和社会史的活见证，因此，保护工作应该着眼于它所携带的全部历史信息；

——不仅要绝对尊重原先的建筑物，而且要尊重它身上以后陆续增添上去的、改动的部分，要保护文物建筑的全部历史信息，并且使细部历史清晰可读；

——同理，文物建筑在它存在过程中产生的缺失，也是一种历史痕迹，也不应该轻易补足。如果为加固、保存或者展示而必须补足某些部分，那就应该使补足的部分很容易识别；

——要客观地、不带主观偏见地去研究文物建筑，反对片面追求恢复文物建筑的原始风格，更不能去“创造”根本不存在的纯正风格；

——要保护文物建筑原有的环境。

《威尼斯宪章》认为“各个时代为文物古迹所作的贡献必须予以尊重，因为修复的目的不是追求风格的统一。当一座建筑物含有不同时期的重叠作品时，揭示底层只有在特殊的情况下，在被去掉的东西价值甚微，而被显示的东西具有很高的历史、考古或美学价值，并且保存完好足以说明这么做的理由时才能证明其具有正当理由”（《威尼斯宪章》第十一条）。文物建筑所表述的不是历史的一个瞬间，而是活的、发展着的历史过程，因此要认真看待历史留给文物古迹的丰富信息，它们会是文物建筑保护的对象。“缺失部分的修补必须与整体保持和谐，但同时须区别于原作，以使修复不歪曲其艺术或历史见证。”（《威尼斯宪章》第十二条）把文物建筑的保护放到它所见证的历史过程中去，这是《威尼斯宪章》一再强调的基本思想。任何新的添加，尽管其本身可能作为某种历史信息被保存下去，但如果这种添加导致了更为古老丰富的历史信息的破坏，那么这种添加是不可取的，添加部分与原有部分在满足视觉连续的情况下保持各自的可识别性。

（四）“可持续性”保护

“可持续”的概念产生于1970年代末，通过对进入工业时代以来的生产方式与消费方式进行了深刻的反思，人们逐渐树立起一种崭新的发展观，一种既把握今天又着眼于长远未来的价值尺度。而城市是现代社会经济发展的主要载体，城市的可持续发展，自然成为人们瞩目的焦点之一。传统意义上的发展，指的是“以快于人口增长率的速度来增加产出的能力”，它关心的是一定时间

① 张松．历史城市保护学导论——文化遗产和历史环境保护的一种整体性方法[M]．上海：上海科学技术出版社，2001：150.

内平均每个人所能获得多少用于消费和投资的实际物品和劳务，这种片面追求数字的发展观念相应地带给人们一种狭隘的效益观，为了局部的短期的经济效益，往往不顾环境及其他任何代价。然而，人们陡然发现自己陷入了前所未有的困境，面临资源枯竭、环境污染、生态破坏等问题，人们终于意识到可持续发展的重要，可持续的效益观强调的正是通过结构上的优化，达到局部效益与全局效益、当前效益与长远效益的统一，或如人们常说的，是经济效益、社会效益和环境效益的兼顾，既满足当代人的需要，又不对满足后代人需要的能力构成危害的发展。可持续发展包含着丰富的含义。一方面，发展是必要的，唯有发展，才能满足人们日益提高的生活需求；另一方面，发展不能是不择手段的，要有持续的长远的观点，不能对满足后代人需要的能力构成危害。城市历史地区是城市生活的载体，是城市的“活的细胞”，从物质环境到其中生活的人，无论是衰败还是有机更新，变化是不可避免的，要实现真正的可持续发展，保护与发展相结合是一条必经之路。

最广泛的物质文化遗产应被看作是无可替代的社会文化和经济资源，而不是未来发展的障碍。一方面，城市遗产，尤其是位于城市中心区的历史地区，具有资源的双重性，即历史遗存的人文价值和城市土地的区位价值，在市场经济下，土地开发产生的经济回报是巨大的、直观的、短期见效的；而另一方面保护历史环境产生的更多的是外部性的经济效益，即便是能取得直接的经济回报，往往需要大量的、长期的投入作为前提条件。可持续保护就是要采取有效的措施协调历史人文资源保护和土地资源开发利用之间的矛盾，建立长远全面的效益观，是在保护与改造这两个目的之间寻找一种顺应未来发展和社会稳定所必需的处理关系。另外，历史文化遗产所承载的历史信息是无法通过复制再生的，是不可再生的资源。不可再生性导致了稀缺性，在市场经济环境下，稀缺性一方面意味着发展的契机（如旅游观光业的发展），另一方面意味着市场逐利本能对资源的掠夺和为追求更高的经济效益而掠夺性开发。可持续保护需要在资源利用上寻找恰当的平衡点，在对历史人文资源的利用中必须保护历史遗存的多样性和环境质量，既满足当代人的需求，又不影响后代享有遗产的权利①。

可持续性原则强调保护文化遗产不仅关注过去和历史，还必须包含现在和未来。正如《威尼斯宪章》导言中所说的：“世世代代人民的文物古迹，包含着过去岁月的信息留存至今，成为人们过去生活的见证。人们越来越意识到人类价值的统一性，并把古代遗迹看作共同的遗产，认识到为后代保护这些遗产的共同责任。”因此，我们这一代人负有传承这些文化遗产的责任，保存这些遗产使之传之久远，我们的后代也有权利享有我们现在所拥有的文化遗产，这也是20世纪下半叶以来国际遗产保护的最高理想。

① 环境的世代间平衡是指我们与现代的其他成员以及过去和将来的世代一道，共有地球的自然和文化环境。由美国法学教授E.B.魏伊丝女士在她1980年代的著作《未来世代的公正：国际法，共同遗产，世间公平》中，提出了关于环境的世代间平衡的“保护选择”（Conservation of Options）、“保护质量”（Conservation of Quality）和“保护使用”（Conservation of Access）三条保护原则，强调在任何时候，各世代既是地球恩惠的受益人，同时也是将来地球的管理者和托管人。

三、历史文化遗产保护与开发的关系

建筑与城市遗产是复杂的有机生命体，自形成之日起，保护与发展便与时俱生，成为对立统一的两个方面。在演进变化的时空过程中，前面的成果是当前的遗产，需要保护与传承；而当前的成果则是对遗产的创新和发展。保护与发展如影随形，始终相依相伴。只不过在长达两千多年的农耕经济社会，生产、交通和起居生活方式一脉相承，没有发生本质改变，也无须对城市的传统空间肌理进行大规模改造，保护与发展这对固有矛盾处在隐性对立状态。只有到了快速工业化、现代化阶段，矛盾才变得如此尖锐起来，以致不得不通过公共政策加以解决。

保护与发展的关系是辩证的关系，保护是相对静态的概念，是对历史精华的保留和传承，发展则是顺应历史发展的需要，对建筑和城市遗产的创新式利用和延续。建筑和城市文化遗产在经历社会发展对其所产生的影响和更新利用后，具有了更丰富的内容和使用价值，从而顺应了社会的发展需求，才是可持续的保护和发展之路。没有发展的遗产，就割裂了历史文脉传承，没有了文脉，没有血液和营养，也就失去了其生命力与活力。只保护而不发展的思路必然是一种行不通的道路。

正确处理保护与发展的关系，关键在于寻找“保护”与“发展”的结合点，探索两者相辅相成、和谐双赢的有效途径。不能把“保护”与“发展”推向完全对立的两端，要么一味强调馆藏文物式的静态保护，投鼠忌器，排斥所有经济社会发展的动议和举措；要么将保护视为改革开放和经济快速增长的障碍，轻则消极对待，重则肆意大拆大建。

边宝莲在《对平遥历史文化名城保护的思考》一文中，提出了“寓保护于发展、以发展求保护、保护与发展并举”的思路。核心是以保护建筑与城市遗产为本，依托遗产资源优势拉动当地经济，增加就业机会，再以经济收益反哺遗产保护，形成保护与发展的良性循环。目前许多地方，例如平遥、丽江等历史文化名城也都通过实践探索，在正确处理关系方面，取得了显著成果，证明了“寓保护于发展、以发展求保护、保护与发展并举”是完全行之有效的。

思考题：

1. 人口老龄化问题对城乡开发的影响。
2. 城乡融合与社会公正理论如何在城乡开发中发挥作用。
3. 历史文化遗产保护的社会意义。

参考文献：

[1] 郑杭生．社会学概论新修 [EB/OL]. 百度文库，2017.

[2] 边宝莲．对平遥历史文化名城保护的思考 [Z]. 国务院研究室参阅件，2006：474.

第四章　生态学

生态学（Ecology）是研究生物与环境之间相互关系及其作用机理的科学。

城乡开发是人类有组织的大规模活动，对自然生态环境造成一定影响。由于人口的快速增长和人类活动干扰，人类迫切需要掌握生态学理论来调整人与自然、资源以及环境的关系，协调社会经济发展和生态环境的关系，保证城乡可持续发展。

生态学理论有很多，与城乡开发关系密切的大致可以分为两大类型：自然生态理论，社会生态理论。

第一节　自然生态理论

宏观地讲，自然生态理论研究生物的物种、种群，包括生态分类、生态变化的生态体系理论，还要研究生物活动的自然环境理论。

一、生态体系

（一）生态分类

生态系统包含地球上的一切生物。研究生物的物种、种群，且在一定的自然条件下生成了相关分类学理论，如植物生态学、动物生态学、人类生态学、个体生态学、种群生态学、群落生态学等，这是生态学基础。在城乡开发过程中必然会侵占自然生态空间，与原生态的动植物产生矛盾，了解原生态的动植物种群是生态自然发展的基本点。了解被开发地区原生态的动植物种群及其特征，才能规划生态自然发展与人类社会和谐发展。

（1）植物生态学

植物生态学主要研究植物的群落，有四大学派。有的注重群落结构分析（北欧学派：代表人物是G．E．Du Rietz）；有的强调植物群落调查和群落分析，注重群落生态外貌，强调特征种的作用（法瑞学派：代表人物是J．Braum—Blanquet）；有的重视群落与环境的关系，尤其强调群落演替的研究，以动态和数量生态为特点（英美学派：代表人物是美国的F．E．Clements和英国的A．G．Tansley）；还有的重视群落研究与土壤的结合（苏联学派：代表人物是B．H．Cykayeb）。

（2）动物生态学

动物生态学研究动物与生存环境的关系，生态环境的变化对动物的生理结构、形态特征和行为方式的影响；研究在一定的环境条件下各种动物种群的数量关系，出生率和死亡率的变化，种群密度和年龄分布；研究一定的环境条件下种内和种间关系以及它们对动物进化的意义，种内与种间的合作与竞争，以及动物种群的结构和演化；研究不同生态条件下动物种群和群落的形成、适应性和演化；人类对动物资源开发利用和动物遗传资源的保护等。其中与城乡开发关系最为密切的是最后一点内容。由于人类大规模开发大量侵占原生动物的栖息地，据统计，全世界平均每天约有75个物种灭绝，每小时约有3个物种灭绝。1600年以来，记录在案的动物灭绝资料已经足够惊人：120种兽类和250种鸟类已不复存在。据联合国环境规划署的报告：世界上每分钟有1种植物灭绝，每天有1种动物灭绝，这种远远高于自然的“本底灭绝”速率的地球生命生存状况与质量的严峻局面是应该密切关注的。

从城乡开发与动物保护的角度出发，根据主要活动空间，可以把动物分成三大类，空中活动类、陆地活动类、水中活动类。在城乡开发过程中应该尽量保证各种动物的活动空间，协调各种空间的关系。

（二）生态变化

在自然界中，各种生物都是要发展的，由于气候地理条件及自然环境的变化、各种生物之间的斗争、协作等形成生态系统变化，也是城乡开发研究的要素。行为生态学、遗传生态学、进化生态学等相关学说对研究生态环境有意义，对城市开发的过程也有指导价值。生态变化过程和原因也是城乡开发过程必须了解的。在城乡开发过程中人类生活的需求与自然生态是一对重要矛盾，人类活动在开发过程中不断侵占自然生态空间，成为生态系统变化的主要因素。在开发过程中如何保护原生态空间，修复被人类破坏的自然生态空间已经成为开发者的重要议题。

行为生态学（Behavioural Ecology）是研究生物行为与其环境的相互关系，研究生物在一定的栖息地的行为方式、行为机制、行为的生态学意义的科学。

遗传生态学是主要研究植物和动物的群体遗传与其所有的生态环境的关系的科学。

在城乡开发中为了保护原生态动植物种群，各地建立了各种自然保护区。一般来说这些保护区都有特定的动植物保护对象，如四川卧龙的大熊猫保护区、江苏盐城的麋鹿保护区、云南西双版纳的热带雨林自然保护区等。从 1956 年我国建立第一个国家级自然保护区起到 2017 年已经建立了各种级别的自然保护区 2500 多个，其中国家级自然保护区 303 个。管辖的国土面积超过 14%。

二、环境生态理论

生态变化受自然环境影响很大。环境学有关理论是生态学的基础理论之一，也是城乡开发的重要理论基础。其中，与环境生态相关的理论有地理学、气候学、地质学、水文学等。

（一）地理学

地理学（Geography），是研究地理要素或者地理综合体空间分布规律、时间演变过程和区域特征的一门学科，是自然科学与人文科学的交叉，具有综合性、交叉性和区域性的特点。

根据地理学第一定律（Tobler's First Law 或者 Tobler's First Law of Geography），任何事物都是与其他事物相关的，只不过相近的事物关联更紧密（Everything is related to everything else, but near things are more related to each other），地理事物或属性在空间分布上互为相关，存在集聚（Clustering）、随机（Random）、规则（Regularity）分布。按照生态学分类，自然环境可分为陆地生态系统和水域生态系统。这两种系统在城乡开发中各自担任了重要角色。

（二）气候学

气候学是研究气候的特征、形成和演变，及其与人类活动的相互关系的一门学科。主要研究气候的形成、气候要素的时空分布；区域气候的特征；气候变化的规律；气候形成诸要素间的相互影响及如何合理开发、利用气候资源，减少或减轻气候灾害；避免人类活动对大气环境造成不良后果等。

气候学包括一般原理、气候特征的时间和空间分布、演变及其分类等。人们常以气候要素的空间分布图和时间分布图、气候要素的综合关系图和各种气候统计图等记述某地点、某区域或全球范围的基本气候特征。某个地方的气候志是对该地多年气象资料整理和分析概括出的基本气候状况的资料。气候学是研究气候的形成、分布、变化及其与人类活动相互关系的学科，是气象学与自然地理学的边缘学科。

1940 年代，随着观测范围的扩大和观测项目的增加，如辐射观测、探空、海洋探测及为特殊研究目的而进行的大型观测等，尤其是气象卫星的应用，填补了沙漠、高原、海洋等地区的气候资料；大型快速计算机的使用，使气候学的研究进入蓬勃发展的新时期。用数值模拟方法研究人类活动对气候的影响，探讨预报气候的可能性及气候成因，气候变化的理论研究，均使气候学的研究进入更精确的理论分析阶段。

随着生产规模的日益扩大，气候和人类社会的关系越来越密切。了解所在地区的气候特征及其演变规律，一方面可以合理地开发和利用气候资源，减轻气候灾害的影响，另一方面可以避免人类活动对大气环境造成的不良后果。此外，无论是大规模的开垦、重大工程的设计和管理，还是制订各种发展规划和研究工农业的布局，都需要了解所在地区的气候特征及其演变规律。

（三）地质学

地质学（Geology）的研究对象为地球的固体硬壳——地壳或岩石圈，它是主要研究地球的物质组成、内部构造、外部特征、各层圈之间的相互作用和演变历史的一门自然科学。目前，与城乡开发有关的主要是研究地球的上层，即地壳和地幔的上部。在地壳中有各种物质元素，这些元素多形成化合物，它们的天然存在形式即为矿物。这种矿物大部分为固体，如以金、银、铜、铁为代表的金属矿产，以石灰岩、煤为代表的非金属矿产，以石油为代表的液体类矿产，还有以天然气为代表的气体类矿产，是人类生产生活的重要物质资源，也是现代人类主要的能源来源。因此，各种矿产变成人类城乡开发的主要对象。由于矿产的有限性，合理保护矿产资源就成为城乡开发的重要工作。

地质构造和地质作用

地球表层的岩层和岩体，在形成过程及形成以后，都会受到各种地质作用力的影响，会产生形变。它们具有复杂的空间组合形态，即各种地质构造。例如断裂和褶皱，形成高山盆地、平原丘陵。

地球的岩石圈，已经并还在发生着全球规模的板块运动。板块构造学是20世纪地质学对地质构造及地质作用的新认识。其基本内容是，岩石圈是地球中最刚硬的部分，它飘浮在地幔中具有塑性、局部熔融、密度较大的软流圈之上。岩石圈中存在着许多很深很大的断裂，这些断裂把岩石圈分割成被称为板块的巨大块体，全球可分为六大板块。

一般认为，主要是地球内部热的不均匀分布引起了物质对流运动，使岩石圈破裂成为板块。板块形成后继续运动，发生分离、碰撞等事件。地幔中的熔融物质沿板块间的拉张断裂带挤入，并不断向断裂带两侧扩展，形成新的洋壳，而部分板块则随着载荷它的软流圈物质向下移动而消失于地幔之中。

板块运动被认为是使地壳表层发生位置移动，出现断裂、褶皱以及引起地震、岩浆活动和岩石变质等地质作用的总原因，这些地质作用总称为内力地质作用。内力地质作用改变着地壳的构造，同时为地貌的形成打下基础。

地质作用强烈地影响着气候以及水资源与土壤的分布，创造出了适于人类生存的环境。这种良好环境的出现，是地球大气圈、水圈和岩石圈演化到一定阶段的产物。

地质作用会给人带来危害，如地震、火山爆发、洪水泛滥、泥石流等。这些地质活动会给原有生态环境带来灾难性的破坏，当然也会给城乡开发带来严重的破坏。目前人类无力改变地质活动的规律，但可以认识和运用这些规律，使之向有利于人的方向发展，防患于未然。如预报、预防地质灾害的发生，就有可能减轻损失。

（四）水文学

水文学是研究地球大气层、地表及地壳内水的分布、运动和变化规律，以及水与环境相互作用的学科，通过测验、分析、计算和模拟，预报自然界中水量和水质的变化和发展，为开发利用水资源、控制洪水和保护水环境等方面提供科学依据。水是人类生活的基本要素，自然水系也是城乡开发的主要研究和利用对象，要想更好地了解开发地区的自然水系的构成，保护水资源，利用提升水资源的自然生态效益，发挥水资源的生产生活作用，就必须深入研究开发地区的水文特点。人类探索除水害、兴水利的历史，犹如人类的文明史那样悠久。在生产实践中，特别在与水旱灾害的斗争中，人类不断观测各种水文现象，思考和研究它们的规律，积累起关于水的丰富知识，逐渐形成并不断发展了水文科学。1950 年代以来，社会生产规模空前扩大，科学技术进入了新的发展时期，并正在出现新的技术革命，人类改造自然的能力迅速增强，人与水的关系已经由古代的趋利避害，和近代较低水平的兴利除害，发展到了现代较高水平的优化提升的新阶段。这个新阶段赋予水文科学以新的动力和新的特色。

首先，由于人类对水资源的突出需求，水文科学的研究领域正在向着为水资源最优开发利用的方向发展，以期为客观评价、合理开发、充分利用和保护水资源提供科学依据。

其次，大规模的人类活动对自然水体，进而对自然环境正在产生多方面的影响。研究和评价人类活动的水文效应和这种效应的环境意义，揭示人类活动影响下水文现象的规律，进而探讨水文分析的新方法和新途径，防止人类活动对水文循环的影响朝着不利于人类生存环境的方向发展，这一切正在成为水文科学面临的新课题。

另外，现代科学技术使获取水文信息的手段和分析水文信息的方法有了长足的进步。例如，遥感技术的应用，使同时观测大范围内的宏观水文现象成为可能；水文模拟方法、水文随机分析方法、水文系统分析方法，使人们研究水文现象的能力发展到新的水平；尤其是电子计算机的应用，使水文科学从水文观测到基本规律的研究，由人力和机械操作发展到以电子计算机为核心的自动化。

水文科学和其他科学之间的边缘科学正在不断兴起，学科间的空隙逐渐得到填补。同时，人们开始看到，水已成为影响社会发展的重要因素。水在表现它的自然属性的同时，它的社会属性也日益表现出来，并逐渐为人们所认识。因此，水文科学将有可能发展成为具有自然科学和社会科学双重性质的一门综合性科学。

近年来，在水文学理论指导下，城乡开发提出海绵城市的理论。海绵城市是新一代城市雨洪管理概念，是指城市能够像海绵一样，在适应环境变化和应对雨水带来的自然灾害等方面具有良好的弹性，也可称之为“水弹性城市”。国际通用术语为“低影响开发雨水系统构建”，下雨时吸水、蓄水、渗水、净水，需要时将蓄存的水释放并加以利用，实现雨水在城市中自由迁移。而从生态系统服务出发，通过跨尺度构建水生态基础设施，并结合多类具体技术建设水生态基础设施，是海绵城市的核心。

第二节　社会生态理论

一、城市是一个以人为主体的生态系统

城市是人口的集聚地，人口的密集性是城市的显著特征，因此，在城市生

态经济系统中发挥主体功能作用的是人。人类在乡村地区的农田上进行生产，也发挥了主体功能作用。

二、城乡空间是一个开放式的不完全系统

城乡空间既有第一生产者，即绿色植物；同时为了保证人的基本生存和生产发展的需要，必须从城市生态系统外输入大量的生产资料和生活资料。所产生的各种不能依靠自然生态系统完全分解的有机体，必须通过人为的各种环保措施加以分解，排除并分散到城市生态经济系统外。因而，城市生态经济系统是开放的，不完全的，它对城市周围的其他生态经济系统有很大的依赖性。

三、城乡空间是一个具有人工环境的生态系统

随着城市经济发展及其规模的扩大，尤其是对城市土地的开发和利用，众多的建筑物代替了原来的绿色植物，使有限的空间变小；植物的“营养库”——土壤被不透水的路面所覆盖；工厂、商店的建立，使洁净的水体受到污染；烟尘“夺走”了新鲜空气；噪声“成灾”。总的来说，发挥城市生态系统的优势取决于人工调控。

四、城乡空间的开发生态平衡

对土地使用强度过高甚至超负荷，对水资源的使用过量，而对太阳能、风能和生物能的利用较少，既减少了城市生态经济系统直接参与自然生态系统的循环，又浪费了大量可利用的能源。根据智能平衡模式，物质—能量以低熵状态进入转换过程，而以高熵状态转换出去。因此，能量的利用必须合理、经济、有效，能源的开发和利用不能浪费，要量入为出，以保证城市生态经济系统物质循环的正常运转。

五、城乡开发是复杂的人工生态经济系统

由于人是城市生态主体，人的各种经济活动和生活活动主宰着城市，这就使城市成为一个由经济系统和生态系统耦合而成的复杂人工生态经济系统。其中，人工生态系统是经济系统的基础，而经济系统则是生态系统的主导，它能改变自然环境并改变生态系统的内部结构和运行机制，从而使整个城市生态经济系统的结构功能发生变化。

根据城市生态经济系统的特点，可以将城市看作一个耗散结构。耗散结构理论是由比利时物理学家普利戈金（I. Prigogoino）提出来的。他认为，一个远离平衡的开放系统，在外界条件变化达到一定阈值时，量变可能引起质变，系统通过与外界不间断地交换能量与物质，就可以从原来的无序状态变为一种时间、空间和功能的有序状态，这种非平衡状态下的新的有序结构，就叫作耗散结构。一座城市就是一个耗散结构，它每天输入食品、燃料、日用品、工业原料、商品，同时输出产品和废料，才能保持稳定有序的状态，才能生存下去。

因而，城市一切有机体（首先是人）的能量流动、营养物质循环、废弃物处理和区域性事物供应系统以及与之伴随的社会生产、交换和消费的经济密集，

表现为生态系统与经济和社会系统的有机统一。人类对城市系统的控制与反控制，始终贯穿于城市发展的过程中。在城市开发过程中，要以城市系统的整体最优为目标，对系统的各个主要方面进行定性和定量的分析，以便给决策者提供直接判断和决定最优方案所需要的信息和资料，使城市开发更有科学依据、实际意义。作为城市经济发展重要组成的房地产开发投资活动，就需要充分认识和把握城市生态经济系统的特点，重视生态经济系统的各项要素的有机联系，依据生态经济规律，寻求适合城市房地产开发与城市经济增长、生态环境改善同步发展的有效途径，以促进房地产开发的环境效益、经济效益和社会效益的统一。

从生态经济学的角度看，城乡是由人的社会经济活动与周围生态环境各因子的交织而形成的复合系统——城乡生态经济系统。城乡生态经济系统不同于其他生态经济系统，它既包含自然生态系统和环境的各个要素，也包括经济发展中的各个环节，还包括人类社会设施的各个组成部分。因此，城乡生态经济系统是一个自然、经济和社会的复合人工生态系统。

六、城乡开发系统构成

（一）自然生态环境系统

自然生态环境系统指在城乡所处的空间范围内因各种城乡开发活动而人为地改变了的自然生态环境，这种变化通常是不可逆的。自然生态系统主要由大气、水体、土地、动物、植物、能源、资源和景观等组成。自然生态系统内部的运动变化、构成成分和组合形式，对城乡经济和社会系统中的投入消耗和国民收入产出等具有重大的影响。因此，维持一定的自然生态系统不仅是城市建设和发展的必要条件，而且是决定城乡空间开发利用的重要因素。

（二）技术经济系统

技术经济系统主要由城乡的工业、商业、金融业、建筑业、交通运输、贸易、信息通信、管理、科技和农业等系统组成。技术经济系统承担着城乡的生产功能，物质从分散向集中的高密度运转，能量从低质向高质的高强度集中，信息从无序向有序的连续积累，商品价值经过流通而不断增值。它的结构和功能的效益大小，物质循环能量转换的输入输出是否平衡，直接决定着社会系统中人均生活水平、消费水平以及受文化教育的程度等，同时也影响自然生态系统中的污染程度和平衡状况，因而它也是进行城乡空间开发的关键组成部分。

（三）社会系统

社会系统主要指城乡居民生活系统，由居民、饮食、服务、供应、医疗、体育、旅游、娱乐等组成。社会系统主要承担城乡的生活功能，它是城乡生态经济系统的核心和基础。这是因为城乡居民是城乡生产、消费活动的主体，使城乡自然生态环境系统不断地适应自身活动和生产的需要。在社会系统中，呈现高密度的人口流动、高密集的社会活动和高强度的生活消费，客观上需要采取相应措施以不断改进和提高人们的生活质量。因此，如何通过城乡空间有效、合理的开发和建设，使城乡居民有舒适、优美的生活和生产环境空间，就成为保护城乡生态平衡和搞好空间开发的关键。

以上三个系统互相依存、互相制约、互相影响，而组成一个复杂的有机整体，并随着时代的进步而进行着不断地更新和改造。它们的发展运行最后都落实在空间上。城乡开发就是要协调三大系统在空间上的平衡发展。

思考题：

如何考虑城乡开发的人与自然生态的协调问题？

参考文献：

[1] 生态系统的组成[EB/OL]. 百度文库.
[2] 奥德姆. 生态学基础[M]. 北京：高等教育出版社，2009.
[3] 尚玉昌. 行为生态学[M]. 北京：北京大学出版社，2001.
[4] 马尔科夫. 社会生态学[M]. 北京：中国环境科学出版社，1989.
[5] 沈清基. 城市生态与城市环境[M]. 上海：同济大学出版社，1998.
[6] 管华. 水文学[M]. 北京：科学出版社，2010.

第五章　管理学

城乡开发要素很多，对象复杂，目标众多，不同时期开发目标还会有变化；城乡空间是一个大系统，城乡开发就是一个大系统工程，城乡开发的管理也就是一个大系统管理过程，牵涉国家法律法规，牵涉开发政策制定，城乡开发是一个连续过程。因此，系统论、发展阈限理论、博弈论、程序公正理论、熵理论、城市经营理论等管理学方面的理论都是城乡开发者要研究探讨的理论。

第一节　系统论

现代系统论自 1920 年代初建立以来，已成为人们全面认识事物的指导思想。它改变了以前人们熟悉的笛卡尔分析方法在局部或要素上着眼的局限性，以把握全局的心态去接近具体问题。

系统论认为系统是由相互联系、相互作用的若干要素结合而成的，具有特定功能的有机整体。它不断地同外界进行物质和能量的交换，维持一种稳定的状态。与此类似，城市也是由各相关要素组成的，是组织社会生产、生活最经济的形式。

系统分为一般系统和控制论系统。多个矛盾要素的统一体就叫系统。这些要素也叫系统成分、成员、元素或子系统。用 S 表示系统，用 A 表示组成系统的要素，R 代表各要素间的各种关系（矛盾），则

$$S=\{A, R\} \qquad \text{公式 5-1-1}$$

这是按系统定义列成的集合数式。

根据系统论相关观点，物理、工程系统称为硬系统，而以人的主观意识为转移的系统是软系统，城市系统中有建筑物、道路等硬系统，也有城市管理、城市文化意识等软系统。从城市学的观点看，现代化城市是一个以人为主体、以空间环境利用为特点，以聚集经济效应为目的，集约人口、经济、科学、文化的空间地域大系统。S 代表城市系统，而 A 是组成城市系统的子系统，R 表示子系统之间的相互关系。系统论一般用于开发组织的架构，控制论系统理论用于组织的管理。

第二节　发展阈限理论

发展阈限理论又称"水桶理论"，或门槛理论（Buckets Effect）。即一个水桶能装多少水，取决于最短的那块木板。这块最短的木板即木桶盛水的门槛，如果这块木板不能改变，即是该木桶的盛水阈限。考虑一下自己的"短板"，并尽早补足它。

发展阈限的概念自 Malisz 在 1960 年代提出后进一步由 Kozlowski 等人发展完善成为一种城市发展理论。该分析方法最早用于城市规划，特别是居民区的规划，是针对开发过程中受到的客观环境制约这一现象提出的。这些限制导致开发过程的间断，表现为开发速度的减缓，甚至停顿。克服这些制约需要额外的成本，即阈值成本，俗称"门槛费"。这些"门槛费"通常很高，它们不仅仅是一般投资费用，同时也是社会和生态代价。

在某一地域内的一系列阈限中，有一些是关键阈限，比其他阈限强加给开发过程的限制要大得多。克服这些关键阈限面临异常的困难，需要异常高的额外成本，并有可能对开发战略的形成起关键作用。在现有技术条件下无法克服或只能通过换取地理环境的不可逆转的损失来克服的阈限，被称为顶级（或边界）阈限。这些阈限标志着城市发展和土地开发的"最终"位置、规模、类型和时间限制。

阈限分析方法有几方面的局限性。首先，它基本上是一种定量化方法，多种开发方案都折算成单一的衡量指标，即阈限费用。尽管该方法声称也考虑社会和生态效益，但实际上它只落实到经济成本问题。在城乡空间开发方案中，效益指标由每一种开发方案中的阈限费用除以住房单元数来求得。其次，阈限分析方法的适用范围也非常局限，主要适用于住宅区的开发，而对其城市发展问题只起到间接的参考作用。

顶极环境阈限（Ultimate Environmental Thresholds，简称 UETs）是上述城市与经济发展规划中的阈限分析方法的最新发展和延伸，用以讨论环境和生态系统的再生能力及其对发展的种种限制。在自然资源与环境强加在发展过程的

阈限中，有一些限制是绝对的、最终的，即顶极阈限。Kozlowski 对 UETs 的定义是“一种压力极限，超过这一极限，特定的生态系统将难以回复到原有的条件和平衡。某种旅游或其他开发活动一旦超越这种极限后，一系列的连锁反应导致整个生态系统或其重要局部的不可逆的破坏”。

UETs 是开发过程的最终环境边界，它们在为开发过程确定生态上健康的“答案空间”（Solution Space）上有关键的意义，每一层次的规划都在这种“答案空间”中寻求开发的途径和方案。这种“答案空间”被认为是对定义“承载力”的一个贡献。规划应在保护自然的同时指导甚至促进社会经济的发展。这一矛盾可以通过把规划过程分解成两个相互独立的阶段来解决：即限制性的和促进性的。在限制性阶段中，优先权应归于生态和资源的保护，而在促进性阶段中，规划应注重在“答案空间”中探索各种开发的可能性方案，而这些可能性方案的边界是由规划的限制性阶段所决定的。因此，阈限理论现已广泛地应用到城市规模控制和城乡空间开发中的容积率控制。

基本观点：城市的资源在一定的时期内是有限的，城乡开发的强度是有限的。城乡开发的强度应该受各项制约条件的最小服务极限控制。当达到城乡开发的极限时，改造、增加、调整相关资源的供应量成为开发过程的门槛，所以该理论又称为门槛理论。例如上海在 1980 年代中期，浦西发展用地强度已经很高，中心城区发展受到限制。浦东陆家嘴贴近中心区，越过黄浦江成为上海中心区开发的重要门槛。上海通过南浦大桥、杨浦大桥、延安路隧道、复兴路隧道建设越过黄浦江这道门槛，建起了陆家嘴金融中心，促成上海成为世界金融中心的建设。2010 年世博会前，上海最大的问题是缺少大运量的快速交通方式疏解世博会带来的超大规模人流问题，为此上海新增加 10 条地铁（原有 3 条）、两条隧道，基本解决上海道路交通拥挤问题，促成上海成为世界级中心城市。其模型可以用以下公式表达：

$$P_{max}=\min\{Q1_{max},\ Q2_{max},\ Q3_{max},\ \cdots\}\qquad \text{公式 5-2-1}$$

P_{max}——开发项目人口规模；

Qn_{max}——资源要素的最大人口容量。

主要应用在：①城乡开发规模控制。例如确定开发区最大人口规模时，往往有很多因素，如能源、水资源、食品、土地供应量等，其中一种因素负担人口最小值就是该开发区的人口极限。②容积率控制。同理，容积率的影响因素主要由地块的基础设施、环境、交通等因素的承受最大容积率能力确定，其中一种因素负担容积率最小的就是该地块的容积率上限。

第三节　博弈论

城乡开发在市场中运行，充满了竞争和挑战。博弈论作为决策理论中的一个重要分支，在城乡开发中也经常运用到。

博弈是指参与竞争的一些独立决策的个人、组织（团、队、国家等）即博弈者面对一定的环境条件，在一定规则的约束下，依据所掌握的信息，同时或先后、一次或多次，从各自容许的策略集中选择有效的策略，达到以谋略取胜的思维与较量的行为过程。博弈论是指在系统观点指导下用数学方法研究竞争取胜的理论与方法体系的统称。

从博弈论的角度来看，城乡开发也是一种博弈行为。城乡开发中的各种机构组织，如开发区管委会、开发公司、设计咨询单位、施工部门等都可能成为开发过程中的博弈者。城乡开发的博弈主要反映在两个方面：制造博弈和参加博弈。从微观角度来说，城乡开发是制造开发博弈场所，城市政府需要管理开发博弈行为；从宏观角度来说，每一个开发者参加更大范围的经济博弈活动。城乡开发中的博弈也要用系统观点即用辩证的思维方法去看待竞争问题，包括全局观点、动态发展观点、信息的观点等。

根据博弈得益情况，可以将博弈分为零和博弈、常和博弈和变和博弈三大类。

零和博弈。在不少博弈中，一方的收益必定是另一方的损失，某些博弈方的赢肯定是来源于其他博弈方的输，如在各种赌胜博弈和法律诉讼、经济战争中常常是这样。这种博弈的特点是不管各参与方如何决策，最后的社会总得益，即各博弈方得益之和总是零。其收益的矩阵模型见表 5–3–1。

零和博弈收益矩阵 **表 5–3–1**

输赢	甲方		
乙方	1	0	– 1
	– 1	0	1
结果	0	0	0

其收益的数学模型为：

$$A+B=0 \quad A, B \in \{-1, 0, 1\}$$ 公式 5–3–1

常和博弈。与零和博弈不同，在有些博弈中，每种结果之下各博弈方的得益之和不等于零，总是等于一个非零常数，我们称之为“常和博弈”，当然，零和博弈本身可被看作是常和博弈的特例。常和博弈也是很普遍的博弈类型，如在几个人或几个方面之间分配固定数额的奖金、财产或利润等就一定构成常和博弈，不管这些博弈中各博弈方决策的具体内容是什么。根据输赢结果，常和博弈的结果是博弈各方各有所获，各方的获利加起来是一个常数。例如下围棋，尽管也有输赢，但下到最后各方都可获得一定的地盘，双方加起来总为 361 格（目）。其收益矩阵见表 5–3–2（不计半目的情况）。

常和博弈收益矩阵 **表 5–3–2**

	各方获得目数的可能性				
甲方	0	1	2	……	361
乙方	361	360	359	……	0
结果	361	361	361	……	361

其收益的数学模型为：

$$X+Y=361 \quad X,\ Y \in \{0,\ 1,\ \cdots,\ 361\} \qquad \text{公式 5-3-2}$$

变和博弈。变和博弈即意味着在不同策略组合（结果）下各博弈方的得益之和一般是不相同的。变和博弈是最一般的博弈类型，而常和博弈和零和博弈则都是它的特例。变和博弈的结果也是博弈各方各有所获，但是各方的获利加起来是一个变数，例如全国运动会长跑比赛，一般都有许多个运动员进行比赛，尽管最后名次只有一种可能，但运动员获奖结果可能有多种，可能有多个运动员打破全国纪录，获得附加得分和奖金，有可能形成多赢局面，我们称之为增和博弈。其收益可能性矩阵见表 5-3-3。

增和博弈收益可能性矩阵 **表 5-3-3**

名次（n）	名次分（a）	破世界纪录加分（b）	破全国纪录加分（c）	合计（i）
第一名	6	0，5	0，3	6，9，11
第二名	5	0，5	0，3	5，8，10
第三名	4	0，5	0，3	4，7，9
第四名	3	0，5	0，3	3，6，8
第五名	2	0，5	0，3	2，5，7
第六名	1	0，5	0，3	1，4，6
结果	21	0~30	0~18	21~69

其收益的数学模型为：

$$i_n=a_n+b_n+c_n$$

$$I=\Sigma\ i_n \qquad \text{公式 5-3-3}$$

在城乡开发中，变和博弈这种现象较为常见。例如浦东开发成立了多家土地开发公司，各个公司在开发过程中间的策略有所不同，争取到的资金也不相同，投入产出的效益也各不相同，但是总体上各个开发区都在不断发展，效益不断提高。再如某一居住区有若干个居住小区分属不同的开发商同时进行开发，由于各个开发商的开发策略不一样，一些小区销售很好，入住率很高，开发商效益很好；一些小区销售一般，入住率也一般，开发商效益仅能保本；另一些小区销售很差，入住率很低，住房常年空关，导致开发商严重亏本。

变和博弈中，如果每一次博弈比前一次获利总和增加，称之增和，反之则为减和；一般来说城乡开发追求的目标应该是增和。例如上海浦东的开发，自从 1990 年代初期以来，政府投入逐年增加，土地开发总量不断增加，进入浦东的企业的总体效益不断增加，政府的税收也不断增加，形成了良性循环，这就是典型的增和博弈。但是在我国也有一些开发活动开发量大大超过市场容量，形成过度开发，大片土地荒芜，建了许多“烂尾楼”，企业、政府都背上沉重的包袱，从增和变成了减和。

从实践来看，博弈理论及其方法可以广泛运用于城乡开发的投融资、建设和管理的过程之中，对提高决策效率和具体项目的运作具有很强的指导意义。

第四节 程序公正理论

1970年代中期，美国社会学家锡博特和华尔克这两位学者提出了程序公正理论。他们将公正性的心理学理论与有关于程序方面的研究结合，创造出了程序公正性的研究领域。程序公正性是指对于决策制定者使用政策、程序、准则以达成某一争议或协商结果的公平知觉。程序公正性理论认为，人们会依据决策结果所产生的程序对决策结果做出反应，并且在本质上人们认为公正的程序是首要的。当人们无法直接操控某项决策时，公正的程序就可以作为一种间接的控制工具。公正的程序可以让人们觉得，他们的利益在长期中都是可以受到保护的。他们的研究发现，如果进行裁决的程序是公平的，那么即使个体得到了不利的结果，他们对这项结果也会持比较肯定的评价。锡博特和华尔克的研究证明，程序公正性的差异会影响到个人对于某一项程序的态度与行为。他们认为，增加程序公正性有助于产生可以提高结果满意度的态度与行为。城乡开发是一个复杂的行为，利益冲突点多，审批机构多，例如控制性详细规划制定以后，实施过程常常需要调整开发指标。尤其商业性开发行为，土地进行批租，开发商获得土地开发权后常常会要求调整开发指标，以获得更大的开发收益。此中寻租空间很大。为了减少寻租空间，上海市规划管理部门制定了一个"三阶段十三道"的控制性详细规划的调整程序，让各个管理部门、各个相关对象都有知情权、建议权，使决策过程公正合理。

第五节 城市经营

城市经营是指以城市政府为主导的多元经营主体根据城市功能对城市环境的要求，运用市场经济手段，对以公共资源为主体的各种可经营资源进行资本化的市场运作，以实现这些资源资本在容量、结构、秩序和功能上的最大化与最优化，从而实现城市建设投入和产出的良性循环、城市功能的提升及促进城市社会、经济、环境的和谐可持续发展。

一、城市经营的意义

（一）城市经营是筹集城市建设资金的一种方式

我国城市建设资金的主要来源，过去一直是依靠政府拨款和很少的城市建设维护费，严重的资金短缺制约了城市基础设施建设和城市发展，所以城市面貌难以改观。改革开放后，不少大中城市为适应改革开放和吸收外资的需要，加快了城市建设步伐。在城市建设资金筹措上，解放思想，大胆探索，实事求是，开拓创新，通过城市土地的有偿使用、土地批租、收取土地出让金等，进而根据城市自身条件和可能，对城市现有资产通过重组、租赁、转让、抵押、拍卖、冠名等经营运作方式，既盘活了城市存量资产，又筹集了城市建设资金，有效地解决了城市建设与资金短缺的矛盾，城市经营概念也在城市近十多年的实践基础上应运而生。显然，城市经营是城市筹措建设资金的观念和方式在实践基础上的理论提升。

（二）城市经营是城市建设的一种发展模式

城市经营主要是利用城市土地、设施等资产，多元筹集建设资金，促进和逐步完善城市基础和各项服务设施建设，进而改善城市环境，增强城市功能，美化城市形象，为城市现代化发展和经济竞争力增强创造条件。它是整合、盘活土地等城市资产，优化结构、合理利用，发挥最大效率，协调城市内部和外部空间关系的一种理念；是在市场经济条件下，建设发展城市在观念和运作上的大转变和大提高；也是从城市生产力载体、资本载体、系统载体的本质出发，进行城市整体运作，使城市在运行中提高效率，增强聚集和扩散功能，协调城乡关系的一种发展模式。

正是由于城市经营是在市场经济条件下的产物，它需要城市政府行政管理职能转换为企业经营模式。

随着城市现代化的发展，科学技术的日新月异，经营城市的内涵和外延将不断丰富和扩大，经营城市的理念将贯穿到城市规划、建设和管理的全过程。经营城市，既要经营土地、水、矿产、基础设施等已被开发的传统有形资源，又要重视经营信息、网络、品牌、文化、知识等还未被充分开发利用的现代无形资源，实现从主要依赖传统城市资源向大力开发利用现代城市资源的转变。

二、城市经营的价值观

（一）城市经营的功利主义价值取向

在城市经营中经济利益最大化的价值取向十分突出。

在快速城市化过程中，城市的集聚效应大大强于扩散效应，人口和产业向城市的迅速集中，使得城市基础设施等成为制约城市发展的瓶颈。为摆脱传统城市建设的困境，建立多元化的投融资渠道，筹集城市建设资金，以解决城市基础设施等公共物品长期被动滞后的状况。在资金成为城市发展最大制约的背景下，以资金为目标导向且功利性明显的城市经营理念应运而生。

以资金目标为导向的功利性城市经营，把“城市经营”的目光集中在卖土地上，且经营方式单一，即批地卖地，把城市和郊区的土地能卖的全都卖掉，以赢利作为其唯一的目标。以资金为导向的功利性城市经营往往立足于“近期发展”，而忽视了城市经营对城市功能优化与提升的作用，这是城市经营中的本末倒置。城市经营中急功近利的倾向和短视行为，破坏了城市的历史文化和自然景观，导致城市特色的流失和城市竞争力的下降。同时，城市经营加剧了城市间的竞争，致使在招商引资中出现了鹬蚌相争的局面，导致城市土地等资源廉价出售，而外商则在城市间相互压价，坐享“渔翁之利”，这不仅造成了城市资产的大量流失，而且造成了城市发展的不可持续性。

（二）城市经营的实证主义价值取向

实证主义总体上注重实用性与可操作性，在研究过程中尽可能去除主观性，更侧重于实际问题的解决。随着经济全球化进程的加快，生产力的不断发展和城市规模的扩大，世界范围内城市与城市之间必然面临资金竞争、人才竞争、市场竞争、城市地位的竞争。城市经营是指城市政府将市场手段和行政手段相结合，借助市场力量将可经营性资源资本化运作，减少对可经营性公共产品的支出，降低半经营性领域公共产品的成本，使城市有限的财政资本集中投入到非经营性公共产品的生产中，从而实现政府以同样的资金营造更好的投资环境和人居环境、提高城市竞争力之效应。因此，提高城市竞争力往往是城市经营的实际目标。在我国城市经营的实践中，城市间竞争激烈，大连、青岛等城市进行“城市经营”产生了示范效应，实质上是竞争的层次与内容有了质的变化：从资源、产业到市场空间的外在争夺，到城市自身素质、城市吸引力、城市竞争力的竞争，形成了以城市竞争力为目标导向的大连环境经营模式和青岛产品经营模式。因此，城市经营采取何种经营模式，要根据城市所处的发展阶段，不同的模式之间要相互学习和借鉴，在城市经营中既要注重城市的消费性功能的建设，还要注重城市的生产性功能的建设。城市某些单个功能竞争实力的提高，并不意味着城市系统性竞争能力的整体提高；反之，亦然。

（三）城市经营的结构功能主义价值取向

一些城市以资金为导向的功利性经营城市的思路，会使城市发展和管理以及经营本身面临着诸多的矛盾，构成了经营城市的基本矛盾。经营城市的目标不仅仅是为了解决建设资金问题，而是一组包括众多经济、社会乃至政治效益的城市经营的多目标功能体系。以功能为导向的城市经营就是要求城市政府应根据城市功能定位，按照城市环境的要求，运用市场经济手段，对构成城市空间、城市功能和城市审美载体的各种城市资源进行资本化的市场集聚、重组和营运，以实现这些资源、资本在容量、结构、秩序和功能上的最大化与最优化，以经营城市的理念规划城市，以经营城市的手段建设城市，以经营城市的方式管理城市，以经营城市的谋略推销城市，从而实现城市建设投入和产出的良性循环和城市的可持续发展。因此，城市经营除考虑经济效益外，还必须兼顾生态、环境、文化、社会福利等众多方面，缺一不可。城市经营就是要经营城市环境，不断增强和优化城市功能。

三、城市经营风险的影响因素及风险防范

（一）城市经营风险的社会影响因素

（1）城市经营政府因素

由上述城市经营的定义可知城市经营主体不仅包括政府，而且包括社会中介组织、企业和广大市民等，呈现出一种多元化的经营主体结构。政府作为公共产品的供应者，在城市经营中居于主导地位，其职能主要是找准城市定位与制定战略规划、建立城市经营机制与完善法规体系、做好城市经营的组织协调和配套服务工作、树立城市形象与搞好城市营销；至于城市经营的具体运作，应由社会中介组织、企业和广大市民承担。然而，在城市经营的实践中，政府直接以市场主体的角色参与到城市经营的具体运作过程中，大有变城市为公营企业的趋势。这可能导致如下风险：其一，市场作用失灵风险。政府不仅是市场规则的制定者，而且是市场秩序的监管者，现在又要以市场主体的身份从事经营活动，等于立法者既兼裁判员又兼运动员，这必然造成市场规则缺乏权威性和公正性。其二，政治“创租”风险。根据布坎南的公共选择理论，政府行政权力的扩张会导致政府官员谋求个人利益的最大化，滋生腐败现象。其三，

有可能造成政府职能“缺位”风险。当前我国正处于社会转型的关键时期，政府应该承担更多的社会经济管理职能。如果政府将很大精力放在城市经营具体事务的处理上，则许多政府分内的事情反而得不到解决。

（2）城市经营企业因素

企业作为城市经营主体之一，它的形成过程是其投资者按一系列审批程序形成具有法人资格的经济实体的投资过程。企业的经营者要通过对其资产的直接运营来实现企业利润的最大化目标。企业利润最大化目标使得企业有强烈的利润追逐行为。而作为经济载体的城市不是一个以盈利为目标的经济实体，城市政府不可能靠运营其资产来获得利润的收入，而是提供服务使企业获得良好的运作环境。因此，企业与城市组织的差异性可能导致如下的城市经营风险。其一，城市经营目标偏离的风险。企业的目标是最大化的盈利，这与城市经营的最终目标是不一致的。其二，导致企业自身经营风险的加大。城市经营是一种全新的城市建设与管理的理念，城市政府尚处于一种尝试摸索的阶段，而对于企业来说更缺少相关经营的经验，加之政府与企业之间的信息不对称，企业对城市经营中公共设施的投资风险缺少明确的把握，所以，企业不敢贸然投资。

（二）城市经营风险的经济影响因素

（1）城市经营资产因素

城市资产包括有形资产和无形资产。①城市有形资产：城市土地，尤其是对城市中的闲散土地、废弃土地进行开发利用和升值，对已使用的土地进行再开发再升值；城市基础设施，如道路、桥、飞机场、火车站、汽车站、地下管网等；城市公共产品，如水、电、气等。②城市无形资产：城市形象、城市知名度、城市品牌、城市投资软环境（法规、政策、办事效率等）。城市经营，必然涉及委托代理问题。在城市经营过程中，政府是委托人，企业是代理人。根据委托代理理论，代理人信息多于委托人，而委托人有效监督代理人的行为需要付出成本。正是因为成本因素的存在，在城市经营过程中，企业利用多于政府的信息，往往以消耗资产为手段，来达到利润最大化目的，而不注重对资产的保值增值。这样必将会导致城市资产面临贬值的风险。

（2）城市经营资金因素

政府用于固有资产的投入相对于城市发展建设的需求来说只能算是小笔投入，庞大的城市基础设施建设需要政府及企业等经营主体投入巨额的资金，显然仅靠自身的资金是远远不够的。因此，举债建设、负债经营在城市经营中往往是不可避免，政府及经营主体通常的做法是利用政府的特殊地位，以城市资产存量为依托，通过多种途径向金融机构借款，或者扩大市政公用设施建设债券的发行规模，吸纳社会资金用于基础设施建设。这种不计成本的举债行为极易形成政府巨额的负债，从而无力偿还，留给下届政府。可想而知，这种滚雪球式的负债对于城市未来经济发展来说后患无穷，极易导致城市经营的债务风险。

（3）城市经营市场因素

在城市经营中，城市资产由按照市场运作的经营主体来经营，城市经营主体能否在市场运作中不断实现城市建设投入产出的良性循环和城市产品的功能升级，并兼顾城市可持续发展的利益，所有这一切都具有波动性和不确定性。因此，其市场风险是客观存在的。由于城市资产的固有垄断性和公共产品属性，注定了这类资产的投入数额巨大、直接投资回报率偏低、投资期偏长，而市场是风云变幻的，一旦市场突变，经营主体经营失误，极易导致经营主体经营困难。对于经营主体来说，经营失误至多是企业破产，而对于城市来说，城市经营项目的失误必然会严重影响城市居民的生活，滞后城市整体规划的进程。

（三）城市经营风险的环境影响因素

（1）城市经营资源因素

这里所提及的资源主要是指不可再生的自然资源，如土地、矿产资源等。众所周知，现时许多城市的财政除了人头费和现有设施维护之外，经费所剩无几。政府要大兴建设，最大的困扰是资金缺少，尤其是在建设项目件数越来越多、规模越来越大的新形势下，这种矛盾越发突出。城市经营的出现，使大家的观注点迅速转向了经营城市的资源。但实际上，许多地方政府对城市经营理念的理解并不到位，为了追求政绩，加大对城市基础设施的建设以显示城市经营的成果，建好后只注重收费而疏于经营维护，不收费的项目更是少之又少。殊不知对于城市来说，诸如土地一类的资源都具有稀缺性，其外延式供给更是有限。如果不从根本上转变城市资源的经营理念，必然会产生城市资源枯竭的风险。

（2）城市经营生态因素

在竞争日益激烈的国际国内背景中，生态环境对经济社会要素集聚、放大的效应越发体现出来，尤其对于至关城市功能提升的高新技术、生产性服务业，优美和谐的生态环境已经成为竞争中取胜的绝对性要素，从这种意义上看，生态环境已经成为城市经营中值得高度关注的战略性资源。但是，很多城市为追求经济效益，不惜以环境污染为代价，大量排放污水、废气，肆意砍伐森林，给生态环境造成了巨大的压力。长此下去，生态环境严重破坏的风险必定难以避免。

（四）城市经营风险防范的对策

城市经营风险的防范对策主要有规避、控制、承受、转移、对抗等。

规避。这是较常采用的一种方法，对风险采取躲闪、回避、放弃等方法，以降低或消除风险的侵害，减少或避免损失，这种方法简单易行，安全可靠。

控制。控制是有针对性地采取防范、保全和应急措施，对城市风险进行控制，尽最大限度消除和减少经营风险可能带来的损失，这是一种主动积极的风险管理方法，可用于经营风险发生之前或发生之时，但经营风险控制受到技术条件、成本费用、管理水平等的限制，并非所有的经营风险都能采用。

承受。承受是对风险管理全局考虑所做出的局部牺牲，是被动的措施，往往由于对某项经营风险无法回避，或由于盈利的目的而需要冒险，所自愿地承担风险及其损失后果的方法。

转移。转移是采取各种方法将经营风险全部或部分转嫁，推卸出去，使风险的承受者由一个城市变成多个城市，从而相对消除和减少城市的风险损失。对抗。对抗是对经营风险主动出击，破坏风险源或改变风险的作用方法，释放风险因素蕴含的能量，意图减少风险对城市经营活动的影响和损失。对抗是城

市经营风险策略中的强硬措施，具有较强的技术难度，其本身也要冒很大的风险，如失败可能会遭受更严重的损失，如果成功则会获得较大的效益。

城市经营和理性人一样，一般都不愿意冒风险，而针对目前可能导致国内城市经营风险的影响因素采取主动的防范措施，可以有效地降低风险的可能性，减少风险损失。

（五）城市经营风险防范的原则

（1）树立科学的城市经营价值观

在这方面，大连的城市经营给我们树立了良好的榜样，他们提倡“不求最大，但求最好”。要知道，城市经营本身只是城市管理的一种手段，其最终目标是要从城市的受众群体的角度出发。城市受众群体主要包括城市居民、企业、外来游客以及投资者等，可见，城市受众群体是多元化的。城市绝不仅仅是经济单元的单一内涵，它还是一个社会文化和生态综合系统。所以，城市经营虽以经营手段运作有关资源，但目标是多维度的，这种多维度又全面统辖在“以人为本”的城市经营价值观里，体现出鲜明的城市顾客服务导向特征。为此，城市经营者应该尊重城市的历史发展规律，对其综合功能价值有一个非常明晰的认知和判断，同时正确处理经营城市与保护资源环境的关系。

（2）找准定位，切实转变政府职能

城市政府是城市首脑，也是城市经营的主导者，担负着管理与建设城市、推进城市发展的行政职能。因此，只有合理界定和明晰城市政府在城市经营中的地位和职能，才能积极高效地履行职责，有效地引导、规范、推动城市经营战略的实施。城市政府在实质上应该成为服务型政府，而作为服务型政府，必须转变其思维模式和工作方式，要从“强势政府”“权力政府”“万能政府”的认识中解脱出来，增强“有限政府”“责任政府”“服务型政府”的意识。要按照政企分开、政事分开、政社分开的原则，打造“服务型政府”“法制政府”“诚信政府”和“高效政府”，使城市真正成为交易成本低、商务机会多、投资环境优、市场秩序好的创业福地。为了实现这样的目标，作为服务型政府，必须从根本上转变其职能，这里包含两层含义：一是政府要放弃部分城市资源的经营职能，将其转移给市场或企业；二是强化政府的宏观调控职能、社会保障职能和服务职能。具体来说，需要强化的政府职能主要表现在以下几个方面：建立有效的市场制度、城市规划、城市品牌形象的包装与推广等。

（3）建立一套行之有效的监督机制

一些城市经营论者称，要将城市作为企业一样来对待，来经管。认为国家应当建立起严格的城市财政破产制度，并且将其与城市官员的官位和利益紧紧联系起来。城市经营管理不好，是可以破产的。但是城市不同于企业，而且我国现在还没有这方面的观念和法规。据悉，在国外一些国家，中央政府对各个城市的财政有严格的监控，如果城市财政出了重大问题，国家是可以宣布该城市财政破产的，由国家再委派一个新政府班子接管。不论是采取什么方法，国家对城市经济行为是有监督和调控责任的，应该对城市经营主体的经济行为进行严格的监管，并形成定期报告制度、对经营主体重大经营行为决策的审批制度等。必要的时候，可以采取立法手段规范城市经营行为。

(4) 建立基于循环经济模式的城市资源利用体系

循环经济的提出，是人类对难以为继的传统发展模式反思后的创新，是对人与自然界关系在认识上不断演进的结果。循环经济是对物质闭环流动型经济的简称，它把经济活动重构组织成一个“资源—产品—再生资源”的反馈式流程，是以“低开采、高利用、低排放”为特征的循环利用模式。发达国家正在把发展循环经济，建立循环社会看作是实施可持续发展战略的重要途径和实现方式。相对于知识经济而言，我们对循环经济动态和趋势的关注和研究显得还不够。城市资源构成了城市发展的载体，也是经营城市的直接对象。政府对城市资源进行有效聚集、重组和市场化运营，可提高资源利用价值，保证城市可持续发展。城市资源是有限的，城市政府部门应做好城市资源利用的总体规划，制订切实有效的措施，运用经济的、法律的、行政的手段建立城市资源可持续利用体系，促使城市资源得到有效的、可持续的循环利用。

(5) 建立和完善城市经营风险预警系统

风险不可避免，但可以有效防范，关键是要有将损失降至最低的正确行动。一个好的风险防范机制，将有效地化险为夷，有助于巩固城市形象，提升城市竞争力，成为企业发展的助推器。由于城市经营涉及的都是关系到广大人民群众的切身利益和城市形象和发展的重要工程项目，因此必须尽量降低风险的发生率及其危害性。这里，建立全面的城市经营风险预警系统，做好城市经营风险的预警工作就显得尤为重要，只有这样，才能做到未雨绸缪，尽可能消灭风险事件于未然，在风险事件发生时，才能临阵不乱，从容面对。城市经营的风险预警系统，就是在可能产生风险的警源上设置警情指标，随时对其状态及发展变化进行监测，并用风险发生警度来预报风险发生的程度，其目的是对经营主体在城市经营中的重大战略问题、市场环境变化进行事先预告与分析，或通过已发生事件所得到的重要启示，提前或及时地把握风险信息，达到防患于未然的目的。

思考题：

如何保障城乡开发的可持续性？

参考文献：

[1] 罗卫国．城市经营理念的价值取向及发展路径选择 [J]．企业经济，2007 (12)：104–106.

[2] 董林，姚效兴．城市经营风险初探．河海大学商学院 [J]．黑河学刊，2005 (4)：23–26.

[3] 叶宏庆，杨健．城市经营浅议 [J]．沙洲职业工学院学报，2007 (2)：33–36.

第二部分

管　理

第六章　城乡开发的组织与机构

城乡开发过程中涉及全社会所有人群利益，在城乡开发中按照利害关系可以分成四大类：政府机构、开发企业、使用者、非利益团体。前三种主体在城乡开发过程都有重大的利害关系。

第一节　城乡开发的主体

一、政府机构

政府在中国的城乡开发过程中起着主管和控制作用。中国主要通过五级政府进行管理和控制。国家—省级—地市级—县区级—乡镇级。

在国家层面，国务院领导下的 26 个部委几乎都与城乡开发有关。关系最密切的是发展和改革委员会、自然资源部和住房和城乡建设部，关系很密切的有生态环境部、农业农村部、交通运输部、水利部、文化和旅游部。国家机构主要制定城乡开发的政策、法令、法规、相关国家资金的调配，组织编制城市开发的国家标准、全国统一定额和行业标准定额。

在省级层面，城乡开发的主管部门主要有发展和改革委员会、自然资源厅、住房和城乡建设厅，主要相关的部门有农业农村厅、水利厅、生态环境厅、

交通运输厅、文化和旅游厅，及省级政府直属特设机构，如林业局等。他们在城乡开发方面的主要职责：

(1) 贯彻执行国家住房和城乡建设的法律、法规和方针、政策。管理全省市的国土资源，研究拟定城乡开发的地方性法规和规章编制，负责城乡开发的依法行政工作，落实行政执法责任制。承担相关制度改革。

(2) 组织实施省级城乡大型开发项目，安排相关资源和资金。

(3) 承担城乡开发监督管理的责任。指导省级城乡空间开发规划的编制、实施和管理工作，拟订城乡规划的政策和规章制度。

(4) 承担建立本省城乡建设工程标准体系的责任。组织制定工程建设的地方标准，组织制定和发布省级统一定额，拟订建设项目可行性研究评价方法、经济参数、建设标准和工程造价的管理制度，指导监督各类工程建设标准定额的实施和工程造价计价，组织发布工程造价信息。

(5) 承担规范省级城乡开发市场秩序、监督管理城乡开发市场的责任。

(6) 承担规范和指导村镇建设的责任。拟订村庄和小城镇建设政策并指导实施，指导村镇规划编制、农村住房建设管理和危房改造，指导小城镇和村庄人居生态环境的改善工作，指导和组织各类村镇建设试点工作，指导受灾村镇及国家大型重点建设项目地区村镇迁建、重建的规划建设和管理工作。

(7) 拟订省级风景名胜区的发展规划、政策并指导实施，负责风景名胜区的保护、规划、建设和管理，指导风景区内生物多样性保护工作。负责省级世界自然遗产申报，会同文物主管部门负责世界自然与文化遗产的申报以及历史文化名城（镇、村）的保护和监督管理工作。指导城镇园林绿化工作。

(8) 承担推进建筑节能、城镇减排的责任。会同有关部门拟订建筑节能政策、规划并监督实施，组织实施重大建筑节能项目，推进城镇减排。组织实施重点科技项目的研究开发及成果转化工作，承担推进墙体材料革新的责任。负责组织实施散装水泥的推广工作。

(9) 承担住房公积金监督管理的责任。会同有关部门拟订住房公积金政策、发展规划并组织实施，制定住房公积金缴存、使用、管理和监督制度，监督省级住房公积金和其他住房资金的管理、使用和安全，管理住房公积金信息系统。

(10) 承担贯彻执行省级政府非经营性投资项目“代建制”的责任。指导监督省级政府非经营性投资项目“代建制”的推行，负责省级政府非经营性投资项目代建领导小组办公室的具体工作。

(11) 制订建设行业人才培养和教育发展规划并组织实施，指导建设行业科技人才队伍建设、专业技术职务评审和执业资格管理工作。指导监督省级建设民间组织的工作。负责指导住房和城乡建设系统的信访工作，督查督办重大信访案件。开展住房和城乡建设方面的国际交流与合作。

(12) 承担省级政府公布的有关行政审批事项。

(13) 承办省级政府交办的其他事项。

在地市级层面，城乡开发的主管部门主要有发展和改革委员会、住房和城乡建设局、自然资源局，主要相关的部门有农业农村局、水利局、生态环境局、交通运输局，及地市级政府直属特设机构，如林业局等。他们的主要职责是在

地市级政府领导下按照上一级主管部门的要求完成相应的市级政府所在地城乡开发的执行工作和对下一级政府机构的管理和监督工作，编制相应的城乡开发规划，组织实施地市级城乡开发的项目。

县区级层面与地市级机构类似。他们的主要职责是在地市级政府领导下按照上一级主管部门的要求完成相应的市级政府所在地城乡开发的执行工作和对下一级派出机构的管理和监督工作。

在乡镇层面一般会设土地管理所，其主要职能如下：

（1）宣传、贯彻执行国家和省（直辖市）、自治区有关国土资源管理法律法规、方针政策，以及市、县依据国家法律法规作出的有关国土资源管理的决定和措施。组织宣传本乡（镇）有关国土资源工作安排，宣传每年“全国土地日”“世界地球日”等活动的宣传主题和宣传口号。

（2）依据上级土地利用总规划，参与编制和实施本行政区域的土地利用总体规划、矿产资源总体规划、地质环境保护总体规划及其他专项规划，协助做好规划听证工作。

（3）开展耕地特别是基本农田保护工作，具体实施基本农田划区定界；协助编制土地开发、整理、复垦，并对实施情况进行监督管理。

（4）协助上级管理部门开展本行政区域内的土地资源调查、土地分等定级、土地登记、土地统计、地籍档案管理、土地证书核发和土地动态管理工作。

（5）负责农村居民住宅用地以及乡（镇）村公共设施、公益事业建设用地的审核报批及批准后的组织实施和监督管理工作。

（6）协助上级国土资源管理部门开展农用地转用、集体土地征收（征用）、具体建设项目供地等有关工作。

（7）维护矿产资源勘查、开发秩序，对行政区域矿业权人履行法定权利义务、矿产资源的开发利用与保护进行监督管理。受上级国土资源管理部门委托，可参与探矿权、采矿权设置的论证工作，协助调处探矿权、采矿权权属纠纷。

（8）协助上级国土资源管理部门开展矿山生态环境的监督、保护工作以及地质灾害监测、防治工作，组织对地质灾害点的监测、预报工作，对地质灾害群防工作落实情况进行监督。

（9）对本行政区的国土资源进行动态巡查，及对发现、制止和报告国土资源违法行为，配合上级国土资源管理部门做好国土资源违法案件的调查核实、取证和处理工作。

（10）做好本行政区域内各项土地、矿产资源费税的收缴管理工作，按“收支两条线”原则足额、及时上缴。

（11）受理本区域内群众来信，接待群众来访，落实首办责任制事项；调查处理国土资源信访事项；动态掌握所辖各村（街道）人民群众对有关国土资源工作存在问题、矛盾纠纷等苗头性情况，并及时进行引导、妥善处理；动态搜集掌握人民群众对国土资源管理工作的意见、建议，努力做到小事不出村组，大事不出乡镇，矛盾不上交推诿，把矛盾化解在基层，把问题解决在当地，把隐患消除在萌芽状态。

（12）负责有关政务公开和政府信息公开工作，建立健全本级政府的政务公开和政府信息公开工作制度和机构，按照公正、公平、公开原则，依法公开办事程序，提高政府工作透明度，促进依法行政，保障公民、法人和其他组织依法知晓、获取有关政府信息的权利。

中国各级政府通过各个专业化管理部门进行城乡开发的管理工作。其中主要有：

（1）项目管理机构

为了统筹城乡开发项目的资金、机构和物质资源调配，县以上政府机构都成立了发展与改革委员会，管理开发项目的安排、资金和资源的调配等工作。

（2）土地管理机构

城乡开发中土地是第一物质要素，任何开发工作都必须在土地上进行。县级以上政府的土地管理由国土资源管理机构进行，另外为了有效进行土地开发，大部分城市成立了土地储备中心，进行土地的收储工作，协助政府控制城市土地资源。

（3）规划管理机构

主要职责是城乡开发规划管理工作，从控制性详细规划的编制到具体项目的建设，验收交付使用。主要管理手段为一书两证的发放。

（4）其他与开发建设有关的政府机构（交通、环保、环卫、绿化）

主要职责是建设和使用公共基础设施，管理各种类型的公共空间。监督其他非政府机构合理使用城乡空间。

（5）建设管理机构

主要负责城市开发中的工程管理，公共基础设施的日常维护和管理。

（6）协调机构（规委会）

由于中国县以上政府结构比较复杂，县以上的政府往往都会成立以政府主管领导为首的规划委员会，协调项目开发中的问题。

（7）督查机构

为了督查和及时处理城市开发和城市空间使用中的违规行为，县级和地级政府还成立城市管理机构（城管局、城管大队）。

二、开发企业

城乡开发可以分成三个阶段，一是土地开发阶段，称之为一级开发；二是房产开发阶段，称之为二级开发；三是构筑物建造阶段，称之为建设施工。

土地开发，一般是以政府企业为主，主要工作为政府层面的土地储备、土地整理、基础设施建设。

房产开发，土地一级开发完成以后一般开发项目会进入房产开发阶段，常规有两类，一类为专业的房地产开发商，从融资、土地拍卖、建设管理到市场营销；一类为使用机构为自己建设，小型项目一般自己建设，大型项目常常委托专业建设管理机构（EPC）建设管理。

综合开发企业，既有一级开发能力，又有二级开发实力。一级开发与政府合作，二级开发以市场为主。

建设施工，大部分房产开发者把施工建设分包给专业施工企业。这些施工企业有专业房屋施工企业，有专业基础设施施工企业。

三、使用者

城乡空间的使用者一类为团体、机构与企业，如政府办公机构、学校、医院等公共设施，工厂、公司等产业机构；另一类为城乡居民个体，他们常常会以城乡社会经济联合体（居民委员会、业主委员会、社区委员会、合作社）的形式介入城乡开发过程。

四、非利益团体

媒体（报纸、电视、互联网等）。城乡开发是城乡重大经济活动，其中一些较大的活动成为媒体报道的对象，尤其一些有严重冲突的相关事件成为媒体积极关注的热点。

专业社团（NGO 组织、环保、文化、遗产保护等团体）。由于城乡开发活动往往会大规模地改变空间形态，在生态环境、文化遗迹、社会组织等各方面产生重要影响，也是他们重点关注的对象。

这些非利益团体有很强的社会影响力，在城乡开发中起了不可忽视的作用。

第二节 城乡开发组织管理不同开发模式下的机构组合

开发组织管理体系是指在城乡开发过程中有内在联系和相互协调统一的组织系统，是贯穿于城乡开发全过程的一个系统。由于城乡开发是城市复杂大系统的子系统，科学的开发组织体系模式，才能促使城乡开发的高效运作，是实现城市可持续发展的必备条件之一。

在中国，城乡开发活动的主导者是政府，政府决策决定了开发活动进展。一般情况下，企业，尤其是专业开发企业是开发活动的运行者，有开发活动的丰富经验，有组织有效的开发团队，有相当规模的开发融资平台。在城市里，开发管理机构模式处于强势地位，使用机构和城市居民一般情况下在开发过程中处于被动地位，通过市场体现自己的意愿。在农村，由于农村土地集体所有，村民通过集体组织进行开发活动的参与。

政府直接主导。在一般情况下城乡开发活动是政府机构自己管理，由规划部门制定项目库，发展改革委（简称“发改委”）选择开发项目，通过招拍挂选定开发建设机构。政府其他部门进行建设监督、管理。

我国城乡开发经过一段时间的探索，在借鉴国外管理经验的基础上，初步形成了具有中国特色的开发组织管理体系模式。常见的有三大类：地方政府直接管理，地方政府间接管理，地方政府与企业合作管理。

一、地方政府直接管理

地方政府直接管理模式如图 6-2-1 所示。

二、地方政府间接管理

为了更有效地管理成片、规模化的开发。很多地方政府还建立了开发区，通过管委会等间接主导开发区的建设。我国开发区类型、层次不尽相同，因此

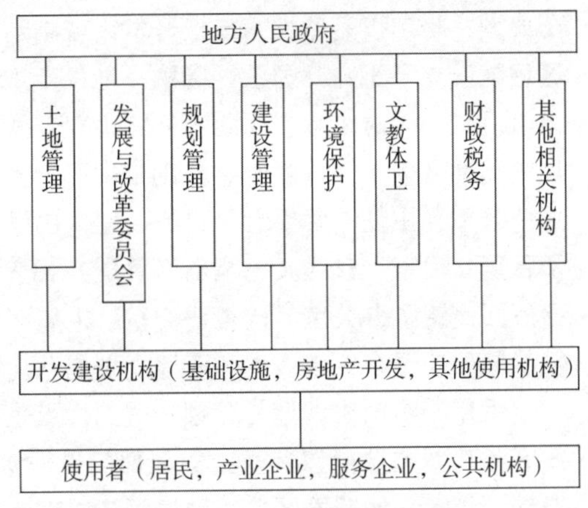

图 6-2-1　地方政府直接管理

在组织管理体系的模式方面也并不完全一致。一般而言，我国的城乡开发区组织管理模式大致可分为行政主导型、“公司制”以及混合型三大类。

（一）行政主导型管理模式

所谓行政主导型管理模式，就是在开发区的管理过程中，突出强调政府行政部门在开发区管理中的主导作用，由所在地区的城市政府或政府业务部门进行直接管理。根据开发区管委会的职能强弱又可分为“纵向协调型”管理模式和“集中管理型”管理模式两种。

(1)“纵向协调型”管理模式

“纵向协调型”管理模式强调由所在城市的政府全面领导开发区的建设与管理。所在城市的人民政府设置开发区管理委员会或开发区办公室，管委会（办公室）成员由原政府行业或主管部门的主要负责人组成，开发区各类企业的行业管理和日常管理仍由原行业主管部门履行，开发区管委会只负责在各部门之间进行协调，不直接参与开发区的日常建设管理和经营管理。直接参与管理的有市土地管理、科委、计划经贸、规划建设、环境保护、海关商检以及财政税务等部门。而所在的区县政府主要负责开发区的行政管理、公安、消防、文化、教育、环境卫生、计划生育、商业网点管理等工作。

“纵向协调型”管理模式的结构如图 6-2-2 所示。

我国哈尔滨高新技术产业开发区的管理模式就属于“纵向协调型”中的一

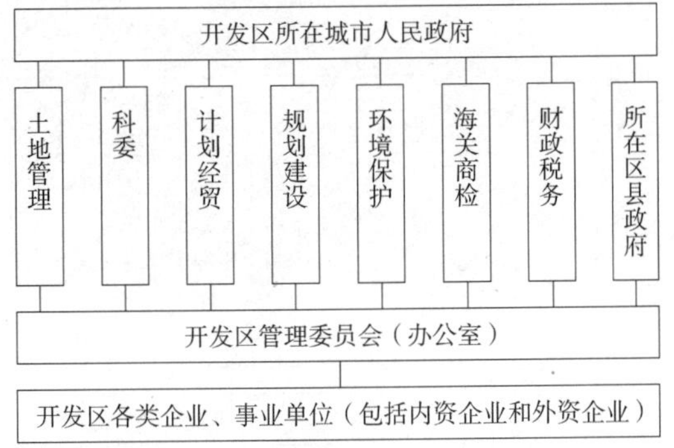

图 6-2-2　“纵向协调型”管理模式

个典型。哈尔滨高新技术产业开发区在刚刚设立之时，市直有关部门就在开发区相继设立了工商、财政、国税、地税、规划、土地、房产和劳动保险分局等派出机构，同时金融、保险等部门也在开发区设立分支机构，而该开发区的管理委员会（以下简称管委会）则是由四十多个部门的主要负责人组成，由市长兼任管委会主任，管委会下设办公室，由管委会代表市政府对开发区实施领导和管理。后来，该区又把高新区管理办公室更名为管理委员会，并在管理委员会下面设置了办公室、政策研究室、人事劳动局、计划财政局、招商局、企业发展局、外资企业管理局和基建规划局八个职能部门。

采用“纵向协调型”管理模式的优点是，有利于城市政府的宏观调控，开发区能在城市政府以及有关职能部门统一协调下，比较准确完整地执行路线、方针、政策，使开发区的发展格局与城市的整体经济发展保持一致，开发区的开发建设不会脱离城市的整体规划轨道而片面发展。

“纵向协调型”管理模式的弊端主要是，这种管理模式基本上还是采用原来政府组织管理体系中的条块管理模式，开发区管理委员会权限很少，不利于开发区的大胆创新和试验。同时，管理委员会在许多职能部门的多重管理之下，会造成相互推诿和相互扯皮的现象，造成管理工作效率的低下。

（2）“集中管理型”管理模式

“集中管理型”管理模式是我国大多数开发区所采用的管理模式。这种管理模式一般由市政府在开发区设立专门的派出机构——开发区管理委员会来全面管理开发区的建设和发展。与“纵向协调型”管理模式相比较，这种管理模式中的开发区管理委员会具有较大的经济管理权限和相应的行政职能。管理委员会可自行设置规划、土地、项目审批、财政、税务、劳动人事、工商行政等部门，这些部门可享受城市的各级管理部门的权限，全面实施对开发区的管理。“集中管理型”管理模式按照封闭程度的不同，又可以分为全封闭型和半封闭型两种。全封闭型主要是在保税区中使用，保税区中的经济运行和管理与所在城市完全隔离，按照国际惯例运行和管理。而半封闭型则主要是在经济技术开发区、高新技术产业开发区、旅游度假区以及边境经济合作区中采用。半封闭型集中管理在保证管委会相对独立的前提下，还必须接受市主管部门的必要指导和制约，与城市发展保持大体一致。

“集中管理型”管理模式的组织结构和运行方式如图 6-2-3 所示。

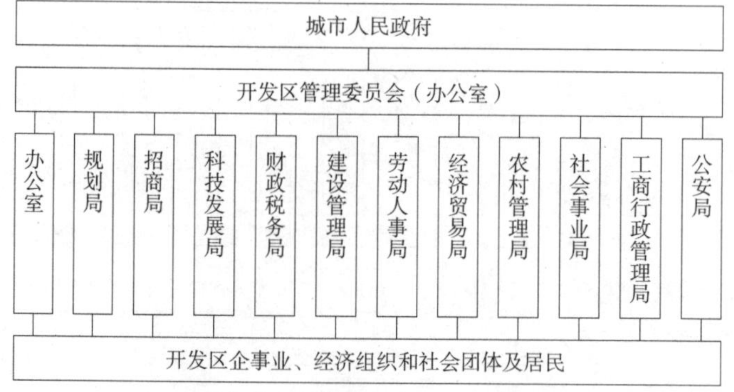

图 6-2-3 “集中管理型”管理模式

如苏州高新技术产业开发区就是实行“集中管理型”管理模式。苏州高新技术产业开发区由市政府的派出机构——新区管理委员会统一领导。苏州新区管理委员会下面设置了办公室、规划局、招商局、劳动人事局、公安局、国土房产局、经济贸易局、科技发展局、农村管理局、社会事业局、建设管理局、财政税务局以及工商行政管理局等职能部门。在这种管理模式之下，苏州高新技术产业开发区的机构设置大为减少，数量只有市政府相应机构的十分之一左右，这就使得机构的职能具有较强的综合性，如办公室兼有文秘、宣传、外事、政策、统计、行政、文档、接待以及信息等职能。在党政关系上，苏州高新技术产业开发区实行“两块牌子，一套班子”，对重大问题实行“大办公会议制度”，由工委、管委会集体研究解决。党政之间既分工又合作，工委负责干部队伍建设，勤政廉政；管委会全面负责行政管理、经济管理和社会管理。工委书记、管委会主任由苏州市副市长兼任，不设人大和政协。在决策机构和执行机构上，坚持在管委会统一领导下，按权责一致原则，合理分工，各司其职。在管委会下的职能机构之间，管委会要求各部门目标一致，按统一的准则工作，实行“重大问题追究制度”，对于涉及若干部门的工作，管委会实行“专题班子工作制”，确定分管领导与部门，其他部门密切配合，减少了部门之间的摩擦，提高了工作效率。从以苏州高新技术产业开发区为例的“集中管理型”管理模式来看，其优点还是显而易见的，主要表现在：

①由于开发区管理委员会拥有较大的经济管理权和部分社会事务管理权，以及拥有经济管理和社会体制方面的新运行体制、运行机制的试验权，因此，“集中管理型”管理模式的管理委员会能勇于创新，不断探索，成为组织管理体系改革和其他改革的重要渠道。

②由于管理委员会摆脱了“纵向协调型”管理模式下市级职能部门的牵制和约束，能够及时果断地解决处理区内发生的重大问题，合理安排开发区的各项活动以及发展目标，提高工作效率，有利于开发区的整体规划和协调发展。

③由于管理委员会下面的职能部门受管委会的统一领导，摆脱上级职能部门和管理委员会的双层领导机制，同时管委会下的职能部门能够相互沟通，协调一致，避免了部门之间相互扯皮的现象，提高了工作效率。

“集中管理型”管理模式的不足之处主要表现在：

①由于开发区相对独立，受城市主管部门的控制力较弱，这样易使开发区的发展脱离城市的整体发展目标和发展规划。

②这种管理模式可能会导致开发区与老城区在人才以及资源方面的竞争，使老城区的发展受到影响。因此，开发区采用“集中管理型”管理模式，城市的主管部门必须加强对开发区的宏观调控，尤其是开发区与老城区的发展协调问题，保证城市的总体发展规划。

（二）“公司制”管理模式

“公司制”管理模式又称为企业型管理模式或无管委会管理模式。这种管理模式主要是以企业作为开发区的开发者与管理者。这种组织管理模式目前在县、乡（镇）级的开发区建设中使用较多。一般是由县、乡（镇）政府划出一块区域

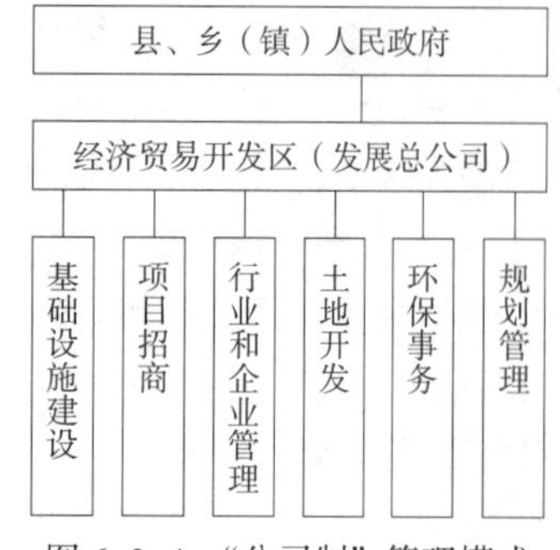

图 6-2-4 “公司制”管理模式

设立开发区，县、乡（镇）政府不设立派出机构——管理委员会，而是通过建立经济贸易发展开发总公司作为经济法人，来组织区内的经济活动，并由经济贸易发展开发总公司承担部分政府职能，如协调职能等。总公司直接向县、乡（镇）政府负责，实行承包经营，担负土地开发、项目招标、建设管理、企业管理、行业管理和规划管理等六种职能，而开发区的其他管理事务，如劳动人事、财务税收、工商行政、公共安全等，主要还是依靠政府的相关职能部门。

“公司制”管理模式的运营方式如图 6-2-4 所示。

我国深圳科技工业园区就是采用的“公司制”管理模式。科技工业园区的各项具体事务均由总公司负责。总公司设有政策研究室、技术发展部、企业管理部、规划设计部、土地开发部、计划服务部、总经理办公室、人事培训部、管理服务公司以及民间科技企业开发服务中心等管理服务机构。总公司的职能主要包括：负责园区的统一规划，审批入园的企业，统一收缴园区各企业的税款，向政府部门填交报表；经营和管理园区内的房地产，进行土地与基础设施建设，然后出售或租赁给入园企业；引导园区内企业的发展方向。总公司和园内企业都是独立法人，不存在领导关系，主要是经济上的合同关系。采用“公司制”管理模式的优点表现在：

①有利于政企分开，使开发区政府从大量的行政事务中解脱出来，提高工作效率，增加管理机构对市场信息的敏锐性；

②有利于总公司经济实力的增强，有利于运用经济杠杆进行开发区建设；

③有利于开发区整体建设的速度和经济效益的提高。

采用“公司制”管理模式的弊端主要表现在：

①总公司作为经济组织，缺乏必要的政府行政权力，如征地、规划、项目审批以及劳动人事等，行政协调能力不强，权威性不及政府部门，影响了管理效力的发挥，只能在较小型的开发区中适用。

②“公司制”管理模式，在我国现行行政组织管理体系下，很容易使管理手段和管理方法陷入“老框框”。另外，由于开发区所在政府一般要分管部分社会事务，但相应的行政部门会认为整个开发区是由开发区发展总公司开发管理的，往往会造成社会事务管理的死角。

③由于开发区发展总公司是一个企业，因而必定会采取各种手段面向国内外市场，以达到其盈利的目的，其一切经营活动的目的就是为了追求经济效益的最大化，可能会损害社会效益和环境效益。

（三）混合型管理模式

混合型管理模式是介于行政主导型和“公司制”管理模式之间的一种管理模式，或者是采用两者结合的方式来管理开发区的一种管理模式。混合型管理模式在我国又有政企合一和政企分开两种具体的模式。

(1)“政企合一型”管理模式

“政企合一型”管理模式类似地方的行政管理模式，它是在管委会下设一个发展总公司。管委会负责决策、职能管理以及服务性工作，而下设的发展总公司一般是负责开发区内的基础设施建设，这种发展总公司虽然有的是经济实

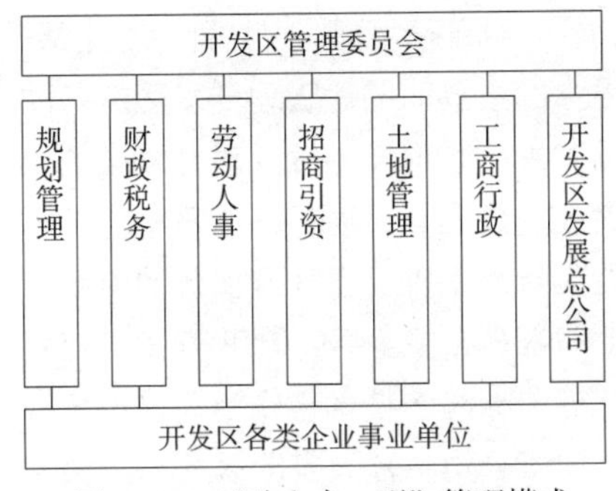

图 6-2-5 “政企合一型”管理模式

体，但管理行为很大程度上仍然是行政性的。管委会和总公司在人员设置上相互混合，管委会主任和发展总公司总经理通常是互相兼任，即是通常所说的“两块牌子，一套班子”。在这种管理模式之下，政府的管理具有双重性质，不仅行使审批、规划、协调等行政职权，同时还负责资金筹措、开发建设等具体经营事务，而开发区的总公司和专业公司基本上没有自我决策权。“政企合一型”管理模式组织结构和运行方式如图 6-2-5 所示。

我国南通开发区就是采用的“政企合一型”管理模式。南通开发区实行“两块牌子，一套班子”，统一领导，统一规划，统一开发，统一管理，开发区总公司直属管理委员会，主要负责开发区的建设事务。

采用“政企合一型”管理模式的开发区，在建立初期对开发区建设具有一定的推动作用，它有利于管委会和总公司各司其职，既发挥政府的行政职能，同时又发挥总公司的经济杠杆功能。但是，由于管委会管理的最大特征是具有统一性和权威性，开发区总公司和专业公司基本上没有决策自主权。随着开发区的进一步发展，其弊端更是易见：

①开发区管委会不仅负责宏观决策，同时还要负责具体的微观管理，容易导致政企不分，管委会管理权力过分集中，使管委会精力分散，降低管理的效率；

②总公司的作用不能充分发挥，公司缺乏活力，形同虚设；

③由于受自身利益驱动，很难对所有企业一视同仁，实行国民待遇。

(2)“政企分开型”管理模式

在“政企分开型”管理模式下，管委会作为地方政府的派出机构行使政府管理职权，不直接运用行政权力干预企业的经营活动，只起监督协调作用，而开发区的所有公司（包括总公司和专业公司）作为独立的经济法人，实现企业内部的自我管理，从而实现政府的行政权与企业的经营权相分离。“政企分开型”管理模式，目前为我国大多数开发区所采用，根据具体情况不同，又可以分为三种类别：

A. 管委会与总公司并存

开发区既设有管委会，又设有开发区总公司，管委会主要负责宏观决策，监督、协调和项目审批，总公司负责开发区项目引进，经营各种基础设施。广州开发区、天津开发区、常州开发区等均属这一类别。常州开发区（常州高新技术开发区）的总公司与管委会是并行的具有独立法人资格的经济实体。总公司的主要职能是招商、引资、合资合作和负责项目实施。管委会下设办公室、经济体制改革办公室、财政局、劳动人事局、经济发展局、地方行政管理局、国土规划局、工商财政局等机构，管委会行使对区内土地统一规划、审批进区企业、企业登记管理等职能。

B. 管委会与专业公司并存

开发区在设立管委会的同时，又设立各种专业公司，由专业公司负责各项基础设施的开发经营和项目引进。如福州马尾开发区、昆山开发区等。苏州昆山技术开发区是靠自费开发取得显著成功的典型，开发区采用“小政府，多专业公司”的管理模式。在管委会下设了办公室、项目开发部、规划部、动迁部、建设科、劳动人事科、财务科等机构。管委会的主要职能是管理开发区的行政事务，制订开发区的总体规划、年度计划及有关行政规章制度，对开发区的土地进行统一规划管理，统筹安排并审批开发区的投资建设项目，监督检查进出口工作和国家政策法令的执行情况，依法处理涉外事务，管理开发区的财政收支和财政规划等。而昆山开发区各类专业公司都是自主经营、自我开发、自我约束、自我发展的独立经济实体，如中国江苏国际经济技术合作公司昆山分公司、工业开发投资总公司、经营开发公司、物资公司、建设实业公司、工贸实业公司等。各类专业公司都有各自的服务领域，如建设实业公司，是一个以进行开发区基础建设为主的经济实体，兼营房地产业务。而工贸实业公司则是一个工贸结合、技贸结合的经济实体，主要职能是洽谈外引内联项目，组织销售、代购、代销进出口业务，研究掌握经济情报，进行市场预测，为企业提供市场信息。

C. 管委会与联合公司并存

在这种管理模式中，管委会是作为政府派出的机构行使管理职权，而负责开发区建设及项目引进的总公司一般是由开发区管委会同其他企业共同出资建立的内联型股份制公司。这样可以充分利用大企业的雄厚资金、先进技术及管理经验来弥补开发区自身的不足，依靠国内实力雄厚的大公司作为合资开发的伙伴，以股份制形式建立联合公司，不仅可以部分解决开发区在近期内的资金困难，而且拓宽了开发区的信息渠道和出口产品的销售渠道，加快了开发区的开发建设速度，其经营、管理充分体现政企分开的原则。如宁波开发区就是实行的管委会与联合公司并存的管理模式。

三、政府与企业合作（PPP）管理

政府和社会资本合作（PPP，Public–Private Partnership）原来是公共基础设施中的一种项目运作模式。在该模式下，鼓励私营企业、民营资本与政府进行合作，参与公共基础设施的建设。

按照这个广义概念，PPP 是指政府公共部门与私营部门合作过程中，让非公共部门所掌握的资源参与提供公共产品和服务，从而实现合作各方达到比预期单独行动更为有利的结果。与 BOT 相比，狭义 PPP 的主要特点是，政府对项目中后期建设管理运营过程参与更深，企业对项目前期可研、立项等阶段参与更深。政府和企业都是全程参与，双方合作的时间更长，信息也更对称。PPP 是 Public–Private Partnership 的英文首字母缩写，指在公共服务领域，政府采取竞争性方式选择具有投资、运营管理能力的社会资本，双方按照平等协商原则订立合同，由社会资本提供公共服务，政府依据公共服务绩效评价结果向社会资本支付对价。PPP 是以市场竞争的方式提供服务，主要集中在纯公共领域、准公共领域。PPP 不仅是一种融资手段，而且是一次体制机制变革，涉及行政体制改革、财政体制改革、投融资体制改革。

1988 年 7 月，宁波开发区与中国五金矿产进出口总公司、中国机械进出口总公司，共同投资 2.8 亿元组建了开发区联合发展有限总公司。按政企分开

原则，开发区管委会负责贯彻执行国家的法规政策，行使工商行政管理、征税、项目审批、土地批租、文教卫生和公益事业等政府职能。联合总公司负责开发区的规划、建设、经营等各项工作。管委会和由国内三方合资建立的联合发展总公司并存。这是宁波开发区的新尝试。

这种模式在 1994 年中新合作创办的苏州工业园区进行了国际资本试验。苏州工业园区设立管委会，作为苏州市政府的派出机构，自主行使园区的行政管理职能，管理园区的公共行政管理事务。而基础设施的开发建设、招商引资则以中新双方财团（公司）组成的合资公司中新苏州工业园区开发有限公司为主体，其中新方占有 65% 的股权，中国财团占 35% 的股权①。

实行政企分开模式不仅体现了“小政府、大企业”的原则，还有利于充分发挥政府的行政职能，同时利用实力雄厚的企业资金和先进的技术管理经验来弥补开发区自身的不足，有利于充分发挥企业的经济职能，使二者相互促进、相互配合，推动开发区的开发建设工作和经营管理工作有条不紊地进行。

不过，这种模式也有其不足的方面，特别是在开发区初创阶段实行政企分开模式，有可能难以集中有限的人力、物力、财力于开发区的建设。我国绝大部分开发区处于初创阶段，配套机制尚不完善，管理手段还不充分。在这种情况下，实行政企分开模式，对区内经济发展和布局在管理上仍有相当难度，仍难以彻底摆脱旧体制的束缚，易于分散开发区创建的力量。同时，在我国整个行政条块分割的情况下，开发区管委会易同政府各有关部门之间产生矛盾，尤其在级别相当部门之间，要么互相推诿，要么分庭抗礼，有的开发区还出现权力不能落实的现象。

此种方式在 2000 年后逐步推广并逐步引申为政企合作。政府和企业合作，政府出地，企业出钱，共同开发，共担风险，共同收益。上海一城九镇的开发模式基本采用了这种方式。

第三节 城乡居民参与

上述开发机构组织模式中城乡居民都处于被动地位，但因为见效快，成为前三十年开发的主流。我国城乡开发还有一种开发类型为城乡居民积极参与提供了示范。它的结构为在政府主持下成立经济联合体，如股份制公司、合作社等。城乡居民可以用房屋或土地的使用权入股，将经营权出租给合适的经营者，提高居民的城乡开发热情。

例如上海田子坊有过整体规划，从 2000 年工厂区内陈逸飞入驻，到 2006 年后开始国内外出名，经历了 7 年时间。从 2004 年政府正式介入算起，田子坊只用了不到三年时间。这期间政府牵头成立了股份制公司，居民以房屋使用权入股，政府提供政策上的支持。实行“居改非”并进行公共基础设施建设，田子坊更新更多的还是来自民间的力量。田子坊模式也付出较少的行政及建设成本，无需政府太多投入。相比之下，田子坊创意产业园的发展可以说是“一

① 2001 年开始进行股权调整，改为中方财团占有 65% 的股权。

盏省油的灯”。这其中的关键与更新的最大保障是居民们手中仍旧握有旧城房屋产权，居民便可以利用手中资源在更新中拥有话语权，参与社区自治。更新开始阶段没有动迁过程，也就没有了拆迁矛盾。更新过程中，通过“居改非”“公有房屋租赁登记卡”等各种政策制度的建立，使建筑产权明晰化，居民可自由处理手中资源并获益，这样就摆脱了众多旧城无人愿意管理的困境，激活了市场动力。这样，居民因拥有生产要素而参与财富不断地再生产，分享城市发展带来的利益，同时也避免人为“一刀切”式动迁及其过程中可能“一夜暴富”带来的诸多问题。另外，没有整体动迁也保护了大量依赖于旧城生活的城市中从事“非正式职业”的低收入者，有利于城市健康和谐。通过对比分析可以知道，田子坊这种自下而上的小规模渐进式更新在经济成本与时间成本上都具有不逊于过去自上而下更新的可行性。相对于以往，这种更新模式更具有可持续性。

此种组织方法在农村中更合适，我国农村中已经出现了一批农村合作社、农业股份制公司，在保障农民的基本温饱的条件下集中居住，规模化经营。为建设振兴农业，建设美丽乡村打下了基础。

我国的城乡开发的组织管理模式经过不断探索和改进，在机构设置、职能地位等方面都有新的机制试验。在以上分析的多种组织管理模式中，每种组织管理模式都各有利弊，但是，目前在我国开发区管理模式的运行之中，管理效率最高、权威性最强、应用最广的可能还是行政主导型管理模式，这是由我国目前的国情和开发区的建设现状决定的。随着开发区建设的不断深入，以及政府宏观管理体制的改革，城乡开发管理模式在社会主义市场经济体制的要求下将逐步加以完善。

思考题：

1. 中国城乡开发的组织结构特点。
2. PPP 模式的优点与问题。

参考文献：

刘旭涛．中国政府机构的基本状况 [EB/OL]．百度文库．

第七章　土地管理

土地管理是国家为维护土地制度，调整土地关系，合理组织土地利用所采取的行政、经济、法律和技术的综合措施。土地管理也是土地行政主管部门依据法律和运用法定职权，对社会组织、单位和个人占有、使用、利用土地的过程或者行为所进行的组织和管理活动。

土地管理的内容体系，有多种不同的分类方式。根据本书的总体定位，本章将着重介绍土地管理中的地籍管理、土地利用管理、土地征收管理和土地市场管理等四大块内容。

第一节　地籍管理

一、土地调查与统计

（一）基本概念

土地调查与统计是全面查清土地资源和利用状况，掌握真实准确的土地基础数据，为科学规划、合理利用、有效保护土地资源，实施最严格的耕地保护制度，加强和改善宏观调控提供依据，促进经济社会全面协调可持续发展。

（二）土地调查与统计的内容

（1）土地利用现状及变化情况，包括地类、位置、面积、分布等状况。

（2）土地权属及变化情况，包括土地的所有权和使用权状况。

（3）土地条件，包括土地的自然条件、社会经济条件等状况。

进行土地利用现状及变化情况调查，重点是调查基本农田现状及变化情况，包括基本农田的数量、分布和保护状况。土地调查成果应建立长效更新机制，将相关调查成果纳入各级政府的空间基础数据平台，加强在规划管理、耕地保护、土地利用、不动产统一登记等工作中的应用。

二、土地权属管理

（一）基本概念

土地权属管理是国家保护土地所有者和使用者合法权益及调整土地所有权和使用权关系的一种管理，其中包括国家对土地所有权和使用权的必要限制。土地权属管理的中心环节是土地权属审核，就是根据申请者的申请书、权属证明材料和地籍调查成果，对土地所有者、使用者和他项权利拥有者所申请登记的土地权利进行确认的过程。

（二）土地权利

我国土地权利包括土地所有权、土地使用权和土地他项权利等三项基本权利。

（1）土地所有权

包括国家土地所有权和农民集体土地所有权。国家土地所有权的对象包括：城市市区的土地；农村和城市郊区已经依法没收、征收、征购为国有的土地；国家依法征收的土地；国家未确定为集体所有的林地、草地、荒地、滩涂及其他土地。农民集体土地所有权的对象包括：我国农村和城市郊区的土地，除法律规定属于国家所有的以外，属于农民集体所有；宅基地和自留地、自留山。

（2）土地使用权

土地使用权是指土地使用者根据法律、文件、合同的规定，对国家或集体所有的土地享有的占有、使用、收益及部分处分的权利。土地使用权分为国有土地使用权和集体土地使用权。国有土地使用权包括国有建设用地使用权和国有农用地使用权，集体土地使用权包括集体建设用地使用权、宅基地使用权和集体农用地使用权。

根据我国《城镇国有土地使用权出让和转让暂行条例》第十二条规定，土地使用权出让最高年限按下列用途确定：居住用地 70 年；工业用地 50 年；教育、科技、文化、卫生、体育用地 50 年；商业、旅游、娱乐用地 40 年；综合或者其他用地 50 年。

（3）土地他项权利

土地他项权利是指土地所有权和使用权以外与土地有密切关系的权利，是在他人土地上享有的权利，主要包括地役权、土地租赁权、土地抵押权等。

（三）土地权属确认

土地权属确认，又称土地确权，是指土地所有权、土地使用权和他项权利的确认、确定，简称确权，也是依照法律、政策的规定确定某一范围内的土地的所有权、使用权的隶属关系和他项权利的内容。土地权属确认包括土地权属调查、土地权属登记、土地权属争议及调处等三项主要内容。

(1) 土地权属调查

任务是查清每一宗土地的权属、界址、数量、用途、等级、价格等内容，为土地登记、土地统计和管理提供原始资料。

(2) 土地权属登记

国家机关依照法定程序将宗地的权属、位置、面积、用途、质量等级等状况记录于专门的簿册，以加强国家对土地的有效管理，保护土地权利人合法权益的一项法律制度。土地登记的内容通常包括权属、位置、面积、用途、质量等级和价格等五个方面内容。

(3) 土地权属争议及调处

土地权属争议是指因土地所有权和土地使用权的归属问题而发生的争议。土地权属的争议发生在个人之间、个人与单位之间、单位与单位之间。发生争议的土地权利涉及土地所有权、使用权以及土地他项权利。土地权属争议由当事人协商解决，协商不成的，由有管辖权的人民政府处理。

(四) 土地权属的终止

土地权属的终止包括土地所有权的终止、土地使用权的终止、土地他项权的终止。土地所有权的终止仅指集体土地所有权因国家征收而终止。土地使用权的终止包括国有土地使用权的终止和集体土地使用权的终止。土地他项权的终止包括土地租赁权的终止和土地抵押权的终止等。

第二节 土地利用管理

一、土地利用规划和计划

土地利用规划是对一定区域未来土地利用超前性的计划和安排，是依据区域社会经济发展和土地的自然历史特性进行部门间土地资源分配和时空组织土地利用的综合技术经济措施，包括土地利用总体规划、土地利用专项规划。土地利用计划是落实土地利用规划的具体安排。

(一) 土地利用总体规划

土地利用总体规划指在各级行政区域内，根据土地资源特点和社会经济发展要求，对今后一段时期内（通常为15年）土地利用的总安排。对土地资源进行合理配置，即土地资源的部门间的时空分配（数量、质量、区位），具体借助于土地利用结构加以实现。

土地利用总体规划实行分级审批。省、自治区人民政府所在地的市、人口在一百万以上的城市以及国务院指定的城市的土地利用总体规划，经省、自治区人民政府审查同意后，报国务院批准。省政府批准除国务院审批外的市、县、乡（镇）土地利用总体规划，乡（镇）土地利用总体规划可以由省级人民政府授权的设区的市、自治州人民政府批准。

(二) 土地利用专项规划

土地利用专项规划是在土地利用总体规划的框架控制下，针对土地开发、

利用、整治、保护等问题而编制的规划，它包括基本农田保护规划、土地整理复垦与开发规划、部门用地规划等。

（三）土地利用计划

土地利用计划的期限一般为五年或一年。其中，一年期土地利用计划，称为土地利用年度计划。根据《土地利用年度计划管理办法》，土地利用年度计划包括以下指标：一是新增建设用地计划指标，包括新增建设用地总量和新增建设占用农用地及耕地指标；二是土地整治补充耕地计划指标；三是耕地保有量计划指标；四是城乡建设用地增减挂钩指标和工矿废弃地复垦利用指标。根据实际需要，各地在上述分类的基础上增设控制指标。

县级以上地方国土资源主管部门，以本级土地利用总体规划安排为基本依据，综合考虑本地规划管控、固定资产投资、节约集约用地、人口转移等因素，测算本地未来三年新增建设用地计划指标控制规模，以此为基础，按照年度间相对平衡的原则，会同有关部门提出本地的土地利用年度计划建议，经同级政府审查后，报上一级国土资源主管部门。省级以下国土资源主管部门应当将上级下达的土地利用年度计划指标予以分解，经同级人民政府同意后下达。省、自治区、直辖市国土资源主管部门应当将分解下达的土地利用年度计划报国土资源部。

二、土地用途管制

土地用途管制制度是指国家为保证土地资源的合理利用及经济、社会和环境的协调发展，编制土地利用总体规划，划定土地用途区，确定土地使用条件，土地所有者和使用者必须严格按照国家确定的用途利用土地的制度。

（一）土地用途管制制度的内容

土地用途管制包括对土地利用的性质、规模、空间以及时序管制。性质管制是指通过编制土地利用总体规划确定土地使用性质，将土地性质分为农用地、建设用地和未利用地三类。规模管制是指通过编制土地利用总体规划，确定各种性质用地的规模。空间管制是指通过编制土地利用总体规划，确定各种性质的土地的布局，划定土地利用管制分区，明确每个土地利用区的空间位置。时序管制是指通过编制土地利用总体规划，确定各种性质的土地的空间时间开发序列。

（二）农业用地区的用途管制

农用地是指直接用于农业生产的土地，包括耕地、园地、林地、牧草地和其他农用地。农用地用途管制，就是对土地利用总体规划划定的农业用地区，根据规定的使用条件和方式，对基本农田保护区、一般农田区、林业用地区、牧业用地区、水产养殖区等进行用途管制。

对农业用地区的用途管制，其中最为重要的，就是对于基本农田保护区的用途管制。各级人民政府在编制土地利用总体规划时，应当将基本农田保护作为规划的一项内容，明确基本农田保护的空间安排、数量指标和质量要求。省、自治区、直辖市划定的基本农田，应当占本行政区域内耕地总面积的80%以上，具体数量指标，根据全国土地利用总体规划逐级分解下达。县级和乡镇土地利用总体规划，应当确定基本农田保护区。

（三）农用地转为建设用地和未利用地

《中华人民共和国土地管理法》规定，建设占用土地，涉及农用地转为建设用地的，应当办理农用地转用审批手续。

农转用项目包括分批次和单独选址两类审批方式。其中，分批次农转用征地项目审批是指在土地利用总体规划确定的城市和村庄、集镇建设用地规模范围内，为实施该规划而将农用地转为建设用地的，按土地利用年度计划分批次由原批准土地利用总体规划的机关批准。在已批准的农用地转用范围内，具体建设项目用地可以由市、县人民政府批准。单独选址项目审批是指在土地利用总体规划确定的城市和村庄、集镇建设用地规模范围以外的建设项目占用土地，涉及农用地转为建设用地的，由省、自治区、直辖市人民政府批准。农转用项目转用的审批分为两个层级。其中，征收下列土地的，由国务院批准：①基本农田；②基本农田以外的耕地超过三十五公顷的；③其他土地超过七十公顷的。征收前款规定以外的土地的，由省、自治区、直辖市人民政府批准，并报国务院备案。

农用地转为未利用地，有两种情况，一是因灾毁损，二是人为闲置。对因地质灾害、洪涝灾害、旱灾、滑坡等自然灾害造成破坏的农用地，土地使用者应当积极恢复使用，避免土地人为闲置。

三、土地开发整理复垦

（一）基本概念和法律要求

《中华人民共和国土地管理法》规定，国家鼓励土地整理。县、乡（镇）人民政府应当组织农村集体经济组织，按照土地利用总体规划，对田、水、路、林、村综合整治，提高耕地质量，增加有效耕地面积，改善农业生产条件和生态环境。地方各级人民政府应当采取措施，改造中、低产田，整治闲散地和废弃地。第四十二条规定：因挖损、塌陷、压占等造成土地破坏，用地单位和个人应当按照国家有关规定负责复垦；没有条件复垦或者复垦不符合要求的，应当缴纳土地复垦费，专项用于土地复垦。复垦的土地应当优先用于农业。

《土地复垦条例》进一步明确，国务院国土资源主管部门负责全国土地复垦的监督管理工作。县级以上地方人民政府国土资源主管部门负责本行政区域土地复垦的监督管理工作。县级以上人民政府其他有关部门依照本条例的规定和各自的职责做好土地复垦有关工作。

（二）土地整理一般程序

（1）确定土地整理区域，提出工作方案。县、乡（镇）人民政府根据当地经济社会发展需要和对土地利用的要求，依据土地利用总体规划确定的土地利用分区和有关专项规划，选定实施土地整理区域，制定实施土地整理工作方案。土地整理区域一般集中连片，规模视当地具体情况而定。

（2）组织进行土地整理规划设计。分析土地整理潜力、综合效益，提出具体的规划设计方案和权属调整的意见等，广泛征求有关方面意见后，完善有关规划及各类备件。

（3）依法报上级人民政府或土地管理部门审核、批准。上级人民政府或土地管理部门依照有关法规、政策、技术标准等，结合当地情况，审核、批准土地整理规划设计与工作方案并进行备案。土地整理规划设计及工作方案批准后，向社会公布。

（4）组织土地整理实施。按照批准的土地整理规划设计和工作方案，县、乡（镇）人民政府组织农村集体经济组织，有计划、有步骤地进行土地整理建设。

（5）确认权属。按照有关法律和政策规定，对调整后的土地，办理确定土地所有权、土地使用权等手续。

（6）检查验收。按土地整理规划设计的要求，依法由批准土地整理的人民政府或土地管理部门组织进行检查验收并确定土地利用调整情况，包括耕地面积调整情况。有关资料、图件等整理归档。

（三）耕地占补平衡

《耕地占补平衡考核办法》规定，实行占用耕地的建设用地项目与补充耕地的土地开发整理项目挂钩制度。补充耕地的责任单位应当按照经依法批准的补充耕地方案，通过实施土地开发整理项目补充耕地。基本农田是耕地的一部分，是指按照一定时期人口和社会经济发展对农产品的需求，依据土地利用总体规划确定的不得占用的耕地。因此，耕地占补平衡，不涉及占用依据土地总体规划划定的基本农田。

土地开发整理复垦的目的之一，也是通过开垦来新增耕地。以上海市为例，《上海市实施〈中华人民共和国土地管理法〉办法》规定，市土地管理部门应当会同市农业、水务、财政等有关部门，根据土地利用总体规划和建设占用耕地状况，编制土地开垦计划，报市人民政府审批。有滩涂等耕地后备资源的区（县）人民政府应当组织土地、农业、水务、财政等有关部门，根据土地开垦计划，制定土地开垦方案，并向市土地管理部门备案。

土地开垦和土地整理新增的耕地，应当纳入年度的耕地保有量计划指标和土地开发整理计划指标。超出年度的耕地保有量计划指标和土地开发整理计划指标的新增耕地，可以结转折抵下一年度的土地开发整理计划指标，也可以经区（县）土地管理部门审核，用作折抵非农业建设占用耕地的补偿指标，其中，跨区（县）折抵耕地补偿指标的，应当经市土地管理部门审核。

第三节　土地征收管理

一、土地征收

土地征收是指国家为了公共利益需要，依照法律规定的程序和权限将农民集体所有的土地（包括建设用地、农用地和未利用地等）转化为国有土地，并依法给予被征地的农村集体经济组织和被征地农民合理补偿和妥善安置的法律行为。国家建设征收土地的主体必须是国家，具体操作中，一般是国家授权县级以上人民政府行使征收权。

征地实施的程序一般为：首先，由市县政府发布征地公告，公告批准征地机关、批准文号、征收土地用途、范围、面积以及征地补偿标准、农业人员安置办法、办理征地补偿的期限等内容；其次，由征地公告指定的政府地政部门，办理征地补偿登记；再次，由市、县政府地政部门会同有关单位，拟订征地补偿安置方案，确定土地补偿费、安置补助费、青苗补偿费、附着物补偿费等事项，并报市、县政府批准；最后，由县级以上政府地政部门实施征地补偿安置方案，被征地单位和个人应当按规定的期限交付土地。

涉及征收农用地的，应当先行办理农用地转用审批。其中，经国务院批准农用地转用的，同时办理征地审批手续，不再另行办理征地审批；经省、自治区、直辖市人民政府在征地批准权限内批准农用地转用的，同时办理征地审批手续，不再另行办理征地审批。

二、土地储备

（一）基本概念

土地储备是指各级人民政府依照法定程序在批准权限范围内，对通过收回、收购、征用或其他方式取得土地使用权的土地，进行储存或前期开发整理，并向社会提供各类建设用地的行为。

土地储备是城乡开发所需土地资源的重要渠道之一，也是土地市场集中统一管理的前置条件。

（二）储备对象

土地储备包括以下对象：

（1）滩涂围垦成陆并经验收合格的土地；

（2）拟转为经营性建设用地的原国有农用地；

（3）拟调整为经营性建设用地的原划拨国有土地；

（4）拟依法征用后实行出让的原农村集体所有土地；

（5）土地管理部门依法收回的闲置国有土地；

（6）为实施城市规划需要储备的其他国有土地。

（三）储备机构

土地储备工作的具体实施，由土地储备机构承担。土地储备机构应为市、县人民政府批准成立、具有独立的法人资格、隶属于国土资源管理部门、统一承担本行政辖区内土地储备工作的事业单位，普遍采用“储备中心”的名称。

（四）土地储备计划与管理

土地储备实行计划管理。市、县人民政府国土资源管理、财政及当地人民银行相关分支行等部门应根据当地经济和社会发展计划、土地利用总体规划、城市总体规划、土地利用年度计划和土地市场供需状况等共同编制年度土地储备计划，报同级人民政府批准，并报上级国土资源管理部门备案。

市、县人民政府国土资源管理部门实施土地储备计划，应编制项目实施方案，经同级人民政府批准后，作为办理相关审批手续的依据。年度土地储备计划应包括：一是年度储备土地规模；二是年度储备土地前期开发规模；三是年度储备土地供应规模；四是年度储备土地临时利用计划；五是计划年度末储备土地规模。

（五）土地储备的理解

土地储备只是建立起城乡开发土地供应的“仓库”，它是手段，不是目的；

其目的是要促进城市土地的合理利用和集约利用，实现城市土地资产的保值和增值。土地储备机制运行模式由三个主要环节构成：

一是收储。实现土地使用权由集体或城市其他使用者手中向政府的集中。

二是储备。据有关资料，一般城市土地的储备期为2~3年，较长的达7~10年。土地储备期间，可以短期出租或利用以增加收益。

三是出让。储备中的土地可以根据城市经济和房地产开发的需要有计划地进入市场，以最大限度地实现土地的价值。

土地储备，从制度上消除了土地隐形交易的土壤，有利于清理整顿土地市场。可在一定程度下减小市场调节带来的土地资源的错配和投机，地方政府充分享受到城市社会经济发展带来的土地资产增值效益，实现以较低的土地成本进行城市基础设施和生态环境建设，有利于提高城市环境的质量和城市综合竞争力。

第四节　土地市场管理

一、土地供应计划

土地供应计划是指市、县人民政府在计划期内对国有建设用地供应的总量、结构、布局、时序和方式做出的科学安排。其中，供应总量是指计划期内各类国有建设用地供应的总规模。供应结构是指计划期内商服用地、工矿仓储用地、住宅用地、公共管理与公共服务用地、特殊用地、水域及水利设施用地、交通运输用地等各类国有建设用地的供应规模和比例关系。供应布局是指计划期内国有建设用地供应在空间上的分布。供应时序是指计划期内国有建设用地供应在不同时段的安排。

二、国有建设用地使用权的获取

根据《中华人民共和国土地管理法》和《中华人民共和国土地管理法实施条例》的有关规定，我国国有建设用地使用权的取得方式有国有土地使用权出让、国有土地使用权租赁、国有土地使用权作价出资入股、国有土地使用权划拨等几种。

（一）国有土地使用权出让

国有土地使用权出让包括协议出让、招标出让、拍卖出让、挂牌出让等几种方式。

（1）协议出让

协议出让国有土地使用权，是指国家以协议方式将国有土地使用权在一定年限内出让给土地使用者，由土地使用者向国家支付土地使用权出让金的行为。

协议出让的范围包括：供应商业、旅游、娱乐和商品住宅等各类经营性用地以外用途的土地，其供地计划公布后同一宗地只有一个意向用地者的；原划拨、承租土地使用权人申请办理协议出让，经依法批准的；划拨土地使用权转让申请办理协议出让，经依法批准的；出让土地使用权人申请续期，经审查批准的；法律、法规规定可以协议出让的其他情形。

协议出让最低价不得低于新增建设用地的土地有偿使用费、征地（拆迁）补偿费用以及按照国家规定应当缴纳的有关税费之和；有基准地价的地区，协议出让最低价不得低于出让地块所在级别基准地价的70%。低于最低价时国有土地使用权不得出让。

（2）招标出让

土地交易的招标可采用公开招标或邀请招标。公开招标是指招标人通过土地市场载体、媒体等形式发布招标公告而进行的招标。邀请招标是指招标人向符合条件的单位和个人发出招标书面邀请进行的招标。招标人应是国土资源行政主管部门，土地交易机构。

属于下列情况的土地交易,采用公开招标方式进行。一是具有特定的社会、公益建设条件或其他综合目标的；二是土地用途有严格限制，可能仅少数单位或个人有受让意向的。对土地使用者有资格限制或特别要求的，经市县人民政府批准，可对符合条件的用地申请者进行邀请招标。

采用招标方式进行土地交易的，投标人少于三人的，招标结果无效，招标人可以重新组织招标或转换为拍卖、挂牌出让方式。

（3）拍卖出让

拍卖出让土地使用权，是指在指定的时间、地点、利用公开场合，由政府的代表者——土地行政主管部门主持拍卖指定地块的土地使用权，由拍卖主持人首先叫出底价，诸多的竞投者轮番报价，最后出最高价者取得土地使用权。

（4）挂牌出让

挂牌是指出让人发布挂牌公告，按公告规定的期限将拟出让宗地的交易条件在指定的土地交易场所挂牌公布，接受竞买人的报价申请并更新挂牌价格，根据挂牌期限截止时的出价结果确定土地使用者的行为。

（二）国有土地使用权租赁

国有土地使用权租赁是指国家作为国有土地的出租人，将土地使用权在一定年限内出租给承租人使用，并由承租人向国家支付租金的行为。

以出让、租赁等方式有偿使用国有土地的，由市或者区（县）土地管理部门与土地使用者签订国有土地有偿使用合同。除按照《中华人民共和国土地管理法》第五十四条规定可以以划拨方式取得国有土地使用权外，用地单位和个人均应当以出让、租赁等方式有偿取得国有土地使用权，缴纳土地使用权出让金、土地租金等土地有偿使用费。

（三）国有土地使用权作价出资入股

国家以一定年期的国有土地使用权作价，作为出资投入需要使用该宗地的企业，该土地使用权由使用该宗地的企业持有，可以依照土地管理法律、法规关于出让土地使用权的规定转让、出租、抵押。土地使用权作价出资或入股形成的国家股权，按照国有资产投资主体由有批准权的人民政府土地行政主管部门委托有资格的国有股权持股单位统一持有。

（四）国有土地使用权划拨

划拨土地使用权指的是土地使用者经县级以上人民政府依法批准，在缴纳补偿、安置等费用后所取得的或者无偿取得的没有使用期限限制的国有土地使

用权。

《中华人民共和国土地管理法》第五十四条规定，建设单位使用国有土地，应当以出让等有偿使用方式取得；但是，下列建设用地，经县级以上人民政府依法批准，可以以划拨方式取得：

（1）国家机关用地和军事用地；

（2）城市基础设施用地和公益事业用地；

（3）国家重点扶持的能源、交通、水利等基础设施用地；

（4）法律、行政法规规定的其他用地。

第五节　土地管理与城乡开发

一、城乡开发的效益分析

土地管理直接是为城市发展服务，间接是为城乡开发服务，实现城乡土地综合效益的最大化和合理配置。城乡开发是土地管理效益显现的路径之一，分为生态环境效益、经济效益和社会效益三个方面。

（一）生态环境效益

主要是指通过对城市土地资源的合理开发和保护治理，使暂时失去平衡的生态系统重新趋于平衡，使恶化了的社会生态环境转向有利于生产、生活和土地资源更新的方向发展；或者建立新的人工生态系统，以大大提高土地单位面积的产出率，从而更充分合理地开发利用土地资源。

在进行城市土地开发的过程中，首先要按照有利于提高土地的生态环境效益进行开发。例如，注意保护和增加绿色植物在城市面积中所占的比重，通过提高城市公共场所自身的公有价值来改善人工生态环境；将那些占地大、能耗多、运量大、污染严重等不适合在市区发展的企业迁出市区，或转向发展适合市区的第三产业，以减少污染物的产生，提高生态环境效益。日本东京从1964年至1974年，市区工厂占地从3200公顷减少到1900公顷，10年内共减少了40%，迁出的土地主要用于绿化和城市基础设施及旅馆、办公楼等，既改善了城市生态环境质量，又提高了土地利用率。

（二）经济效益

主要是指通过城市土地开发这种投资活动，使原低效利用的土地转为高效利用，并使城市经济在空间上的密集程度和布局更趋于合理，以提高城市的聚集效益。城市土地开发的经济效益主要是以土地产值效益、居住效益以及运行效益等表现出来。

（1）土地产值效益。即按所开发的单位土地面积平均的国民生产总值计算，其数值往往是商业高于工业，工业高于农业，市区高于郊县农村。据统计资料表明，日本城市商业、工业和农业的土地单位面积平均收入比约为10000：100：1。这种巨大的土地产值效益差距具体表现在土地价格的差别上，它推动着工厂企业向城市边远地区土地价格较低的方向扩展，即所谓的城市离心率函数作用。因此，在城市土地开发中，就应运用这一作用来重新调整城市空间，合理布局，改善城市经济土地结构，使之符合土地经济优化的要求。

(2) 居住效益。指所开发的土地单位面积上容纳的居民数，表现为以城市环境质量为条件的城市人口密度。据国外研究表明：居住小区的人口密度以每公顷 1000~5400 人为效益最佳，楼房建设高度 20 层才达到经济层数和高度。为此，在城市土地开发中，应注意发展高人口密度和低建筑密度的居住区，进一步提高居住效益，节约土地，并改善城市环境质量。但居住高密度会受到城市基础设施、开发资金、技术水平及城市性质的限制。因此，提高居住效益必须依据实际情况，不能一刀切。

(3) 运行效益。是指以交通运转、信息通信、能源供应、给水排水和环卫处理为主的城市基础设施运行的效益，它是城市土地开发的经济效益的基础。如果没有这五大系统运行的高效益，城市土地开发取得高效益是不可能的。因此，必须重视城市基础设施的开发建设。建设以高速公路和地下铁路、高架轻轨列车为主的大容量快速运输系统、垃圾处理和废热利用系统、集中供热系统和电子监测计算处理系统等。

(三) 社会效益

主要是指通过城市土地开发，从而对被开发地区的社会、经济产生有利影响，以及辐射到周围地区的效应。如上海闵行经济技术开发区的开发，不仅建成了比较完善的市政公用基础设施，改善了区内原有的道路、通信、给水排水等，而且推动了社会经济的发展，成了一个具有“磁性效应”的对外开放窗口，并且为上海浦东新区的开发建设提供了有益的经验。由于社会效益是一个全局的综合性指标，并具有相当部分间接性，因此，必须以城市土地开发活动与被开发区以及区外的效应影响程度的联系来衡量，这些联系越广泛，便越可以获得更大的社会效益。

二、城市土地开发效益评价

由于城市土地开发是一个复杂的生产过程，在评价其效益时，必须综合考虑，应以宏观综合效益为主。一是以使用价值的实物量表示；二是以价值形态的货币量表示。这种效益的取得是在保证一定质量和对全社会产生良好作用的前提下进行，片面追求经济效益，其结果不仅不能增强整个开发效益，而且会给今后的改造带来困难，其间接的经济损失和给社会带来的不良后果是难以估量的。

对城市土地开发效益评价的目的和意义就在于：一是选择最优的开发模式，尽可能做到将经济效益的提高与生态环境效益、社会效益的改善相结合；二是为提高开发决策的科学性、防止无效投资提供依据；三是检验开发方案在科学技术上的可行性和经济上的合理性，以期进一步提高开发的综合效益。

总之，城市土地开发的最终目的，是为了促使土地资源的最优配置和最经济利用，从而推动社会经济的发展、繁荣和人民生活水平的提高，因此，要求开发的三个效益之间应是互为依存，互为制约和协调发展。以牺牲其中一方面的效益来谋求不完全的、片面效益的做法是不妥的。坚持三个效益的统一，获得综合效益是城市土地开发的核心问题。

三、城乡开发的模式介绍

从城市土地的利用、对城市空间的发展形成以及土地开发的效益来看，城市土地开发的方式可以分为综合开发、成片区域开发和项目梯度开发三种。

（一）城市土地的综合开发

城市土地的综合开发，包括土地开发、房屋开发和基础设施开发三个部分。这种开发方式是根据城市总体规划和社会经济发展计划的要求，选择一定区域内的用地，按照规划要求的使用性质，实行“统一规划、统一征地、统一设计、统一施工、统一配套、统一管理”的原则，有计划、有步骤地进行开发建设。

综合开发的内容，一是对规划设计、征地拆迁、土地开发、组织施工、验收交用各个环节做到衔接紧密、互相配合和协调发展，以求缩短工期，取得良好的经济效益。二是对新开发区和旧城再开发区的工业、交通、住宅、科教文卫、商业服务、市政工程、园林绿化等所需用地，根据需要和可能，分轻重缓急，统筹安排，配套建设，分期交付使用，这是一项综合性的生产活动。

综合开发的特点在于：首先在开发内容上做到统筹协调。即通过对各项目的综合平衡，最合理地安排交通、电力、通信、给水排水、供气、消防等诸种设施与主要用地功能之间的比例关系和开发秩序，避免各项开发投资因互相干扰而降低效益。其次，在开发规模上做到合理适度。通过综合开发，合理安排互补功能用地的充足空间，实现规模经济，提高土地的利用系数。如将城市中不同性质、不同用途的各个分散的社会生活空间组织在一起，形成一个完整的街区或一组紧凑的建筑群体，使城市向高空、地面、地下三向空间发展，构成一个流动连续的空间体系。再次，在开发效益上，做到兼顾综合。通过综合开发，能直接影响到城市开发的社会效益、经济效益、生态效益甚至景观效益。如合肥金寨路北段1.05千米长的旧街改造，只用了40天时间，拆除破陋房4.1万平方米，在一年时间里，新建44幢共15.7万平方米的楼房，不仅根本改善了原有的1582户居民的居住条件，还提供了8.5万平方米的住宅和商店。

（二）城市土地的成片区域开发

城市土地的成片区域开发，又可称为专业性开发，是指在依法取得国有土地使用权后，依照规划对土地进行综合性的开发建设后，进行房地产的经营活动。城市土地的成片区域开发，最初是在沿海开放城市和经济技术开发区所出现的利用外资来投资进行城市土地开发的一种方式，现已成为城市进行新城区开发和旧城区改造的主要方式之一。这种开发带有明显的专业性，一般包括工业开发区、商业住宅区、金融贸易区、高科技科学园区、旅游经济区、大学园区等的开发建设。就其具体形式来分，可以归结为“筑巢引鸟型”和“引鸟筑巢型”两种。

所谓“筑巢引鸟型”，即由国家出面，由政府机构或委托开发机构建立开发区，投入资金进行基础设施建设，通过改善投资环境以吸引投资者举办项目，进行城市土地的开发改造。由于这种开发方式先要有较大数额的资金准备，建设期内不能移作他用，这就等于丧失了机会成本和其他投资利润。投资期间，基本没有资金回收，而且投资回收期限较长，待开发完成各项经济活动正常运转后才能有效益，如资金来源于贷款，还要负担较重的利息。虽然有土地使用税费作弥补，但土地开发投入与产出有很大差距。同时，由于这种方式吸引的项目有限，从而土地利用率不高，致使开发后的土地闲置，造成土地资源的浪费，投入资金沉积，收不回来，需要再开发的土地又缺少资金来源，无法形成良性循环。

随着改革开放力度的加大，现在较为普遍地采用了一种称之为“引鸟筑巢型”的开发形式，即通过出让国有土地使用权给投资商进行城市土地的开发改造。其特征是利用土地吸引资金，将土地变为资金，用土地积聚资金，这是一种借助外力迅速改善投资环境和改造城市、进行土地开发和再开发的方式。投资开发者，可以是外商外资，也可以是内商内资；可以是公营的，也可以是私营的；可以是某一企业或集团单独投资开发，也可以几个企业或集团联合投资、合作合资开发。因此，吸收投资的面广量大，容易形成巨大的资金流进行规模开发，加快开发速度。

这种开发形式的特点及好处在于：首先是政府只需要通过制定法律规定及总体规划要求，就可以从宏观上对投资者的开发经营进行管理和指导。其次是既可以节省直接投资，又可同时获得大额出让金，增加政府收入，为城市的土地开发和再开发注入新的活力，促进形成房地产开发投入产出的良性循环。再次是有利于调整城市空间布局，优化产业结构，推动房地产业以及第三产业的发展，形成土地开发与教育、科研、生产相结合的综合开发系列工程，促进投资技术转移及贸易等各门类跳跃式发展。最后，能在不花钱和少花钱的情况下，较为迅速地改善城市投资环境和市容环境，提高土地利用率，获得较为明显的社会、经济效益。

（三）城市土地的项目梯度开发

城市土地的项目梯度开发是指依据原有城市功能、适应用地结构的重新组合、利用土地级差效益而改变土地低效益利用的一种开发活动。从土地开发布局和调整土地使用功能的角度，项目梯度开发又具体可分为以下几种方式：

第一，以点连成片，相对集中开发改造。这主要是对于某些原有结构不合理、功能不全或已不适合发展需要的旧区，进行土地使用性质的调整、改造。第二，以点带面滚动梯度型开发改造，即通过集中对某一地段、地区重点先进行开发改造，提高其使用功能和区位价值，然后以此为中心，进行辐射式带动相关周边地段和地区的开发改造。这种开发形式表现为以一些重大市政建设项目及城市基础设施的改造为契机，来增加土地利用系数和调整土地使用功能，合理布局城市的空间结构，满足城市的社会功能要求。第三，以项目为契机，分片开发改造。即以某一个或几个建设项目为中心，进行城市土地的开发改造，逐渐形成新的商业街、居住小区、工业街坊以及新兴卫星城，从而合理填补充实原有城市，增加城市功能，适应城市现代化发展的需要。

城市土地项目梯度开发的特点如下：

(1) 能集中资金开发一片、建设一片、收效一片。由于这种开发能够充分利用原有的城市基础设施，因此，开发时间短，投资少，节约资金，但收效快，投资效益明显，符合量力而行、实事求是的开发原则。

（2）便于市政基础设施的成片改造，能较好地满足规划设计意图；改善城市市政系统的功能以及增加整个城市的市政容量，从而迅速改观一片地区的市容环境、增加经济效益和提高土地使用价值。

（3）这种开发把旧区改造与居住条件的改善和土地开发与经济建设结合起来，既提高了土地的综合利用率，发展了城市经济；又给城市居民制造了一个舒适优美的工作生活环境，较为直接地满足了居民对居住的需要。

（4）有利于城市朝多中心组合的现代化方向发展，发展多功能综合区，改善城市原有不合理的空间布局及城市环境质量。

（5）有利于实行居住区、工业区、金融商业贸易区等与改造区的统一建设，既可以分期实施、配套建设配套管理配套交付使用，又可以科学地安排各项服务设施；注意自然环境变化，从整体上协调发展了城市空间，改善了城市环境。

运用这一方式的前提是加强城市规划管理和土地利用规划，严格按照规划进行，严格审批程序，按区位分期分批集中开发；同时在具体实施时，必须按照先地下、后地上、统一规划、统一领导、统一建设的科学开发原则进行，防止随意插建、见缝插针式的无序开发。

思考题：

农村土地流转的历史与现状。

参考文献：

[1] 中华人民共和国土地管理法 [M]. 北京：中国法制出版社，2019.

[2] 中华人民共和国土资源部．土地利用年度计划管理办法 [Z]. 北京：中华人民共和国土资源部，2016.

[3] 中华人民共和国土地管理法实施条例 [M]. 北京：中国法制出版社，2015.

[4] 中华人民共和国国务院．土地复垦条例 [Z]. 北京：中华人民共和国国务院，2011.

[5] 陆红生．土地管理学总论 [M].6 版．北京：中国农业出版社，2015.

[6] 刘胜华，刘家彬．土地管理概论 [M]. 武汉：武汉大学出版社，2005.

[7] 林增杰，严星．土地管理概论 [M]. 北京：中国国际广播出版社，1990.

第八章　规划管理

第一节　城乡规划管理概述

一、城乡规划管理的概念与目的

城乡规划管理属于行政管理的范畴，是城市规划编制、审批和实施等管理工作的统称。

城乡规划管理的目的是国家政府机关为实现一定时期城市经济、社会发展和建设目标，依据国家法律法规和运用国家法定的权力制定城市规划并对城市规划区内的土地使用和各项建设进行组织、控制、协调、引导、决策和监督等行政管理活动的过程，具体行政行为包括许可、审批、督察等。

二、城乡规划管理的内容

城乡规划管理包括城乡规划的编制和审批、规划实施以及监督检查管理等三个环节。

城乡规划编制和审批是城乡规划制定中的两个关键过程。

城乡规划实施管理围绕建设工程的计划、用地到建设而展开，管理工作贯穿于建设项目选址、建设用地规划管理、建设工程规划管理工作之中，由于建设工程性质的多样性，其形态和管理操作要求不尽一致，总体可以细分为建筑工程、市政管线工程和市政交通工程三项内容分别进行管理。

城乡规划实施的监督检查管理主要负责建设工程规划批后管理和查处违法用地、违法建设工作，工作任务是执行行政检查，实施行政处罚，确保城市规划有效实施。

三、城乡规划管理与城乡开发的关系

城乡规划管理与城乡开发密不可分。首先，依法制定的各级、各类城乡规划是城乡开发的前提和先导，城乡开发活动必须在符合规划要求的前提下开展。其次，规划实施管理与城乡开发密切相关，城乡开发涉及的各项建设工程，都需要经过“规划许可”。最后，各类城乡开发活动的合法性和合规性，需要接受城乡规划实施的监督检查。

第二节　城乡规划的组织编制与审批管理

一、城乡规划组织编制管理

根据《中华人民共和国城乡规划法》（以下简称《城乡规划法》），城乡规划包括城镇体系规划、城市规划、镇规划、乡规划和村庄规划。城市规划、镇规划分为总体规划和详细规划。详细规划分为控制性详细规划和修建性详细规划。

（一）城镇体系规划

根据《城乡规划法》和原建设部颁布的《城镇体系规划编制与审批办法》规定，城镇体系规划组织编制主体分别为：全国城镇体系规划，由国务院城市规划管理部门会同国务院有关部门组织编制；省域城镇体系规划，由省或自治区人民政府组织编制；市域城镇体系规划，由城市人民政府或地区行署、自治州、盟人民政府组织编制；县域城镇体系规划，由县或自治县、旗、自治旗人民政府组织编制；跨行政区域的城镇体系规划，由有关地区的共同上一级人民政府城市规划行政主管部门组织编制。

（二）城市总体规划和详细规划

根据《城乡规划法》和原建设部颁布的《城市规划编制办法》规定，城市总体规划和详细规划组织编制主体如下：

（1）设市城市的总体规划由市人民政府负责组织编制。需要编制城市总体规划纲要和城市分区规划的，也由市人民政府负责组织编制。控制性详细规划由城市人民政府城市规划管理部门依据已经批准的城市总体规划或者城市分区规划组织编制。

（2）县（自治县、旗）人民政府所在地镇的总体规划由县（自治县、旗）人民政府负责组织编制，控制性详细规划由县（自治县、旗）人民政府城市规划管理部门根据总体规划的要求组织编制。

（3）其他镇的城市总体规划由镇人民政府负责组织编制。镇人民政府根据镇总体规划的要求，组织编制镇的控制性详细规划。

(4) 城市、县、镇人民政府要根据城市总体规划、镇总体规划、土地利用总体规划和年度计划以及国民经济和社会发展规划，组织编制近期建设规划。

(5) 城市、县人民政府城市规划管理部门和镇人民政府可以组织编制重要地块的修建性详细规划。其他地块的修建性详细规划可以由有关单位依据控制性详细规划及城市规划管理部门提出的规划条件，委托城市规划编制单位编制。修建性详细规划要符合控制性详细规划。

(三) 乡规划和村庄规划

根据《城乡规划法》的规定，乡、镇人民政府组织编制乡规划、村庄规划。

二、城乡规划审批管理

我国城市规划审批实行分级审批制度，分别如下：

(一) 城镇体系规划

全国城镇体系规划由国务院城市规划管理部门报国务院审批。省域城镇体系规划由省、自治区人民政府报国务院审批；市域、县域城镇体系规划纳入城市和县级人民政府驻地镇的总体规划，依据相关规定实行分级审批；跨行政区域的城镇体系规划报有关地区的共同上一级人民政府审批。

(二) 城市总体规划

直辖市的城市总体规划由直辖市人民政府报国务院审批。省、自治区人民政府所在地的城市以及国务院确定的城市的总体规划，由省、自治区人民政府审查同意后，报国务院审批。其他城市的总体规划，由城市人民政府报省、自治区人民政府审批。县人民政府所在地镇的总体规划，由县人民政府报上一级人民政府审批。其他镇的总体规划，由镇人民政府报上一级人民政府审批。城市近期建设规划，由城市人民政府审批，报总体规划审批机关备案。城市分区规划，报城市人民政府审批。

(三) 详细规划

城市人民政府城市规划管理部门根据城市总体规划的要求，组织编制的城市控制性详细规划，经本级人民政府批准后，报本级人民代表大会常务委员会和上一级人民政府备案。

县人民政府所在地镇的控制性详细规划，由县人民政府城市规划管理部门根据镇总体规划的要求组织编制后，经县人民政府批准后，报本级人民代表大会常务委员会和上一级人民政府备案。

镇人民政府根据镇总体规划的要求，组织编制的镇的控制性详细规划，报上一级人民政府审批。

城市修建性详细规划一般由城市人民政府审批；编制分区规划的城市的详细规划，除重要地区的详细规划由城市人民政府审批外，其他一般地区的详细规划可以由城市人民政府城市规划行政主管部门审批。

(四) 乡规划和村庄规划

乡、镇人民政府组织编制的乡规划、村庄规划，报上一级人民政府审批。村庄规划在报送审批前，要经村民会议或者村民代表会议讨论同意。

三、城乡规划的修改

根据《城乡规划法》的规定，经依法批准的城乡规划，是城乡建设和规划管理的依据，未经法定程序不得修改。

（1）省域城镇体系规划、城市总体规划、镇总体规划的组织编制机关，要组织有关部门和专家定期对规划实施情况进行评估，并采取论证会、听证会或者其他方式征求公众意见。组织编制机关要向本级人民代表大会常务委员会、镇人民代表大会和原审批机关提出评估报告并附具征求意见的情况。

修改省域城镇体系规划、城市总体规划、镇总体规划前，组织编制机关要对原规划的实施情况进行总结，并向原审批机关报告；修改涉及城市总体规划、镇总体规划强制性内容的，要先向原审批机关提出专题报告，经同意后，方可编制修改方案。

（2）城市、县、镇人民政府修改近期建设规划的，要将修改后的近期建设规划报总体规划审批机关备案。

（3）修改控制性详细规划的，组织编制机关要对修改的必要性进行论证，征求规划地段内利害关系人的意见，并向原审批机关提出专题报告，经原审批机关同意后，方可编制修改方案。修改后的控制性详细规划，要依照有关法律法规规定的审批程序报批。控制性详细规划修改涉及城市总体规划、镇总体规划的强制性内容的，要先修改总体规划。规划调整方案，要向社会公开，听取有关单位和公众的意见，并将有关意见的采纳结果公示。

（4）修改乡规划、村庄规划的，要依照有关规定的审批程序报批。

第三节 城乡规划的实施管理

一、城乡规划实施管理的行政主体与基本法律制度

（一）城乡规划实施管理的行政主体

我国已初步形成从国家到省、自治区、直辖市和市、县的城乡规划实施管理体系。国务院城市规划行政主管部门主管全国的城乡规划工作；属于本行政区域内的城乡规划实施管理，由管辖该行政区域的地方人民政府城市规划行政主管部门负责；属于跨行政区域的城乡规划实施管理，则由其共同的上级人民政府城市规划行政主管部门负责。

（二）城乡规划实施管理的基本法律制度

在城市规划区内的建设工程的选址和布局必须符合城市规划，建设项目可行性研究报告报请批准时，必须附有城市规划行政主管部门的选址意见书。在城市规划区内进行建设需要申请用地的，必须由城市规划行政主管部门核发建设用地规划许可证，方可向县级以上地方人民政府土地管理部门申请用地。在城市规划区新建、扩建和改建建筑物、构筑物、道路、管线和其他工程设施，必须由城市规划行政主管部门核发建设工程规划许可证，方可申请办理开工手续。上述"一书两证"（加上《城乡规划法》规定的乡村建设规划许可证，称为"一

书三证”）是城市规划实施管理的基本法律制度，统称规划许可制度，它是城乡规划实施管理的主要法律手段和法定形式。

二、城乡开发中的规划实施管理

城乡开发中的规划实施管理的主要内容包括：建设项目选址规划管理、建设用地规划管理以及建设工程规划管理，其中，建设工程规划管理又可分为建筑工程规划管理、市政交通工程规划管理、市政管线工程规划管理。

（一）城乡开发中的建设项目选址规划管理

城市规划行政主管部门根据城市规划及其有关法律、法规对城乡开发的各类建设项目地址进行确认或选择，并核发建设项目选址意见书，保证各项城乡开发活动按照城市规划安排进行。

（二）城乡开发中的建设用地规划管理

城市规划行政主管部门根据城市规划法律规范及依法制定的城市规划，确定城乡开发的各类建设项目的建设用地定点、位置和范围，审核建设工程总平面，提供土地使用规划设计条件，对城乡开发的各类建设项目核发建设用地规划许可证。

根据《城乡规划法》的规定，在城市、镇规划区内以划拨方式提供国有土地使用权的城乡开发建设项目，经有关部门批准、核准、备案后，建设单位要向城市、县人民政府城市规划管理部门提出建设用地规划许可申请，由城市、县人民政府城市规划管理部门依据控制性详细规划核定建设用地的位置、面积、允许建设的范围，核发建设用地规划许可证。建设单位在取得建设用地规划许可证后，方可向县级以上地方人民政府土地主管部门申请用地，经县级以上人民政府审批后，由土地主管部门划拨土地。

对于在城市、镇规划区内以出让方式获得国有土地使用权的城乡开发建设项目，在国有土地使用权出让前，城市、县人民政府城市规划管理部门要依据控制性详细规划，提出出让地块的位置、使用性质、开发强度等规划条件，作为国有土地使用权出让合同的组成部分。以出让方式取得国有土地使用权的各类城乡开发建设项目，在签订国有土地使用权出让合同后，建设单位要持建设项目的批准、核准、备案文件和国有土地使用权出让合同，向城市、县人民政府城市规划管理部门领取建设用地规划许可证。

（三）城乡开发中的建设工程规划管理

城市规划行政主管部门根据依法制定的城市规划及城市规划有关法律规范和技术规范，对各类城乡开发的建设工程进行组织、控制、引导和协调，使其纳入城市规划的轨道，并核发建设工程规划许可证。

城乡开发建设工程的建设不仅要满足自身功能的需要，而且会对城市的布局形态、环境质量、城市交通、公共安全、公共卫生、左邻右舍的相关权益等产生影响。因此，把局部的、单个的城市建设工程，纳入全局的、整体的城市规划进行管理十分重要。

由于各类城乡开发建设工程类问题多，性质各异，归纳起来可以分为建筑工程、市政交通工程和市政管线工程三大类。

（1）建筑工程

具体审核要点包括：一是建筑物使用性质的控制，保证建筑物使用性质符合土地使用性质相容的原则。二是建筑容积率、建筑密度和建筑高度的控制，保证建筑物符合核定的规划条件或控制性详细规划。三是建筑间距的控制，确保城市的公共安全、公共卫生、公共交通以及相关方面的合法权益。四是建筑退让的控制，使建筑物、构筑物与毗邻规划控制线之间的距离符合要求。五是无障碍设施的控制。六是建设基地其他相关要素的控制，涉及绿地率、基地主要出入口、停车泊位、交通组织和建设基地标高等。七是建筑空间环境的控制。八是综合有关专业管理部门的意见。九是临时建设的控制。

（2）市政交通工程

具体审核要点包括：一是地面道路（公路）工程的规划控制，包括道路走向及坐标的控制、道路横断面的控制、城市道路标高的控制、路面结构类型的控制、道路交叉口的控制、道路附属设施的控制等。二是高架市政交通工程的规划控制，包括高架道路应与地区道路相协调，满足地下市政管线工程的敷设，满足环境保护以及城市景观的要求等。三是地下轨道交通工程的规划控制，包括与相关城市道路工程相协调，满足市政管线工程敷设空间的需要，地铁车站工程的规划控制，城市轨道交通系统走向线路及其两侧的一定控制范围的控制等。

（3）市政管线工程

具体审核要点包括：一是管线的平面布置；二是管线的竖向布置；三是管线敷设与行道树、绿化的关系；四是管线敷设与市容景观的关系。

（四）城乡开发中的规划许可变更

在城乡开发中，建设单位要按照规划条件进行建设，如需要进行规划许可变更，必须在变更内容符合控制性详细规划的前提基础上，向城市、县人民政府城市规划管理部门提出申请。城市、县人民政府城市规划管理部门要及时将依法变更后的规划条件通报同级土地主管部门并公示。建设单位要及时将依法变更后的规划条件报有关人民政府土地主管部门备案。

在选址意见书、建设用地规划许可证、建设工程规划许可证或者乡村建设规划许可证发放后，因依法修改城乡规划给城乡开发相关开发主体的合法权益造成损失的，城乡规划主管部门将依法给予补偿。

经依法审定的城乡开发的各类修建性详细规划、建设工程设计方案的总平面图不得随意修改，确需修改的，城市规划管理部门要采取听证会等形式，听取利害关系人的意见，因修改给利害关系人合法权益造成损失的，城乡开发的相关开发主体要依法给予利害关系人相应补偿。

第四节　城乡规划的监督检查和法律责任

一、城乡规划的行政监督检查

（一）行政检查的概念

城市规划行政检查，是指城市规划管理部门及其规划管理部门机构，对建设单位或个人在建设活动中，是否遵守城市规划法律规范及规划许可设定的权利和义务的事实，进行干预的具体行政行为。

（二）城乡开发中的城市规划行政检查

各类城乡开发建设活动，需要根据城乡规划监督检查的要求接受行政检查：一是建设工程开工订立道路红线界桩和复验灰线；二是建设工程竣工规划验收。分述如下：

（1）依申请检查

① 项目开工前道路规划红线订界。

② 项目开工前复验灰线。

③ 建设工程竣工规划验收。在项目竣工后，分别对建筑工程、市政管线工程和市政交通工程进行验收。建筑工程竣工规划验收内容主要包括：平面布局、空间布局、建筑造型、工程标准、室外设施建设竣工资料的报送。

（2）依职能检查

① 建设单位或个人在领取建设用地规划许可证并办理土地的使用手续后，城市规划行政主管部门将进行复验，若有关用地的坐标、面积等与建设用地规划许可证规定不符，城市规划行政主管部门将责令建设单位改正或重新补办手续，否则将对其建设工程不予审批。

② 建设单位或个人在施工过程中，城市规划行政主管部门有权对其建设活动进行现场检查。

二、城乡开发中的规划法律责任

城乡开发中的城市规划行政处罚，主要是对城乡开发中，违反城市规划法律和法规、违反依法制定的城市规划、违反城市规划行政主管部门依法核发的建设用地规划许可证和建设工程规划许可证的违法占地和违法建设的行政处罚。根据违法建设的性质、影响的不同，城市规划行政主管部门将采取不同的行政处罚手段。

（一）城市规划行政处罚的措施

根据《城乡规划法》的规定，未取得建设工程规划许可证或者未按照建设工程规划许可证的规定进行建设的城乡开发活动，由县级以上地方人民政府城市规划管理部门责令停止建设；尚可采取改正措施消除对规划实施的影响的，限期改正，处建设工程造价百分之五以上百分之十以下的罚款；无法采取改正措施消除影响的，限期拆除，不能拆除的，没收实物或者违法收入，可以并处建设工程造价百分之十以下的罚款。在乡、村庄规划区内未依法取得乡村建设规划许可证或者未按照乡村建设规划许可证的规定进行建设的，由乡、镇人民政府责令停止建设、限期改正；逾期不改正的，可以拆除。

（二）城市规划行政处罚的程序

城市规划行政处罚是在行政检查中发现违法用地或违法建设，进一步调查、取证的基础上进行的。根据《中华人民共和国行政处罚法》规定，结合城市规划实际，城市规划行政处罚大多适用于一般程序和听证程序。

（1）一般程序

一般程序包括以下步骤：立案、调查、告知与申辩、作出处罚决定、处罚决定书的送达等。规划行政管理部门发现城乡开发相关主体人有依法要给予行政处罚的行为的，必须全面、客观、公正地调查，收集有关证据；必要时，依照法律、法规的规定，可以进行检查。

（2）听证程序

听证程序，是指行政执法机关作出处罚之前，由该行政机关相对独立的听证主持人主持由该行政机关的调查取证人员和行为人作为双方当事人参加的案件，听取意见，获取证据的法定程序。听证程序从本质上反映了公开、公正和合法的性质。规划行政机关作出较大数额罚款等行政处罚决定之前，要告知城乡开发相关主体人有要求举行听证的权利，当事人要求听证的，行政机关要组织听证。

（三）城市规划行政处罚的执行

城市规划管理部门作出责令停止建设或者限期拆除的决定后，城乡开发相关主体人不停止建设或者逾期不拆除的，建设工程所在地县级以上地方人民政府可以责成有关部门采取查封施工现场、强制拆除等措施。城市规划管理部门依法作出罚款等行政处罚决定后，当事人要在行政处罚决定的期限内予以履行，逾期不履行行政处罚决定的，作出行政处罚决定的行政机关可以采取下列措施：①到期不缴纳罚款的，每日按罚款数额的百分之三加处罚款；②根据法律规定，将查封、扣押的财物拍卖或者将冻结的存款划拨抵缴罚款；③申请人民法院强制执行。当事人对行政处罚决定不服申请行政复议或者提起行政诉讼的，行政处罚一般不停止执行。

（四）城市规划行政处罚的救济

城乡开发相关主体人对行政处罚决定不服，可以申请行政复议或者提起行政诉讼。如合法权益受到侵犯造成损害的，有权请求赔偿。

（1）行政复议

当事人认为规划管理部门的行政处罚侵犯其合法权益的，可以自知道该具体行政行为之日起六十日内提出行政复议申请。申请人可以向该规划行政管理部门的本级人民政府申请行政复议，也可以向上一级规划行政主管部门申请行政复议。对规划管理部门依法设立的派出机构依照法律、法规或者规章规定，以自己的名义作出的具体行政行为不服的，向设立该派出机构的规划部门或者该规划部门的本级地方人民政府申请行政复议。

（2）行政诉讼

申请人不服复议决定的，可以在收到复议决定书之日起十五日内向人民法院提起诉讼。复议机关逾期不作决定的，申请人可以在复议期满之日起十五日内向人民法院提起诉讼。公民、法人或者其他组织直接向人民法院提起诉讼的，要在知道作出具体行政行为之日起三个月内提出。

（3）行政赔偿

规划行政机关或者行政机关工作人员作出的具体行政行为对城乡开发各主体人的合法权益造成损害的，由该规划行政机关或者该规划行政机关工作人员所在的行政机关负责赔偿。规划行政机关及其工作人员行使行政职权对城乡开发各主体人的合法权益造成损害的，该行政机关为赔偿义务机关。

思考题：

1. 城乡规划的编制内容。
2. 城乡规划的实施要点。

参考文献：

[1] 中华人民共和国城乡规划法 [M]. 北京：中国法制出版社，2019.

[2] 全国人大常委会法制工作委员会经济法室，国务院法制办农业资源环保法制司，住房和城乡建设部城乡规划司、政策法规司 . 中华人民共和国城乡规划法解说 [M]. 北京：知识产权出版社，2008.

[3] 全国城市规划执业制度管理委员会 . 城市规划管理与法规（2011 版）[M]. 北京：中国计划出版社，2011.

第九章 建设管理

第一节 建设管理行政主体

我国现行的建设管理的行政主体分为三个层级，分别是国务院组成部门的部级建设行政主管部门，省级行政单位组成部门的厅局级建设行政主管部门，市县区旗级行政单位组成部门的相应级别的建设行政主管部门。

一、住房和城乡建设部

当前，国务院内的部级建设行政主管部门是中华人民共和国住房和城乡建设部，是中华人民共和国负责建设行政管理的国务院组成部门。2008 年 3 月 15 日，根据十一届全国人大一次会议通过的国务院机构改革方案，由原"建设部"改设为"住房和城乡建设部"。

根据《国务院办公厅关于印发住房和城乡建设部主要职责内设机构和人员编制规定的通知》（国办发〔2008〕74 号），住房和城乡建设部的职责包括十三个方面，其摘要如下：

（1）承担保障城镇低收入家庭住房的责任。

（2）承担推进住房制度改革的责任。

(3) 承担规范住房和城乡建设管理秩序的责任。

(4) 承担建立科学规范的工程建设标准体系的责任。

(5) 承担规范房地产市场秩序、监督管理房地产市场的责任。

(6) 监督管理建筑市场、规范市场各方主体行为。

(7) 研究拟订城市建设的政策、规划并指导实施，指导城市市政公用设施建设、安全和应急管理等工作。

(8) 承担规范村镇建设、指导全国村镇建设的责任。

(9) 承担建筑工程质量安全监管的责任。

(10) 承担推进建筑节能、城镇减排的责任。

(11) 负责住房公积金监督管理，确保公积金的有效使用和安全。

(12) 开展住房和城乡建设方面的国际交流与合作。

(13) 承办国务院交办的其他事项。

二、省级建设行政主管部门

省级建设行政主管部门是省级行政单位的组成部门，原则上职责集中统一并独立设置，如浙江省住房和城乡建设厅、上海市住房和城乡建设管理委员会、广西壮族自治区住房和城乡建设厅等。

以浙江省住房和城乡建设厅为例，根据浙江省人民政府官方网站，主要职责摘要如下：

(1) 负责保障城镇低收入家庭住房。

(2) 负责推进住房制度改革。

(3) 负责住房和城乡规划建设管理秩序的规范工作。

(4) 负责建立完善工程建设标准体系。

(5) 负责房地产市场的监督管理。

(6) 负责监督管理建筑活动，规范市场各方主体行为。

(7) 指导全省城市建设与管理工作。

(8) 负责指导全省村镇建设。

(9) 负责建筑工程质量安全监管。

(10) 负责推进住房和城乡建设领域科技进步、建筑节能、城镇减排工作。拟订全省住房和城乡建设的科技发展规划和政策，会同有关部门拟订建筑节能的政策、规划并监督实施。

(11) 负责住房公积金监督管理，保证公积金的有效使用和安全。

(12) 开展住房和城乡规划建设管理方面的国际交流合作。

(13) 承办省政府交办的其他事项。

三、市县区旗级建设行政主管部门

市县区旗级建设行政主管部门的设立与行政区域内城乡建设的管理需求，符合当地行政部门设置的历史沿革，普遍是独立设置城乡建设管理部门，少部分地方存在一些特殊情况，如与规划合并设立管理部门，与交通合并设立管理部门，与环保合并设立管理部门，或者将住房和城乡建设管理职责分别设立部门。

根据青岛政务网，青岛市城乡建设委员会的法定职责摘要如下：

(1) 贯彻执行国家和省、市有关城乡建设的方针政策和法律、法规，起草有关地方性法规、规章草案，拟订城乡建设发展规划、政策并组织实施。

(2) 负责城乡建设行业管理及安全生产监管。

(3) 监督管理建筑业，规范建筑市场秩序。

(4) 监督管理房地产业，规范住房建设、房地产开发市场秩序。

(5) 监督管理勘察设计咨询业，规范勘察设计市场秩序。

(6) 负责政府投资建设项目管理有关工作。

(7) 负责城市园林绿化建设和维护工作。

(8) 负责市政基础设施工程的建设和维护工作。

(9) 监督管理民用建筑节能，推进建设事业科技发展。

(10) 指导、推进新型城镇化建设工作。

(11) 负责工务工程建设工作。

(12) 承办市委、市政府交办的其他事项。

根据东城区住建委官方网站，北京市东城区住房和城市建设委员会主要职责摘要如下：

(1) 贯彻落实国家和北京市有关住房和城市建设方面的法律、法规、规章；研究本区住房和城市建设方面的重大问题，并提出政策建议。

(2) 贯彻实施住房和城市建设总体规划，对本区工程建设进行可行性研究；负责本区工程建设管理工作，负责区属重点工程项目建设的协调、调度和监管工作；负责建设工程招标投标监督管理和工程施工许可初审工作；负责本区保障性住房建设的协调管理。

(3) 本区房地产开发市场的监督管理；负责房地产市场监测分析；负责房地产开发企业资质等级核定与管理，负责在本区注册新设立房地产开发企业资质等级核定。

(4) 本区建筑市场的监督管理和建筑业企业的资质等级核定与管理，规范市场秩序，推动建筑行业的发展。

(5) 本区建筑节能、墙体材料革新和散装水泥发展及管理工作；推进本区节能型住宅建设。

(6) 依据区政府下达的建设计划，负责对全区市政基础设施建设进行协调、调度；负责区管道路和区级交通基础设施建设工作。

(7) 负责本区在建工程项目的行业管理，承担本区建设工程施工安全、施工现场安全、工程质量的监管责任；负责建设工程竣工验收的备案和监督管理；负责建筑起重机械安全使用的监督管理；对违章用工单位进行监督、检查和查处；参与建设工程质量、施工安全事故、应急事件的调查处理；组织协调施工现场防汛工作。

(8) 在本部门职责范围内加强为驻区中央单位、市属单位、驻区部队和区域内企事业单位的服务。

(9) 负责组织编制本区历史文化名城保护规划；拟订本区历史文化名城保

护的发展目标、年度工作计划和相关政策措施；研究提出历史文化名城保护工作的长效机制，协调推进历史文化名城保护工作；承担东城区历史文化名城保护工作委员会办公室的日常工作。

（10）承办区政府交办的其他事项。

市县区旗级建设行政主管部门是与城乡开发建设直接相关的建设管理层级，城乡开发直接相关的行政管理职责包括开发建设项目相关的行政审批许可、工程专项方案评审、招标投标、工程建设合同备案、施工图审查、建筑材料和设备检测、工程建设相关仲裁、工程项目竣工验收、违法违规人员企业行政处罚等具体内容。

为便于城乡管理，部分行政区域的建设行政主管部门将部分具体建设管理工作，如注册资格证书、评优评奖、方案评审、公积金、现场监督检查、标准定额更新等进一步委托下属专业事业单位承担。

第二节 建设管理法律和标准

一、法律体系

建设管理法律体系包括国家法律和条例，国务院及部委下发的意见、规定、办法和通知，地方人民政府和人大的地方性的意见、办法、通知、条例和规定等。

与城乡开发建设紧密相关的建设管理法律和文件分为综合行政管理、建筑建材业管理、不动产管理、基础设施管理，共四个方面。

（一）综合行政管理

《中华人民共和国行政许可法》

《中华人民共和国行政处罚法》

《中华人民共和国行政诉讼法》

《中华人民共和国行政强制法》

《中华人民共和国行政复议法》

（二）建筑建材业管理

《中华人民共和国建筑法》

《中华人民共和国合同法》

《中华人民共和国招标投标法》

《中华人民共和国安全生产法》

《中华人民共和国标准化法》

《中华人民共和国消防法》

《中华人民共和国档案法》

《中华人民共和国招标投标法实施条例》

《建设工程质量管理条例》

《建设工程安全生产管理条例》

《建设工程勘察设计管理条例》

《建筑业企业资质管理规定》

《建设工程勘察设计企业资质管理规定》

《电子招标投标办法》

《工程建设项目施工招标投标办法》

《建筑工程施工许可证管理办法》

《房屋建筑工程和市政基础设施工程竣工验收备案管理暂行办法》

《工程建设项目勘察设计招标投标办法》

《房屋建筑工程和市政基础设施工程施工招标管理办法》

《工程建设项目货物招标投标办法》

《评标委员会和评标方法暂行规定》

《建设工程质量检测管理办法》

《中华人民共和国建筑法》《中华人民共和国招标投标法》和《中华人民共和国安全生产法》是城乡开发建设管理的核心法律。

《中华人民共和国建筑法》围绕建设管理明确 6 个方面的根本制度：①施工许可制度，②企业资质等级制度，③工程发包制度，④工程承包制度，⑤工程分包制度，⑥工程监理制度。

《中华人民共和国招标投标法》是行政主管部门管理招标投标行为和工程项目参与主体开展招标投标行为的法律依据，法律明确：①招标投标行为的基本原则，②必须招标的项目范围和规模标准，③招标的法定程序，④招标人和招标代理人的法定要求，⑤投标人的法定要求，⑥工程项目招标的前提条件，⑦开标、评标、中标的相关规定。

《中华人民共和国安全生产法》不仅针对施工企业，同样针对开发项目的投资建设主体安全生产的权利和义务，法律明确：①生产经营单位安全生产保障的职责、权利和义务，②从业人员、包括非一线管理人员的安全生产的权利和义务，③生产安全事故的应急救援，④安全生产监督管理。

（三）不动产管理

《中华人民共和国城市房地产管理法》

《中华人民共和国物权法》

《不动产登记暂行条例》

《国有土地上房屋征收与补偿条例》

《城市房地产开发经营管理条例》

《物业管理条例》

《房地产开发企业资质管理规定》

《城市商品房预售管理办法》

《商品房销售管理办法》

（四）基础设施管理

《城市绿化条例》

《城市市容和环境卫生管理条例》

《城市地下空间开发利用管理规定》

《城市管理执法办法》

基础设施管理是城市建设管理的延伸。在国家层面，城市基础设施管理相关的专项法律相对较少，目前仅涉及绿化、市容等。城市基础设施管理相关的法律条款分散于各个法律之中，作为地方政府立法的依据。各个地方政府依据不同的区域特点或建设管理需要，制定相应的地方条例、规定、办法、意见等来支撑建设管理部门依法实施管理职责，如某市轨道交通管理条例、某市高速公路管理办法。

二、标准体系

建设管理相关的标准体系依据《中华人民共和国标准化法》（简称《标准化法》）建立，法律明确："标准（含标准样品）"，是指农业、工业、服务业以及社会事业等领域需要统一的技术要求。

《标准化法》明确"国家标准分为强制性标准、推荐性标准，行业标准、地方标准是推荐性标准。强制性标准必须执行。国家鼓励采用推荐性标准"。

建设管理标准体系包括国家标准、行业标准和地方标准，是建设管理主管部门针对建设工程涉及质量、性能、安全、工艺、经济、节能、耐用、环保等技术内容实施管理的依据之一。政府部门的建设管理依据原则上不采信团体标准和企业标准。

国家标准，简称"国标"，国家标准化管理委员会发布，强制标准冠以"GB"，推荐标准冠以"GB/T"。

行业标准，是在全国某个行业范围内统一的标准。行业标准由国务院有关行政主管部门制定，并报国务院标准化行政主管部门备案。当同一内容的国家标准公布后，则该内容的行业标准即行废止。工程建设管理相关行业标准包括：城镇建设行业标准"CJ"，建材行业标准"JC"，建筑行业标准"JG"，城建行业工程建设行业标准"CJJ"，工程建设行业标准"JGJ"，工程建设推荐性行业标准"JGJ/T"，中国工程建设标准化协会标准"CECS"等。

地方标准又称为区域标准，是对没有国家标准和行业标准而又需要在省、自治区、直辖市范围内统一工业产品的质量、安全、卫生要求制定的标准。地方标准编号由四部分组成："DB（地方标准代号）"+"省、自治区、直辖市行政区代码前两位"+"/"+"顺序号"+"年号"。

建筑管理和开发建设涉及的国家标准、行业标准和地方标准主要集中在以下门类：设计、勘察、监理、土建、安装、水工、工艺、幕墙、防水、保温、装修、消防、民防、抗震、防雷、造价、测量、检测、监测、建材、设备、安全、绿色建筑、景观绿化、特种行业、临时设施、市政配套、文明施工等。

城乡开发建设相关的国家标准、行业标准和地方标准涉及行业和专业门类众多，各类标准一直在适时更新、修订或废止，新标准在同时不断推出。

标准门类众多，解读和应用的专业性极强，政府行政部门和开发企业并不具备全面掌握和准确应用的能力。开发企业需要具备的能力是在具体项目上准确判断各个标准针对的具体门类，通过相应门类的专业单位的技术力量解决具体问题。

作为专业技术人员或某一领域的专业管理人员，在工作和学习中，需要结合当前具体工作实际，用中学，学中用，随用随查，适时更新，切实领会和准确应用。

第三节　建设管理的范畴和内容

一、企业资质管理

企业资质指依据法律规定，政府根据企业申报的材料核准或认定该企业具备一定等级的专业能力（含人员、技术、资金和设备），能够承担符合该等级对应的工程项目的委托任务。以建筑业企业为例，根据《建筑业企业资质管理规定》（中华人民共和国住房和城乡建设部令 2015 年第 22 号），建筑业企业应当按照其拥有的注册资本、净资产、专业技术人员、技术装备和已完成的建筑工程业绩等资质条件申请资质，经审查合格，取得相应等级的资质证书后，方可在其资质等级许可的范围内从事建筑活动。

（一）工程建设项目招标代理机构资格

工程建设招标代理机构是指对工程的勘察、设计、施工、监理以及与工程建设有关的重要设备（进口机电设备除外）、材料采购招标的代理。工程招标代理机构是自主经营、自负盈亏、依法取得工程招标代理资质证书、在资质证书许可的范围内从事工程招标代理业务。

招标代理机构分甲级、乙级和暂定级，可承担不同规模和不同类别的工程建设项目的招标代理工作。

各个层级的建设管理部门在相应的法律授权范围内，依法办理招标代理机构申请的新办、变更、补证和注销的行政许可。

建设管理部门依法对招标代理机构的经营行为进行监督，并对违法违规的企业和人员行政处罚。

（二）建筑业企业资质

建筑业企业在中华人民共和国境内从事土木工程、建筑工程、线路管道设备安装工程、装修工程的新建、扩建、改建等活动，应当申请建筑业企业资质。依据《建筑业企业资质标准》，建筑业企业资质可分三部分：施工总承包企业资质等级标准包括 12 个类别，一般分为四个等级（特级、一级、二级、三级）；专业承包企业资质等级标准包括 36 个类别，一般分为三个等级（一级、二级、三级）、劳务分包企业资质不分类别与等级。

各个层级的建设管理部门在相应的法律授权范围内，依法办理建筑业企业申请的新办、变更、补证和注销的行政许可。

建设管理部门依法对建筑业企业的经营行为进行监督，并对违法违规的企业和人员行政处罚。

建筑业企业总承包企业和专业承包企业依据建设管理部门认定的专业门类承担相应的工程建设项目。城乡开发主体需甄别不同城乡开发工程项目对应的建筑企业资质和等级，确定相适应的工程项目承包单位。

表 9–3–1、表 9–3–2 中标“☆”的门类是与城乡开发高度相关的企业资质。

（三）工程勘察资质

工程勘察是指为满足工程建设的规划、设计、施工、运营及综合治理等的需要，对地形、地质及水文等状况进行测绘、勘探测试，并提供相应成果和资料的活动，岩土工程中的勘测、设计、处理、监测活动也属工程勘察范畴。

施工总承包企业资质等级标准分类　　表 9–3–1

建筑工程施工总承包企业资质等级标准☆	市政公用工程施工总承包企业资质等级标准☆	机电工程施工总承包企业资质等级标准☆
铁路工程施工总承包企业资质等级标准	港口与航道工程施工总承包企业资质等级标准	公路工程施工总承包企业资质等级标准
水利水电工程施工总承包企业资质等级标准	电力工程施工总承包企业资质等级标准	石油化工工程施工总承包企业资质等级标准
矿山工程施工总承包企业资质等级标准	冶金工程施工总承包企业资质等级标准	通信工程施工总承包企业资质等级标准

专业承包企业资质等级标准分类　　表 9–3–2

地基基础工程专业承包企业资质等级标准☆	起重设备安装工程专业承包企业资质等级标准☆	防水防腐保温工程专业承包企业资质等级标准☆
预拌混凝土专业承包企业资质等级标准☆	电子与智能化工程专业承包企业资质等级标准☆	隧道工程专业承包企业资质等级标准☆
消防设施工程专业承包企业资质等级标准☆	桥梁工程专业承包企业资质等级标准☆	钢结构工程专业承包企业资质等级标准☆
模板脚手架专业承包企业资质等级标准☆	建筑装修装饰工程专业承包企业资质等级标准☆	建筑机电安装工程专业承包企业资质等级标准☆
建筑幕墙工程专业承包企业资质等级标准☆	古建筑工程专业承包企业资质等级标准☆	城市及道路照明工程专业承包企业资质等级标准☆
公路路面工程专业承包企业资质等级标准☆	公路路基工程专业承包企业资质等级标准☆	公路交通工程专业承包企业资质等级标准☆
铁路电务工程专业承包企业资质等级标准	铁路铺轨架梁工程专业承包企业资质等级标准	铁路电气化工程专业承包企业资质等级标准
机场场道工程专业承包企业资质等级标准	水利水电机电安装工程专业承包企业资质等级标准	机场目视助航工程专业承包企业资质等级标准
港口与海岸工程专业承包企业资质等级标准	航道工程专业承包企业资质等级标准	通航建筑物工程专业承包企业资质等级标准
河湖整治工程专业承包企业资质等级标准	输变电工程专业承包企业资质等级标准	核工程专业承包企业资质等级标准
海洋石油工程专业承包企业资质等级标准	环保工程专业承包企业资质等级标准	特种工程专业承包企业资质等级标准☆
港航设备安装及水上交管工程专业承包企业资质等级标准	水工金属结构制作与安装工程专业承包企业资质等级标准	民航空管工程及机场弱电系统工程专业承包企业资质等级标准

工程勘察资质分为三个类别：工程勘察综合资质、工程勘察专业资质、工程勘察劳务资质。

工程勘察综合资质是指包括全部工程勘察专业资质的工程勘察资质。

工程勘察专业资质包括：岩土工程专业资质、水文地质勘察专业资质和工程测量专业资质。其中，岩土工程专业资质包括：岩土工程勘察、岩土工程设计、岩土工程物探测试检测监测等岩土工程（分项）专业资质。

工程勘察劳务资质在提供专业劳务之外，还包括工程钻探和凿井项目。

各个层级的建设管理部门在相应的法律授权范围内，依法办理工程勘察企业申请的新办、变更、补证和注销的行政许可。

建设管理部门依法对工程勘察企业的经营行为进行监督，并对违法违规的企业和人员行政处罚。

（四）工程设计资质

工程设计指工程设计企业根据建设工程的（业主、政府、法规、市场、社会）要求，对建设工程所需的技术、经济、资源、环境等条件进行综合分析、论证，编制建设工程设计文件的专业技术行为。

（1）工程设计综合甲级资质

承担各行业建设工程项目的设计业务，其规模不受限制；但在承接工程项目设计时，须满足本标准中与该工程项目对应的设计类型对专业及人员配置的要求。

（2）工程设计行业资质

A. 甲级，承担本行业建设工程项目主体工程及其配套工程的设计业务，其规模不受限制。

B. 乙级，承担本行业中、小型建设工程项目的主体工程及其配套工程的设计业务。

C. 丙级，承担本行业小型建设项目的工程设计业务。

（3）工程设计专业资质

A. 甲级，承担本专业建设工程项目主体工程及其配套工程的设计业务，其规模不受限制。

B. 乙级，承担本专业中、小型建设工程项目的主体工程及其配套工程的设计业务。

C. 丙级，承担本专业小型建设项目的设计业务。

D. 丁级，承担符合一定建筑面积、建筑高度、建筑结构等技术指标以下要求的建筑工程设计。

各个层级的建设管理部门参照工程勘察，对工程设计企业资质进行审批，并对企业的经营行为和人员进行监督和管理。

（五）工程监理资质

工程监理是指具有相关资质的监理单位受业主的委托，依据国家批准的工程项目建设文件、有关工程建设的法律、法规和工程建设监理合同及其他工程建设合同，代表业主对工程建设实施监控的一种专业服务活动。

工程监理资质分别是综合资质、甲级资质、乙级资质、丙级资质和事务所资质，从事的业务范围从大到小逐级递减。

随着城乡开发投资主体的日益多元化，工程监理提供的专业服务内容也随之拓展，从单纯的工程监理向全过程项目管理或咨询领域延伸，可弥补业主在设计、施工、信息化等方面的薄弱环节。

各个层级的建设管理部门参照工程勘察等，对工程监理企业资质进行审批，并对企业的经营行为和人员进行监督和管理。

（六）房地产开发企业资质

房地产开发企业是指按照城市房地产管理法的规定，以营利为目的，从事房地产开发和经营的企业。房地产开发企业资质按照企业条件分为一、二、三、四等，共四个资质等级。

建设管理部门依法对不同资质等级的房地产开发企业实施管理。

（七）工程造价咨询企业资质

工程造价咨询是指面向社会（含业主、政府、个人、法院、单位等）接受委托，承担建设项目的全过程、全覆盖、动态的造价管理，或某一部分项目的造价咨询，包括可行性研究、投资估算、项目经济评价、工程概算、预算、工程结算、工程竣工结算、工程招标标底、投标报价的编制和审核、对工程造价进行监控以及提供有关工程造价信息资料等业务。

工程造价咨询企业资质分为甲级资质和乙级资质两种，其中甲级工程造价咨询企业资质由住房和城乡建设部审批；乙级工程造价咨询企业资质由省、自治区、直辖市人民政府建设行政主管部门审批，报住房和城乡建设部备案。

各个层级的建设管理部门参照设计和监理，对工程造价咨询企业的经营行为和人员进行监督管理。

（八）建设工程质量检测机构资质

建设工程质量检测，是指工程质量检测机构接受委托，依据国家有关法律、法规和工程建设强制性标准，对涉及结构安全项目的抽样检测和对进入施工现场的建筑材料、构配件的见证取样检测。

检测机构资质按照其承担的检测业务内容分为专项检测机构资质和见证取样检测机构资质。省、自治区、直辖市建设主管部门受理新设立检测机构的资质申请，审批并作出书面决定。对符合资质标准的，颁发《检测机构资质证书》，并报国务院建设主管部门备案。检测机构的监督检查，由相关行政区域的政府建设主管部门负责。

二、人员执业资格管理

执业资格是政府对某些责任较大、社会通用性强、关系公共利益的专业技术工作实行的准入控制，是专业技术人员依法独立开业或独立从事某种专业技术工作学识、技术和能力的必备标准。

各个层级的建设管理部门依法对工程建设领域的人员执业资格进行管理，包括：人员初始注册、延续注册、变更注册，违法违规人员处罚，继续教育培训等内容。

（一）建筑师执业资格

注册建筑师，是指经考试、特许、考核认定取得中华人民共和国注册建筑师执业资格证书，或者经资格互认方式取得建筑师互认资格证书，并注册取得中华人民共和国注册建筑师注册证书和中华人民共和国注册建筑师执业印章，从事建筑设计及相关业务活动的专业技术人员。

注册建筑师分一级注册建筑师和二级注册建筑师。注册建筑师须为其负责的建筑工程项目的设计文件承担相应的责任。

2014 年 10 月 23 日，国务院下令取消了注册建筑师的行政审批，由全国注册建筑师管理委员会负责其具体工作。

（二）房地产估价师执业资格

房地产估价师是指经全国统一考试，取得房地产估价师执业资格证书，并

注册登记后从事房地产估价活动的人员。

房地产估价师初始注册的行政许可部门是住房和城乡建设部。房地产估价师执业活动的管理归执业所在地的省、自治区、直辖市人民政府建设（房地产）主管部门。

（三）建造师执业资格

注册建造师是指从事建设工程项目总承包和施工管理关键岗位的执业注册人员，注册建造师是建筑施工企业项目经理岗位的必要条件。

注册建造师分一级注册建造师和二级注册建造师。一级建造师设置 10 个专业：建筑工程、公路工程、铁路工程、民航机场工程、港口与航道工程、水利水电工程、市政公用工程、通信与广电工程、矿业工程、机电工程。

二级建造师设置 6 个专业：建筑工程、公路工程、水利水电工程、矿业工程、市政公用工程、机电工程。

一级建造师执业资格注册由住房和城乡建设部审批；二级建造师执业资格注册由省、自治区、直辖市建设行政主管部门审批。

（四）勘察设计工程师执业资格

勘察设计注册工程师，是指经考试取得中华人民共和国注册工程师资格证书，并按照《勘察设计注册工程师管理规定》注册，取得中华人民共和国注册工程师注册执业证书和执业印章，从事建设工程勘察、设计及有关业务活动的专业技术人员（表 9–3–3）。

一级注册结构工程师、注册土木工程师（岩土）、注册公用设备工程师、注册电气工程师和注册化工工程师等勘察设计注册工程师执业资格注册由住房和城乡建设部审批；二级注册结构工程师执业资格注册由省、自治区、直辖市住房和城乡建设主管部门审批。县级以上地方人民政府建设管理部门对本行政

勘察设计注册工程师分类　　表 9–3–3

<table>
<tr><td rowspan="7">注册土木工程师</td><td colspan="2">注册土木工程师（岩土）</td></tr>
<tr><td colspan="2">注册土木工程师（港口与航道）</td></tr>
<tr><td rowspan="5">水利水电工程</td><td>水利水电工程规划</td></tr>
<tr><td>水工结构</td></tr>
<tr><td>水利水电工程地质</td></tr>
<tr><td>水利水电工程移民</td></tr>
<tr><td>水利水电工程水土保持</td></tr>
<tr><td rowspan="2">注册电气工程师</td><td colspan="2">注册电气工程师（发输变电）</td></tr>
<tr><td colspan="2">注册电气工程师（供配电）</td></tr>
<tr><td rowspan="3">注册公用设备
工程师</td><td colspan="2">注册公用设备工程师（暖通空调）</td></tr>
<tr><td colspan="2">注册公用设备工程师（给水排水）</td></tr>
<tr><td colspan="2">注册公用设备工程师（动力）</td></tr>
<tr><td rowspan="2">注册结构工程师</td><td colspan="2">一级注册结构工程师</td></tr>
<tr><td colspan="2">二级注册结构工程师</td></tr>
<tr><td colspan="3">注册环保工程师</td></tr>
<tr><td colspan="3">注册化工工程师</td></tr>
</table>

区域内的注册工程师的注册、执业活动实施监督管理。

水利水电、港口和环保等注册工程师执业资格注册由相应的工程建设主管部门审批。

（五）监理工程师执业资格

监理工程师是指经考试取得中华人民共和国监理工程师资格证书，并按照规定注册，取得中华人民共和国监理工程师注册执业证书和执业印章，从事工程监理及相关业务活动的专业技术人员。

监理工程师是承担单项工程建设项目总监理工程师的必要条件。

监理工程师执业资格注册由住房和城乡建设部审批。

（六）造价工程师执业资格

造价工程师是通过全国造价工程师执业资格统一考试或者资格认定、资格互认，取得中华人民共和国造价工程师执业资格，并按照规定注册，取得中华人民共和国造价工程师注册执业证书和执业印章，从事工程造价活动的专业技术人员。

造价工程师是指在工程建设各个环节和阶段涉及工程造价领域的计价、评估、审核、控制、审计等承担相关工作的专业技术人员，是实现工程建设项目造价控制目标的关键岗位。

造价工程师执业资格注册由住房和城乡建设部审批。

三、建筑行业市场管理

（一）招标投标管理

根据《中华人民共和国招标投标法》，原则上，涉及公共利益的，使用国有资金的城乡开发相关的工程建设之中的勘察、设计、施工、监理以及与工程建设有关的重要设备、材料等的采购，必须进行招标。不同地方根据当地实际，制定具体的招标投标的管理细则。招标投标管理涉及以下方面：

（1）政府招标投标平台的管理，即建设行政主管部门设立本行政区域内的公开招标投标的统一网上平台，负责信息发布、网上报名、材料申报、信息公示、申诉投诉等功能。

（2）建设行政主管部门对“勘察、设计、施工、监理以及与工程建设有关的重要设备、材料等的采购”的公开招标是否必须纳入政府招标投标平台统一管理的裁定，对违反招标投标管理法规的招标投标行为的行政处罚。

（3）建设行政主管部门对建设单位申报的公开招标项目的招标投标行为全过程的监管，包括招标文件审核、信息发布、资格预审、集中开标、投标文件初审、投标文件保管、组织专家评审、结果公示、投诉申斥处置、中标通知书发放、中标合同备案等。

（4）对于符合招标投标法规，可免于招标或在非政府平台招标的招标投标行为的管理。

（5）本行政区域内，相关招标代理机构和人员的日常管理和服务。

（二）工程质量检测

建设工程项目的施工过程中，施工单位必须对施工使用的建筑材料、建筑构件配件（简称“构配件”）、设备等，委托建设行政主管部门审批设立的第三方工程质量检测机构进行检测。工程质量检测机构依据国家有关法律、法规和工程建设强制性标准，对涉及结构安全的项目进行抽样检测和对进入施工现场的建筑材料、构配件进行见证取样检测。

工程质量检测机构对工程质量负责，其检测结果受建设行政主管部门的检查，是工程竣工验收和结算的依据，其工作受建设行政主管部门的监督、检查和处罚。

部分行政区法规规定或建设单位要求，监理单位应对施工单位委托检测的相关材料等同步取样或抽样，自身或再委托第二家检测机构进行平行检测。平行检验是监理单位在施工阶段质量控制的重要工作之一，也是工程质量预验收和工程竣工验收的重要依据之一。

（三）质量、安全、文明工地管理

质量、安全、文明工地管理是建设行政主管部门统一针对建筑施工现场的建设管理。开工前，建设单位应向建设行政主管部门进行质量安全报监。

在建设施工现场，施工总承包单位是质量、安全、文明工地管理的第一责任主体，其不能因任何主观或客观条件的缺失而免除相应的责任。施工监理单位必须承担监督施工总承包单位切实履行质量、安全、文明工地管理的责任，帮助施工总承包单位提高和改善质量、安全、文明工地管理的水平，督促施工总承包单位纠正上述相关管理存在的问题和隐患。

在上述工作基础之上，建设行政主管部门通过建设工程项目安全质量报监、检查巡查暗访、文明工地评比、事故责任追究、行政处罚等方式方法实现对质量、安全、文明工地的行政管理。

（四）城市应急抢险

建设行政主管部门一般会内设城市应急抢险机构，承担城市应急抢险的具体工作。建设行政主管部门下设的应急抢险机构的职责是在城市应急管理办公室的统一指挥下，具体指挥和调度涉及城市基础设施、建筑及构筑物、在建工程项目、重大自然灾害等的应急抢险工作。

四、建设管理相关行政审批

（一）初步设计审批

建设工程项目设计工作分三个主要阶段，即方案设计、初步设计（扩大初步设计）、施工图设计。现行的行政审批基本围绕三个设计阶段作相应的设置。方案设计由城市规划行政主管部门牵头相关职能部门负责审批，初步设计和施工图审查由建设行政主管部门牵头相关职能部门负责审批。

原则上，建设行政主管部门负责建设工程项目的初步设计文件的审查工作。少部分行政区域，发展改革行政主管部门负责初步设计文件的审查工作。

建设行政主管部门在规划行政主管部门对设计方案批复的基础上，根据建设单位上报的初步设计文件，牵头组织征询交通、绿化、环保、消防、卫生、水务、项目周边基础设施等单位的意见，并组织规划、建筑、结构、机电、施工、经济等各方面专家召开评审会。在上述工作的基础上，结合法律法规和具体的项目实际情况，就项目的建设规模、技术要求、功能设置、项目概算等给出具体的、定性量化的批复意见。

部分行政区域，如上海，根据项目分类设置初步设计文件或总体设计文件两种不同的审批模式。城乡开发涉及的房地产项目原则上采用总体设计文件审批方式，其省略了专家评审流程和部分专项审图环节；但总体设计文件的深度要求更高。

（二）施工图审查

施工图设计文件审查，简称"施工图审查"，是指建设行政主管部门认定的施工图审查机构按照有关法律、法规，对施工图涉及公共利益、公众安全和工程建设强制性标准的内容进行的审查。建设行政主管部门或下设的审查机构负责组织本行政区域内的施工图审查工作的具体实施和监督管理工作，施工图审查的具体工作由具备施工图审查资质的专业机构承担。

审查合格的项目，审查机构向建设行政主管部门提交项目施工图审查报告，由建设行政主管部门颁发《施工图审查批准书》。

《施工图审查批准书》是建设单位向城市规划行政主管部门申请《建设工程规划许可证》的前置条件。

凡需进行消防、环保、抗震、民防等专项施工图审查的建设工程项目，根据各个行政区域内具体规定，统一报建设行政主管部门或分别报专业主管部门进行施工图审查。

（三）施工许可证审批

建筑工程施工许可证是建设工程项目合法开工建设必备的政府批准文件，是建筑施工企业符合各种施工条件、允许施工的前置条件，是建设单位进行工程施工的法律凭证，也是不动产权属登记的主要依据之一。现行法规规定，工程投资额在 30 万元以下或者建筑面积在 300 平方米以下的建设工程可以不申请办理施工许可证。

在申请颁发施工许可证前，建设单位负责或委托监理单位组织对施工总包和分包单位、必要的第三方检测监测单位、施工现场确保安全生产和质量合格的硬件设施和人员配备等进行审查，审查结果报送（质量安全报监）项目当地建设行政主管部门。

建设行政主管部门依据建设单位申请施工许可证的文件材料的审核情况和现场勘察实际，对符合条件的申请颁发施工许可证。如建设单位需要或客观情况发生变化，建设单位可向建设行政主管部门申请变更施工许可证。

（四）工程建设项目专项评审

建设行政主管部门是行政管理部门，工程建设的具体管理工作涉及专业分布广，技术要求高，政府行政管理人员不可能在专业角度承担如此重要的管理职责。为此，建设行政主管部门下设工程建设项目评审机构（平台），通过组织各个领域的专家召开评审会的方式，对项目建设过程中涉及的各个专项进行审核。

在前文提到的初步设计评审之外，针对项目涉及的难点特点，应主管部门强制要求，或建设单位申请，评审机构组织专项评审会并出具评审意见作为决策审批依据，评审会重点集中在深基坑，超高层建筑，大型建筑结构设计，抗震，内外幕墙，消防，历史建筑修缮，项目周边涉及轨道交通、铁路、桥梁、隧道、地下管廊、重要建筑等施工保护，特殊施工工艺等各个专项。

五、房地产行业市场管理

（一）不动产（商品房）竣工验收

不动产（商品房）竣工验收在工程竣工验收之外，还包括其他政府行政主管（审批）机构的专项验收，如规划、绿化、环卫、消防、防雷、民防、交通、环保、水务、电梯、智能建筑、工程档案等。

不动产（商品房）的工程竣工验收程序与其他建设工程项一样，由建设单位组织设计、勘察、施工、监理等相关单位开展具体的工程竣工验收工作。建设单位应在工程竣工验收且经工程质量监督机构监督检查符合规定后15个工作日内到备案机关办理工程竣工验收备案。

建设行政主管部门的建筑行业监督机构负责到现场对工程竣工验收的组织形式、验收程序、执行验收标准等情况进行现场监督，督查结果以书面报告的形式报上级部门备案。

其他竣工验收，由建设单位负责向有关政府行政主管（审批）部门或授权检测机构申请。

（二）商品房销售管理

建设行政主管部门或单独设立的房地产行政主管部门负责商品房销售的管理工作。

商品房销售包括商品房现售和商品房预售。商品房现售，是指房地产开发企业将竣工验收合格的商品房出售给买受人。商品房预售，是指房地产开发企业将正在建设中的商品房预先出售给买受人。

根据法律规定，商品房预售实行预售许可制度。由建设行政主管部门或房地产行政主管部门，根据房地产开发企业的申请，审核颁发《商品房预售许可证》，作为其预售商品房的批准文件。

商品房现售前，房地产开发企业应将房地产开发项目符合商品房现售条件的有关证明文件报送房地产开发主管部门备案。

六、城市建设项目管理

（一）建设工程项目代甲方

部分城市基础设施项目或公益性项目，由于种种原因，在工程建设期发生项目建设主体缺位的情况，建设行政主管部门可履行建设工程项目代甲方的职责，具体的项目管理工作由指定下属机构或设立项目管理机构承担。项目建成后转交运营维护单位。

（二）重大建设项目的协调推进

针对在行政区域内对城市或经济有重大贡献的建设工程项目，地方政府普遍会设立地方政府行政首长牵头的重大项目推进机构，统筹协调各个部门，集中调动各方资源，促进项目早日建成产生效益。普遍情况下，重大项目推进机构的工作办公室设在建设行政主管部门内，承担具体的日常工作。

第四节 城乡开发主体的项目管理

一、开发主体项目管理的范畴

城乡开发主体的建设管理行为广义上可理解为聚焦开发项目本身工程建设相关行为的，从项目立项直至竣工交付的全过程项目管理；狭义概念则是开发项目工程建设直接相关的管理行为，重点是施工现场管理和相关配套手续。在一定意义上，后者"项目管理"，是前者的重要组成部分，有必要将城乡开发主体的项目管理纳入城乡开发建设管理的内容之中。

二、项目管理机构设置

项目管理机构是指在城乡开发主体（开发企业）为确保某一开发项目实现既定目标，在原有项目开发管理体系之下，设立一个相对独立、封闭运行，授予一定限度经济、人事、专业、事务决策权的项目管理责任单位。

城乡开发项目与普通工程项目的本质差别是与政府意志实现的关联性的强弱，例如前者的开工和建成两个最重要节点上，受政府的影响更大。因此，在项目管理机构的设置问题上，需要做好与政府的沟通与协调工作，保留与政府负责城乡开发机构日常联络的工作接口，在开发过程中保持与其的紧密联络沟通，更要充分利用好政府给予的支持和便利。

项目管理机构可以是独立法人的项目公司，也可是城乡开发企业内部的项目部。

图 9-4-1 是项目管理机构的典型模型。

城乡开发企业在设立项目公司（项目部）时考虑的核心问题是两者之间的责权分配，集中体现在九个方面的最终效果上，分别是高层决策的响应、开发资金的使用、人力资源的配置、开发项目的设计、各种风险的防控、业务流程

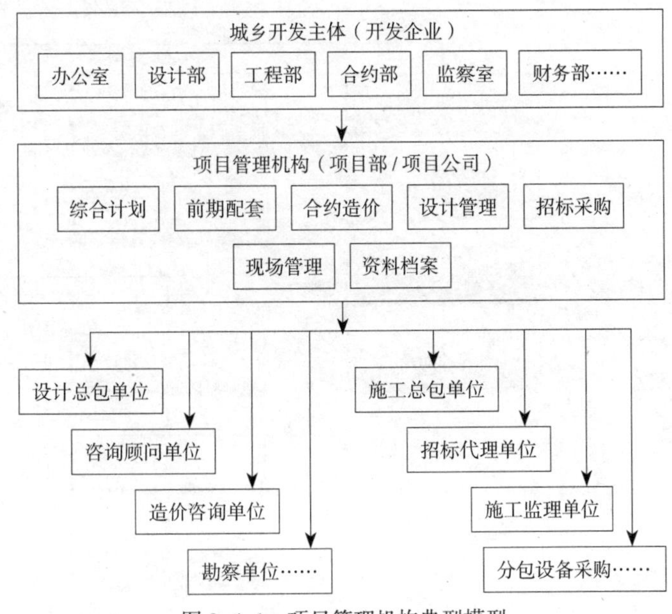

图 9-4-1 项目管理机构典型模型

的把控、指令措施的落地、科学规范的操作、工作绩效的考核。

虽然管理的目标和内容相近，但不同的企业文化和管理理念，体现在开发企业和一线项目公司（项目部）的责权分配是千差万别的。从外部观察，简单的外部表象就是企业将哪个层级的管理人员放在项目公司（项目部）担任负责人，负责人拥有的最终决策权力的边界范围，各类职能组合的管理模块，如设计、合约、采购、招标、前期、奖惩等，是放在上级企业还是放在项目公司（项目部）。

三、项目管理工作流程概述

项目管理工作流程是将项目管理涉及的众多分项工作系统化整合，实现项目全过程动态化的管理目标。依据项目管理的总目标和客观现实，需要将项目全过程分解为各个分项工作，形成可操作、可监控、可考核的工作流程。

项目管理工作流程设置使项目管理责任人应对客观现实，发挥主观能动性，可充分体现其意志、经验和能力。

项目管理工作流程可分为前期报批、规划设计、进度控制、质量安全、合约招标、竣工验收等业务板块，各个业务板块之间可根据人力资源配置和风险防控的原则，灵活组合编排，如可将前期报批和规划设计整合为一体，可将合约管理和招标采购分开设置。

每一项分类流程以可以结合项目推进情况再进一步细化为下一层级的子工作流程。

图 9–4–2、图 9–4–3 是某一城乡开发项目在前期阶段，针对开发区域内

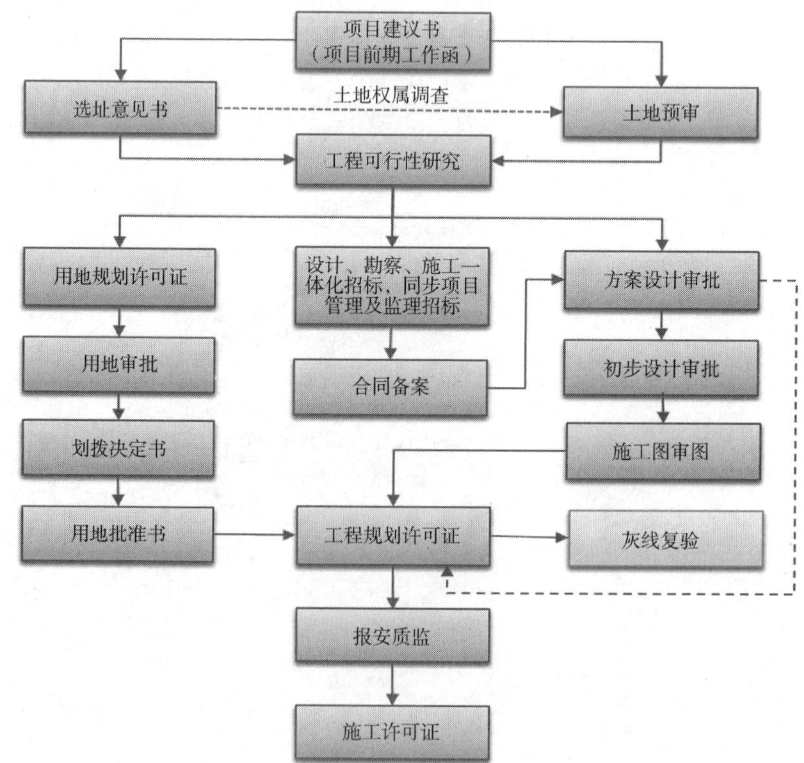

图 9–4–2　发改委审批类项目的前期报批流程

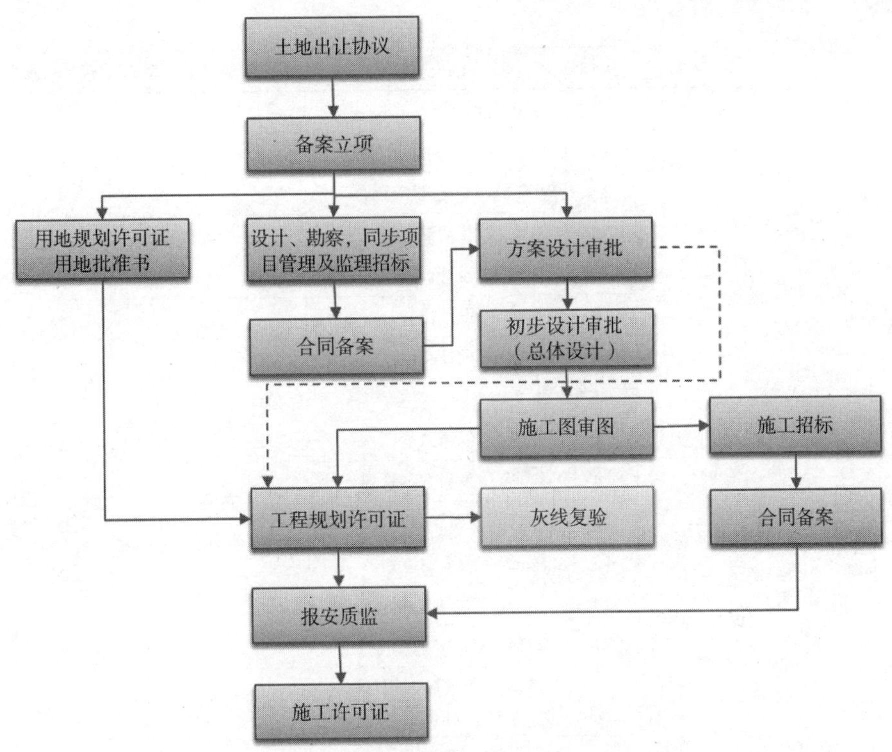

图 9-4-3　发改委备案类项目的前期报批流程

的两大类项目编制的有针对性的项目前期报批的工作流程，图 9-4-2 是需在地方发改委审批的地方建设财力或土地专项资金项目，图 9-4-3 是需在地方发改委备案的经营性开发项目。

四、项目管理工作职责分解

项目管理经过工作流程的梳理和细化，形成一系列目标明确的单一项的事务性工作，各个事务性工作之间的相互关系也比较直观清晰。项目管理的下一步工作就是落实各个事务性工作的负责部门和协同部门，将责任落实到具体岗位、具体经办人。

《某项目管理工作职责分解示例》（表 9-4-1）是将项目管理工作按照项

某项目管理工作职责分解示例　　表 9-4-1

（R-Responsibility——负责；J-Join——协同；C-Confirm——批准）

阶段	序号	工作内容	综合计划	设计管理	造价采购	工程管理	前期策划
项目管理策划	1.1	确定管理模式	R	J	J	J	J
	1.2	确定承发包模式 / 合同结构	C	J	R	J	J
	1.3	编制项目管理手册	R	J	J	J	J
	1.4	WBS（工作结构分解）	R	J	J	J	J
	1.5	制定管理制度	R	J	J	J	J
	1.6	项目全过程的档案管理	C	J	J	J	R
	1.7	项目总体计划	C	J	J	J	J

续表

阶段	序号	工作内容	综合计划	设计管理	造价采购	工程管理	前期策划
前期阶段	2.1	相关前期审批、配套手续	C	J	J	/	R
	2.2	现场及周边勘察	C	R	J	J	J
	2.3	现场临水、临电等“七通一平”	C	J	J	J	R
设计阶段	3.1	设计协调推进	C	R	J	J	J
	3.2	设计合同	C	J	R	/	J
	3.3	设计优化	C	R	J	J	J
	3.4	设计交底	C	R	J	J	J
	3.5	设计变更	C	R	J	J	J
	3.6	设计风险	C	R	J	J	J
合约采购阶段	4.1	合约采购方案策划	C	J	R	J	J
	4.2	合同类型、合同文本	C	J	R	J	J
	4.3	合约采购计划	C	J	R	J	J
	4.4	按计划合约招标	C	J	R	J	J
施工准备阶段	5.1	勘察、降水、监测等工作	C	J	J	R	J
	5.2	施工配套临时用房（大临设施）	C	J	J	R	J
	5.3	监管等相关手续	C	J	J	R	J
	5.4	开工仪式、考查等业主需求	C	J	J	R	J
施工阶段	6.1	投资控制					
	6.1.1	资金计划	C	J	R	J	J
	6.1.2	工程成本分析	C	J	R	J	J
	6.1.3	审核承包商预算	C	J	R	J	J
	6.1.4	编制已完工程报表	C	J	R	J	J
	6.1.5	费用索赔及签证管理	C	J	R	J	J
	6.1.6	定额中未包括的费用确定	C	J	R	J	J
	6.1.7	支付审核	C	J	R	J	J
	6.1.8	资金支付	C	J	R	J	J
	6.1.9	工程变更与洽商	C	J	R	J	J
	6.1.10	工程结算	C	J	R	J	J
	6.2	进度控制					
	6.2.1	开工报告	C	J	J	J	R
	6.2.2	项目总控进度计划	C	J	J	R	J
	6.2.3	施工进度计划（CPM 技术）	C	J	J	R	J
	6.2.4	进度动态跟踪	C	J	J	R	J
	6.2.5	进度计划的调整	C	J	J	R	J
	6.2.6	各单位进度的协调	C	J	J	J	R
	6.2.7	工期索赔管理	C	J	J	R	J
	6.3	质量控制					
	6.3.1	建立质量管理体系	C	J	J	R	J

续表

阶段	序号	工作内容	综合计划	设计管理	造价采购	工程管理	前期策划
施工阶段	6.3.2	制定质量工作程序	C	J	J	R	J
	6.3.3	施工、材料质量监督	C	J	J	R	J
	6.3.4	审核施工组织设计	C	J	J	R	J
	6.3.5	施工检查	C	J	J	R	J
	6.3.6	组织工程验收	R	J	J	J	J
	6.3.7	重大质量事故的处理	R	J	J	J	J
	6.3.8	承包商管理体系的建立	C	J	J	R	J
	6.3.9	承包商相关制度建立与履行	C	J	J	R	J
	6.3.10	各项防范措施的实施	C	J	J	R	J
	6.3.11	参与重大安全事故的处理	R	J	J	J	J
	6.4	合同管理					
	6.4.1	合同纠纷的解决	C	J	R	J	J
	6.4.2	指定分包合同的协调	C	J	J	R	J
	6.4.3	总承包商分包的采购审批	C	J	J	R	J
	6.5	风险管理					
	6.5.1	风险管理规划	R	J	J	J	J
	6.5.2	风险源识别与评估	C	J	J	R	J
	6.5.3	风险控制措施	C	J	J	R	J
	6.6	信息管理	C	J	J	J	R
运营维护阶段	7.1	组织竣工验收和试运行	R	J	J	J	J
	7.2	项目相关资料的整理	R	J	J	J	J
	7.3	协助建立物业管理体系	C	J	J	R	J
	7.4	参与维修管理	C	J	J	R	J
	7.5	编制项目实施报告	R	J	J	J	J
	7.6	项目全面评估	R	J	J	J	J

目的推进时序进行编排，将各个阶段的主要工作明确负责部门和协同部门。

在编排工作职责分工时，注意的重要原则是，任何一项工作必须有部门负责，负责部门必须是唯一的。

项目管理，各个分项工作复杂且相互交叉，很多事务如果不能通过职责分解预先安排好履行职责的部门，理顺部门和人员之间的衔接次序，而是通过项目负责人的临时指派推进工作，最终结果必然是工作效率无从保障，各部门间的协作配合也无从谈起。

五、项目管理工作板块简介

（一）项目策划

在项目正式立项前，开发企业组织专业市场公司和设计公司对开发项目进行综合评估和模拟设计，就项目的功能定位、市场定位、产业定位、业态构成进行研究，预测项目的经济效益，为下一步企业决策提供依据，并为项目正式启动提供可参考的操作路径。

（二）前期配套

项目前期的核心工作是行政报审报批工作。经营类项目的前期工作始于参与土地招拍挂工作，非经营类项目始于发改委立项审批工作。前期工作配合项目设计工作的深化推进，需要先后报审办理《建设用地规划许可证》《建设工程规划许可证》《建筑工程施工许可证》《国有土地使用证》和《商品房预售许可证》共五个许可证，以及配合五证办理相关的各类政府批复文件，涉及国土、规划、建设、交通、消防、环保、绿化、市容、卫生、民防、抗震、房产、防雷、水务、海事等政府机构。

在政府行政审批之外，在项目开工前需要向水务和电力申请施工配套临水和临电。在商品房正式销售或预售交付之前，需要向给水、排水、电力、燃气、电信、热力、路政等市政公用设施企业申请市政配套管线的接入。

最后，前期工作还包括竣工专项验收、办理不动产证、向地名办申请地名等。

（三）设计管理

设计管理工作是承接项目前期策划的成果，管理对象是设计院的设计团队中以主创建筑师为首的核心人员，是实现项目设计目标的过程管理。做好设计管理工作的核心是通过建立一个沟通、交流与协作的管理平台，帮助设计单位解决设计各个阶段之中产生的问题和困惑，实现开发项目在艺术、经济、进度、技术和综合效益之间的平衡。

设计管理主要工作包括：

(1) 在限定的投资框架内实现项目的最高品质要求。

(2) 平衡好项目各个分部分项（如内部装饰、外幕墙、景观、各个机电系统等）的投资比例。

(3) 充分调动和启发建筑师的创作积极性。

(4) 组织协调好各个专业顾问（机电、结构、消防、幕墙、景观等）与设计院的工作关系。

(5) 控制好设计院各个阶段的出图节奏。

(6) 配合前期工作做好设计成果的修改和完善。

(7) 严格审核各个阶段设计成果的质量，特别是施工图的质量。

(8) 配合招标采购，做好施工招标和设备材料的选型定型工作。

(9) 与工程管理和合约造价配合，高效从严审核设计变更，保证现场施工进度。

(10) 督促各方，特别是设计院及时更迭图纸版本。

(11) 竣工后督促各方尽快完成项目竣工图。

（四）招标采购

招标是采购的方式之一，是建设工程中大额合同采购普遍采用的方式。开发企业的项目公司或项目部通常将招标采购的具体工作委托招标代理机构承担。

项目公司或项目部下设招标采购部门与招标代理进行工作对接，管理招标采购工作，指导和监督招标代理机构完成招标采购工作，具体做好以下工作：

(1) 结合项目的具体实际，与招标代理机构共同完成项目的招标采购规划，拟定招标采购清单，设定各个单项的招标采购方式。

(2) 与项目公司或项目部其他部门沟通，梳理招标采购各个单项的具体需求，核定招标门槛和标底。

(3) 牵头项目公司或项目部内各个相关部门审核招标文件，监督招标代理完成招标采购工作，直至合同签订和备案。

(4) 积极应对招标采购中产生的各种问题，特别是投标企业的投诉和政府相关部门的问询。

(5) 配合设计、合约、工程部门做好中标企业的合同履行工作。

(6) 对已在合同中明确委托设计总包单位或施工总包单位二次招标或采购的，协同设计和工程部门做好必要的招标和监督工作。

(五) 造价合约

造价和合约是两项不同的工作，但项目上通常设在一个部门内统一工作。

造价管理是工程建设总投资金额和各个分项投资金额的控制和管理，具体工作通过建设过程中对每一个最小计价单各子项的造价控制，以及各个分部分项工程之间的投资平衡使用来实现。

合约管理是指建设工程合同管理及合同管理衍生出的工程款支付、索赔、审计等工作。

造价管理以招标投标形成的合同为基础，合约管理的目标是支撑造价管理实现项目投资控制。

做好合约造价管理工作，除专业能力和项目经验为基础之外，需要注意以下事项：

(1) 积极主动配合招标部门做好招标工作，加强对招标文件之中商务部分的审核。

(2) 做好招标投标文件和合同资料的保管工作，工程资料不能遗失或被不法企图所利用。

(3) 造价合约管理的过程是各方之间的协调沟通和妥协，书面记录是管理成效的固化。

(4) 科学合理的造价控制必须依靠设计和工程管理部门的协助。

(六) 现场管理

作为开发企业的现场管理不是直接参与施工现场的具体管理工作，不能无限延伸到现场的各个作业面和各个作业人员。在开发企业切实履行好各项审批手续的前提下，施工现场管理的责任主体是施工总包单位，需要对工程的质量和安全生产负全责。监理单位的职责是监控施工总包单位做好现场管理。

因此开发企业的项目公司做好现场管理工作需要着力在以下主要内容：

(1) 确保施工相关必要手续的齐备，督促监理做好对施工总包单位必要手续的审察。

(2) 组织好现场的巡视检查工作，特别是不定时的突击检查和联合大检查。

（3）协助监理组织好各种现场会议，重点是每日开工前的晨会和每周工程例会。

（4）加强对施工总包单位和监理单位关键岗位人员的出勤考核，特别是施工单位的项目经理和项目总工，监理单位的项目总监或总监代表，施工和监理的质量员和安全员。

（5）对现场存在的问题落实相应处置机制和处罚制度。

（6）建立灵敏畅达的现场紧急情况上报机制。

（7）建立现场相关各单位的工作日志和定期简报制度。

（七）档案资料

工程档案资料是工程项目建设过程中形成的图纸文本、招标文件、投标文件、合同文件、行政批文、许可证书、内部批件、会议纪要、承诺信函、往来公函、计量凭证、支付凭证、保函发票、竣工资料、保修文件、使用说明等各种纸制和电子版本的总和。

在建设期间，档案资料必要严格专人保管，严格遵守借阅使用相关制度，严格按照档案资料移交的要求留足备份。

项目结束后，档案资料分三个方向进行移交。

项目档案资料需移交开发企业档案管理部门，项目公司或项目部需配合其甄别整理后收纳入企业档案室。

工程档案资料按照《建设工程文件归档规范》GB/T 50328—2014 的要求编辑整理后送交地方城建档案管理部门。

项目运营的档案资料，移交相关物业管理单位。

第五节　政府建设管理职能的改革方向

一、背景

中国的建筑行业以及紧密相关的房地产业，是 21 世纪最初 20 年经济总量最大的行业。为确保行业健康有序地发展，政府投放了大量的政府资源，设计了最严格也是最繁复的审批监管程序。经过几十年的实践，繁复冗长的行政审批和事无巨细的监管审查，一定程度上损害了建筑市场的运行效率，降低了建筑市场主体的责任意识和法律意识，而且部分监管目标也没有真正实现。

因此，在国家深化政府职能转变，深化“放管服”改革的大背景下，政府建设管理职能的改革方向也逐渐清晰。

在政府职能上，建设管理从目前的“事先行政审批为重”，向“事先承诺事中监管为重”的方向转变。在“放管服”方面，“放”，中央政府下放行政权，减少没有法律依据和法律授权的行政权；理清多个部门重复管理的行政权。“管”，政府部门要创新和加强监管职能，利用新技术新体制加强监管体制创新。“服”，转变政府职能，减少政府对市场进行干预，将市场的事推向市场来决定，减少对市场主体过多的行政审批等行为，降低市场主体的市场运行的行政成本，促进市场主体的活力和创新能力。

在“十三五”期间，国家针对建设管理的改革先后出台了《住房城乡建设部关于推进建筑业发展和改革的若干意见》（建市〔2014〕92 号）、《住房城乡建设部关于进一步推进工程总承包发展的若干意见》（建市〔2016〕93 号）、《国务院办公厅关于促进建筑业持续健康发展的意见》（国办发〔2017〕19 号）等重要文件，为未来建设管理的改革方向提供了指南。

二、调整优化招标投标制度

2017 年 12 月 28 日新修订的《中华人民共和国招标投标法》实施，与其配套的《中华人民共和国招标投标法实施条例》已在修订之中。

招标投标制度的改革方向是缩减法定政府监管的招标范围，赋予建设单位（招标主体）更大的自主权。

预计根据工程项目建设资金的渠道，除政府财力或国有建设资金外，大部分工程项目的建设单位自主组织招标投标，甚至直接委托发包。在具体招标投标过程中，建设单位在选择招标代理、设定投标门槛、选择招标时机、核定标底、编制招标文件等方面拥有更大的自主权，甚至可能进一步自主在多家推荐单位之中确定中标单位。

三、压减工程项目审批时间

建设管理行政审批主要是初步设计审批、施工图审查和施工许可证。按照现行的串联式审批方式和流程，项目审批时间长，前置条件多，建设单位的时间成本难以控制。

2018 年国务院政府工作报告明确提出："工程建设项目审批时间再压减一半"的改革目标。实现这一目标，需要对上述三个审批事项做出重大改革。目前，初步设计审批的内容和流程的改革已经在酝酿中，施工图审查环节的存废也在广泛讨论中。

四、推广工程总承包模式

工程总承包是国际通行的建设项目组织形式，是指从事工程总承包的企业对工程项目的设计、采购、施工等实行全过程的承包，并对工程的质量、安全、工期和造价等全面负责的承包方式。

大力推进工程总承包，有利于提升项目可行性研究和初步设计深度，实现设计、采购、施工等各阶段工作的深度融合，提高工程建设水平；有利于发挥工程总承包企业的技术和管理优势，促进企业做优做强，推动产业转型升级。

工程总承包一般采用"设计—采购—施工"总承包或者"设计—施工"总承包模式，建设单位也可以根据项目特点和实际需要，按照风险合理分担原则和承包工作内容采用其他工程总承包模式。

五、完善质量安全监管方式

现行制度下，设计成果的质量监管通过前期各个政府部门的行政审批和专项评审来实现，建设工程的质量和安全监管通过施工监理的旁站式监管和质监安监部门的检查来实现。

部分行政区域在探索实行“建筑师负责制”，通过将设计成果质量的主体责任全权赋予设计单位和建筑师的方式，来实现设计质量监管方式的改革。通过事后责任追究的方式，切实发挥设计单位和建筑师的责任意识，促进工程设计市场的竞争环境的优化，以实现设计质量稳步提高。

未来建设工程的质量和安全监管的高科技辅助手段将日益丰富，依靠大数据等技术支持的远程适时监管将逐步实现，现场检查式的监管频次将逐步减少，施工总承包单位履行质量安全主体责任的自觉性和危机感将进一步增强。

思考题：

1. 开发建设一般要进行的基本程序和相关职能部门？
2. 开发企业的开发建设管理要注意哪些关键点？
3. 思考并梳理审批程序和设计进度的串联关系？

参考文献：

[1] 中华人民共和国建筑法 [M]. 北京：中国法制出版社，2019.

[2] 中华人民共和国国务院．建设工程质量管理条例 [Z]. 北京：中华人民共和国国务院，2019.

第十章　房地产投融资

城乡开发的核心是城乡房地产开发。

房地产业与投融资的结合与生俱来，这是由房地产业与资本各自的特点和相互之间的关系所决定的。

一方面，房地产业依靠金融。房地产业是资本密集型行业，对资金需求量大、占用周期长且周转速度慢，需要规模化、制度化的资金融通渠道。房地产业在其生产和经营的各个环节都需要大规模资金的投入。

另一方面，房地产业本身实质就是一种投融资行为。房地产业的特性决定了它可以作为资本沉淀和保值增值的行业。房地产业作为国民经济的重要支柱产业，与人们的生产、生活息息相关且不可或缺，具有相对的安全性和保值增值功能，因此成为资本沉淀的行业。

综上，对我国的房地产业而言，金融能力建设应是其核心建设内容。

第一节 按照房地产开发阶段

一、土地储备贷款

（一）概念

土地储备贷款是银行向拟进行土地一级开发的借款人发放的用于土地前期开发、整理或土地收购的贷款，主要用于支付征地补偿费、安置补助费、地上附着物和青苗补偿费、土地出让金等。

《中国人民银行土地储备贷款管理办法》第二条规定，本办法所称土地储备贷款，是指银行向借款人发放的用于土地收购及土地前期开发、整理的贷款。

（二）分类

土地储备贷款分为土地储备短期贷款和土地储备中期贷款。

《中国农业银行城市土地储备贷款管理暂行办法》第七条规定："土地储备贷款分为土地储备短期贷款和土地储备中期贷款。土地储备短期贷款是指期限在1年以内（含1年）的贷款。短期贷款只适用于已确定受让方或虽未确定受让方，但出让前景明朗，在1年以内能完成开发并出让的国有存量土地或新增建设用地开发。中期贷款是指贷款期限在1年以上（不含1年）3年以下（含3年）的贷款。中期贷款的用途为开发周期在1年以上的国有存量土地或新增建设用地开发。确需超过3年的应报总行特批。"

（三）贷款对象

《中国人民银行土地储备贷款管理办法》第四条规定：土地储备贷款的借款人应当是省、市、县人民政府批准成立、隶属于国土资源管理部门、统一承担其行政辖区内土地储备工作的事业法人。借款人应当具备以下条件：

（1）经主管机关核准登记，具有事业法人资格，取得法人组织机构代码证，并办理年检手续。

（2）从事土地开发、出让等活动符合国家和地方有关法律法规和政策，有较为完善的工作规章制度。

（3）取得有审批权政府允许从事土地开发的批准文件。

（4）财务制度健全，还款资金来源已经落实，无不良信用记录。

（5）取得贷款卡并在银行开立基本存款账户或一般存款账户。

（6）银行规定的其他条件。

（四）贷款条件

《中国人民银行土地储备贷款管理办法》第五条规定，土地储备贷款应符合以下条件：

（1）所在地区经济发展稳定，财政状况良好，土地市场化程度较高，房地产市场环境良好，政府负债情况合理，土地存量适中，土地收购、整理、储备和出让等行为规范。

（2）土地储备机构举借的贷款规模，应当与年度土地储备计划、土地储备资金项目预算相衔接，并报经同级财政部门批准。

（3）贷款用于收购、整理和储备的土地应为可出让的商品住宅、商业设施等经营性用地；贷款项目涉及农用地的，应办妥合法的农用地转用手续和征地手续。

(4) 开发地块地理位置优越，具备开发建设条件，有较大增值潜力，具有良好的出让前景。

(5) 能够提供符合各个商业银行总行贷款担保制度规定的担保。

(6) 银行规定的其他条件。

(五) 贷款用途、年限、利率和方式

土地储备贷款仅限于城市规划区内土地一级开发，包括国有存量土地或新增城市建设用地开发。土地储备贷款利率按照中国人民银行的有关规定执行。

《中国人民银行土地储备贷款管理办法》第七条规定，土地储备贷款采取抵押方式的，应当有合法的土地使用证，贷款抵押率最高不得超过抵押物评估价值的70%，贷款期限原则上不得超过2年。土地储备贷款采取保证方式发放的，保证人应当符合《中华人民共和国担保法》规定的条件。银行不得接受国家机关作为贷款保证人，不得接受各类财政性资金为贷款提供的担保。

(六) 操作流程

土地储备贷款操作流程包括如下步骤：

借款申请、贷款调查、贷款审查、贷款审批、签订合同、办理登记、贷款发放、贷后管理等八个步骤。

(七) 相关管理政策

(1) 2007年《土地储备管理办法》

根据2007年“国土资源部、财政部、中国人民银行联合制定的《土地储备管理办法》”，该办法所称土地储备，是指市、县人民政府国土资源管理部门为实现调控土地市场、促进土地资源合理利用目标，依法取得土地，进行前期开发、储存以备供应土地的行为。

土地储备工作的具体实施，由土地储备机构承担。土地储备机构应为市、县人民政府批准成立、具有独立的法人资格、隶属于国土资源管理部门、统一承担本行政辖区内土地储备工作的事业单位。

《土地储备管理办法》规定，对纳入储备的土地，经市、县人民政府国土资源管理部门批准，土地储备机构有权对储备土地进行前期开发、保护、管理、临时利用及为储备土地、实施前期开发进行融资等活动。

(2) 2012年“关于加强土地储备与融资管理”通知

根据2012年《国土资源部、财政部、中国人民银行、中国银行业监督管理委员会关于加强土地储备与融资管理的通知》(以下简称《通知》)，土地储备机构确需融资的，应纳入地方政府性债务统一管理，执行地方政府性债务管理的统一政策。同级财政部门应会同国土资源主管部门、人民银行分支机构，根据年度土地储备计划，核定土地储备融资规模，经同级人民政府审核后，按财政管理级次逐级上报至省级财政部门。省级财政部门依据地方政府性债务管理法律法规和政策规定核准后，向土地储备机构核发年度融资规模控制卡，明确年度可融资规模并同时反映已发生的融资额度。土地储备机构向银行业金融机构申请融资时，除相关文件外，还应出示融资规模控制卡。银行业金融机构批准融资前，应对融资规模控制卡中的已有融资额度进行认真核对，拟批准的

融资额度与本年度已发生的融资额度（包括本年度贷款已在本年度归还部分）累计不得超过年度可融资规模，对本年融资额度已达到年度可融资规模的土地储备机构，不得批准新的项目融资。

列入名录的土地储备机构可以向银行业金融机构贷款。在国家产业政策指导下，银行业金融机构应按照相关法律法规及监管要求，遵循市场化原则，在风险可控的前提下，向列入名录的土地储备机构发放并管理土地储备贷款。银行业金融机构应按照有关部门关于土地储备贷款的相关规定，根据贷款人的信用状况、土地储备项目周期、资金回笼计划等因素合理确定贷款期限，贷款期限最长不超过五年。名录内土地储备机构所属的储备土地，具有合法的土地使用证，方可用于储备抵押贷款。贷款用途可不对应抵押土地相关补偿、前期开发等业务，但贷款使用必须符合规定的土地储备资金使用范围，不得用于城市建设以及其他与土地储备业务无关的项目。本《通知》下发前名录以外的机构（含融资平台公司）名下的储备土地，应严格按照《通知》的要求逐步规范管理。

土地储备融资资金应按照专款专用、封闭管理的原则严格监管。纳入储备的土地不得用于为土地储备机构以外的机构融资担保。土地储备机构将贷款挪作他用的，有关主管部门应依法依规予以严肃处理；银行业金融机构应及时采取贷款处置和资产保全措施，暂停对该土地储备机构发放新的贷款，并按照法律法规的规定和借款合同的约定追究该土地储备机构的违约责任。

（3）2016 年“关于规范土地储备和资金管理等相关问题”通知

根据 2016 年《财政部　国土资源部　中国人民银行银监会　关于规范土地储备和资金管理等相关问题的通知》（以下简称《通知》），土地储备机构新增土地储备项目所需资金，应当严格按照规定纳入政府性基金预算，从国有土地收益基金、土地出让收入和其他财政资金中统筹安排，不足部分在国家核定的债务限额内通过省级政府代发地方政府债券筹集资金解决。自 2016 年 1 月 1 日起，各地不得再向银行业金融机构举借土地储备贷款。地方政府应在核定的债务限额内，根据本地区土地储备相关政府性基金收入、地方政府性债务风险等因素，合理安排年度用于土地储备的债券发行规模和期限。

根据《中华人民共和国预算法》等法律法规规定，从 2016 年 1 月 1 日起，土地储备资金从以下渠道筹集：一是财政部门从已供应储备土地产生的土地出让收入中安排给土地储备机构的征地和拆迁补偿费用、土地开发费用等储备土地过程中发生的相关费用。二是财政部门从国有土地收益基金中安排用于土地储备的资金。三是发行地方政府债券筹集的土地储备资金。四是经财政部门批准可用于土地储备的其他资金。五是上述资金产生的利息收入。土地储备资金主要用于征收、收购、优先购买、收回土地以及储备土地供应前的前期开发等土地储备开支，不得用于土地储备机构日常经费开支。土地储备机构所需的日常经费，应当与土地储备资金实行分账核算，不得相互混用。

土地储备资金的使用范围包括：

①征收、收购、优先购买或收回土地需要支付的土地价款或征地和拆迁补偿费用。包括土地补偿费和安置补助费、地上附着物和青苗补偿费、拆迁补偿费，以及依法需要支付的与征收、收购、优先购买或收回土地有关的其他费用。

②征收、收购、优先购买或收回土地后进行必要的前期土地开发费用。储备土地的前期开发，仅限于与储备宗地相关的道路、供水、供电、供气、排水、通信、照明、绿化、土地平整等基础设施建设。各地不得借土地储备前期开发，搭车进行与储备宗地无关的上述相关基础设施建设。

③按照本《通知》规定需要偿还的土地储备存量贷款本金和利息支出。

④经同级财政部门批准的与土地储备有关的其他支出。包括土地储备工作中发生的地籍调查、土地登记、地价评估以及管护中围栏、围墙等建设等支出。

(4) 2017 年“关于坚决制止地方以政府购买服务名义违法违规融资”通知

根据 2017 年《关于坚决制止地方以政府购买服务名义违法违规融资的通知（财预〔2017〕87 号)》，严格按照《中华人民共和国政府采购法》确定的服务范围实施政府购买服务，不得将原材料、燃料、设备、产品等货物，以及建筑物和构筑物的新建、改建、扩建及其相关的装修、拆除、修缮等建设工程作为政府购买服务项目。严禁将铁路、公路、机场、通信、水电煤气，以及教育、科技、医疗卫生、文化、体育等领域的基础设施建设，储备土地前期开发，农田水利等建设工程作为政府购买服务项目。严禁将建设工程与服务打包作为政府购买服务项目。严禁将金融机构、融资租赁公司等非金融机构提供的融资行为纳入政府购买服务范围。

(5) 2018 年《土地储备管理办法》

2018 年 1 月，《国土资源部、财政部、中国人民银行、中国银行业监督管理委员会关于印发〈土地储备管理办法〉的通知》明确，土地储备是指县级（含）以上国土资源主管部门为调控土地市场、促进土地资源合理利用，依法取得土地，组织前期开发、储存以备供应的行为。土地储备工作统一归口国土资源主管部门管理，土地储备机构承担土地储备的具体实施工作。财政部门负责土地储备资金及形成资产的监管。

土地储备机构应为县级（含）以上人民政府批准成立、具有独立的法人资格、隶属于所在行政区划的国土资源主管部门、承担本行政辖区内土地储备工作的事业单位。国土资源主管部门对土地储备机构实施名录制管理。市、县级国土资源主管部门应将符合规定的机构信息逐级上报至省级国土资源主管部门，经省级国土资源主管部门审核后报国土资源部，列入全国土地储备机构名录，并定期更新。

应根据国民经济和社会发展规划、国土规划、土地利用总体规划、城乡规划等，编制土地储备三年滚动计划，合理确定未来三年土地储备规模，对三年内可收储的土地资源，在总量、结构、布局、时序等方面做出统筹安排，优先储备空闲、低效利用等存量建设用地。

应根据城市建设发展和土地市场调控的需要，结合当地社会发展规划、土地储备三年滚动计划、年度土地供应计划、地方政府债务限额等因素，合理制定年度土地储备计划。

(八）近年土地出让收支情况（表 10-1-1）

根据财政部的有关规定，土地出让支出分为两大类：

一类为成本性支出，包括征地拆迁补偿支出、土地出让前期开发支出、补

全国土地出让收支情况（亿元）　　表 10–1–1

年份	土地出让收入	土地出让支出
2017	52059	51780
2016	37456	38405
2015	33657	33727
2014	42940	41210

资料来源：国家财政部、统计局网站，经笔者整理

助被征地农民支出等，这类支出为政府在征收、储备、整理土地等环节先期垫付的成本，通过土地出让收入予以回收，不能用于其他开支。

一类为非成本性开支，从扣除成本性支出后的土地出让收益中安排，依法用于城市建设、农业农村、保障性安居工程三个方面，使城乡居民共享土地增值带来的收益。

二、拿地融资

（一）概念

土地出让金是指各级政府土地管理部门将土地使用权出让给土地使用者，按规定向受让人收取的土地出让的全部价款（指土地出让的交易总额）。

2009 年，财政部、国土资源部等五部门联合下发《关于进一步加强土地出让收支管理的通知》（财综〔2009〕74 号），要求地方将土地出让收入全额缴入地方国库，支出则通过地方基金预算从土地出让收入中予以安排，实行彻底的“收支两条线”管理。

2015 年，《财政部、国土资源部关于进一步强化土地出让收支管理的通知》（财务〔2005〕83 号）要求，各地区要严格土地供应合同、协议的管理，督促用地单位和个人按照合同、协议规定的期限及时足额缴纳土地出让收入。对于不按合同、协议约定期限及时足额缴纳土地出让收入的，国土资源部门不得为用地单位和个人办理国有土地使用权证，也不得分割发证。对于因容积率等规划条件调整并按规定应当补缴土地出让收入的，必须按时足额补缴。

所谓配资拿地，是指房企通过银行、信托等金融机构的资金支付土地出让金。目前房企拿地首付配资的现象越来越多，比如政府规定土地出让金的首付款必须 50%，那么对于开发商来说只要首付 25%，可以通过金融机构场外配资 25%，或者更多比例加杠杆方式进行拿地。

（二）常用类型（图 10–1–1、图 10–1–2）

具体交易结构为：

（1）乙公司、甲银行资管计划共同注册成立城开丙基金，企业形式为有限合伙制，合伙企业名称具体以核准名称为准。

（2）由乙公司担任城开丙基金（有限合伙）的普通合伙人（GP）。

（3）甲理财资金通过资管计划进入城开丙基金。甲出资作为有限合伙人（LP），乙公司作为普通合伙人（GP）及基金管理人共同参与投资基金（有限合伙）。

（4）由母公司及实际控制人为项目公司的委托贷款还款义务提供连带责任

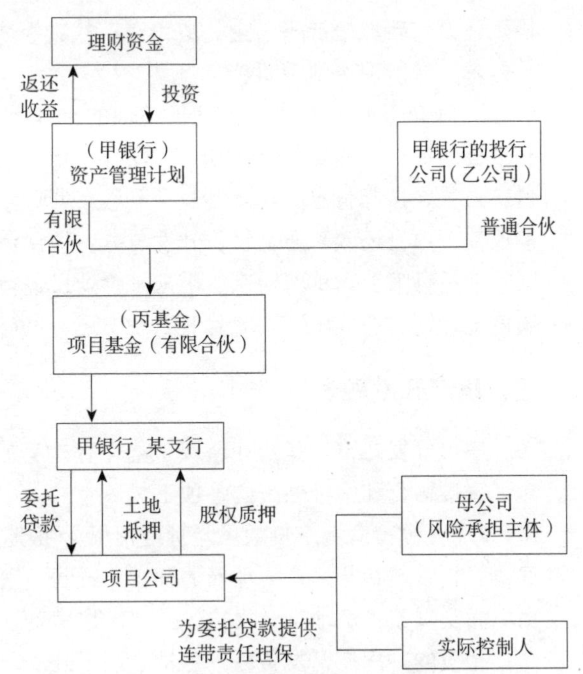

图 10-1-1 甲银行的配资拿地交易结构

资料来源：笔者整理绘制

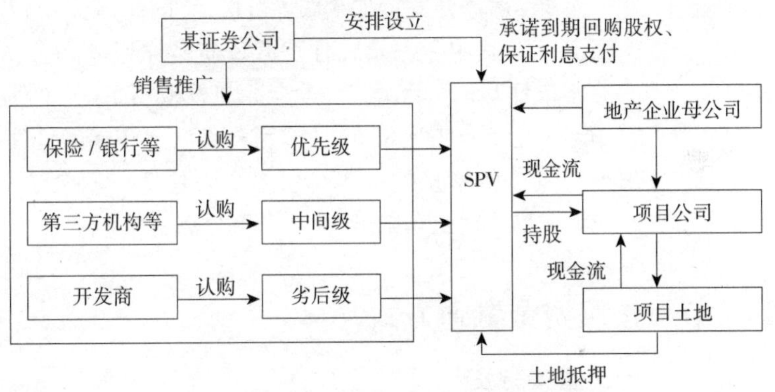

图 10-1-2 证券公司配资拿地交易结构

资料来源：笔者整理绘制

保证担保。存续期期间项目公司通过本项目销售回款按季向基金支付投资收益，到期一次性支付投资本金，兑付甲银行理财本息；若出现不能按期兑付的情况，则由担保人母公司代为支付，归还甲银行理财本息。

（5）项目公司承诺在土地证办理后，不会将项目涉及地块抵押给第三方，并在土地证办理后 30 日内将该项目地块抵押给甲银行。

（6）项目公司在甲银行开立资本金监管账户，承诺在甲银行本笔基金到期前不会撤资或挪用资本金，并由甲银行监控其资本金到位及使用情况。

（三）案例：“南京京奥港未来墅”配资拿地

2016 年 4 月，正值南京楼市火爆之时，经过 61 轮竞拍，京奥港集团通过旗下嘉诚鼎盛房地产开发有限公司以 47.6 亿元摘得 G09 地块，力压中南置地、栖霞建设、新城地产等房企，成为南京麒麟板块的地王，楼面价为 22353 元/平方米，溢价率达到 163%。

2016 年 5 月，为支付该地王地块的土地款，京奥港集团向中融国际信托有限公司提出融资 34 亿元的申请，发行"中融－宏金 46 号集合资金信托计划"，付息方式是按年付息，年化利息 7.6%，期限为 12+6 个月，即满 12 个月可提前还款，项目还款来源为银行开发贷款、项目销售收入和集团资金支持。中融国际信托有限公司称将对京奥港未来墅项目进行现场全面监管，根据约定，该项信托计划将在 2017 年 12 月底到期偿还。（资料来源：中国经济周刊）

三、房产开发融资

房产开发融资，是指在获取土地之后，房企在房产建造阶段的融资，它包含了直接融资和间接融资的各项工具。

《商业银行房地产贷款风险管理指引》（银监发〔2004〕57 号）第二条规定，房地产贷款是指与房产或地产的开发、经营、消费活动有关的贷款。主要包括土地储备贷款、房地产开发贷款、个人住房贷款、商业用房贷款等。

相应的，房产开发贷款，包括了用于开发、建造向市场销售、出租等用途的房产项目的贷款，也包括了个人住房贷款和商业用房贷款。

根据中国人民银行发布的《2017 年四季度金融机构贷款投向统计报告》，2017 年末，房产开发贷款余额 7 万亿元，同比增长 21.7%，增速比上年末高 9.5 个百分点，其中，保障性住房开发贷款余额 3.3 万亿元，同比增长 32.6%，比上年末低 5.7 个百分点，全年增加 8203 亿元，增量占同期房产开发贷款的 61.8%，比上年占比低 51.7 个百分点（上年保障性住房开发贷款增量占同期房产开发贷款增量的 113.5%）；个人住房贷款余额 21.9 万亿元，同比增长 22.2%，增速比上年末低 14.5 个百分点。

第二节　按照资金融通方式

一、直接融资

直接融资是以股票、债券为主要金融工具的一种融资机制。资金供给者与资金需求者通过股票、债券等金融工具直接融通资金的场所，即为直接融资市场，也称证券市场。直接融资能最大可能地吸收社会游资，直接投资于企业生产经营之中，从而弥补了间接融资的不足。

直接融资的工具：主要有商业票据和直接借贷凭证、股票、债券。

二、间接融资

间接融资是指通过金融机构为媒介进行的融资活动，如银行信贷、非银行金融机构信贷、委托贷款、融资租赁等。

间接融资的基本特点是资金融通通过金融中介机构来进行，它由金融机构筹集资金和运用资金两个环节构成。由金融机构所发行的证券，称为间接证券。

从近六年社会融资规模增量表来看，作为间接融资的主要类型——人民币贷款，始终是社会融资的主要方式，所占比重从 2012 年的 55%，上升到 2017 年的 76%；作为直接融资的企业债券和股票，所占比重从 2012 年的 16%，下降到 2017 年的 7%。总体来看，我国的社会融资还是以间接融资为主，且近年比例有所提高（表 10–2–1）。

近六年社会融资规模增量（万亿） **表 10–2–1**

年份	增量	人民币贷款	企业债券	股票融资
2017	18.15	13.84	0.45	0.87
2016	17.8	12.44	3	1.24
2015	15.4	11.27	2.94	0.76
2014	16.46	9.78	2.43	0.43
2013	17.29	8.89	1.8	0.22
2012	15.76	8.2	2.25	0.25

资料来源：中国人民银行历年《社会融资规模增量统计数据报告》，笔者整理

第三节 投融资工具

一、贷款

第一类：政策性银行贷款

政策性银行贷款由各政策性银行在中国人民银行确定的年度贷款总规模内，根据申请贷款的项目或企业情况按照相关规定自主审核。

政策性银行贷款是目前我国政策性银行的主要资产业务。一方面，它具有指导性、非盈利性和优惠性等特殊性，在贷款规模、期限、利率等方面提供优惠；另一方面，它明显有别于可以无偿占用的财政拨款，而是以偿还为条件，与其他银行贷款一样具有相同的金融属性——偿还性。

一般来说，政策性银行贷款利率较低、期限较长，有特定的服务对象，其放贷支持的主要是商业性银行在初始阶段不愿意进入或涉及不到的领域。

例如，国家开发银行服务于国家经济重大中长期发展战略，支持基础设施、基础产业、支柱产业及战略性新兴产业和国家重大项目建设；支持新型城镇化、区域协调发展、棚户区改造、扶贫开发等领域（图 10–3–1）。

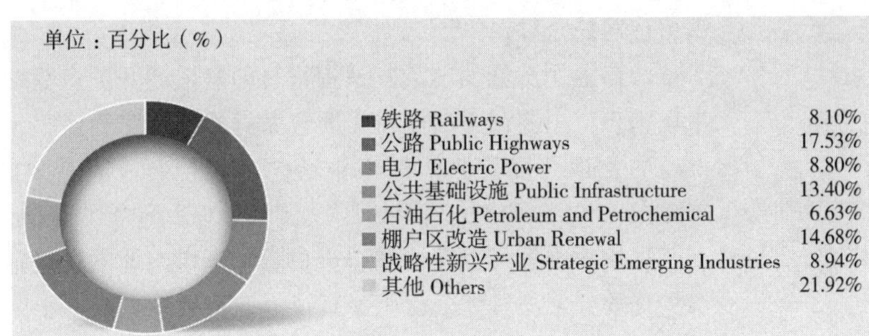

图 10–3–1 2015 年末国家开发银行贷款余额主要行业分布

资料来源：国家开发银行 2015 年度报告

2017 年 1 月，国家开发银行与住房和城乡建设部签署了《共同推进小城镇建设战略合作框架协议》。根据协议，双方将协同推进小城镇提升建设和城乡协调发展，2017 年力争打造一批具有示范带动意义的试点小城镇，到 2020 年在全国范围内支持培育 1000 个特色小镇。截至 2016 年末，国开行新型城镇化贷款余额 1.04 万亿元，支持小城镇建设项目 439 个，累计支持山西平遥、浙江乌镇、贵州青岩古镇、苏州吴江七都小镇等一批重点知名古镇、古街区建设。

第二类：商业银行贷款

商业银行是指依照《中华人民共和国商业银行法》和《中华人民共和国公司法》设立的吸收公众存款、发放贷款、办理结算等业务的企业法人。

中国人民银行发布的《2016 年四季度金融机构贷款投向统计报告》《2017 年四季度金融机构贷款投向统计报告》显示，截至 2016 年 12 月末，人民币房地产贷款余额 26.68 万亿元，同比增长 27%；全年增加 5.67 万亿元。2017 年末，人民币房地产贷款余额 32.2 万亿元，同比增长 20.9%；全年增加 5.6 万亿元。根据国家统计局资料，2006 年到 2015 年，房地产开发企业国内贷款比重一直在 15% 以上（表 10–3–1）。

近十年房地产开发企业国内贷款占资金来源比重 **表 10–3–1**

项目	2015 年	2014 年	2013 年	2012 年	2011 年	2010 年	2009 年	2008 年	2007 年	2006 年
房地产开发企业来源（亿元）	125203	121991	122122	96537	85689	72944	57799	39619	37478	27136
房地产开发企业国内贷款（亿元）	20214	21243	19673	14778	13057	12564	11365	7606	7016	5357
国内贷款占比（%）	16.15	17.41	16.11	15.31	15.24	17.22	19.66	19.20	18.72	19.74

资料来源：国家统计局，笔者整理

（1）土地储备贷款

详见本章第一节。

（2）房地产开发贷款

是指银行向有资质的房地产开发企业发放的，用于房地产开发与经营、土地开发与储备等过程中所需的贷款。

①住房开发贷款。是指银行向房地产开发企业发放的用于开发建造向市场销售住房的贷款。

②商业用房开发贷款。是指银行向房地产开发企业发放的用于开发建造向市场销售，主要用于商业行为而非家庭居住用房的贷款。

③土地开发贷款。是指银行向房地产开发企业发放的用于土地开发的贷款。

④房地产开发企业流动资金贷款。是指房地产开发企业因资金周转所需申请的贷款，不与具体项目相联系，由于最终仍然用来支持房地产开发，因此这类贷款仍属房地产开发贷款。

(3) 个人住房贷款

个人住房贷款是指贷款人向借款人发放的，用于购买房地产开发企业依法建造、销（预）售住房的贷款。贷款额度占所购住房市场价值的比例有所浮动。

中国人民银行数据统计，2016 年新增房地产贷款 5.67 万亿元，其中新增个人住房贷款高达 4.96 万亿元，占新增房地产贷款比重为 87%。2016 年末个人住房贷款余额 19.14 万亿元，同比增长 35%。

(4) 住房公积金贷款

住房公积金贷款是以住房公积金为资金来源，向缴存住房公积金的人员发放的定向用于购买、建造、翻建、大修自有住房的专项住房消费贷款。自有住房包括商品住房、经济适用房、两限房及房改房等。

二、债券

（一）概念

债券（Notes）是政府、金融机构、工商企业等机构直接向社会借债筹措资金时，向投资者发行，承诺按一定利率支付利息并按约定条件偿还本金的债权债务凭证。债券的本质是债的证明书，具有法律效力。债券购买者与发行者之间是一种债权债务关系，债券发行人即债务人，投资者（或债券持有人）即债权人。

房地产债券的种类繁多，按发行主体的不同分为房地产政府债券、房地产金融债券、房地产企业债券。

目前我国发行的房地产政府债券多为地方政府向社会发行的债券，其目的主要是为创办开发区和为住宅建设筹集资金。

房地产金融债券指由银行或其他非银行金融机构发行的债券，是金融机构筹集房地产信贷资金的渠道之一。

房地产企业债券即公司债券，是我国房地产债券中最常见的一种，指房地产企业为筹集长期资金而发行的债券。我国房地产企业债券主要有住房建设债券、土地开发债券、房地产投资债券、危房改造债券、小区开发债券、住房有奖债券等（图 10–3–2）。

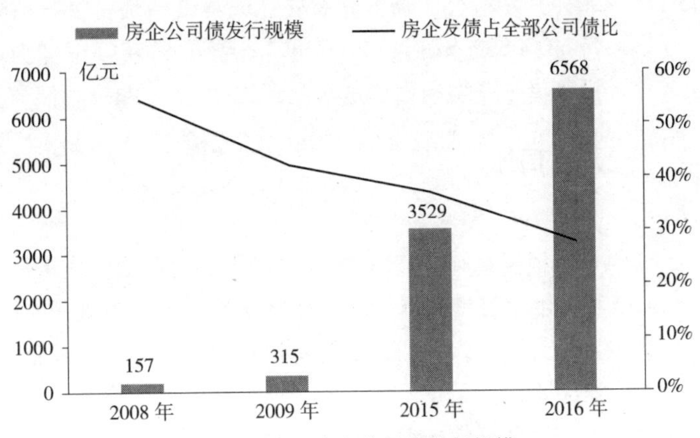

图 10–3–2 房企公司债发行规模

资料来源：天风证券研究所

（二）特点

（1）发行总额大、票面利率较高。房地产业本身耗资巨大，动辄数十亿、数百亿的投资额，所以其债券总体上表现为发行总额大、利率较高的特点。

（2）期限长。债券按偿还期限的不同可分为短期债券、中期债券和长期债券。偿还期限不超过一年的为短期债券，1~10 年为中期债券，10 年以上为长期债券。由于房地产业周期长，资金周转慢的行业特点，所以房地产企业都倾向于发行中长期债券，以获取长期资金。

（3）可与购房相结合。房地产债券的发行可采取与购房结合的形式，居民购买债券可以不还本付息，到期转为购房的预付款，补差价后，以实物形式还给债权人住房，或债权人享有一定购房优惠的形式。

（4）房地产债券较安全。房地产本身具有保值、增值性，尤其是在我国的一、二线城市，债券资产相对安全。

（三）案例

2015 年 1 月，证监会发布《公司债券发行与交易管理办法》，将发债主体从上市公司扩大至所有公司制法人，同时大幅精简审批流程。2015 年 5 月至 2016 年 8 月的 16 个月期间，债市为房地产企业提供的资金已超过 1.2 万亿元。

2016 年 10 月、11 月，沪深交易所相继发布《关于试行房地产、产能过剩行业公司债券分类监管的函》，将发债主体限制为四类：①境内外上市房企；②以房地产为主业的央企；③省级政府（含直辖市）、省会城市、副省级城市及计划单列市的地方政府所属的房地产企业；④房地产协会排名前 100 的其他民营非上市房地产企业。纳入范围内的企业还要通过五项综合指标进一步划分为正常类、关注类和风险类，触及五项指标中三项的房地产企业不允许发行。

房地产企业同时也在海外发行债券。2015 年 9 月 14 日国家发改委出台《国家发展改革委关于推进企业发行外债备案登记制管理改革的通知》（发改外资〔2015〕2044 号外债），对境内企业境外发债进行了规范和监管。截至 2016 年 10 月，境内房地产企业现存对外债券共计 237 只，其中以美元债券居多。发行期限以 3 年期和 5 年期为主，7 年期和 10 年期次之。

2018 年 1 月 6 日华夏幸福（600340.SH）公告称，公司收到上交所关于其非公开发行公司债券挂牌转让无异议的函，发行总额不超过 50 亿元。金科股份（000656.SZ）在 2017 年 12 月 26 日获得证监会的批文，核准公司向合格投资者公开发行面值总额不超过 55 亿元的公司债券。

三、信托

（一）概念

根据 2001 年颁布的《中华人民共和国信托法》，信托是指委托人基于对受托人的信任，将其财产权委托给受托人，由受托人按委托人的意愿以自己的名义，为受益人的利益或者特定目的，进行管理或者处分的行为。信托公司受银监会管理。

房地产信托包括如下三种：

一是不动产信托，即不动产所有权人（委托人），为受益人的利益或特定目的，将所有权转移给受托人，使其依照信托合同来管理运用的一种法律关系。

二是房地产集合资金信托，是指委托人基于对信托投资公司的信任，将自己合法拥有的资金委托给信托投资公司，由信托投资公司按委托人的意愿以自己的名义，为受益人的利益或特定目的，将资金投向房地产业并对其进行管理和处分的行为。这也是我国现阶段大量采用的房地产融资方式。根据信托资金运用方式不同，分为债权型、股权型和混合型。

三是房地产投资信托基金（REITs），根据美国房地产投资信托协会（NAREIT）对REITs的定义，“REITs是对能产生利益的房地产获得所有权，且在大多数情况下进行经营管理的‘公司’”。有的REITs也会向房地产提供融资。这里的“公司”可以是公司组织、信托机构，当然也可以是相关法律允许的其他主体，它能拥有并经营可带来收益的房地产，例如办公楼、购物中心、酒店、公寓和工业厂房等，并由专业的管理人员管理。REITs的收益主要体现为长期稳定的租金收益，其收益凭证或者股份可以在二级市场上进行交易（图10-3-3）。

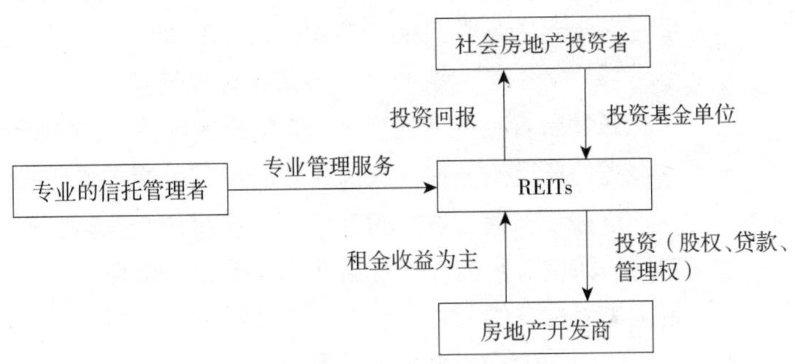

图10-3-3 REITs交易结构

资料来源：作者自绘

（二）特点

一是逆周期性。即经济状况较好时，房地产信托因成本较高，受到银行等主流金融机构群体性多贷的影响，发展空间受到挤压，而经济状况较差时则正好相反，主流金融机构的群体性拒贷，使得房地产信托在融资渠道收窄的情况下成为银行信贷的有效补充。

二是融资实质性。房地产信托的种类比较多，但不管其外形如何，大部分信托计划仍是以融资为目的来设计交易结构，并没有回归信托“受人之托，代人理财”的行业本源。

三是灵活多变。在金融市场的不断变化和监管机构的日益规范下，信托模式总是在不断创新，从最初简单易行的贷款型，发展出股权型、权益型以及相对复杂的组合型等，而近年来随着非标准类投资标的的减少，开始衍生出证券投资型信托。

（三）类型

（1）第一类，贷款型信托融资模式

信托投资公司作为受托人，接受市场中不特定（委托人）投资者的委托，以信托合同的形式将其资金集合起来，然后通过信托贷款的方式贷给开发商，开发商定期支付利息，并于信托计划期限届满时偿还本金给信托投资公司；信托投资公司则定期向投资者支付信托收益，并于信托计划期限届满之时，支付最后一期信托收益和偿还本金给投资者。

优势：融资期限比较灵活，操作简单，交易模式成熟，利息能计入开发成本。

劣势：与银行贷款相比成本高，目前政策调控环境下难以通过监管审批。

（2）第二类，股权型信托融资模式

信托投资公司以发行信托产品的方式，从资金持有人手中募集资金，之后，以股权投资的方式（收购股权或增资扩股），向项目公司注入资金；同时，项目公司或关联的第三方承诺，在一定的期限（如两年）后，溢价回购信托投资公司持有的股权。

优势：①能够增加房地产公司的资本金，起到过桥融资的作用，使房地产公司达到银行融资的条件；②其股权类似优先股性质，只要求在阶段时间内取得合理回报，并不要求参与项目的经营管理、和开发商分享最终利润。

劣势：一般均要求附加回购，在会计处理上仍视为债权；如不附加回购则投资者会要求超额回报，影响开发商利润。

（3）第三类，财产受益型信托融资模式

开发商将其持有的房产，信托给信托公司，形成优先受益权和劣后受益权，并委托信托投资公司，代为转让其持有的优先受益权。

信托公司通过发行信托计划、募集资金来购买优先受益权，并且在信托到期后，如投资者的优先受益权未得到足额清偿，信托公司则有权处置该房产补足优先受益权的利益，而开发商所持有的劣后受益权则滞后受偿。

优势：①在不丧失财产所有权的前提下实现了融资；②在条件成熟的情况下，能够过渡到标准的REITs产品。

劣势：物业租售比过低导致融资规模不易确定。

（4）第四类，混合型信托融资模式（夹层融资型）

优势：①信托能够在项目初期进入，增加项目公司资本金，改善资产负债结构；②债权部分成本固定，不侵占开发商利润，且较易资本化；股权部分一般都设有回购条款，即使有浮动收益占比也较小。

劣势：交易结构比较复杂，信托公司一般会要求对公司财务和销售进行监管，同时会有对施工进度、销售额等考核的协议。

四、资管计划

（一）概念

资管计划即集合资产管理计划，是集合客户的资产，由专业的投资者（券商或基金公司）进行管理。它是证券公司或基金公司针对高端客户开发的理财服务创新产品，投资于产品约定的权益类或固定收益类投资产品的资产。

（二）案例

（1）第一类，证券公司房地产资管（图 10–3–4）

（2）第二类，基金子公司房地产资管（图 10–3–5）

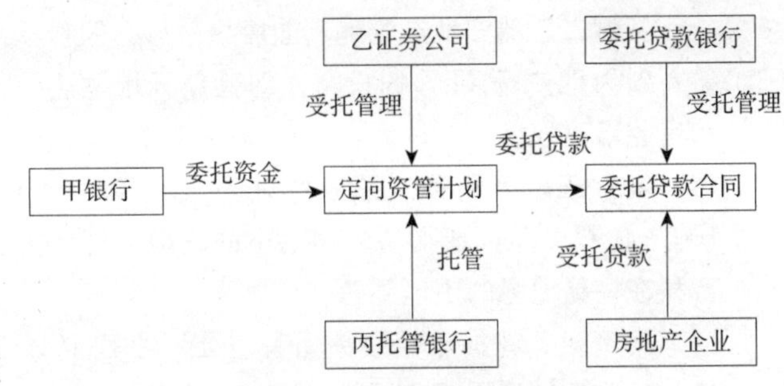

图 10-3-4 证券公司房地产资管

资料来源：作者自绘

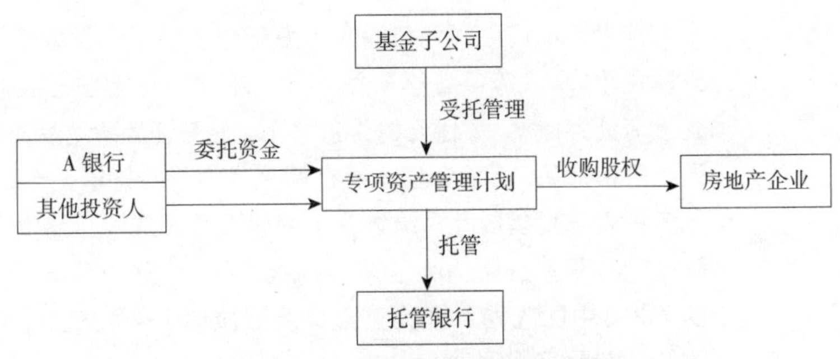

图 10-3-5 基金子公司房地产资管

资料来源：作者自绘

基金子公司可以通过募集单一资金和集合资金的形式进行投资，并且资金都可以投向房地产。基金子公司资管计划投资房地产主要是通过专项资产管理计划方式实现。

五、股权—房地产并购

（一）概念

房地产并购是收购方对被并购企业所开发的房地产项目的吸收，也是收购方向房地产行业进行扩张的重要手段，越来越多的企业通过房地产并购的方式实现对房地产项目的投资和融资。其实质是目标公司股权结构发生变化。

优点：①因股权收购后果是持有房地产项目的目标公司股东发生变更，并未使土地使用权属发生变更，不受《城市房地产管理法》第三十九条房地产转让条件的限制；②股权收购的税负较少，无需缴纳营业税和土地增值税；③变更仅限于公司股东，具体业务不受影响。

缺点：被收购公司可能存在或有债务。

2017 年上半年中国房企并购交易金额同比增加 78.5%，数量增加 24.7%。

（二）案例

案例一：恒大地产收购深圳市建设（集团）有限公司，从而拥有深圳市福田区红荔路的建设集团大厦 50% 的所有权，以及八卦岭工业区厂房、中深国际大厦、中深花园等项目。

案例二：瑞安地产收购利盟股份及妙园股份从而拥有上海瑞安广场全部权益、新天地广场 24% 的权益、郎廷新天地酒店、107 号酒店相关土地使用权和房屋所有权。

案例三：万科通过股权并购方式收购广州市番禺向信房地产有限公司 100% 股权，从而取得该公司名下的房地产项目——新光城市花园，借此补充万科在番禺地区的土地储备。

案例四：花样年控股集团有限公司收购 TCL 王牌电子（深圳）有限公司的全部股权，进而拥有 TCL（深圳）在蛇口的三宗土地储备以及地上建筑物，在土地资源稀缺的深圳地区成功拿地，进一步奠定花样年在当地市场的地位。

案例五：外滩 8–1 地块。"外滩 8–1 地块"位于上海黄浦区外滩豫园和十六铺世博水门之间，与浦东上海环球金融中心及金茂大厦隔江相望。这一地王诞生于 2010 年，当年 2 月 1 日，外滩 8–1 地块总共 5.7 公顷的土地，被房企上海证大以 92.2 亿元的天价拿下，上海证大拿地后不久，"新国十条"发布，调控开始加码。而上海证大需在两个月内付清首笔土地款约 50 亿元。当年 4 月，上海证大与复星国际、绿城及上海磐石共同成立上海海之门房地产投资管理有限公司，复星国际为大股东，拥有 50% 股份。同年 12 月 29 日，潘石屹旗下的 SOHO 中国收购了证大五道口及绿城的全部股权，SOHO 中国将间接拥有外滩 8–1 地块 50% 的权益。

（资料来源：《中国房地产报》《北京青年报》《华夏时报》《中国经营报》报道）

六、股权—境外上市

（一）红筹模式

红筹模式，是指境内公司的实际控制人（包括控股股东）通过在境外注册设立控股公司或者购买壳公司，境外公司通过收购、股权置换等方式将境内公司的资产或权益注入境外公司，并以境外公司的名义实现在海外上市目的的模式。红筹模式又分为大红筹模式和小红筹模式。大红筹模式是指，采用换股、行政划拨的方式实现转移境内资产和权益的模式，一般是为国有企业所采取的境外上市模式；小红筹模式是指，采用收购股权和资产收购等方式并履行行政审批手续，一般是为民营企业所采取的境外上市模式。

红筹模式的操作程序可简单表述为：①境内公司的控股股东以少量资本在境外（例如英属维尔京群岛、百慕大群岛、开曼群岛）注册成立一家境外控股公司（又称 SPV 公司）；② SPV 公司通过引入投资者或自行筹集资金的方式获取资金，通过收购或者股权置换等方式获取境内公司的股权，从而控制境内公司；③至此，SPV 公司可以通过多种方式达到境内公司上市的目的。一般而言，可以在境内公司与境外上市公司之间多设立一些公司，从而避免境内公司的经营变动或者股权变动所造成的境外上市公司的经营稳定问题。

（二）H 股上市模式

H 股指注册地在我国内地、上市地在香港的外资股（因香港英文 Hong Kong 首字母，而称得名 H 股）。

自1993年7月青岛啤酒成为第一家国有企业获准在香港上市，至今，已经过了二十多年。在这二十多年，陆陆续续已有超过160家中国企业在香港主板市场和创业板市场上市，总集资额达11.5万亿港元。内地房地产企业中，如复地、首创置业、富力地产、北京北辰等都是通过H股模式上市的。

一些房企选择境外上市募资。境外上市的优势主要有：①从申请到实际上市的时间周期更短并且上市效率更高；②国外资本市场上市的准入条件更低，在资本结构、股本总额、盈利年限、公司所有权方面的准入条件更灵活；③在海外资本市场上更容易实现股票全流通；④相比国内，境外首次公开发行可以获得较高股价。此外，政府一度以税收减免的形式鼓励有能力并且有规模融资需求的公司去海外市场上市融资等。

（三）其他

新加坡、美国纳斯达克、美国纽交所、英国伦敦、德国法兰克福等上市。

七、股权—国内上市

通过首次公开募股（IPO）或者买壳、资产重组等方式。首次公开募股上市（IPO上市）是指按照有关法律法规的规定，公司向中国证监会提出申请，证券管理部门经过审查，符合发行条件，同意公司通过发行一定数量的社会公众股的方式直接在证券市场上市。目前，A股上市公司中，有一百余家上市房企。

买壳上市是指在证券市场上通过买入一个已经合法上市的公司（壳公司）的控股比例的股份，掌握该公司的控股权后，通过资产重组，把自己公司的资产与业务注入壳公司，这样，无需经过上市发行新股的申请就可以直接取得上市的资格。藉此，公司可以增发股票，进行募集资金。

典型案例：金丰投资（600606.sh）公司通过资产置换和发行股份购买资产方式进行重组，注入资产为绿地集团100%股权。目前，上市公司更名为"绿地控股"。

八、私募基金

（一）概念

私募基金是指一种针对少数投资者私下（非公开）募集资金并运作的投资基金，因此它又被称为向特定对象募集的基金或"地下基金"。

私募基金与公募基金的最大不同在于投资主体的不同。参与投资私募基金的是少数特定投资者，而公募基金则是向不特定多数投资者募集。

房地产私募基金是将房地产行业作为投资目标的私募基金。它是一项从房地产的收购、开发、管理、经营和营销获取收入的集合投资制度。可运用的投资和获利方式很多，不但可以投资房地产项目公司的股权，而且可以投资房地产项目的资产（包括在建工程）；不仅可以通过长期持有房地产项目获得稳定的租金回报收益，也可以通过转让项目公司股权、项目资产、上市、资产证券化、大股东回购等方式实现短期获益。

与公募基金相比，私募基金主要具有行政监管较松、基金管理人道德风险

较低、运作稳定性较高、经营机制灵活及投资目标针对性更强等特点。

具体而言，首先由于私募基金并不向不特定社会公众募集资金，政府对其监管比较宽松，对其信息披露的要求也比较低。以设立有限合伙制的私募基金为例，该等基金仅需根据《中华人民共和国合伙企业法》等相关法律法规，像设立一般有限合伙企业一样，提交最基本的文件（如合伙协议、各合伙人的认缴出资确认书等），即可向相关工商行政管理机关进行注册登记。

房地产私募基金这一投融资形式进入我国较晚、相关立法尚不完善。随着境外基金的运作模式被境内投资者所熟悉，以及关于房地产私募基金的立法不断完善，我国房地产私募基金必将成为一种成熟的投融资模式。

（二）类型

房地产私募基金的组织形式一般可以考虑选择如下几种模式：契约制、信托制、公司制和有限合伙制。

（1）契约制

在契约制构架中，基金投资人与基金管理人建立民事委托代理关系，由基金管理人对基金投资人的资金进行投资管理，以投资者各自名义进行投资。基金管理人向基金投资人收取管理费。基金管理人在其中仅仅扮演了一个委托代理人的角色（图 10–3–6）。

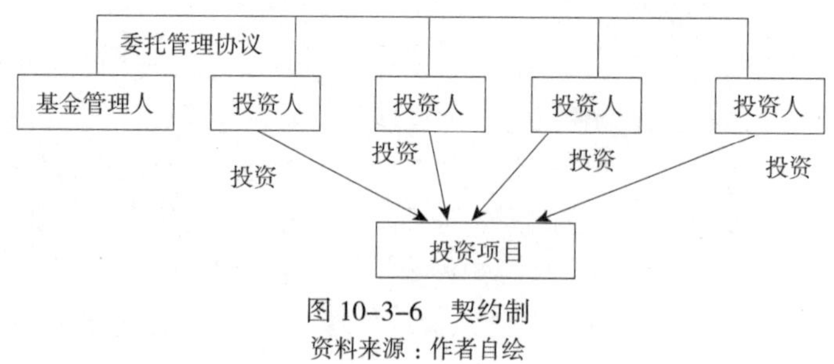

图 10–3–6　契约制

资料来源：作者自绘

（2）信托制

在信托制构架中，基金投资者通过认购信托公司的某些资金信托计划的方式，将资金移转给信托公司，以信托公司的名义对外进行投资。信托公司聘请专业的基金管理人对相关信托计划所募集的基金进行投资管理。信托投资所形成的收益根据信托合同的约定，向信托受益人（基金投资者或其指定的第三人）分配。我国 2007 年 3 月颁布施行的《信托公司管理办法》和《信托公司集合资金信托计划管理办法》为以信托制设立私募基金提供了法律依据（图 10–3–7）。

（3）公司制

公司制是由基金投资人和基金管理人共同出资设立一家有限责任公司，以该有限责任公司为平台对外投资，基金管理人根据股东协议和公司章程的规定控制该公司，对该公司对外投资进行管理。投资收益根据股东协议和公司章程的规定向各股东分配（图 10–3–8）。

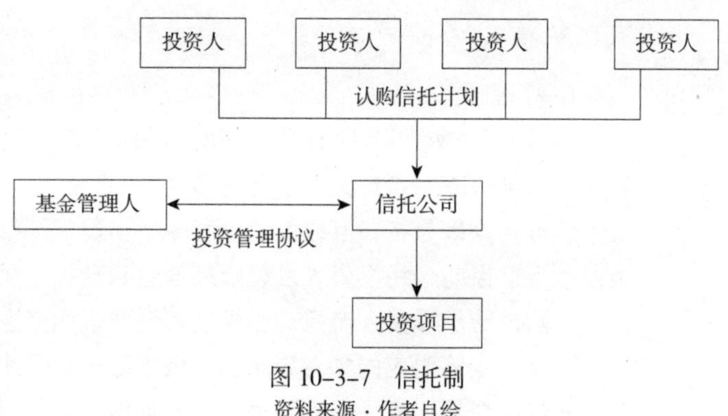

图 10-3-7 信托制
资料来源：作者自绘

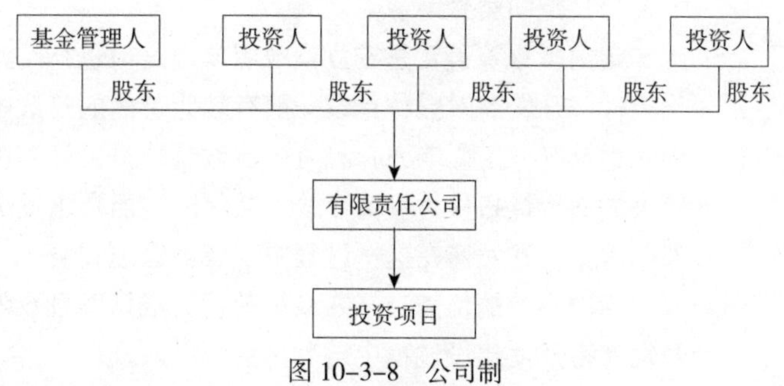

图 10-3-8 公司制
资料来源：作者自绘

（4）有限合伙制

我国 2007 年 6 月 1 日起施行的新《中华人民共和国合伙企业法》中第一次明确规定了有限合伙制这种国际私募基金普遍采用的组织结构。在有限合伙制基金中，基金管理人是合伙企业的普通合伙人（GP），负责合伙企业的经营管理，承担无限责任。基金投资者是合伙企业的有限合伙人（LP），只承担出资义务，不参与经营管理，并承担有限责任。合伙企业作为投资平台对外进行投资。投资收益根据合伙协议同各合伙人分配。这种基金设立模式存在设立程序简单、责任分配合理、税负低、运营成本小、投资决策效率高、收益分配灵活、退出自由等优势，受到广大基金管理人和基金投资者青睐（图 10-3-9）。

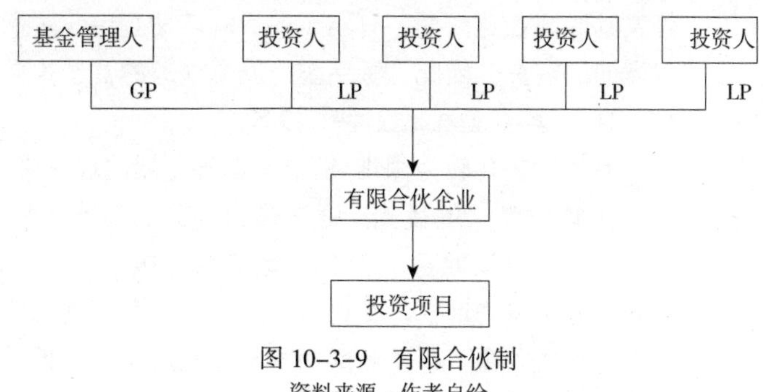

图 10-3-9 有限合伙制
资料来源：作者自绘

九、众筹

（一）概念

众筹（Crowd Funding）指的是在互联网上面向大众筹集资金，以帮助筹款人完成某个有特定意义的项目。

房地产众筹是指在互联网金融背景下，发起人针对某一房地产项目通过线上或线下途径向合格投资人发起众筹来达到营销、融资、销售等在内的商业目的，并承诺给予投资人产权、股权或其他回报的商业模式。

房地产众筹对应的物业形态包括但不限于商品房、商铺、厂房、公寓。众筹形式包括众筹购房、众筹租房、众筹拿地、众筹建房等。

（二）类型

（1）定向类众筹

定向类众筹通常是在立项或者拿地之前进行，为减少拿地及后期销售的不确定性，开发商对合作单位一般有较为苛刻的筛选条件，要求合作单位须对定向拿地具有一定影响力，且有一定数量的员工有购房需求。定向类众筹一般以较大的房价折扣作为投资者的收益保障，但要求投资者需在拿地前支付基本全部购房款，开发商在这一过程中仅获得管理收益。

定向众筹的优势在于在拿地前便完成认筹且众筹资金额度大，大幅降低了开发商在开发建设过程中自有资金的投入量。

（2）融资型开发类众筹

融资型开发类众筹通常适用于区域房价上涨预期与资金成本不匹配，项目利润不足以覆盖银行、信托等传统融资方式的资金成本的情况。通过在项目拿地后、建设前进行众筹，为项目建设阶段提供低成本资金，达到降低项目负债率的目的，同时也利于提前锁定一批购房意向人群。

融资型开发类众筹的参与门槛一般较高，并需要投资者在预售前支付所有房款；且房价折扣一般基本保持在年化收益率10%左右。已有代表是平安好房众筹建房模式。

（3）营销型开发类众筹

营销型开发类众筹一般在项目建设期进行，虽然众筹期处于项目预售前、募集金额也用于项目建设，但相对于整个项目建设成本及后期价值，营销型开发类众筹的募集资金额度通常不算太高，如当代北辰COCO MOMA项目两期众筹资金额度共计仅为2450万元，对融资环节的支持作用不明显。但由于众筹发起时间在建设期，有利于项目的前期宣传，并能为项目提前锁定一批有购房意向的客户。因此，营销型开发类众筹的营销推广意义大于融资意义。

（4）“购买型＋理财型”众筹

对短期去化较为困难、房价有上升预期的现房或者准现房产品，可采用“购买型＋理财型”的模式。通过拿出部分房源作为标的，以低于市场的销售价格及“基本理财收益＋高额浮动收益”吸引客户，设定固定期限，由投资者共同享有标的物产权。在退出时，投资者享有优惠购房权或将标的物销售后退出获得增值收益；开发商则牺牲部分利润获取大量现金流，提升项目知名度。

"购买型＋理财型"众筹参与门槛较高、基本在10万以上，开发商一般会承诺参与者"基本收益率（3%~5%）＋购房优惠价格"的收益模式，众筹期间基本上均会设置一定时间的锁定期，锁定期内参与者不得申请退出。

（5）彩票型众筹

彩票型众筹实际多属于以蓄客为目的、在项目获得预售证后进行的营销活动，并且通过投资者竞价的方式，探寻市场对项目定价的接受程度。彩票型众筹的参与门槛一般较低，通过拍卖、高收益率等形式，鼓励尽量多的投资参与，从而达到扩大活动影响、炒热楼盘的目的。彩票型众筹的周期通常较短，且所有参与者均可获得收益。

（三）案例与管理

中国房地产众筹联盟于2015年5月29日在上海正式成立，万科集团总裁郁亮、平安集团董事长兼CEO马明哲以及绿地集团董事长张玉良为荣誉主席；万通控股董事长冯仑担任轮值主席；秘书长为平安好房董事长兼CEO庄诺。

该联盟是由万科、绿地、平安、万通等25家房地产、金融、互联网的行业领军企业发起，旨在通过房地产众筹领域的探索与实践，促进众筹行业健康持续发展；联合各成员单位，通过众筹的方式给用户提供"定制、定向、定位"的三定产品、改善有效供给；并且用众筹的方式解决中低收入人群的住房问题。

该联盟于2016年3月18日与中国房地产业协会正式签署了工作指导备忘录，意味着联盟工作已经正式纳入中房协体系并在中房协指导下开展。联盟同期发起"投领计划"，倡导依法合规发展众筹。

（资料来源：腾讯房产、百度百科）

十、保险资金

（一）概念

保险资金投入房地产开发领域，主要是保险公司出于经营目的购置不动产、投资开发不动产项目。

保监会于2010年7月发布《保险资金投资不动产暂行办法》，对保险资金投资不动产作了系统性规制；2012年7月《关于保险资金投资股权和不动产有关问题的通知》，2016年8月《保险资金间接投资基础设施项目管理办法》，都对保险资金投资不动产作了相关指导与规定。

（二）投资方向

（1）一般不动产

保险资金可以投资符合下列条件的不动产：已经取得国有土地使用权证和建设用地规划许可证的项目；已经取得国有土地使用权证、建设用地规划许可证、建设工程规划许可证、施工许可证的在建项目；取得国有土地使用权证、建设用地规划许可证、建设工程规划许可证、施工许可证及预售许可证或者销售许可证的可转让项目；取得产权证或者他项权证的项目；符合条件的政府土地储备项目。

（2）特定基础设施

保险资金可以采取债权、股权、物权及其他可行方式投资基础设施项目。

投资的 PPP 项目，属于国家级或省级重点项目，已履行审批、核准、备案手续和 PPP 实施方案审查审批程序，并纳入国家发展改革委 PPP 项目库或财政部全国 PPP 综合信息平台项目库；承担项目建设或运营管理责任的主要社会资本方为行业龙头企业，主体信用评级不低于 AA+，最近两年在境内市场公开发行过债券；PPP 项目合同的签约政府方为地市级（含）以上政府或其授权的机构，PPP 项目合同中约定的财政支出责任已纳入年度财政预算和中期财政规划。所处区域金融环境和信用环境良好，政府负债水平较低。

（三）案例

根据中国保险行业协会披露的数据以及保险公司年报梳理显示，2016 年在投资性房地产方面，中国平安投资的金额最多，为 423.96 亿元，同比增长 54.12%。新华保险投资增速最快，投资性房地产金额为 33.95 亿元，同比上升 55.9%。中国太保 2016 年投资性房地产金额为 86.57 亿元，同比上升 36.46%。中国人寿投资性房地产金额为 11.91 亿元，同比减少 3.7%。

2017 年 1 月 24 日，武汉平华置业有限公司竞得江岸区二七沿江商务核心区一地块，成交价 32.6 亿元（表 10–3–2）。

2016 年第 21 号公告成交信息 **表 10–3–2**

序号	地块编号	土地使用权竞得人	土地位置	土地面积（公顷）	土地用途	容积率	建筑面积（平方米）	出让年限	出让方式	起始价（万元）	成交价（万元）	成交时间
12	P（2016）158 号	武汉平华置业有限公司	江岸区二七沿江商务核心区南二片	6.5	住宅、商服、公园绿地、文体娱乐	6.18	402400	住宅 70 年，商服 40 年，文体 50 年	现场挂牌	326000	326000	2017.1.24

注：“国家企业信用信息公示系统”显示，国华人寿保险股份有限公司是武汉平华置业有限公司唯一股东。

资料来源：“武汉土地市场网”

另据“济南市国土资源局”网站，平安不动产有限公司于 2017 年 2 月，累计买入 2017–G001 到 2017–G011 共十一幅土地。“国家企业信用信息公示系统”显示，中国平安人寿保险股份有限公司是平安不动产有限公司的第一大股东。

十一、BOT

（一）概念

BOT 是英文 Build Operate Transfer 的缩写，即建设 – 经营 – 转让，是私营企业参与基础设施建设，向社会提供公共服务的一种方式。BOT 的概念是由土耳其总理厄扎尔 1984 年正式提出的。

我国一般称之为“特许权”，是指政府部门就某个基础设施项目与私人企业（项目公司）签订特许权协议，授予签约方的私人企业（包括外国企业）来承担该项目的投资、融资、建设和维护，在协议规定的特许期限内，许可其融资建设和经营特定的公用基础设施，并准许其通过向用户收取费用或出售产品以清偿贷款，回收投资并赚取利润。政府对这一基础设施有监督权、调控权，特许期满，签约方的私人企业将该基础设施无偿或有偿移交给政府部门。

（二）BOT 融资方式的特点和扩展类型

（1）可利用私人企业投资，减少政府公共借款和直接投资，缓和政府的财政负担。避免或减少政府投资可能带来的各种风险，如利率和汇率风险、市场风险、技术风险等。

（2）有利于提高项目的运作效益。可提前满足社会与公众需求。

（3）可以给大型承包公司提供更多的发展机会，有利于刺激经济发展和就业率的提高。BOT 投资项目的运作可带来技术转让、培训本国人员、发展资本市场等关联效果。BOT 投资整个运作过程都与法律、法规相联系，利用 BOT 投资不但有利于培养各专业人才，也有助于促进东道国法律制度的健全与完善。

在实际运作过程中，BOT 方式产生了许多变形，如 BOOT（建设－拥有－运营－转让）、BTO（建设－转让－经营）、BOOS（建设－拥有－运营－出售）、BT（建设－转让）、OT（运营－转让）等方式。各种方式的应用取决于项目条件，从经济意义上说，各种方式区别不大。

（三）BOT 融资的运作过程：主要包括以下五个阶段

（1）项目的确定。研究项目的可行性和投融资方式，确定该项目适用于 BOT 融资方式。这项工作通常是通过政府规划来完成的。如果决定采用 BOT 方式，下一步就要通过代理机构发布招标邀请，邀请投标者提交具体的设计、建设和融资方案。

（2）招投标。确定招标方式，编制招标文件，挑选中标者，并签署特许权协议。

（3）项目开发建设。

（4）项目运营。这个阶段持续到特许权协议期满，项目公司直接或者通过与运营者缔结合同按照项目协定的标准和各项贷款协议及与投资者协定的条件来运营项目。

（5）项目的移交。特许经营权期满后向政府移交项目。

（四）案例——来宾 B 电厂（图 10-3-10）

（1）项目的确定

1995 年 5 月，确定来宾 B 电厂为中国第一个经国家批准的 BOT 项目。1995 年 8 月，国家计委、电力部、交通部针对该项目专门联合下发了《关于试办外商投资特许权项目审批管理有关问题的通知》，这份通知为以后的 BOT 项目融资方式提供了政策参照。

（2）招投标

1995 年 8 月 8 日，广西政府在《人民日报》《人民日报（海外版）》和《中国日报》同时刊登了一份通告，邀请境外资本竞标来宾 B 电厂项目。9 月底，共有 31 个国际公司或公司联合体递交了资格预审申请文件。1996 年 5 月的投标截止日前，共有 6 个投标人递交了投标书。广西政府主导的评标委员会确定法国电力联合体、新世界联合体、美国国际发电（香港）有限公司为最具有竞争力的前三名投标人。谈判从 1996 年 7 月 8 日开始，经过近 4 个月的时间，3 轮 4 个阶段的谈判，双方就所需要确认的有关问题达成了一致意见。

特许权协议约定了 18 年的特许权期限（含 3 年建设调试期），并约定了电

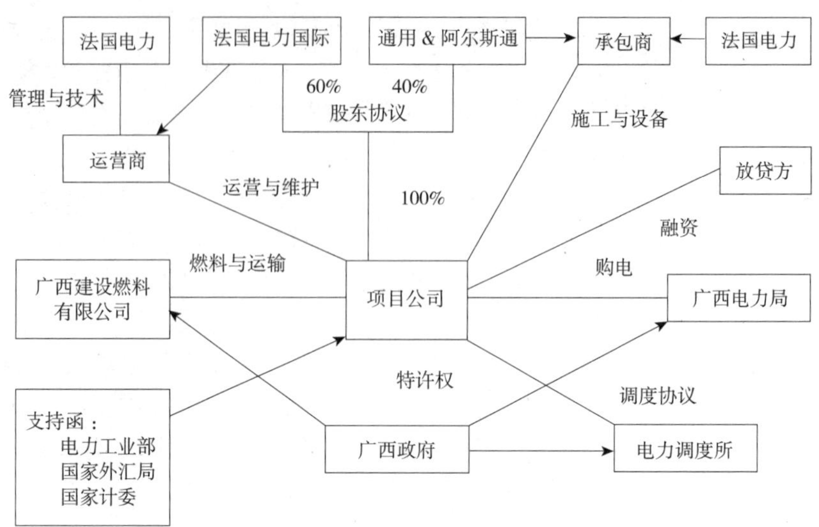

图 10-3-10　来宾 B 电厂交易结构

资料来源：中国 PPP 智库，笔者整理自绘

价等一系列操作细则。签署协议后，法电联合体成立了法资发电项目公司。广西电力工业局负责与项目公司签订“购电协议”。

（3）项目开发建设

建设规模为 2 台 36 万千瓦的燃煤发电机组，总投资 6.16 亿美元，按当时美元汇率 8.33 折合人民币 51.3 亿。2000 年起，来宾 B 电厂开始并网发电。

（4）项目运营

运营 15 年，项目公司累计收入 293 亿，净利润约 45 亿元。项目公司从建设期到后面的运营期，累计上缴各类税费达到 52.6 亿。运营以来上网电量达到 566.99 亿千瓦时。

（5）项目的移交

2015 年 9 月 3 日零时，广西 BOT 办与法国电力公司共同签署来宾 B 电厂 BOT 项目移交文件，来宾 B 电厂结束特许经营期，如期移交广西政府。

十二、PPP

（一）概念

PPP 是英文 Public Private Partnership 的缩写，也叫公私合营，即政府授权民营部门代替政府建设、运营或管理基础设施（如道路、桥梁、电厂、水厂等）或其他公共服务设施（如医院、学校、监狱、警岗等），并向公众提供公共服务，利益共享、风险共担的一种商业模式。其实质是在公用事业领域引入社会资本，社会资本和政府合作建设城市基础设施项目或提供社会公共服务和产品，最终使各方达到比单独行动更高的效率。

PPP 兴起于 1990 年代的英国，自 1992 年起，英国陆续将 PPP 模式用于交通（公路、铁路、机场、港口）、卫生（医院）、公共安全（监狱）、国防、教育（学校）、公共不动产等城市基础设施领域。

2013 年的全国财政工作会议结束后，对 PPP 在国家治理现代化、让市场在资源配置中发挥决定性作用、转变政府职能、建设现代财政体制和促进城镇化健康发展等方面的作用给予了高度期待。财政部相继发文，财金〔2014〕76 号、财金〔2014〕113 号、财金〔2015〕21 号，对我国 PPP 的发展进行了规范和引导。

截至 2016 年 11 月末，全国 PPP 综合信息平台入库项目 10828 个，总投资额 12.96 万亿元。全国 PPP 综合信息平台入库项目涉及能源、交通运输、水利建设、生态建设和环境保护、市政工程、城镇综合开发、农业、林业、科技、保障性安居工程、旅游、医疗卫生、养老、教育、文化、体育、社会保障、政府基础设施和其他等 19 个一级行业，其中市政工程 PPP 项目入库项目数量位居榜首，达 3838 个，3.61 万亿元；交通运输项目因单个项目投资巨大，总体投资额较为突出，1325 个项目投资额高达 3.87 万亿元；城镇综合开发项目无论是从项目数量还是投资额都是位列第三，共有 668 个项目，总投资额 1.32 万亿元；三者数量和投资额之和占比分别为 53.85% 和 67.90%（图 10-3-11）。

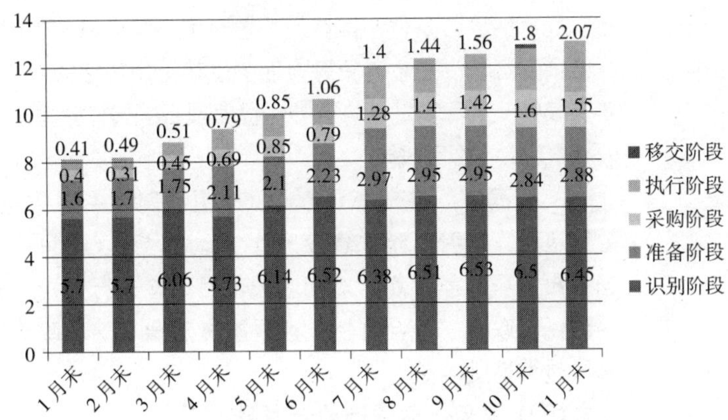

图 10-3-11　2017 年全国 PPP 信息综合平台入库项目实施情况（单位：万亿元）

资料来源：财政部网站

（二）特点

（1）商业模式

从财务可行性上讲，只要能产生稳定的未来可预期的现金流的基础设施项目均可以采用 PPP 模式进行建设。

例如：土地一级开发包含大量的基础设施和公共设施建设内容，通过土地出让、税收、特许经营等方式能够产生可预期的稳定的现金流，是理想的 PPP 模式运行领域。根据土地一级开发的特点，公共部门和社会主体可以参考如下的商业模式开展 PPP 项目：

A 公共部门与 B 社会主体就 C 地块（一般为十几平方千米甚至几十平方千米）的开发达成合作协议，在规定的合作年限内，B 社会主体负责地块内的土地平整、道路管廊等基础设施建设工作，学校、医院、文化、体育公共设施建设及运营管理工作，产业规划、项目招商、宣传推广等产业发展服务工作，空间规划、建筑设计、物业管理、公共项目维护等基础性服务工作等；与此同时，

B 社会主体以 C 地块内所新产生收入的该级政府地方留成部分的一定比例（即扣除上缴中央、省、市级部分后的收入）作为投资回报，如新产生的土地出让金、税收、非税收入及专项资金等；合作期限内，A 公共部门只有监督监管的权利，不得随意干扰 B 社会主体的合理经营，A 公共部门也不必为 B 社会主体的投资进行担保、兜底；合作期限结束后，B 社会主体将 C 地块的基础设施公共设施产权及经营权无条件移交给 A 公共部门。

（2）优越性

相对于银行贷款、信托、债券等融资模式，PPP 模式具有以下的优越性：

A. 弥补政府资金不足

适用于 PPP 模式的项目往往具有公益性强、耗资量大、建设周期长、资金回收慢等特点，多数融资能力弱的政府部门难以独自支撑项目建设，PPP 模式通过引入社会资本参与项目建设，将融资主体、责任主体转移到私营部分，既能弥补政府建设资金的不足，又能保证向社会提供足够的公共产品和服务。

B. 资源优势互补

公共部门可以利用其对政策、法规较为了解的优势，为 PPP 项目提供政策支持、优惠的融资条件和优良的经营环境；同时私营部门可以充分发挥其在商业运作、项目经营、资金募集等方面的优势，用灵活的企业决策规避政府采购涉及的条文限制，从而实现优势互补，提高项目的运作效率。

C. 共担项目风险

一般而言，在一个 PPP 项目的生命周期中，会遇到政治风险、法律风险、政策风险、金融风险、建设风险、运营风险及不可抗力风险等，合作双方会根据各自的风险承担能力对相应的项目风险进行分担，并采取相应措施进行风险控制，如政府一般会分担政治风险、法律风险和政策风险，私营部分将承担建设风险和运营风险。

（三）案例：固安产业新城 PPP

（1）特许经营协议

园区地处河北省廊坊市固安县，与北京大兴区隔永定河相望，距天安门正南 50 千米，园区总面积 34.68 平方千米。2002 年，固安县政府与华夏幸福签订排他性特许经营协议，设立三浦威特园区建设发展有限公司（简称项目公司）作为双方合作的项目公司（SPV），华夏幸福向项目公司投入注册资本金与项目开发资金。

项目公司为投资及开发主体，负责固安工业园区的设计、投资、建设、运营、维护一体化市场运作，着力打造区域品牌；固安工业园区管委会履行政府职能，负责决策重大事项、制定规范标准、提供政策支持。

在利益分享方面，华夏幸福共提供土地整理投资、基础设施建设、公共设施建设、产业发展服务、咨询服务和运营服务这六大类业务，对这些服务的投资回报都有约定。为体现风险共担，企业投资回报设有上限——不高于园区财政收入增量的企业分享部分。若财政收入不增加，则企业无利润回报，不形成政府债务。即，企业作为区域运营商，若园区综合发展未达预期，企业将难以获得初定预期的回报率，政府不对回报率进行兜底。

风险分担方面。社会资本利润回报以固安工业园区增量财政收入为基础，县政府不承担债务和经营风险。华夏幸福通过市场化融资，以固安工业园区整体经营效果回收成本，获取企业盈利，同时承担政策、经营和债务等风险。

（2）整体效益

2002 年至今，固安工业园区已成为河北省发展速度最快的省级开发区。截至 2014 年，华夏幸福在固安工业园区内累计投资超过 160 亿元，其中，基础设施和公共服务设施投资占到近 40%（图 10–3–12）。受益于固安工业园区新型城镇化，固安县从一个经济发展水平相对落后的传统农业县，到现在各项指标在河北省遥遥领先。

（资料来源：华夏幸福官网、新华网）

（3）PPP 中标信息（图 10–3–13）

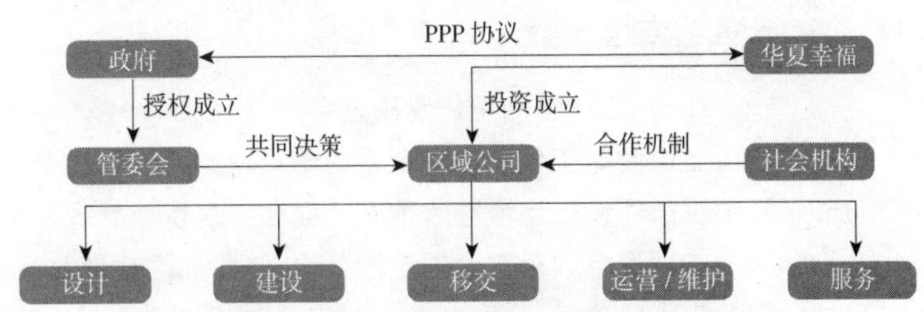

图 10–3–12　华夏幸福的 PPP 政企合作模式

资料来源：21 世纪经济报道

华夏幸福关于取得南京经济技术开发区龙潭产业新城政府和社会资本合作项目《中标通知书》的公告

本公司董事会及全体董事保证本公告内容不存在任何虚假记载、误导性陈述或者重大遗漏，并对其内容的真实性、准确性及完整性承担个别及连带责任。

华夏幸福基业股份有限公司（以下简称“公司”）于2017年6月6日取得《中标通知书》，确认公司为南京经济技术开发区龙潭产业新城政府和社会资本合作项目的中标投标人，中标价格如下：

1、合作区域内土地整理投资、市政基础设施建设及公共服务设施建设费用的投资回报率为：15%；

2、当年产业发展服务费占入区项目的当年新增落地投资额的比例为：45%；

3、规划咨询服务费的投资回报率为：10%；

4、市政基础设施及公共服务设施的运营维护和物业管理服务的投资回报率为：10%。

公司将在后续签署的正式协议中明确具体合作内容，签署相关协议前，将依法履行内部审批程序并及时履行信息披露义务。

特此公告。

华夏幸福基业股份有限公司董事会

2017 年 6 月 7 日

图 10–3–13　PPP 中标信息

资料来源：华夏幸福官网 http：//www.cfldcn.com/

十三、融资租赁

融资租赁，是由出租人根据承租人的请求，按双方的事先合同约定，向承租人指定的出卖人购买固定资产，在出租人拥有该固定资产所有权的前提下，以承租人支付所有租金为条件，将一个时期的该固定资产的占有、使用和收益权让渡给承租人。

房地产融资租赁与银行贷款相比，具有更简单、快捷的优势。尽管租赁的租金相对较高，但与银行借款相比，申请过程更简单快捷，可以获得全额融资，可以节省资本性投入，无需额外的抵押和担保品，可以降低企业现金流量的压力；可以起到一定的避税作用；从某种意义上来说，可以用作长期贷款的一个替代品。

十四、专项资金

（一）土地整治工作专项资金

土地整治工作专项资金是由中央财政通过一般公共预算安排，专项用于高标准农田建设、土地整治重大工程和灾毁耕地复垦等土地整治工作的资金。

专项资金以落实全国土地整治规划，加强耕地数量、质量、生态“三位一体”保护为主要目标，引导地方统筹其他涉农资金和社会资金，发挥资金整体效益，夯实保障国家粮食安全的物质基础，促进生态文明建设。

财政部负责编制预算，审核资金分配方案并下达预算，组织全过程预算绩效管理，指导地方加强资金管理等工作。国土资源部负责组织土地整治相关工作规划或实施方案的编制和审核，研究提出工作任务及资金分配建议方案，开展土地整治日常监管、综合成效评估和技术标准制定等工作，指导地方做好项目管理，会同财政部做好预算绩效管理等相关工作。地方财政部门主要负责专项资金预算分解下达、资金审核拨付、预算绩效管理及资金使用监督检查工作等。地方国土资源部门主要负责相关工作规划或实施方案编制、项目落实和组织实施及监督等，研究提出工作任务及资金分配建议方案，会同财政部门做好预算绩效管理具体工作。

专项资金采取因素法、项目法或因素法与项目法相结合的方式分配。

因素法主要依据各省（含自治区、直辖市、计划单列市、新疆兵团，下同）通过土地整治工作完成高标准农田建设任务资金需求、任务完成情况和贫困地区补助等因素按照 5 ∶ 3 ∶ 2 的权重确定资金分配方案。项目采取由省级人民政府立项，国土资源部会同财政部及时开展项目审核，依照项目类别确定评审方案，并组织评审，按程序择优分配资金。

［资料来源：《土地整治工作专项资金管理办法》（财建〔2017〕423 号）］

（二）城市棚户区改造专项资金

城市棚户区改造专项资金补助范围为城市规划区内已纳入省级人民政府批准的棚户区改造规划和年度改造计划的城市棚户区改造项目，不包括城市规划区内的煤矿、垦区和林区棚户区改造项目。

城市棚改补助资金按照各地区城市棚户区改造的征收（收购）面积、征收

（收购）户数等两项因素以及相应权重，并结合财政困难程度进行分配。

征收（收购）面积、征收（收购）户数两项因素权重分别为 30%、70%，根据城市棚户区改造情况，财政部可以会同住房和城乡建设部适时调整两项因素权重。

征收（收购）面积和户数，以征收（收购）人与被征收（收购）人签订的征收补偿（收购）协议或者市、县级人民政府作出的征收补偿决定为依据。征收（收购）面积包括住房和非住房建筑面积；征收（收购）户数包括实物安置住房户数（原地安置和异地安置）和货币补偿户数，均为永久安置住房户数，不包括临时安置住房户数。

财政困难程度参照财政部均衡性转移支付测算的财政困难程度系数确定，作为中央财政分配城市棚改补助资金的调节系数。

财政部会同住房和城乡建设部在对各地区报送的有关资料进行审核汇总后，于每年 4 月 30 日之前将城市棚改补助资金分配下达各地区省级财政部门。

根据各地区城市棚户区改造任务完成情况、补助资金使用管理情况、是否按时向专员办报送审核资料、上报数据是否及时准确等因素，财政部会同住房和城乡建设部在下一年度分配城市棚改补助资金时采取适当的奖惩措施，适当增加或减少相关地区的补助资金。

[资料来源：《中央补助城市棚户区改造专项资金管理办法》（财综〔2010〕46 号）]

（三）重点生态保护修复治理专项资金

重点生态保护修复治理专项资金由中央财政安排，主要用于实施山水林田湖生态保护修复工程，促进实施生态保护和修复。

专项资金以保障我国长远生态安全和生态系统服务功能整体提升为目标，推动地方贯彻落实山水林田湖是一个生命共同体理念，按照整体性、系统性原则及其生态系统内在规律，统筹考虑自然生态各要素，实施生态保护、修复和治理，逐步建立区域协调联动、资金统筹整合、部门协同推进、综合治理修复的工作格局，促进生态环境恢复和改善。

专项资金以历史遗留的矿山环境治理恢复、土地整治与修复为重点，按照山上山下、地上地下、陆地海洋以及流域上下游进行整体保护、系统修复、综合治理原则，根据生态系统类型特点和现状，统筹开展生物多样性保护、流域水环境保护治理，进行全方位系统综合治理修复。

财政部负责中央财政资金总体安排以及审核监督，国土资源部、环境保护部负责具体技术指导。各省级人民政府可根据本地区生态保护修复工作需要，按照《财政部国土资源部环境保护部关于推进山水林田湖生态保护修复工作的通知》（财建〔2016〕725 号）有关要求，编制山水林田湖生态保护修复工程实施方案并报送财政部、国土资源部、环境保护部，申请专项资金支持。三部门通过部门评估推荐、专家实地考察、公开竞争评审等程序确定支持对象。

专项资金采用奖补形式，分为基础奖补和差异奖补两部分。工程纳入支持范围立即享受基础奖补，中央财政将一次性拨付基础奖补资金，具体奖补资金数额根据工程投资额分档确定；工程差异奖补资金数额与重大工程目标完成情况挂钩。

财政部会同国土资源部、环境保护部确定资金预算额度后，在全国人民代表大会审查批准中央预算后90日内印发下达专项资金预算文件，有关省级财政部门接到专项资金后，应当在30日内分解下达本级有关部门或本行政区域县级以上各级财政部门。

[资料来源:《重点生态保护修复治理专项资金管理办法》(财建〔2017〕735号)]

十五、项目跟投制度

(一) 概念

项目跟投制度，是指员工以自有资金与公司一起投资原本由公司单方面投资的项目，并分享投资收益、承担投资风险的制度。对于公司而言，它能够就具体的项目实现相关责任人员与企业风险共担、利益共享，并在一定程度上降低项目管理人员的流动风险，跟投的人都是与项目相关的人。对于跟投方而言，能从项目利润中分得一杯羹，或者在项目变现（上市或并购）时获得收益，同时也意味着更大的责任和约束。

纵观房地产行业，项目跟投制度已蔚然成风。万科、碧桂园、绿地、旭辉、越秀地产等多家房企已先后推行项目跟投。据相关统计数据，截至2016年年中，国内房企前50强中有45%实施项目跟投机制。

(二) 案例：万科的项目跟投制度

(1) 项目跟投的参与人员

项目所在区域公司管理层必须跟投；

项目所在城市公司管理层必须跟投；

项目的管理团队必须跟投；

除集团公司董事、监事、高级管理人员以外的其他员工可自愿参与跟投。

(2) 跟入的资金占比

2014年4月推出时的规则:员工初始跟投总额不超过项目资金峰值的5%。

公司对跟投项目安排额外受让跟投，其受让总额不超过该项目资金峰值的5%，项目所在一线公司跟投人员可在未来18个月内，按人民银行同期同档次贷款基准利率支付利息后，额外受让此份额。

根据万科年报数据，2014年万科实现净利润192.9亿元，以跟投员工为主体的少数股东分走35.42亿元，占净利润比例为18.36%。

2015年3月30日，万科对项目跟投制度进行了第一次修订，第二版跟投额度修改为：初始跟投总额不超过项目资金峰值的5%，追加跟投总额不超过项目资金峰值的8%。

根据万科年报数据，2015年，万科实现净利润259.49亿元，其中少数股东分走了78.3亿元，分走的净利润占比提高至30.17%。

在2017年1月，万科对项目跟投制度进行了第二次修订，第三版跟投额度修改为：跟投总额不超过项目资金峰值的10%，取消追加跟投安排。

思考题：

给自己了解的一个项目策划投融资方案。

参考文献：

[1] 颜学海．房地产投融资与开发法律风险及对策 [M]. 上海：复旦大学出版社，2015.

[2] 蔺玉红，等．土地一级开发及投融资法律实务 [M]. 北京：中国法制出版社，2016.

[3] 21 世纪经济报道数字版．http：//epaper.21jingji.com.

[4] 中华人民共和国住房和城乡建设部官网．http：//www.mohurd.gov.cn/cxgh/index.html.

[5] 中华人民共和国国家发展和改革委员会官网．http：//www.ndrc.gov.cn/.

[6] 中华人民共和国财政部官网．http：//www.mof.gov.cn/index.htm.

[7] 中华人民共和国国家统计局．http：//www.stats.gov.cn/.

[8] 华夏幸福官网．http：//www.cfldcn.com/.

[9] 万科集团官网．https：//www.vanke.com/.

[10] 新浪财经．https：//finance.sina.com.cn/.

第十一章 社会管理

第一节 城市开发中社会管理的内涵和特征

一、社会管理的概念

社会是由多个互相联系和互相作用的基本要素构成的统一整体。社会的概念具有相对性，有广义和狭义之分，例如，相对自然界而言的社会，包含人类的一切活动，包括国家、政党、企业、军队等政治、经济和文化各个领域。与国家相对应的社会，是指与政治、经济等活动相区别的，以人的生活为中心的广泛领域，涉及人与环境、科学技术、文化教育、卫生保健、劳动就业、民生保障、公共治安等社会性事务。社会管理也同样有广义和狭义之分，广义的社会管理是指政府及非政府公共组织对包括政治的、经济的、文化的和社会的各类社会公共事务所实施的管理活动。狭义的社会管理，即与政治管理、经济管理相对，是对社会公共事务中排除掉政治统治事务和经济管理事务的那部分事务的管理与治理，国外一般称为社会治理或公共管理，指的是政府和社会组织为促进社会系统协调运转，对社会协调组成部分、社会生活的不同领域以及社会发展的各个环节进行组织、协调、服务、监督和控制的过程，以及规范和协调社会组织、社会事务和社会生活的活动。社会管理的主体是多元化的，即除了政府，还有社会组织、企事业单位和公民个人等。

二、社会管理的理念

所谓社会管理理念，是人们对于社会管理活动的一种理性认识，或者说是对社会管理活动一种观念的依据。它是社会管理体制建立和运行的内在基础，对于政府及社会组织的管理实践具有指导和规范的作用。

（一）以人为本

"以人为本"，作为一种价值观念和衡量社会经济发展的标准，强调的是关注民生、惠及民利、维护民权、保障民安。现代社会的发展，把人的全面发展作为社会不断发展进步的重要标志，所以社会管理创新过程中，应该把"人"作为核心要素来考虑，而以人为本的科学发展观正是社会管理理念的根本指针。要做到以人为本的全面发展就需要改变以往过于注重经济发展的社会管理模式，要树立起以人为本的全面发展的社会管理理念，要以民意为重要导向和工作重点，最大限度地畅通社情民意渠道，顺应民意，保障民权，使社会管理决策真正符合人民群众的意愿和需求。检验民意是否真实的一个基本标准是，民意是否符合人权保障的理念，是否维护人的尊严、公正、法治等基本价值观。

（二）公平正义

社会管理创新具有诸多的价值诉求，其中，公平正义是社会管理创新价值的基本诉求。一般来说，公平正义反映的是人们从道义上、愿望上追求利益关系特别是分配关系合理性的价值理念和价值标准。树立社会公平正义理念，就要强调公平的经济竞争和公平的政治参与，强调不同的社会阶层共同享有改革开放的成果，让社会大众分享公共资源，照顾社会弱势群体，使社会成员能够按照规定的行为模式公平地实现权利和义务，平等受到法律保护，实现社会成员之间的权利公平、机会公平、过程（规则）公平和结果（分配）公平。当前我国影响社会公平正义、公共诉求得以正常实现的矛盾，突出表现为城乡发展、地区发展、经济社会发展中不平衡的矛盾。

虽然在市场经济体制条件下，公平正义是市场经济的内在要求，但这一内在要求靠市场经济本身是无法做到的，竞争规律决定了市场经济本身不仅不会消除贫富差距，相反，只会不断加剧收入分化、贫富悬殊。为了弥补市场经济的不足，维系社会秩序和活力，就必然要求在社会管理与创新过程中坚持公平正义的价值理念，加强对社会的宏观管理。

（三）治理与善治的理念

从政治学的角度看，治理是指政治管理的过程，它包括政治权威的规范基础、处理政治事务的方式和对公共资源的管理。它特别地关注在一个限定的领域内维持社会秩序所需要的政治权威的作用和对行政权力的运用。治理同政府统治一样需要权威和权力，最终目的都是为了维持正常的社会秩序，但"治理从头起便区别于传统的政府统治概念"。无论是主体、权力运行的向度，还是权威的来源，治理与统治都有明显的区别。"治理标志着统治的含义发生了变化，指的是一种新的管理过程，或者是一种变化了的有秩序的统治状态，或者是一种新的社会管理方式"。善治即良好的治理，是治理的理想状态。"善治就

是使公共利益最大化的社会管理过程。善治的本质特征就在于它是政府与公民对公共生活的合作管理，是政治国家与公民社会的一种新颖关系，是两者的最佳状态。”

三、社会管理的内容与构成

社会管理的核心是建立“良性的社会运行体制”，实现的最根本方式就是社会的公平正义。

我国的社会管理主要包括以下内容：一是公共服务体系的建设与管理；二是社会保障体系的建设与管理；三是社区的建设与管理；四是社会组织、社团组织的建设与管理；五是社会治安体系或社会安全体系的建设；六是社会工作与社会服务；七是人口工作与管理。社会管理的目的是为社会提供“有效的公共服务”，使社会处于一种良性运行状态，实现社会的稳定与和谐。

第二节　城市开发中社会管理的目标和任务

一、协调社会关系

协调社会关系是加强和创新社会管理的首要任务。所谓社会关系，简单来说就是利益关系。人们之间在社会生产中会结合成各种各样的关系，但是这些关系都会或多或少地跟利益分配挂钩。在市场经济中，人们总是以利益为出发点和落脚点，因此不可避免地存在利益冲突和利益矛盾，在资源稀缺的地方，人们之间的利益冲突就显得更加明显和激烈。经济学中有“理性人”的假设，认为人在经济生活中是以逐利为目标的，而社会资源又是有限的，那么如何分配有限的社会资源就显得相当重要。当前，协调社会关系的基本方法是在“做大蛋糕的基础上使分配更加公平公正”，对于政府而言，主要是增加开支和投入，办好社会公益和福利事业。随着市场经济的发展和人们收入水平的不断提升，在一般商品的供给和消费上都不存在较大的障碍，目前的主要问题在于公共服务的供给上。由于我国城市化的发展，大量的农业人口涌入城市，而这些人的就业、住房、教育、医疗、养老等问题都是极难解决的问题，但是往往这方面的商业投资或者设置的门槛过多，或者住房、教育、医疗等资源供给不足，这类公共资源的紧张，说到底是利益分配的机制还有待进一步深化和完善，发展这类公益事业的机制还需要进一步创新，这些公共产品和服务没有解决好，社会管理的成效就会大打折扣。如果人们的手中钱越来越多，但是可以买到的产品和服务却越来越差、越来越贵，甚至还有不少产品和服务，花钱也买不到，那么实际上这也是一种贫穷的状态，这种贫穷是一种分配体制所造成的贫穷，是社会关系没有协调好造成的贫穷，因此创新社会管理，首要的目标和任务就是破除利益分配体制中的不合理、不公平的非市场化分配方式。如果利益协调机制方面不能有所创新和突破，社会管理的创新就无从谈起。因此，要适应利益格局的深刻变化，就要从利益分配、利益表达、冲突解决等方面，最大限度地协调各种利益诉求，最大限度地兼顾各方面关系。

二、化解社会矛盾

正确地化解和处理社会矛盾，第一，要健全社会矛盾化解的政府公共机制，发挥公共政策在社会矛盾调节中的基础作用，公共政策制定的好坏，将在根本上决定社会矛盾的多少和强弱，因为政府在利益分配中是主导者的角色，这个角色出现了偏差，社会矛盾不可能有效化解，反而政府会成为社会矛盾的制造者；第二，要创新社会利益的整合机制，扩大公共决策的社会参与，以前我们总是强调决策的科学化，现在看来，没有一定程序的公众参与，科学决策本身是否“科学”也是值得怀疑的；第三，要建立健全社会预警机制，形成科学有效的利益诉求表达机制。社会管理的一项重大任务就是化解社会矛盾，而利益表达机制不健全，矛盾就会形成累积效应，社会管理就会措手不及，疲于应付。

三、促进社会公平和正义

社会管理创新的一个根本目标和核心任务是促进社会公平和正义。对于什么是社会公平，在理论上很难界定，因为社会是否公平对于每个人来说都是个相对主观的价值判断，不太容易有固定的衡量标准，但这并不意味着社会不公只是主观存在，而不是客观存在。政府要在促进社会公平和正义中发挥作用，首要的一点是对政府在社会中的角色和定位有正确的认识。政府的角色在于保证起跑线上的相对均等化。然而，在现实中我们却看到，一方面社会资源分配的不均衡，另一方面不少地方政府出台的政策却又导致这种不均衡进一步被强化，这就使得政府的角色在社会管理中出现较大的错位。这种问题的出现，一方面是因为各地公共资源有限，拿出一部分稀缺的公共资源可以吸引更高层次的人来投资建设，促进当地的经济、社会和文化发展；另一方面是社会公共资源的分配制度日益僵化，政府一旦放开公共资源，就会面临巨大的压力，难以在均衡化上一步到位。

四、维护社会稳定

维护社会稳定，是创新社会管理中的一个基础性条件和前提，这个前提维护不好，社会秩序就荡然无存，当然社会管理也无从谈起。总之，我国现阶段维护社会稳定的任务是相当重的，还是应该一手抓经济发展，一手抓维护稳定，处理好发展、改革、稳定这三者之间的关系；发展和改革只能在稳定的环境中进行，而发展和改革也才能带来真正的稳定。发展是第一要务，稳定是第一责任。没有可持续的发展和卓有成效的改革，社会稳定的目标就很难实现，而且还会反过来影响发展和改革。

第三节　城市开发中社会管理的方法

目前城市开发中社会管理方法主要包含三个层面：一是建立公正的国民收入分配机制，二是进行社会风险评估，三是建立缓和社会矛盾的制度——公众参与制度。

一、公正的收入分配机制

明确国民收入分配的主管部门，确保收入分配更加注重社会公平，使全体人民享受到改革开放和社会主义现代化建设的成果。城市开发不可避免地对规划区内现有或附近居民的经济利益产生影响，在进行城市开发过程中要特别重视对经济收入进行公平的配置，如建立合理、公正的拆迁补偿机制、生态补偿机制等。

二、社会风险评估

社会风险评估需要考虑两个关键因素：一是看项目建设是否具备外支持环境，即在现有的经济、政治、文化、社会条件下，项目所在地的群众对项目是否具有足够的承受力，所建项目是否给社会成员带来较好的主观感受；二是看项目决策本身的合理性与合法性，也就是是否顺应了民心和民意，是否可能加剧当地社会利益矛盾。目前，社会风险评估方法主要有定量评估方法和定性评估方法两种，其中定性评估方法包括德尔菲法、主观概率法、领先指标法、相互影响法和情景预警法；定量评估方法一般包括一元线性回归、多元线性回归和非线性回归等方法。为了保证重大环境决策社会风险评估结果的准确性，这两种方法应结合起来使用。

三、公众参与制度

（一）城市开发的前期公众参与

这一阶段主要了解公众的意志和偏好，使得规划目标尽量符合公众的需要。整个参与过程分为公告—意见收集—意见回馈—公布四个步骤。首先规划设计人员确立城市开发的目标，设计调查问卷，对开发项目内及周边居民进行民意调查。意见收集齐全后由规划管理部门、开发商及相关利益代表一起进行讨论、协商，确定最后的结果，发布在网站上。

（二）城市开发中期公众参与

（1）开发规划草案公告

规划设计人员完成开发项目草案编制后，由规划行政管理部门公布在网站上，一同公布的还包含此阶段公众参与的目的及程序内容。同时将草案编制的简本、参与内容及意见反馈表邮寄至各利益相关人，收集反馈意见，并形成最终结果填写至《意见反馈表》上寄回规划行政管理相关部门。规划行政管理相关部门初步汇总意见内容，准备问题解答。

（2）开发规划草案评议

规划行政管理相关部门组织下的市局行政领导、专家、政府各部门及利益相关群体代表一起，采用协商会议方式组织参与。协商会议程序主要包括：首先由主持人说明本次协商会议的目的及基本程序；其次由规划编制人员简要介绍开发规划草案的相关内容；接下来会议代表轮流发言表达自己的意见，规定同一议题同一人不能发言两次，所有议题将马上记录下来公布在屏幕上，使所有代表均可看到；接着开始辩护程序，所有代表均可就所有议题进行质询，提议人需要运用证据、道理进行辩护，控规编制人员可参与问题解答，规定同一议题同一人不能发言两次；最后，所有代表对各个建议进行表决，确定票数过半的才能作为最终意见。协商会议后一周内，规划行政管理相关部门将表决结果以书面形式发至规划编制人员，作为修改的依据。待控规草案修改完成后，由规划行政管理相关部门邮寄至参加协商会议的各代表签字确认。签字文件需寄回规划行政管理相关部门。

（三）方案公示阶段

规划初步方案完成后，正式进入公示阶段，这次规划方案参与直接面对大众群体，可以给某些可能会被忽视的弱势群体，或是前一阶段意见没被采纳的群体再一次参与的机会。这一阶段包含公告—意见收集—意见处理三个步骤。首先，规划行政管理相关部门按照信息公开的要求将规划初步方案在网上、现场公示，同时将公示通知信息以邮递方式送达利益相关人手中，公示时间为三十个工作日。公示期间内，公众可以通过书面形式、邮件、电话等方式将意见表达至规划行政管理相关部门。收集公众意见的截止日，除另外有约定外，一般为规划初步方案展示结束后第五日。另外公众表达意见后需留下联系方式，便于进一步联系。规划行政管理相关部门应对收集到的公众意见进行整理，填写《公众意见处理及反馈表》。

（四）城市开发后期公众参与

城市开发完成后也要进行公众评估，了解公众的感受。这一阶段包含公告—评估文件编制—评估文件评议—评估文件公布四个步骤。规划行政管理部门组织评估公告，编制满意度评估调查问卷，组织进行调查，对调查结果进行收集和整理，向社会发布。

第四节 城市开发中社会管理的保障制度建构

一、社会管理立法制度建构

有效地进行社会管理，必须依靠完善的法律制度，要按照依法治国的要求推进和落实社会管理。健全的法律制度是实行有效的社会管理的必要保障。立法是依法管理社会的制度基础。健全的法律制度对于创新社会管理的实际意义在于，依靠法律规范个人、组织的行为，协调社会关系，监督和保护公共权力，保护公民合法权益。

虽然我国社会生活各个领域基本做到了有法可依，但有关社会管理的法制建设还显得滞后，因此，加快社会管理领域的法制建设是创新社会管理的迫切要求。立法应当以科学性和民主性原则为指导，按照科学立法原则，立法必须符合社会主义经济、政治和以人为本、人民当家作主的要求，在立法调研的基础上，提升立法质量，更多地产生良法；根据民主立法原则，要使人民能够通过必要的途径有效地参与立法，在立法过程中表达自己的意愿。城市开发中形成完善的社会管理法律体系，当前应重点加强以下四方面的立法：一是完善收入分配、就业、社会保障、教育、医疗等法律制度；二是加强非公有制经济组织、社会组织管理方面的立法，尤其是应尽快完善社区自治组织方面的法律法

规；三是加强在安全生产、保障公共安全、应对突发事件、维护社会稳定等方面的法律法规；四是网络信息管理的法律法规。在这其中，要注重公众参与权的司法保障。

完善公众参与权的司法保障需要从以下两方面入手。第一，扩大诉讼保护的权利范围。首先，需要《城乡规划法》明确规定公众参与权包含知情权、表达权、协商权、听证权、复决权的法律地位；其次，需要《中华人民共和国行政诉讼法》（简称《行政诉讼法》）确定参与权的法律地位。我国《行政诉讼法》规定的行政诉讼所保护的权益主要是人身权和财产权，而对于侵犯参与权的行政行为则没有明确规定是否能提起行政诉讼。因此，应该将参与权明确纳入行政诉讼的保护范围，以更好地保护行政相对人参与权利。建议在受案范围中增加一款，以列举式与概括式相结合的方式，强调程序性权利的保障。可增加“认为行政主体侵犯相对人程序性权利如知情权、参与权等”一款，将侵犯相对人参与权利的行为明确纳入受案范围。第二，完善程序违法的责任规定。我国现行的行政程序法律规范大都对程序违法的法律责任缺乏专门性的规定。目前作为司法救济首要依据的《行政诉讼法》第五十四条将可撤销的行为仅仅限定在具体行政行为，并且这种行政行为违法是实体行政行为违法。根据《行政诉讼法》第五十四条规定，在某一具体行政行为违反法定程序的情况下，人民法院可以撤销或者部分撤销该项行政行为，这种实体行政行为因违法被撤销后，行政主体不得以同一事实和理由作出与原具体行政行为相同的具体行政行为。但如果是因程序违法被撤销后，被告可以依照“新的”或者“正确”的程序重新作出行政行为，甚至结果是与原具体行政行为相同的行政行为。如此：“原告起诉被告程序违法没有实际意义，不能解决任何实际问题，而只能解决形式问题，名义上原告是赢了官司，但是被告却可以重新作出与原行政行为相同的行政行为。对于原告来讲，赢了一场名义上的官司而并没有赢得实际结果。”那么，现有的法律一大弊端就是相对人缺乏监督、纠正行政行为的积极性，显然对行政主体遵守行政程序的制约是不够的。对于行政程序违法的救济，应借鉴其他国家和地区的经验，结合我国的实际情况，针对不同情形，设定多种责任形式，构建一个程序违法的责任形式体系，具体来说，各国有关程序违法的法律责任形式有以下几个方面。无效：无效是指行政行为因具有重大明显瑕疵或具备法定无效条件，自始不发生法律效力的情形。撤销：对程序一般违法的行政行为，不适宜用补正的方式予以补救的，可采用撤销的处理办法；补正是由行政主体自身对其程序轻微违法的行政行为进行补充纠正，以此承担法律责任的方式。补正限于程序轻微违法的情形，对于实体违法或程序严重违法的行为，不能补正。责令履行职责：当行政主体因程序上的不作为违法且责令其作为仍有意义的情况下可采用责令履行职责这种责任形式。行政主体程序上的不作为行为有两种表现形态：一是对相对人的申请不予答复；二是拖延履行法定作为义务。对行政主体不予答复的行为，有权机关（如行政复议机关、人民法院等）应当在确认其违法的前提下，责令行政主体在一定期限内予以答复。对行政主体拖延履行法定作为义务的行为，有权机关应当在确认其违法的基础上责令行政主体限期履行作为义务。确认违法：行政主体逾期不履行法定职责，责令其履行法定职责已无实际意义的，适用确认违法这一责任形式。确认违法后，可建议有权机关追究行政主管人员和直接责任人员的法律责任，如给予行政处分。

二、社会管理组织机构设置

（一）政府进行社会管理组织建构

对于城市开发中社会管理的几个职能，政府方面需要进行社会风险评估和进行城市开发中的公众参与。

政府可以在城市开发项目立项同时组织进行社会风险评估工作，这项内容可由开发部门具体操作，将社会风险评估报告作为项目立项的基本条件上报政府的计委部门，与项目可行性一起被审核通过。

针对公众参与的组织机构，按照分权制衡的制度设计策略，将公众参与的某些职能进行分离，并形成制约，但要形成有效的制约，还需要将公众参与分离出来的职能安排在独立于规划行政系统的机构中。将公众参与组织机构分为三大块，其中由政府—规土局—建管科／规划科组成政府系统，负责公众参与的组织工作，包括公众参与信息发布、信息收集和公众意见处理结果回馈等工作。规划委员会—秘书处—公众意见处理委员会／公众参与审查委员会／城乡规划问责处／顾问委员会组成监督系统，负责公众参与意见处理、公众参与过程审查、公众参与行政问责等工作。小区规划小组是公众组织，代表公众和由政府系统、规划委员会系统组成的官方系统进行联络交涉（图 11–4–1）。

（二）公众组织建构

在公众参与的组织形式及方法上，西方发达国家有很多成功的经验。美国在小区规划层面上，成立代表公众利益的组织“小区规划理事会”。“小区规划理事会”具有法律地位，市政府通过立法规定城市规划必须征询该理事会的意见。英国在社区层面也成立了相应的社区组织，由公众选举产生主要代表，代表公众和政府进行社区建设交流。我国如果也照此标准建立独立的公众参与

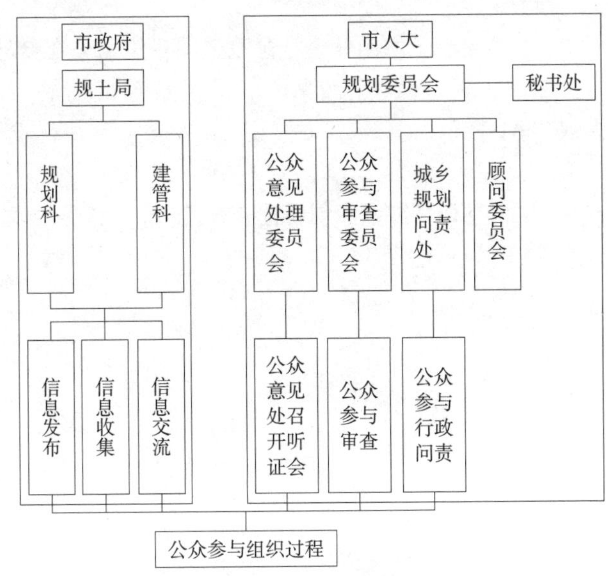

图 11–4–1　公众参与的组织结构

组织，会有一些现实困难，由于规划项目并不是很多，因此单独设置会造成资金浪费，公众也会由于长期没项目参与产生疲惫，因此比较可行的方式是对目前业委会机构进行改革，扩大组织成员，将业主概念换为居民，成立居民事务委员会。因为就业委会成立的主要目的是推选物业公司来讲，除了业主，其他居民也同物业公司有利害关系，也应参与到其中。在居民事务委员会下设立专门的“规划理事会”，在居民代表大会时同期选举其代表成员，制定相应章程。平常可处于半休眠状态，需要时根据章程组织公众参与。

三、信息支持系统建构

采用信息技术和网络化手段，支持城市开发中的社会管理。首先，建立信息统计系统，对城市开发中的社会问题和不稳定因素进行全面整合，以“人员”要素为基础，以“事件”管理为主线，以业务流程管理为重点，构建区域性统一的社会管理系统平台，实行城市开发中规划区内的各类社会问题和不稳定事件信息的采集、统报、分析、排查、交办、处理、反馈、监督等全过程跟踪管理。其次，对城市开发过程中的公众参与活动实现信息支持。政府需要做的是，第一，加强信息平台建设，建立统一界面的公众参与信息平台，即在规划行政管理部门的网站应以相同的界面，清晰明了地表明公众参与信息的位置；增大公众参与信息的容量，应对规划过程透明性增加后较大量的信息内容。丰富信息交流的方式，除了信息展示平台，还需要增加信息互动平台。第二，运用多种信息技术，提高信息的传递和交流。应对公众参与程序设计中协商会议需要的技术条件，实现信息内容能及时展现的能力，方便公众知情；建立基于 GIS 技术的公众直观和方便获取基地信息的信息技术；公众参与过程中可以尝试新媒体传播技术，如建立相关的微信、微博平台，方便公众及时快速地获取信息。

思考题：

给自己了解的一个社区改造项目策划公众参与方案。

参考文献：

向春玲．加强和创新社会管理 [M]．北京：中国青年教育音像出版社，2011．

第十二章 城乡开发策划

第一节 策划解析

一、策划的概念

古人云:“凡事预则立,不预则废。”预,就是对未来要做的事的预测、安排,其中就包含了策划的思想。“策划”通常被认为是为完成某一任务或为达到预期的目标,对所采取的方法、途径、程序等进行周密而逻辑的考虑而拟出具体的文字与图纸的方案。对“策划”的一个较完整的定义是,“根据已经掌握的信息,推测事物发展的趋势,分析需要解决的问题和主客观条件,在行动之前,对指导思想、目标、对象、方针、政策、战略、策略、途径、步骤、人员安排、时空利用、经费开支、方式方法等做出构思和设计,并形成系统、完整的方案,这就是策划”(陈阳.策划学。转引自马文军.城市大规模开发项目中策划理论及其应用研究[D].上海:同济大学,2000.)。在此,我们将策划简要定义为围绕某一特定的目标,全面构思、设计、选择合理的行动方式,从而形成正确和高效的工作。

对策划的起源说法不一,有人认为策划原本起源于军事领域中,竞争的社会事实是其赖以生存的基础,是指对战略、战术的制定、选择、安排等,如在《孙子兵法》中有“始计第一”篇。始计，就是战前的打算、安排，古代称为“庙算”。《孙子兵法》认为，未战之前必须将双方作战的诸多因素拿来对比研究，预计作战胜利的可能性。后来概念及范围逐渐扩展，渗透到政治、军事、文化、艺术、体育、经济、社会等各个领域，所以出现了投资策划、影视策划、商业策划等提法。也有人认为，与策划对应的英文是Planning、Plot、Scheme、Programming等，是先由日本人翻译，再从我国台湾传播到祖国大陆，在台湾提得更多的则是“企划”，由此可知，“策划”起源于西方的“市场营销学”，策划是整个市场营销完整系统中的一个关键环节。从目前策划学的内容和策划在房地产开发中的地位和作用来看，更符合后一种说法。一般我们所说的“策划”是个广义的概念，包含了经济、社会、科学、艺术、技术、文化等诸多方面的内容，是一门涉及多学科的综合性的研究行为。

二、策划的本质

根据策划的特征与渊源，研究表明策划在某种程度上是管理活动和决策行动的先发设想和前导程序，其本质主要集中体现在竞争性、前导性和科学性三个方面。

竞争本质是指策划的起源与发展是不同社会发展时期的竞争需要。哪个社会发展时期存在竞争，那个时期就需要策划，竞争越激烈，其策划活动就越频繁，策划思想也就越活跃丰富。这也是春秋战国时期列强纷争中策划思想得以产生的原因。在高度集中统一、排斥竞争的计划经济时期，也是策划活动的休眠期，而市场机制的引入所带来的竞争，必然是策划思想获得生机的诱因。由此看来，近年来商业活动中策划手段的逐渐普及并不是偶然现象。而竞争也同样存在于城市的开发建设中，策划的竞争本质决定了它也必然能在其中找到发挥自身作用的领域。

前导本质是指管理决策和经营计划的生成需要以策划为前提和依据。“基本上所有的策划都是关乎未来的事物，也就是说，策划是针对未来要发生的事情做当前的决策。策划是找出事物的因果关系，衡量未来可采取之途径，以为目前决策之依据”。所以，策划在时间上是做出决策和计划之前的行为；在作用上，是确定决策和计划的前提与依据，具有引导的价值。

作为参与到管理与经营活动中的重要程序，经验策划已经不能满足社会发展的需要，策划本身的科学性也需要得到提高。科学本质是指策划在贡献于管理科学、决策科学和计划科学的同时，自身也向科学化发展。成为综合多学科的专门科学，才能够适应其他领域的需要。

第二节　与策划相关的概念解析

一、策划与城市规划

（一）策划与规划的区别

策划是指在人类的社会活动中，为达成某种特定目标，借助一定的科学方法和艺术，为决策、计划而构思、设计、制作行动方案的过程。如果将一项工

作从酝酿到完成的过程看作一个程序，那么“策划—计划（规划）—实施—结果”就是这个程序的全部内容。策划在其中是制定计划的依据和前提，策划根据自身的原则与本质，为计划提供目标、方案等方面的选择，使计划的可行性和实施的成功可能大大提高。

规划从本意上讲，就是在目标、条件、战略和任务（这些内容往往都是策划的结果，或者都有策划思想在其中发挥作用）等都不是很明确的情况下，为即将进行的开发活动提供一种比较可具体操作的指导性方案，也是计划的一种形式。在本章中规划特指城市规划。城市规划是对一定时期内城市的经济和社会发展、土地利用、空间布局以及各项建设的综合部署、具体安排和实施管理。可以看出规划工作是侧重现实性的、具体的、可操作的行动结果，是解决行动中“做成什么”的问题。而策划是解决行动中“如何去做”的问题，是规划的前一步骤。

（二）策划与规划的联系

本章中的规划即城市规划，是预测城市的发展并管理各项资源以适应其发展的具体方法或者过程，以指导已建成环境的设计与开发。传统的城市规划多注意城市地区的实体特征；而现代城市规划则试图研究各种经济、社会和环境因素对土地使用模式的变化所产生的影响，并制定能反映这种连续相互作用的规划。可以看到，城市规划的职能也在发生着由“安排”向“引导”的转变，其自身的规定性在逐渐淡化，而日趋强调合理性与适应性。这就要求城市规划具有一定的“预见性”和“机变性”，在一定程度上与“策划”就发生了联系，所以近年来策划思想在城市规划与开发中被自觉或不自觉地加以运用，正是策划本质与作用的体现。

事实上，策划与城市规划具有非常密切的联系，每一个层次的规划中都能发现策划的存在。从城市总体规划的产生来看，它总是一定时期内城市的经济和社会发展目标在土地利用、空间布局以及各项建设的实施计划、规划的制定依据——经济和社会发展目标本身就是策划目标，它并没有提出实施的具体方法，但却为实施计划的制定提供了根本依据，没有策划目标的提出，规划就成了无源之水。而每一个层次的城市规划，都需要以上一个层次的规划为依据，直至开发建设完成为止，规划都与策划密不可分，作为下一步规划与开发建设依据的上一层次的规划，不可避免的要有策划思想的运用，才能获得科学、可行、适应城市发展变化的规划成果。

因此，“策划”越来越受到关注。研究策划在不同层次的规划和规划开发的不同工作阶段的运用，发挥策划在决策、竞争、创新等方面的优势，提高城市规划与管理的科学性具有重要的现实意义。

二、建筑策划

建筑策划在建筑学领域内由建筑师根据城市规划的目标设定，从建筑学的学科角度出发，不仅依赖于经验和规范，更以实态调查为基础，通过运用计算机等近现代科技手段对研究目标进行客观的分析，最终定量地得出实现既定目标所应遵循的方法及程序的研究工作。它为建筑设计能够最充分地实现城市规划的目标，保证项目在设计完成之后有较高的经济效益、环境效益和社会效益而提供科学的依据，将人和建筑环境的客观信息建立起综合分析评价系统，将城市规划设定的定性信息转化为对建筑设计的定量的指令性信息，其中对人在建筑中的活动及使用实态调查是它的关键依据（庄惟敏，建筑策划导论）。建筑策划的理论框架和方法的研究在国外已经比较完善，实践中也较多应用；在中国，建筑策划的理论研究已经有很大进展，在设计建造实践中，建筑策划还较少作为一个独立的环节进行运作，建筑策划的工作一般渗透在前期设计任务书的拟定、工程项目的可行性研究报告和前期方案研究比选等工作中。

三、房地产营销策划

我国现阶段的房地产开发项目，由于市场机制的不断完善，房地产开发中的高利润带来的高竞争和房地产开发固有的高风险，使得房地产开发营销策划倍受重视，策划的理论日趋完善，策划实践失败的教训和成功的经验都很丰富，并且策划的理念和手法已经运用到房地产开发的整个过程。每份策划的具体内容也会根据项目开发特点灵活多变，有所侧重。

房地产开发营销策划是市场经济的产物，同时也促进了房地产开发过程中市场机制的完善，促进了包括城市土地在内的各种资源的有效配置，应用到住宅项目的开发中，也为市民住宅环境的改善、居住生活水平的提高起到了积极的作用。

目前，国内的房地产开发策划只是作为房地产营销的一个关键环节和核心步骤而出现，其准则是以市场为导向，以赚取最大利润为目标，其服务的对象是按市场规律运作的开发公司，其中不可避免地带有一定的局限性和片面性。

四、较大功能片区的开发策划

一般说来，较大功能片区开发的运作主体是政府部门或政府部门组建的投融资平台或城投公司等，开发前期的准备工作多是可行性研究报告、开发策略研究、城市规划图纸及文本等，开发过程也多是行政管理和市场机制相结合，由于这类开发面临的竞争环境不强，所以策划的手法和思想有所涉及，但应用不广泛，缺乏完整和系统的策划工作，其中有些工作虽冠以“策划”的名义，其实和一般的城市规划相差不大。

五、城市整体形象策划

近年来，城市整体形象策划越来越受到关注。城市整体形象策划主要为了提升城市品牌价值，增加城市知名度和美誉度，从而进一步增强城市竞争力。城市整体形象的策划内容涉及更多方面，可以是借助城市的知名企业品牌，也可以是借助城市特有山水生态环境或者借助独具特色的城市风貌等。相比较而言，城市整体形象策划的工作更具有宏观性、战略性。策划的思想和手法在不同规模层次的城乡开发和建设中的发展情况可简单总结如下（表 12–2–1）。

策划思想与手法在不同层次城乡开发中的发展情况　　表 12–2–1

城乡开发和建设层次	策划内容	策划主体	发展现状	作用层次	备注
城市总体	以形象特征定位、塑造为主	城市政府	越来越受到重视	宏观层次	城乡开发整体战略
较大功能片区	开发策略、功能结构	城市政府有关部门或代理政府职能的开发公司	策划思想和工作有所涉及，应用不广泛	中观层次	土地一、二级市场
居住小区或小规模开发	包括项目定位、管理及经营构思等	按市场规律运作的开发公司	概念明确、理论完备、手段丰富、系统；实践中广泛应用	中观、微观层次	服务对象是开发商，目标设定是经济利润最大化
建筑策划	包括目标确立，建设项目条件研究、具体构思等	受业主委托的建筑师	理论探索已有成果，实践中较少独立运作	微观层次	—

第三节　策划的原则

策划的原则是指在策划活动中必须遵循的指导原理和行动准则。它是策划客观规律的理性表现，也是策划实践经验的概括和总结。这些原则是由策划的客观规律决定并从这些规律中抽象概括出来的，是策划活动科学有效的重要保证。

一、整体规划原则

对于城乡综合开发而言，整体规划原则尤其重要。1960 年代开始，国外逐渐出现对城市进行综合开发。英国于第二次世界大战后通过了“新城市法”，在各地组织开发公司，对城市进行综合开发；日本政府在 1955 年制定了“日本住宅公用法”，组织开发机构进行住宅的综合开发；法国、新加坡等国家也运用宏观调控或经济诱导的方法，来引导城市的综合开发。城市作为一个有机体，各项用地、建筑物之间的合理关系要通过科学的规划来实现，只有这样才会有利于城市的发展。倘若不统一规划，将容易导致盲目发展，从而引发住宅缺乏、交通拥挤、环境恶化等一系列社会环境问题。在城乡综合开发中，要强调城市建设的全局性、长期性和系统性，体现整体规划原则。

对于单个的房地产开发项目而言，也需要有整体规划的原则，只有与城市整体发展的目标和要求相一致，才能保证开发项目合理的经济效益并顺利推进。

二、效益主导原则

就房地产开发公司而言，其首要目的是通过实施开发过程来获取直接的经济利益，开发策划是彻头彻尾的市场策划，有了市场需求，才会有开发，房地产商为满足市场需求而开发房地产项目，然后通过这个项目的出租或出售到达终点——获得市场回报。为了获得最大利润，开发策划必须紧紧地抓住市场需求，而对市场需求的满足程度将直接影响到房地产商的经济利润，项目策划的目的和意义则是争取更好地满足市场需求。

对于政府或其下属开发企业主导的城乡综合开发项目，城乡开发主要是为

了城市发展的需求，并不只是着眼于经济利益，还应兼顾社会与环境效益，促进城市的可持续发展，开发目标应更多地体现长远性和综合性。

三、过程性原则

动态性是城市系统和各子系统的基本特征。市场化的需求也正是策划的动态性的根本所在。在商品经济社会中，各类房地产开发、经营、管理等企业要实现自己的经营目标，制定出合理的生产计划，首要前提是必须充分明了社会各方面、各层次的需求和同行业的竞争情况。特别在消费导向的市场条件下，社会需求的变化快，差异性大，并向多元化、个性化发展，社会消费倾向和需求动态对企业经营方向、决策起着重要的调节作用。通过策划，一方面使项目开发保持高度的市场反应机制与能力，另一方面激励项目向设计的科学化方向发展，并通过相应手段规避一些不必要的市场风险，提高项目的市场适应程度。策划活动应该能够与现实条件的发展变化相适应，具备随机应变的能力，并能够预测对象的变化，掌握适应形势的主动性，在变化中调整策划方案，使之具有动态适应的能力。

四、客观现实原则

在我国，计划经济时代，城乡开发是一种政府指令性行为，没有市场参与，没有竞争机制，不需要市场营销，自然也不会有城乡开发策划。但随着市场经济体制的逐步建立，越来越多的城乡开发项目被投入到市场环境中，市场经济固有的竞争机制和人们对经济利益的不懈追求，使得房地产营销在城乡开发中的地位越来越重要，而项目策划则是整个房地产营销过程的核心步骤。同时，项目的实施是建筑在客观事实基础之上的，需要一步步地完成。策划不是空中楼阁、天马行空，要以客观实际为依据，秉行客观现实原则。

五、可行性原则

可行性原则是指策划方案可被实施并能取得科学有效的成果。它要求可行性研究贯穿于策划的全过程，可以经受经济、利害、科学与合法四个方面的检验。

第四节　城乡开发策划的类型和目标

一、策划的主要类型

策划所针对的对象按照功能区可分为：居住生活、产业、风景旅游等。对于策划对象的正确理解，是针对不同的对象确定正确目标的基础。下面重点介绍对策划对象的含义的理解。

（一）城市中心区开发策划

城市中心区开发策划是城乡开发策划的一种，是城乡开发策划在城市中心区开发建设中的具体应用，是城市在新中心区开发建设前，为指导新中心开发建设而进行的目标定位，以及为实现既定目标而进行的总体构思、建议等一系列的谋划行为，策划的成果将作为城市政府和开发商在今后新中心区开发建设中实施决策的依据。

城市中心区作为城市结构中的一个特定的地域概念，根据研究的目标不同有各种不同定义。各类研究人员在讨论城市中心区时都侧重于自身的角度，导致城市中心区概念上的多义性和模糊性。例如，Downtown 一词主要流传于北美一带，它不是学术界严格的定义，而是人们日常生活中对城市闹市区的俗称，通常是指传统的商业中心，与此相似的 Uptown 是指城市的住宅区和非商业区；与 Downtown 相似的还有城市中心商业区（CRD：Central Retail District）。从城市整体功能结构演变过程看，城市中心是一个综合的概念，是城市结构的核心地区和城市功能的重要组成部分；从空间分析的角度来看往往是城市的形心或重心，是城市公共建筑和第三产业的集中地，为城市及城市所在区域集中提供经济、政治、文化、社会等活动设施和服务空间，并在空间特征上有别于城市其他地区。它可能包括城市的主要零售中心、商务中心、服务中心、文化中心、行政中心、信息中心等，集中体现城市的社会经济发展水平和发展形态，承担经济运作和管理功能。

在不同的历史发展时期，城市中心区有不同的构成和形态。首先，古代城市的中心主要由宫殿和神庙组成，这与当时的社会状况相符。其次，工业社会中，零售业和传统服务业是城市中心区的主要功能，Downtown 是当时城市中心区的代称。第三，城市中心区发展到现在，地域范围迅速扩大，并出现了专门化的倾向，如 CBD（Central Business District）的兴起，但城市中心区本质上仍是一个功能混合的地区。

在一个快速城市化地区往往会进行城市新中心区的开发，带动城市新区的建设。所谓城市新中心区主要是指根据城市规划有待开发的、集中未来城市一个或几个重要职能的核心地区，它可能是城市未来的行政中心、商业中心、文化中心或几个中心的结合。由于开发规律和策划内容的相似，有时还包括城市未来的副中心地区。

（二）城市生活区开发策划

城市生活区开发的前期策划是根据城市相关规划，对某一以居住生活为主的功能片区开发前期进行的策划行为，通过对城市居住需求的调查，确定生活区的开发定位、规模和公共服务设施的配置要求，以及区域环境系统的调查分析，进行产业经济开发区的功能定位，确定目标体系，并全面考虑开发过程的主要环节，提出开发策略和运营的初步构想方案，再经系统的可行性论证，得出开发是否可行的结论，为政府决策提供依据，并为后续工作的展开提供指导性建议。

长期以来与城市生活关系最密切的内容都包含在“居住区”中，如住宅、托幼设施、中小学和生活绿地等。但是随着人类认识世界的技术手段、理论体系的不断发展，对城市的研究也不断扩大。尤其是 20 世纪下半叶系统论、控制论、协同论的建立，将城市的各个组成部分放在一起进行综合研究逐渐成为一种可能。希腊建筑师道萨迪亚斯就提出了“人类聚居学”，他认为可以把包括乡村、城镇、城市等在内的所有人类住区作为一个整体，强调从人类住区的“元素”（自然、人、社会、房屋、网络）进行广义系统的研究。因此，在对城市居住区开发的问题进行研究时，仅仅专注于“居住”一个方面是远远不够的。

必须将居住与人类城市生活的其他具有密切联系的部分结合到一起来分析研究才能获得更为整体、系统的认识。在现代城市的功能结构发展中，用“生活区”来代替“居住区”能够更准确地表明在工作、交通和游憩之外与人们关系最密切的活动所需要的城市功能空间。

所谓城市生活区，是具有社区特征和现代居住生活所需完备设施的城市空间。生活区在本书第十五章有详细介绍。

（三）产业经济开发区开发策划

产业经济开发区开发的前期策划是按政府部门意图通过对区域环境系统的调查分析，进行产业经济开发区的功能定位，确定目标体系，并全面考虑开发过程的主要环节，提出开发策略和运营的初步构想方案，再经系统的可行性论证，得出开发是否可行的结论，为政府决策提供依据，并为后续工作的展开提供指导性建议。

所谓产业经济开发区，指的是以第二产业用地为主的功能区，开发策划的主要目的是研究发展思路与开发策略，使城乡开发的目标得以顺利实现。由于产业经济区的开发是一个巨型的系统工程，无论是规划建筑工程设计，广告宣传招商引资，还是管理运作开发经营都包含了众多的内容，具有许多确定的或不确定的因素，需要仔细分析谋划。同时这几个组成部分之间又有着千丝万缕的联系，一个环节造成脱节，会导致整个开发的伤筋动骨。因此在开发初期进行缜密的策划研究就显得异常重要。前期策划想到的问题越多，分析越细致，安排越周到，开发运营就越可能顺利进行。反之，若是前期策划论证不充分，开发盲目进行，由于工程建设的不可逆性，将会给国家、集体、个人带来无法弥补的巨大损失。

（四）风景旅游度假区开发策划

这一类区域往往以各类资源为特色，开发过程中资源的保护是一个重要工作。这类资源类型有人文类（历史事件、历史遗迹、宗教、民族）和自然生态类（山、水、生物）。这些区域的开发策划是为了在有效保护的基础上设定符合人们需求的开发项目和开发方法。

（五）农村地区与乡镇开发策划

上述四类地区开发基本上是有较大规模，统一建设管理。除此之外，广大农村乡镇地区开发也在逐步走上统一的途径。现在如农业产业园、农业综合体、新农村建设、特色小镇建设等农村地区的开发建设如火如荼地展开。这一类地区的开发策划以特色产业发展为龙头，以提升农村地区经济水平、改善农村基础设施、美化环境为抓手，最终达到消除城乡差别的目标。

（六）其他特殊类型地区的开发策划。

如重大基础设施的节点（高铁站、机场、港口）周边地区、边境门户地区等都会有特殊建设要求。

二、目标的策划

由于城乡开发是一个庞大的系统工程，开发目标也应该有系统性。一般来说，一个城乡开发项目有三方面的主要目标需要策划：社会目标，经济目标，空间目标。根据不同类型的开发对象，开发目标会有主次区别。如经济技术开发区一般都会以第二产业为代表经济技术目标为主，商业中心区一般会以商业加上休闲服务的第三产业社会目标为主，风景旅游区一般会以旅游资源的保护利用等空间目标为主。

第五节 策划的几个关键点

一、策划的主体内容

城乡开发的策划主要包括的内容有：市场分析、活动策划、功能策划、文化策划、空间策划。

（一）市场分析

市场分析是整个城乡开发策划的灵魂，主要涉及项目的定位。通俗地讲，项目定位就是经营一个什么样的项目，其完整含义可以表示为：通过市场调查及研究，确定项目所面向的市场范围，并围绕这一市场，分析相关人群特征（年龄、收入、文化、就业）。

（二）活动策划

不同人群的活动有不同的组合要求。儿童要受教育，成年人要就业，老年人要休闲。不同的时间人群有不同的活动要求，如青年人，早晨要健身，上午和下午要就业，晚上会有社交活动。这些活动有些相容，有些相斥。尤其是节假日或重要节庆会策划一些大型活动，需要一些特殊城乡空间，组合成活动项目。

（三）功能策划

根据市场分析得出的人群活动项目安排到城乡空间中去，完成城乡空间的功能策划。主要是侧重于城市土地的使用和布局结构，对城市土地的利用方式进行概念性构思。从政府经营城市的角度，充分发挥城市有限土地资源的经济潜力，考虑多种用地的使用功能组合方案，对其进行技术经济比较，取得最优的方案。功能策划，可应用于城市规划的不同层面。事实上，我们在每一层面的规划上，在规划编制之前，都有一个策划的过程，即方案的构思。

（四）文化策划

文化策划是对城乡开发项目的一种文化内涵的挖掘。中国拥有悠久的历史和源远流长的文化，中国人具有尊重历史、继承优秀文化传统的良好品质。中国城市大都历史悠久，有各自独特的文脉特征，是形成城市特色的宝贵素材。对开发项目的文化策划，是从文化方面形成项目特色，使人们对项目形成认同感、归属感。文化策划在风景旅游区以及历史街区、特色小镇开发策划中应用最多，利用文物古迹、名人遗踪，形成文化主题，例如孔子故乡——曲阜的旅游策划，就是着重的文化策划。另外，在人们居住水平逐步提高的时代，对居住区的文化品位也日益提高。相应的，居住区的策划也将文化策划列为重点之一。

（五）空间策划

城市的空间从根本上可分为建筑空间和开放空间。同时由于用地性质的不同，形成的城市空间也不同。即使是同一性质的用地，如居住用地，可创造出低密度、中密度和高层高密度等不同的空间。通常是与其区位有关，基本是由市中心至边缘区，建筑由高至低。空间策划也可以在建筑规划及设计上做文章，尽量采用目标客户群所熟悉和认同的建筑语言，在功能和布局上体现出他们的物质追求。在房地产开发项目阶段，建筑设计要求的制订应该是完整地贯彻营销思路，建筑设计的要求包括诸多方面，有规划、建筑风格、环境、装修、结构、设备、成本控制等。好的建筑设计应该是能很好地满足策划本身所提出的各项要求。好的房地产开发商应该能够将自己的开发思想通过建筑语言在设计要求中表现出来，从而将自己的项目建设成倍受欢迎的、有定位和文化内涵的项目。

二、城乡开发项目策划步骤

城乡开发项目的每一个环节都不是完全独立的，环节与环节之间有着密切的相互关联。因而，在城乡开发项目操作中，所有环节的操作节奏都应该有一个统一的、协调的安排。这种全局性的安排往往是环环相扣的，任何一个环节的超前和脱节都有可能带来不必要的损失。因此，对项目的行动方法的策划一般要求：

（1）符合开发建设及市场运作的客观规律。

（2）与上一层面策略相吻合。

（3）选择合理可行的开发成本。

（4）符合国家相关法律和政策。

在我国现阶段，城乡开发策划主要集中于小区开发和更小规模的房地产开发项目上，策划主体多是按市场规律运作的开发公司，是一种以利润追求为导向的开发策划，所有的策划活动都是着眼于市场目前和将来的需求和以达到企业的经济目标为目的。在这种开发模式及目标要求下，开发项目策划一般主要包括以下几个方面的内容。

（一）调查分析

调查分析是城乡开发策划的基础，它是一种收集资料、消化资料的过程，主要包括以下两点：

（1）收集资料。策划创意并非“空中楼阁”，它是理性的积淀在某种情况下以一种感性的思维模式激发出来的意识表现，而收集资料阶段正是创意原材料的积累，它为策划的成功提供素材，把握市场方向。资料可再分为两种：

A.“特定”资料

①经济——城乡开发的资金来源、城市的产业结构。

②社会——城市的人口结构、社区组织机制。

③空间——开发项目的区位、功能、周边区域环境、基础设施条件。

要在这些资料中挖掘出一种特殊关系，并从中衡量阻碍或促进这种关系建立的因素。

B.一般性资料

是指长期收集的有关历史、文化、生活的一切事物，它潜移默化地影响着人们的思维方式、价值取向以及审美情趣。

（2）分析资料。将搜集来的资料反复过目，用心思考，从各个角度来观察、分析。把资料结合在一起，找出事物的必然联系，将他们重新组合，并将那些零碎和不完整的想法初步地表达出来。

（二）制订目标

经过了调查与分析，根据项目的自身条件，合理制订目标，既要具有可操作性，又要超前具有可持续发展的可能。在不同的地区投资不同的物业会有不同的开发方案。

制订目标的主要任务是解决对所开发产品的定位问题，明确一些可利用的竞争优势；选择若干个适用优势；有效地向市场表明开发项目的定位观念。通常可有多种可能定位，例如“低价定位”“优质定位”“优良环境品质定位”“优质服务定位”等。

（三）寻找切入点进行创意

对目标进行包装，形成一个引人注目的形象。如简洁的宣传词，动人的目标介绍，漂亮的空间形象。在当前的房地产开发，尤其是住宅的开发中，各个房地产公司各显所能，在创意上投入巨大，用一种被市场、消费者认同的方式与强大的感染力，将产品的卖点、品牌及企业理念，深层次消费需求，准确而撼人心魄地传达给消费者，在打动消费者的同时，驱使其实现购买行为，最终达到开发公司的商业目的。

创意的关键是处理“力”与“值”的关系。力，独到的说服力；值，真实的商业价值，市场回报。创意的基本原则是发现旧有元素间的联系，并将旧的元素进行新的组合，使其具有原创性、针对性、功能性、单一性、冲击性，从而实现开发的高额回报。

（四）行动路线设定

是将以上各个步骤落实的关键一步。一闪而过的概念是隐藏在潜意识中的事物浮现在意识上的一种状态，要根据符合项目特性、品牌个性、目标消费群心理、广告目标等商业性的创意宗旨，经过整理总结，加工充实，修改调整，形成并发展这个创意，使它具有实际应用价值，最终完成一个集商业性与欣赏性于一体的行动路线。将整理调整而得出的创意用语言或图画等形式表现出来，表现形式充分发挥创意的本意，并尽量使其相得益彰。最终目标不能一蹴而就，必须合理地设定行动路线，有计划地按步实施。

（五）成果与效益评估

策划的成功与否，需要有一定的标准来衡量它。一般要从经济、社会、环境多个方面进行综合评价。目前策划应用最多的住宅房地产开发中，最重视的是开发方案的经济效益评价。常用的方法有三种：①净现值法；②内部收益率法；③投资回收期法。

第六节 策划的方法

一、理性方法

借助逻辑学中的三段论、因果论，来进行城乡开发策划。强调以逻辑推理的方法来对开发项目进行评判，使人们能够清晰地发现项目策划与其自身优势之间的因果关系。

三段论是由两个直言判断作为前提和一个直言判断作为结论而构成的推理，其中包含有（而且只有）三个不同的项。例如：凡科学都是有用的，凡社会科学都是科学。所以，凡社会科学都是有用的。应用于城乡开发策划时，可依据这种逻辑关系来分析案例的内在逻辑，利用已知的规律，推出计划得到的结果。例如：一般来讲，城市中心区具有区位优势，而商业开发项目要求有较好的区位，因此选择城市中心区进行商业开发项目；城市中心区边缘环境优美、生活方便，居住开发项目注重生活环境的营造，因此选择城市中心区边缘进行居住区的开发。

二、感性方法

发散：把与目标有关的外界因素排列出来，找出关键因素。见表12–6–1，A、B、C、D是相互联系的目标因素，数字代表目标因素之间的影响度。如果以A为目标，则D因素是对其影响最大的关键因素。要着重研究D因素在策划过程中的作用，以D因素作为突破点进行策划创意。

相关因素分析法　　表12–6–1

	A	B	C	D
A	—	5	3	1
B	3	—	5	3
C	1	3	—	5
D	5	1	3	—

细分：对目标的内部因素进行划分，找出关键点。类似于哲学上的矛盾及矛盾的主要方面原理，找出目标中的关键目标因素，抓住矛盾的主要方面，问题即可迎刃而解。

碰撞：对各种因素进行排列组合，产生新概念。独立地对待每个因素，可能对问题的解决毫无帮助。这时，我们可以把两个甚至几个因素放在一起来研究，诸因素之间碰撞，可能会擦出意想不到的灵感火花。

逆向思维：对一般人根据经验认定的事物进行研究，问一个为什么，找出不同的结论或结果。逆向思维是转换思维路线的典型方法，是一种不守常规的思维方式。反其道而行之，常常会有“柳暗花明又一村”的惊喜。

综上所述，无论理性方法或非理性方法都是在进行项目开发策划时的工具。策划成功的关键还是对项目透彻的分析以及丰富的知识和敏捷的思维。

第七节　策划的表达

策划成果的表达一般包括文字说明、表达策划理念的模型、开发区形象识别系统（DI）、标识（LOGO）等内容。

一、模型

（一）模型的作用

是对问题以及解决问题所需要的决策过程提供一个结构化的表达方式。制作模型的目的是要使问题能够得到研究、分析和调整，以便找出最佳的解决方案。任何模型给出的解决问题的优劣取决于模型能被看作真实代表问题结构的程度。

（二）模型可分三类

结构模型——具有物理、图解或逻辑形式表达的系统结构或功能关系。如沙盘模型、方框图、流程图，有助于了解事物的整体关系。

数学模型——确定性模型（代数、微积分、函数方程、传递函数等），概率模型（概率分布、相关函数等）。数学模型就是对于现实中的原型，为了某个特定目的，作出一些必要的简化和假设，运用适当的数学工具得到的一个数学结构。也可以说，数学建模是利用数学语言（符号、式子与图像）模拟现实的模型。把现实模型抽象、简化为某种数学结构是数学模型的基本特征。它或者能解释特定现象的现实状态，或者能预测到对象的未来状况，或者能提供处理对象的最优决策或控制，其成功度决定于对于参数和对现实描述的准确性。

模拟模型——风洞模拟、计算机 3D 动画、实物模拟模型等，通过对现实的模拟，加深对事物的理解。

二、策划中的 DI 设计

在竞争日益激烈的现代社会，如何在公众面前展示群体的优势，强调群体的特色，增强群体的凝聚力，不仅是企业经营成功与否的关键，也是城乡开发活动成功与否的关键。

根据对目前国内外企业形象设计（CI）理论和实践研究，我们针对城乡开发的特点与策划需求，提出城乡开发地区形象识别系统设计（以下简称 DI 设计）。

（一）DI 设计的含义与目的

DI（Development Zone Identity System），意指“开发区形象识别系统”。DI 设计指包括对某一特定的开发区域进行形象发掘与定位，并对与形象展示的媒体平台相对应的形象要素进行标识性的美学设计的一种创意过程。

通过对 DI 标识的识别、区别，可以引发联想、增强记忆，促进被标识体（开发区）与其对象（潜在投资者）的沟通与交流，从而树立并保持对特定开发区的认知、认同，达到高效提高认知度、美誉度的效果，从而达到大大提高开发区招商投资的吸引力和开发区本身的创新性和竞争力的结果。

（二）DI 设计与城乡开发

开发区识别 DI（Development Zone Identity），是通过视觉规划，以标识为中心发展对象，将优越的开发区形象统一化、组织化和标准化形成系统规范，促使开发区建立一个合适、完整且具体的形象对外传播，并能让大众一目了然，产生印象，建立知名度，达到识别效果。因此，”开发区识别”是可以被创造的。

开发区形象 DI（Development Zone Image），是产生自开发区经营的实际状态。开发区体制越实在越能彰显出开发区自我的文化特点，进而传送强化真实形象的传播力量；开发区希望大众认知并对其产生良好的评价，首先必须具备强稳有力的竞争条件，而据此确立营销传播媒体的表现方式与途径，通过组织营运和形象策略双管齐下的方式，逐步影响消费市场和形成竞争优势。所以，"开发区形象"是日积月累形成的。

所以，就开发区形象而言，它是实实在在积累的结果；而就开发区识别来说，它本身是一种标识的视觉规划创意。

简言之，DI 设计就是将实在和潜在的开发区形象标识化，并进一步形成具有一定结构、层次的系统体系。

随着国际技术经济的相互合作日益密切，招商引资的难度将不断增大，招商中的形象问题也就显得十分重要。如何在公众中展示开发区的优势，强调开发区的特色，增强开发区的凝聚力，是开发区或企业经营成功与否的关键。

一个国家、一个城市、一个开发区、一个企业，都有自己独特的形象。塑造形象、推介形象，已成为人们高度重视的首要问题。就一个开发区而言，开发区形象对招商有着重要的作用和影响。

可以说，DI 是开发项目迅速积聚人气、招商引资的关键，是开展创建品牌开发的保障，是加速城乡开发全方位快速推进和发展的保障。

实际上，开发区形象是一个开发区的潜在性的投资额，是一种极有价值的无形资产。如果一个开发区在国际上具有了良好的形象，就不用担心没有人来投资。在这方面，美国硅谷、新加坡裕廊工业园区已成为良好开发区形象的国际典范。

目前，国内有些开发区已率先改革区域形象，设计、推介区域形象。那么，如何借鉴企业形象设计（CI）的理论和实践，设计开发区 DI 推广区域形象，值得我们做深入的探讨。

（三）城乡开发的 DI 设计思路

开发区形象定位是开发区形象设计的前提。开发区形象定位要经过三个主要程序。

（1）设立 DI 委员会

相较 CI 设计而言，DI 是一项更为复杂的系统工程，也必须设立专门的执行机构，方能保证其按计划推进。设立 CI 委员会是企业导入 CI 的通常做法。DI 委员会的成员一般由城乡开发组织体系中的部门派出代表来组成。其中，必须有政府和领导的参与。有了政府、领导的支持，不但 DI 计划能有正确明朗的方向，不会有偏差，在推动执行之时也是化解阻碍、排除万难的重要力量。

DI 委员会的主要任务：

①确认关于 DI 导入的方针和计划等。

②根据导入方针和系统内容，策划事前调查，并管理调查作业的进行状况。

③参考调查结果，构筑 DI 概念。

④按照被批准的概念和计划，制作配合理念表现和识别系统的具体方案。

⑤按照被批准的识别系统计划，制作新识别系统的设计开发要领，为开发

新识别系统而采取适当行动。

⑥审议设计表现的内容，将结果显示给本开发区负责人。

⑦对开发区内外发表开发的结果。

⑧在开发区内部彻底实行新的DI概念。

（2）制作开发区形象实态调查

开发区形象的定位，依赖于对开发区形象实态的调查研究。只有进行深入的调查研究，才能对开发区形象作出准确的定位。

调查研究提倡公共参与，要让开发区全体成员都参与进来。通过调查研究，让开发区成员（原有的或是将要有的）都有机会认识到DI对开发区的意义及重要性，以利于执行阶段全面性革新工作的推动。另外，调查对象还要包括来自不同国家的投资者及相同性质的开发区，以便能听到全面的意见。

调查的方式以问卷调查表为主，辅以深度访谈、座谈会、文案调查等。调查的内容分三大类：

①开发区形象，包括开发区的认知、传送媒体、特性形象、规模形象、基本形象、辅助形象、负面辅助形象，对开发区标志设计、标准字、标准色设计的评价，对开发区管理体制的评价，对开发区服务水准的评价等项目。

②开发区对外宣传，包括对外传达，对内沟通及表现水平等。

③开发区理念，包括开发区使命、发展方针、活动领域、行为基准等项目。“开发区使命”是指开发区依据何种社会使命而进行活动的基本原理；“开发区发展方针”是开发区依据何种思想来发展的基本政策或价值观；“开发区活动领域”是指开发区在何种领域范围活动；“开发区行为基准”是开发区内部各部门职员应该如何行动以及应具备的基本心理准备和活动状态。

（3）编撰开发区DI总概念书

在企业CI导入计划上，最重要的环节是总概念书的制作，借此以塑造出今后的开发区发展方向、活动方针、经营战略、形象革命。

这里我们认为对于开发区将来的期待和责任，必须予以明确强调，这主要根据调查资料的判断、调查结果的阐述所作成的总概念书来表现。

总概念书是有关DI的计划书，主要根据开发区的客观事实，再构筑出适合于本开发区的开发理念；也可以说是开发区最高主管的建议书，因此具有解决问题、改善开发区形象、指出未来方向的作用。总概念书能针对调查结果，表达出正确的判断，进而提供有关DI的活动指针和改良建议，深入浅出地指出本来开发区应具有的形象，并明示今后一连串的DI作业及管理办法。

总概念书的内容大致如下：

①调查结果的要点：扼要整理出事前调查的结果，对其中的重点加以解说。

②本开发区的DI概念：包括本开发区未来的作风、理念、形象、活动领域、方针、重要概念……总之，必须把开发区未来的概念作完整扼要的叙述。

③具体可行的策略：为了具体地表达上述概念，应列出实际可行的办法。

④DI的设计开发要领：具体而详细地记载DI设计开发计划，使它能立刻展开作业。通常在记载中会明示“设计规范”。

⑤与DI有关的补充计划：为了顺利达成DI的目标，除了发布设计开发计

划外，还得配合开发区对内对外的信息传递计划，以及各种相关计划。

三、城乡开发 LOGO 设计

LOGO，译为标志、商标、标志图等，作为独特的传媒符号，标识（LOGO）一直成为传播特殊信息的视觉文化语言。

最早的标识实例产生于两千多年前。无论从古时繁复的欧式徽标、中式龙文，到现代洗练的抽象纹样、简单字标等都是在实现着标识被标识体的目的，即通过对标识的识别、区别、引发联想、增强记忆，促进被标识体与其对象的沟通与交流，从而树立并保持对被标识体的认知、认同，达到高效提高认知度、美誉度的效果。

（一）LOGO 的设计内容

就一个开发项目来说，LOGO（标识）形象设计即是项目的名片。而对于一个利益最大化的项目，LOGO 更是它的灵魂所在，即所谓的"点睛"之处。

一个好的 LOGO 往往会反映项目及开发者的某些信息，特别是对一个商业性开发项目来说，我们可以从中基本了解到这个项目的类型、规模、预期收益等内容。在一个充满各种 LOGO 标识的城市中，这一点会突出地表现出来。

按 LOGO 设计展示平台来分类，城乡开发 LOGO 设计的内容共分设以下五大类别：

（1）广告宣传

A. 代表项目风格的平面招贴海报

B. 体现项目特色的创意广告

C. 表现项目品位的公益广告

（2）建筑装饰

以体现开发区特色为主题的各类店面、街道、园林、灯光夜景等设计，如商业一条街、前卫时尚店面、小区景观、开发区夜色等。

（3）工艺造型

A. 开发项目标志性造型设计

B. 开发项目景观类的各种雕塑

C. 城市公用设施设计（如候车亭、路灯、街灯、电话亭、邮刊发售点、环卫箱等）

（4）网页设计

体现开发区特色、代表开发区形象、突出开发区功能、展示开发区风貌的网页设计。

（5）动漫设计

A. 开发区吉祥物

B. 开发区虚拟人物代表

C. 开发区短篇漫画

（二）LOGO 的设计原则

与其他标志图案设计原则一样，LOGO 的设计原则有以下三点：

（1）遵循人们的认识规律。

(2) 突出主题。

(3) 引人注目。

所谓认识规律，比如从上到下，从左到右，从小到大，从远到近的视觉习惯；比如由前因推理到后果，有源头才有流水的思维习惯；还有人们的审美能力和审美心理等。要做到突出主题，就要求设计者非常了解开发区的定位和发展方向，能够在方寸之间概括出开发区的理念。引人注目，是指视觉效果要强烈——容易识别、辨认和记忆。

（三）LOGO 的设计手法

LOGO 的作用很多，最重要的就是表达开发区的理念、便于人们识别，广泛用于开发区的连接、宣传等，有些类似企业的商标。因而，LOGO 设计追求的是以简洁的符号化的视觉艺术形象把开发区的形象和理念长留于人们心中。

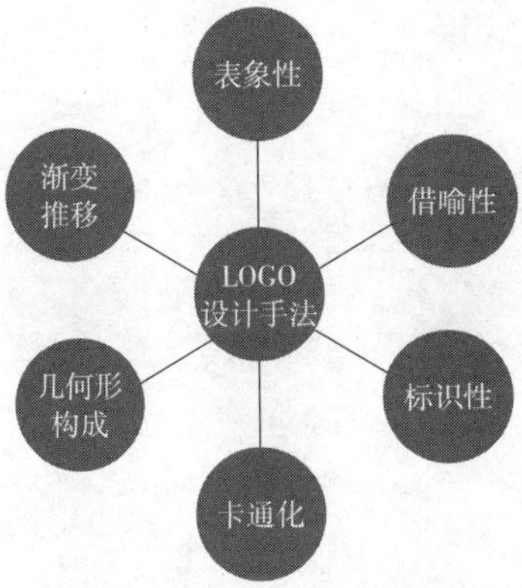

LOGO 的设计手法主要有以下几种（图 12-7-1）：

(1) 表象性手法。

(2) 借喻性手法。

(3) 标识性手法。

(4) 卡通化手法。

(5) 几何形构成手法。

(6) 渐变推移手法。

图 12-7-1 LOGO 设计手法

其中标识性手法、卡通化手法和几何形构成手法是最常用的 LOGO 设计手法。标识性手法是用标志、文字、字头字母的表音符号来设计 LOGO；卡通化手法通过夸张、幽默的卡通图像来设计 LOGO；几何形构成法是用点、线、面、方、圆、多边形或三维空间等几何图形来设计 LOGO。当然，设计时往往是以一种手法为主，几种手法交错使用。

（四）LOGO 的设计技巧

LOGO 的设计技巧很多，概括说来要注意以下几点：

(1) 保持视觉平衡、讲究线条的流畅，使整体形状美观。

(2) 用反差、对比或边框等强调主题。

(3) 选择恰当的字体。

(4) 注意留白，给人想象空间。

(5) 运用色彩。因为人们对色彩的反应比对形状的反应更为敏锐和直接，更能激发情感。

思考题：

给自己了解的一个社区改造项目策划公众参与方案。

参考文献：

环境保护公众参与实施办法（2018 最新版）[Z].2018.

第十三章　城乡开发的智慧运营与管理

第一节　智慧的全球发展背景

一、城乡发展面临的挑战

2007 年，有 33 亿人生活在城市中，世界首次进入了城市人口占多数的时代，预计到 2050 年，城市居民将达到 64 亿人，将占全球人口的 70%。由于城市人口快速增长，城镇化带来了环境污染、交通堵塞、配套空间不足、能源供应浪费等一系列“城市病”。同时随着科学技术的发展，城市的开发与运营的智慧化管理技术迅猛发展。2008 年 IBM 公司在《智慧地球：下一代领导人议程》主题报告中首次提出“智慧地球”理念，旨在将新一代信息通信技术充分运用在地球的可持续发展中。从城乡开发的角度出发，智慧地球的理念有两个内涵：第一，智慧地球可以认为是智慧城市、智慧乡村等智慧型空间的集合理念；第二，智慧城乡开发的理念正是针对“城市病”，促进城乡健康、安全、可持续发展的重要手段。

二、城乡发展面临的新机遇

在中国改革开放四十多年，快速的城市化过程，使得城市发展有了较好基础设施建设，尤其是互联网、大数据运用，智慧软件的发展带来了城乡开发的

智慧化管理的可能性。到 2018 年，中国几乎所有的省会以上城市，90%以上的地市级城市都提出了建立智慧城市的理念。

国土资源部要求到 2020 年底完成全国的县以上国土空间规划，建立全国的多层空间管理的数据平台，为建立完整的智慧城乡开发的管理体系奠定基础。

第二节 智慧城乡的定义与特征

一、智慧城乡的内涵

智慧型城乡拥有高度的感知、互联、智能，是一个能够平衡城乡各方面需求、优化配置城乡各类资源的高效人工生态系统。智慧型城乡管理能够实现对城乡生产生活建筑、交通、能源和公用事业、医疗、行政服务、教育等信息进行分析优化，使得居民和城乡产业能够更加有效率地利用城市资源（图 13–2–1）。

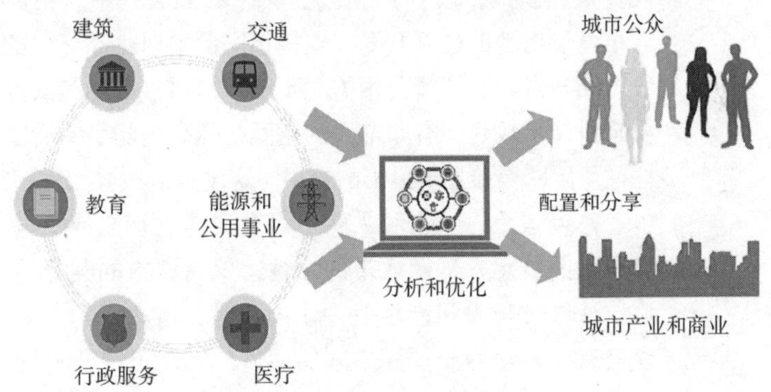

图 13–2–1 智慧型城乡的涵义

在智慧城市中，所有的公共场所都提供免费无线网络，小学阶段的孩子就开始学习编程，人们网购的商品几小时内就能送到家中；路灯有需要才会亮起，智能传感器不仅会指示市中心的信息停车，也知道何时收取垃圾；智能算法还能协调市民的就医需求。城市相关的所有数据免费对所有市民开放。

智慧城市战略提供了一个独特的机会，促使城市重新思考自身该提供何种服务、在多大范围内提供这些服务。

必须在开发智慧城市战略之前了解目标群体的需求。关键一点是，在战略制定伊始就使公民社会、非政府组织和商界中的市民和其他利益相关者参与进来，这能保证智慧城市概念为最终用户提供附加值。

导入移动互联网、大数据、云计算、人工智能、虚拟现实等现代化手段，让人与自然、建设、科技、体验更好地融为一体，天人合一。通过现代技术手段，结合传统和文化特色，让城市更具有特色和魅力。

二、智慧城乡的特征

智慧型城乡的特征一：智慧型城乡是感知的，在智慧型城乡中，城乡各系统中的重要管理对象状态都能够得到正确的感知和度量。

智慧型城乡的特征二：智慧型城乡是互联的，在智慧型城乡中，长期以来

分散的城乡系统和城乡产业之间建立起高效的沟通与交互，互联成网，互通信息，构成高效的城市社会结构。

智慧型城乡的特征三：智慧型城乡是智能的，在智慧型城乡中，通过协同各种来源的信息，开展多方面、多维度的分析、预测和优化，实现政府机构、企业、事业等城乡主要实体组织的智能决策。

不同的地区，依据其不同特点，具有差异化的发展愿景，城乡的智慧切入点，应该围绕其自身的愿景来布局，通过智慧型城市支撑和引领城乡发展目标的实现。城市可以定位为旅游之城，具有优秀的旅游交通、食宿和景点联动的文化旅游之城；宜居之城，具体为卓越的规划和设计之城、健康平安之城或者可持续发展之城；也可以定位为宜商之城，具体为文化会展之城、数字创新之城或者商务中枢之城。在乡村利用遥感等技术控制生态、生产、生活要素，在智慧城乡的各个领域，世界各地都已经涌现出了很多先进的实践案例。例如：伦敦用交通拥塞收费和排放收费叠加模式“减堵”和“减排”；新加坡利用商业智能进行交通优化；在中国监控建设用地的过度开发，监控不同要素对生态环境的危害程度。智慧型城乡建设思路与当地实际情况相关，不能照搬照抄国际和国内的经验；国内的智慧型城乡建设起步较晚，有非常大的空间，拥有高起点的后发优势；智慧型城乡的建设往往可以取得最立竿见影的效果，环境得以改善，投资得以快速收回。

总而言之，城市和人密不可分，通过智慧的手段，发掘城市的能力，最终实现人的梦想；理解城市的个性，保持城市的美好，主动感知城市的发展和变化，让城市与人和谐相处，让人成为城市真正的主人；以数据驱动，让城市管理具有自我学习和预知未来的能力，实现可自我进化的智慧城市。

第三节　智慧城乡开发原则与目标

一、建立智慧城乡的原则

和谐生活：居民、游客和商人等，不管是在衣食住行还是健康和工作等方面都能够方便出行和办事。

绿色生态：绿色生态、节能减排、健康舒适、社区机能、社区意识等特征，人与自然和谐统一。

开放共享：通过信息技术促进各类资源合理配置，让空闲资源得以开放、共享和使用。

创新发展：改善产业结构并发掘新的经济增长点，从而提升整个城市的竞争力和市场力；创造吸引创新人才、资金的整体经济环境。

预知未来：认知学习，对自身体系不断进行自我优化；可以预知未来可能发生的变化。

（一）智慧城乡的发展愿景

智慧城乡可以从城市的历史出发，找到不同时期、不同领域蕴含着的智慧化的闪光点。如正定人赵佗，南越国创建者，他重视传入中原汉文化和先进生产技术，并融合越地社会，使岭南生产发展，人民安居乐业，创下历史伟业。赵州安济桥是世界公认的大型敞肩式石拱桥的鼻祖。正定城内现存的四座古塔

是古代精湛的建筑艺术的典型代表。

石家庄市锁定了正定新区"低碳,生态,智慧"的城市发展定位。低碳方面,营创低碳生态城市,建设低碳经济、循环经济的示范区。促进资源的循环利用,引导低碳的生产生活方式。生态方面,形成区域协调的开放式生态空间系统,建立节约型发展模式,营造环境友好型社会。着力推进节能减排任务、完善环境保护基础设施建设,加大环境保护技术和管理投入,高标准建设生态环境健康的生态新城。智慧方面,实现城市运行、管理、发展过程的智慧化,使城市大众充分享有智慧创造的收益。其中,"智慧"将成为正定新区城市发展目标和"低碳""生态"的关键驱动力量,推进以现代服务业和高新技术产业为主体的产业结构的发展。

(二)智慧城乡的战略意义

智慧城乡的建设,具有多项重要的战略意义:打造智慧的特色区域,有利于支持地区的低碳和生态建设,培育新区竞争优势,带动区域所在整体城市发展,创造一流示范标杆。

(1)支持智慧城乡生态和低碳建设:智慧城乡的低碳和生态定位,需要以先进智慧的手段支撑。智慧城乡的智慧建设内容,是实现新区低碳和生态定位与目标的直接推进力量。

(2)培育智慧城乡竞争优势:通过打造智慧特色鲜明的智慧城乡,培育一流的创新、宜商、宜居环境,以智慧城乡建设项目拉动社会投资注入和相关产业发展,通过智慧城乡,实现凝神聚气、培育优势、助推发展的作用。

(3)创造一流示范标杆:通过智慧城乡的建设,在国内领先建成具有世界水平、大众可以充分体验的智慧城乡。以智慧城乡为契机,使城市所在区域成为国内乃至国际其他城市的示范和经验源泉,促进共同发展。

(4)带动城市整体城市转型:以智慧城乡为抓手,在城市先行先试智慧城乡的先进技术、建设方法、运营管理模式,取得建设成效,进而向区域辐射,助推城市所在区域快速发展的整体目标。

二、智慧城乡开发的影响因素

(1)政策因素:智慧型的建设需要相应的配套政策与管理的支撑。围绕国家的政策和方向,符合和支持产业的创新创业发展,如"一带一路"、供给侧改革、中国制造 2025、旅游文创等政策和方向。

(2)新经济发展因素:新型城市化进程、共享经济、互联网+、跨界电商、支付创新等。

(3)科技发展因素:认知计算、区块链、AR/VR、物联网、人工智能等。

(4)社会发展因素:舒适的生活环境、高效的工作环境、独具特色的文化、方便的出行、轻松的资源获取、特色产业的集聚等。

三、智慧城乡发展的城市目标

智慧城乡为未来区域城乡发展的重要组成部分,多个智慧城市或以智慧城市为经济和文化的聚焦结合体,已经成为或将会快速帮助和推动智慧城市作为未来

的区域卫星城市，也会成为区域（如大湾区城市群）发展的核心动力。城乡的快速发展离不开智慧城市的快速建设和发展，特色城市发展主要有以下目标：

（1）引领城市的特色和经济以及文化的发展。

（2）服务于城市的用户，建设和谐智慧城市。

（3）预知城市的未来，找到城市发展的核心推动力。

（4）带动周边乡村建设和发展。

打造智慧型城市，提升城市产业结构、运营管理水平、营商生活环境，正在成为我国城市发展的焦点之一，多个主要城市基于自身定位，已经或正在推进智慧城市的建设举措。

例如北京市已将物联产业纳入发展规划，正在制定“感知北京”的示范工程建设方案，计划在公共安全、城市交通、生态环境、流通供应链、社区综合服务综合管理等领域开展一批示范工程。上海市根据云计算技术的发展趋势，陆续启动在数字医疗、智能交通、电子政务领域的云计算应用项目，力争在两年内实现在基础设施、平台系统、方案解决、应用示范和服务模式等方面处于全国领先地位。南京正在打造“智慧之都”“绿色之都”“枢纽之都”“博爱之都”，建设智慧的基础设施、产业、政府、人文。

第四节　智慧城乡的空间规划

一、我国智慧城乡空间规划的发展趋势

2008 年以来我国空间规划的技术不断发展。

国家管理部门利用卫星遥感、规划大数据对城乡开发进行直接管控。

研究部门通过数据分析研究城乡发展规律。如同济大学以吴志强院士为首的团队 2008 年开发了市长桌面管理系统，2014 年开始建立 CBDB 系统，目前做到了第四代的数据库，把从 2014 年开始所有的卫片全部进行了汇总，进行了人工智能导入，阅读卫片的变化，推进到了 30 米 ×30 米的精度，进行识别，所有的卫片变化的叠合，形成了“城市树”，研究整个世界的人类城市问题，掌握世界城市发展规律。这套系统在空间规划中对城市发展规模、发展方向确定有重要的指导意义。

二、智慧城乡管理工作

智慧城乡的发展架构需要三方面管理工作来推进智慧城乡的发展，分别为智慧城乡社会管理、智慧城乡产业管理和智慧城乡支持管理。

（一）智慧城乡社会管理

智慧城乡服务指的是社会管理工作，主要是围绕服务于所在城市的生活的群体，让城市的居民和外来人们在居住、出行、就医、教育等方面更加安心和舒服。当前主要提供的服务包括城市的公共服务平台、统一的城市市民卡、便民服务体系等。

智慧城建：让城市的基础建设更加强大，主要提供的服务包括数字楼宇、数字城管、智慧环保、智慧水务等。

智慧医疗：为城市的居民提供一个健康的服务氛围，让居民就医更加安全和谐，主要服务包括区域医疗服务平台、社区医疗服务平台、电子健康档案等。

智慧安防：为城市提供一个安全的生活环境，主要服务包括城市安防监控、社区安全管理、应急指挥中心等。

智慧交通：为城市居民的出行提供一个平安畅通的道路环境，主要包括交通应急指挥、智慧交通引导、精准交通大数据等。

智慧教育：为城市的教育提供一个智慧城乡学习提升的空间，主要包括智慧校园管理、教育公共服务平台和数字化教育共享服务等（图 13–4–1）。

图 13-4-1 智慧城乡社会管理

（二）智慧城乡产业管理

智慧城乡的产业管理主要是为推动城市的产业，具有可持续发展的一种能力，让城市具备自循环的能力，主要包括智慧城乡产业、两化融合产业和高科技服务业等（图 13–4–2）。

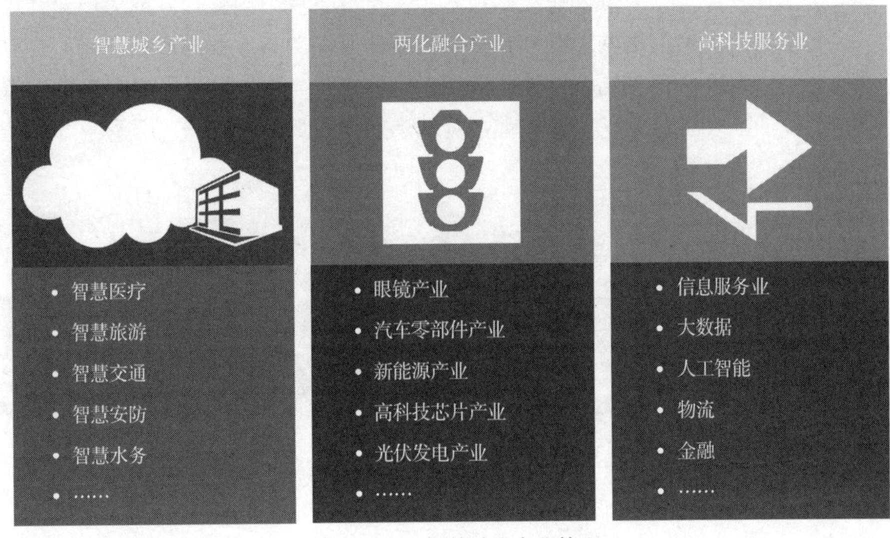

图 13-4-2 智慧城乡产业管理

智慧城乡产业：对城乡运行管理的智慧化手段和方式，让生活的环境更加舒适和美好，包括维护城乡居民健康的智慧医疗；协助游客游乐的智慧旅游；方便游客出行的智慧交通；保障城乡安全的智慧安防；维护城乡生活的智慧水务等。

两化融合产业：让城乡的产业与信息化融合，协助城乡的产业升级，为城乡居民提供很好的工作环境，如特色农业、新型制造业、新能源产业、高科技芯片产业等具有自身特色的产业融合环境。

高科技服务业：让科技帮助城乡的整体转型和升级，让城乡具备高科技元素。智慧城乡的高科技可以包括信息服务业、大数据、人工智能等。

（三）智慧城乡支持管理

智慧城乡的高效运转还需要有能够自我完善和发展的推动能力，这些能力也是在形成智慧城乡所具有的魅力，让城乡可以持续不断地创新和完善，始终保持活力。

城乡需要推广品牌和理念的能力：让智慧城乡的品牌能够在周围的城乡、区域形成影响力。

科技、产业交流和培训：为科技和产业提供一个快速提升和对接服务的基地、窗口，让内外的资源可以很好地对接起来。

人才和专家引进和培训机制：为智慧城乡提供一个能够吸引人才和专家的平台，更好地服务于城乡的产业和运营。

智慧双创扶持政策和扶持基金服务：可以使智慧企业获得更好的政策和资金的支持，让政策和资金成为智慧城乡快速发展的推动力。

通过以上的手段和方法，让智慧城乡建设成为快速发展的产业载体。

第五节　智慧城乡的空间发展的技术支持

一、智慧城乡大数据

互联网思维和技术引发产业发展方式变革，成为产业升级转型原动力，带有互联网思维、技术和工具的互联网与产业的产品创新、企业模式和产业模式创新相结合，以此来切入实体经济当中的刚性需求，来实现智慧式升级和结构性的增长，基于大数据的产业模式如图 13–5–1 所示。

图 13–5–1　基于大数据的产业模式

通过大数据的整合，可以提升和完善如下结构：

产业形态：互联网与传统产业通过大数据实施加速整合，让两个不同的方向完成整个产业形态的转变和升级。

创新模式：创新载体在由单个企业向跨领域多主体的创新模式转变，形成以多个主体为基础的创新业务形态，如共享物流、统一支付、供应链金融等，通过资源整合和模式创新，让各个主体的资源和能力价值放大。

生产方式：互联网技术与制造业融合不断深化，生产和服务的方式也在快速地发生变化，在细分领域的业务得以产业化，生产和服务方式也在快速转变。

组织协调：企业的组织形态随着整合，也在发生变化，具体体现为生产小型化、智能化、专业特征日益变得突出。

二、智慧城乡开发大数据平台

互联网大数据的来源可以包括新闻和门户网站，论坛、贴吧、电商、社区等信息，通过互联网大数据工具去采集全量数据，进行数据的处理和分析后，进行相应数据的挖掘，找出有价值的数据、信息和知识，同时贴上相应的标签。通过分析和展现工具，提供给行业分析、业务洞察、竞品分析、文案策划等，以此来服务于智慧城乡的业务。

构建起智慧城乡统一的区域大数据平台，可以更好地挖掘互联网外部数据的经济价值，形成行业情报指导，以此来服务于智慧城乡内的企业，为企业提供行业经济和分析报告。进一步整合城乡空间，提升城乡空间效率，为城乡空间持续发展提供管理依据。

通过大数据平台就可以建立城乡空间的运营管理体系。对城乡空间开发提出一系列预案（图 13–5–2）。

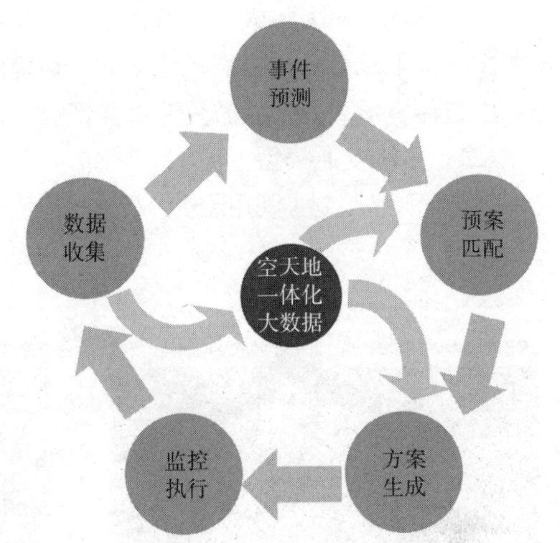

图 13–5–2　全过程数据输入空天地一体化大数据处置预案

三、利用大数据城乡运营模型

大数据在对推动城乡高效运营方面，也需要有更加高效的运营管理能力。

如基于大数据的城乡的生态承载模型，城乡实时仿真的状态，城乡交通流量预测，城乡诱导或城乡疏导，平安城乡的安全指数，城乡的水、电、气和生态预测等方面的能力，借助于智慧城乡的大数据分析能力，会使城乡的运营更加高效。利用空间资源平台，可以构建生态、交通、城乡服务等一系列预测和监管模型，直接为城乡开发和经营管理服务。以下介绍两个常用类型模型：生态、交通。

（一）构建智慧生态模型——生态力承载模型预测

随着人口、机动车辆、建筑工程和企业等的增多，分析预测城乡生态的最大承载力变得日益重要（图 13–5–3）。

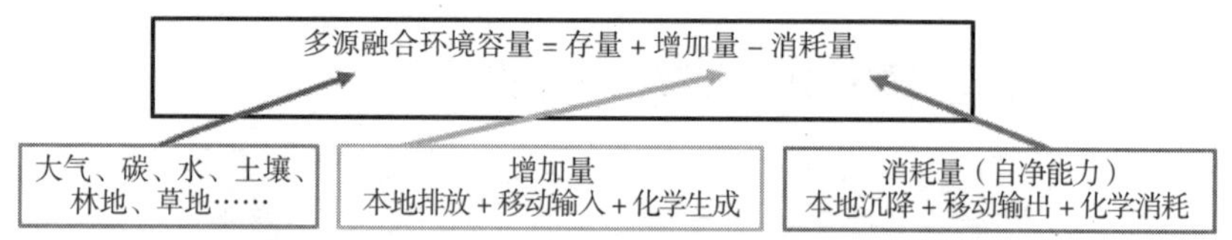

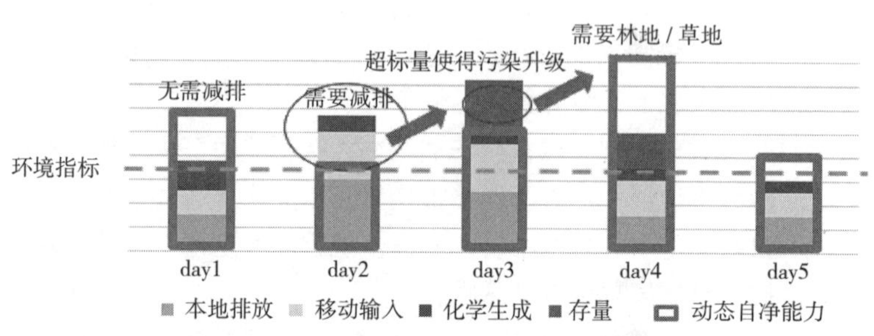

图 13–5–3　动态多源融合环境容量计算过程（示意图）

大气环境承载力：人口、机动车对大气质量的影响。

水环境承载力：人口、机动车对水环境的影响。

旅游环境承载力：旅游资源供需情况，接待规模的影响。

（二）多维交通模型（图 13–5–4）

以优化代替限制，利用流量分析进行智慧交通预测与交通诱导（图 13–5–5）。

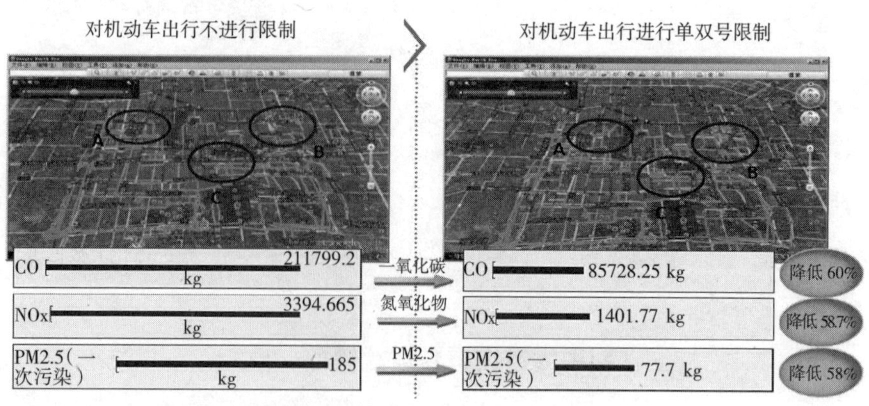

图 13–5–4　智慧交通模型——实时仿真城市的状态

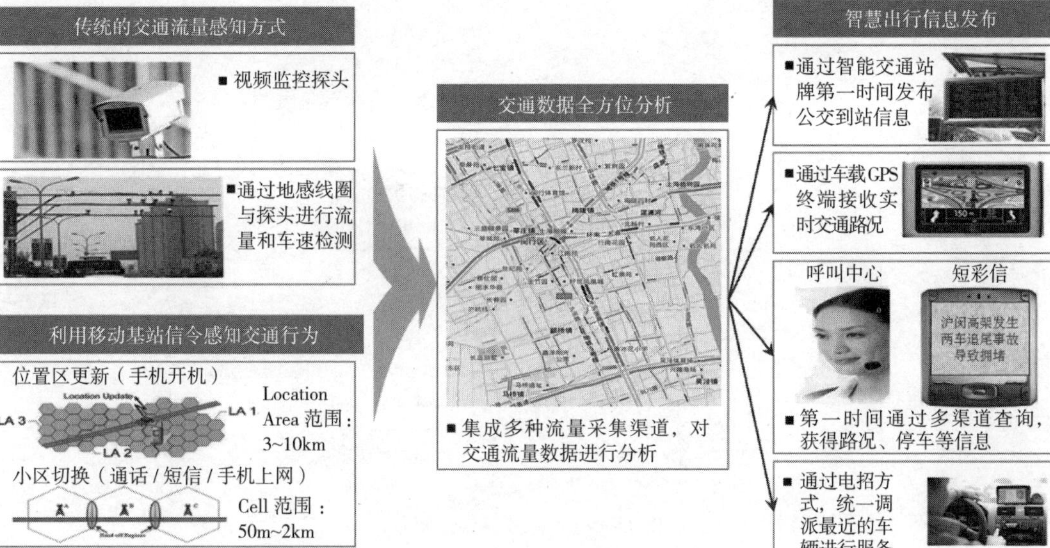

图 13-5-5 智慧交通预测与交通诱导

基于大数据进行分析，预测交通意外、极端天气灾害、公共场所安全等事件发生的概率。

对于高概率情况进行提示，并匹配合适的应对预案，变被动应对为主动管理，提前介入，避免非正常情况的发生。

在事件真正发生时，基于预案和实际事件的参数输入，迅速生成行动方案，自动执行部分步骤，并指导对应的人员执行其他相应步骤。

在执行过程中全程监控并采集数据。

将事件全过程数据输入空天地一体化大数据平台，并进行分析，优化、指导下一次类似事件的处置预案。

四、大数据推动城乡企业运营和发展

智慧城乡，对人的关怀是最为重要的，了解人的需求，了解和把握人的信用和诚信体系，通过大数据去洞察智慧城乡的人、公司等信用状况，让信用成为城乡的名片。

人的诉求：方便快捷的支付、融资、交易、借贷、担保等；个人和企业的身份和价值在征信体系中准确度量。

城乡能力：基于行为数据分析的征信体系；征信应用的多维度分级应用体系。

独特价值：城乡级别的信用社会示范区；成为基于信用数据的商业运营公司。

（一）智慧城乡的企业服务

（1）智慧城乡的征信服务（图 13-5-6）

1）建立企业的信用评价和评分体系

2）开放企业的征信服务为企业、金融机构、政务等提供信用服务

（2）智慧城乡的企业推广服务

大数据可以服务于智慧城乡的企业，把智慧城乡的特色、产品和服务传递

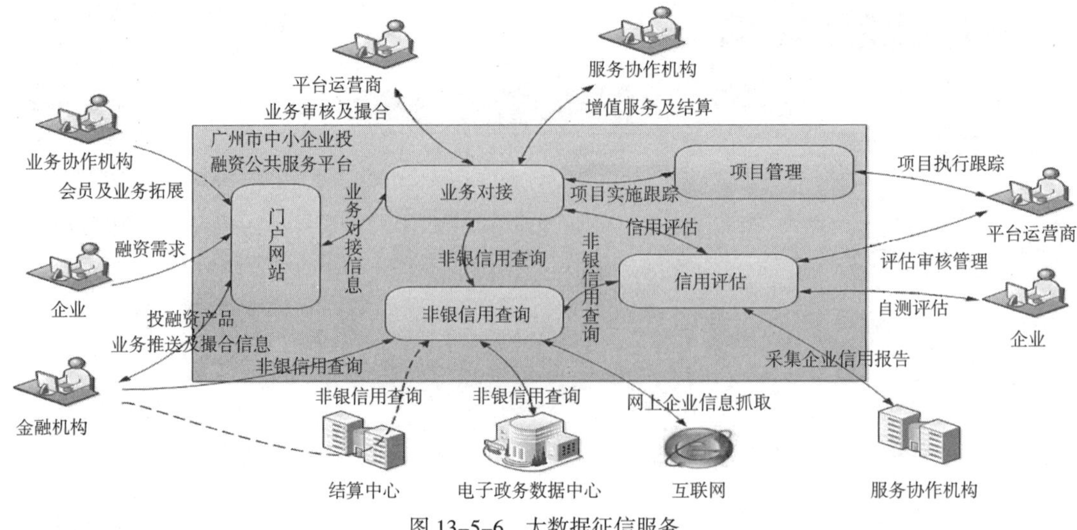

图 13-5-6　大数据征信服务

出去，同时是服务于企业发展的名片和业务交易的助攻手，推动企业交易，帮助企业发展。

与互联网上其他同类型企业做对比，以找到企业的产品、品牌和服务的差距，通过差距对比来提升产品的品牌意识、客户的用户画像以及认知水平，以便企业能够进一步提升其服务水平，提高产品的价值和影响力，使智慧城乡的特色可以真正让客户了解，增强城乡的知名度。

平台可以提供品牌表现管理、品牌文案和传播管理、竞争对手管理、消费者需求管理和品牌形象管理等，通过全面的行业关注度、区域数据对比、来自客户的想法和声音、行业动态等分析，让数据尽在掌握，为特色企业提供全面的服务（图 13–5–7）。

在具体行业里面，提供包括家电、服装、手机、日化、地产等行业数据分析，数据来源包括微信、微博、论坛、门户网站、贴吧、视频等各种类型。

整个数据平台通过建立智慧城市的云服务平台来统一管理和展现，让城市里面的企业拥有自己真正的特色。

针对每个行业，可以提供完整的行业大数据分析报告，见表 13–5–1。

图 13-5-7　大数据企业服务

行业大数据分析 表 13-5-1

业务部门	应用场景	能力匹配
市场部	市场营销活动策划	① 竞争对手营销活动监测 ② 目标人群分析（类似洛可可） ③ KOL 筛选（理论上可行，具体有待验证） ④ 市场活动礼品选择（根据“其他提及”进行筛选）
	营销活动监测	活动效果监测，辅助策略调整，维度如下： – 声量 – 口碑 – 互动情况（指微博转发量、评论量、点赞量；微信的阅读量、点赞量；论坛点击量、评论量；资讯相似数据量） –KOL 效果监测（DPT 数据监测、KOL 热点） – 媒体影响力排名 – 传播路径（资讯类传播路径分析工具尚未集成到聆听系统中，微博传播路径分析工具在开发中）
	舆情	含企业、高管、产品、品牌等舆情
	品牌监测	① 声量（本品 VS 竞品） ② 口碑（本品 VS 竞品）– 细分维度如：品牌形象、功能、服务、性价比等 ③ 品牌情感 ④ 热点事件（本品 VS 竞品） ⑤ 负面传播媒体
	市场调研	① 消费者购买场景 ② 消费者购买关注因素 ③ 购买地点 ④ 购买时关注的其他品类 ⑤ 品牌认知情况 ⑥ 消费者画像（类似洛可可）
产品部	产品升级 / 新产品研发	① 新概念与新技术搜集 ② 竞品监测（新品发布监测、产品口碑监测）
	已有产品监测	① 声量（本品牌 VS 竞争品牌） ② 口碑（本品牌 VS 竞争品牌） – 细分维度如：质量、功能、性价比等 ③ 产品特点消费者认知情况（本品牌 VS 竞争品牌） ④ 电商渠道产品分析（价格、销量、口碑）
售后部门		① 咨询类信息搜集 ② 投诉类信息搜集

（二）智慧城乡的人文服务

人的人文服务需求很多，通过大数据平台可以把握人购物、医疗、教育、家政等日常基本诉求，了解人们的运动、休闲、娱乐等活动习惯，提供方便快捷的支付、融资、交易、借贷、担保等金融服务手段。

大数据平台一方面可以提供相关的服务，不断提升服务内容和品质，更重要的可以为城乡建设提供持续发展目标。

第六节 智慧推动城乡发展更加美好

智慧城乡的理念就是通过其精准的数据分析，可以更容易地去找到城市的发展规律，可以更好地去挖掘城市所具有的本质和特色，让城乡空间更加具有“特色”，让城市的品牌和影响力得到更好地推广。

通过智慧城乡的大数据分析去挖掘智慧城乡的点、线、面，并把他们串联起来，找出其特色及其与周边产业的关系，以推动特色快速发展。

一、抓住智慧城乡的“点”——智慧城乡独具的“特色”

智慧城乡的“点”就是这个地区的具体特色，包括某个独特的文化、某个独特产业、某个独特人的经营等，包括对人、对文化、对产业的需求洞察、运营和持续创新，这是智慧城市独特的“点”。“点”也是真正的特色，是把特色可以充分拓展的基础。

具体的“点”需要有其特殊的标志性。

通过文化标志，打造成特色的文化产业，如无锡电影城，可以发展成电影产业，以此来发展电影智慧城市；如江苏齐梁文化，可以发展旅游产业，以此来发展成齐梁文化旅游小镇等。

通过产业标志，打造成特色的制造产业，如丹阳依托火车站多年来的丹阳眼镜城的发展历史，以城市客厅的理念，打造眼镜风尚智慧城市；界牌汽车灯具，可以发展成汽车灯具产业，以此来发展汽车灯具智慧城市。

二、连接智慧城乡的“线”——智慧城乡如何进行可持续发展

智慧城乡的“线”是什么？在时间上拉出一条长线，通过这条线把一个产业真正可以带动起来，如在丹阳多家眼镜相关的产业上下游包括研发、生产、物流、销售等，把各种特色整合起来，形成整个眼镜特色的产业链，形成眼镜整体产业的“线”。

以“线”为基础，阻碍可持续发展的三大因素包括：第一，智慧城乡的战略不够明晰或摇摆不定；第二，智慧城乡的管理方面不够规范；第三，智慧城乡的信息化支撑较落后。

为了克服以上三大阻碍因素，由不可持续发展变成可持续发展，智慧城乡需要提炼出一套完整的机制来保证智慧城乡的定位明确、配套机制健全、支撑体系全面、监管和执行到位。

三、构建智慧城乡的“面”——智慧城乡带动的改革发展

智慧城乡的面是智慧城市带动整体城乡和区域的改革和整体的全面发展，与区域的产业转型调整、文化特色、消费升级拉动、城乡的新型治理、政府公共服务的全面提升、产城和产融相结合，推动整个区域经济的全面转型和发展，推动区域城乡的文化和物质水平的全面提升，推动区域城市的和谐发展。

四、如何让智慧城乡更具特色

（一）智慧城乡需要有哪些特色

智慧城乡要能够发挥其他特色，必须具备其独特的能力，或进一步去挖掘其未来潜在的能力。智慧城乡需要有以下特色：

（1）服务化

智慧城乡的中心转变为客户和入驻企业为中心产能模式；管理机构的服务

化动态围绕如何引入具体智慧城乡特色的文化、企业、技术、人才和服务等；让智慧城乡具备可以自循环的服务化体系。

(2) 专业化

把特色的企业做得更加特色，引入更加专业和跨领域的资源，如汽车零部件产业在引入汽车零部件研发和创新资源外，还可以引入新能源、大数据、人工智能，来加强和补充其更加深入的专业能力，使其专业可以更加深入和专业化。

(3) 扁平化

要求智慧城乡管理层级越来越高效、精简，更快速地反映消费者诉求。

(4) 平台化

构筑智慧城乡的行业利益共同体平台，如大数据平台、云服务平台、共享物流、租赁平台等，让相关中小企业在平台中找到自己的位置，参与、分享，形成共赢的生态圈。

(5) 数据化

数据驱动是推进互联网＋的核心引擎。将企业一切业务过程进行记录，并形成数据的闭环，充分提升闭环的实效性和效率，进行分析、预测未来，助力企业转型。

(二) 如何去发挥智慧城乡的特色

真正提升智慧城乡的特色，让城乡发展能够成为自循环，有自我优化、自我完善的能力（图 13–6–1)。

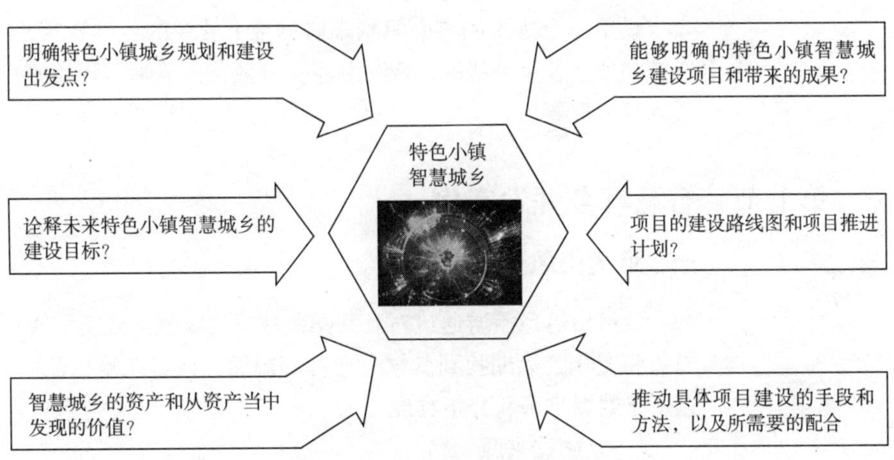

图 13-6-1　提升智慧城乡特色

(1) 对城乡的作用及行政管理系统经常进行评估

智慧城乡能够提供一个独特的机会，促使城乡重新思考自身该提供何种服务、在多大范围内提供这些服务，即“城市即服务”。

(2) 使市民和其他利益相关者参与进来

必须了解智慧城乡目标群体的需求。关键一点是，在战略制定伊始就使公民社会、非政府组织和商界中的市民和其他利益相关者参与进来，这能保证智慧城乡概念为最终用户提供附加值。

(3) 鼓励创新措施、自持续业务模式以及社会企业的其他贡献

城乡公共部门并不需要解决所有问题——许多智慧城乡解决方案，如停车指导和信息（PGI）系统，可以由企业进行投资。

(4) 创建全面的数据战略和数据平台智慧城乡的定位

深入了解现有数据，通过创建数据平台来将现有的数据结构相互联系起来。实施开放数据的政策，积极创造公共信息，为控制中心和基于数据的创新应用奠基。

(5) 建立创新实验室来培养双创体系

通过提供“创造者空间”“创新实验室”或“企业孵化器”等设施，为创新和创业培养生态系统。重要的是要确保这些设施具备必要的政策支持，同时尽可能提供技术和财务支持。

(6) 建立统一的数字平台和数据机制

建立服务于智慧城乡的统一大数据服务平台，来服务整个智慧城乡的运营、产业和消费服务。同时，互联数字系统对数据安全性的需求越来越高，智慧城乡战略必须包括网络安全的相关概念。

(7) 获得政策支持，整合公众反馈

获得政策支持在智慧城乡战略成形之后非常重要。然而，同样重要的是邀请市民和其他利益相关者参与专注于战略的结构化对话，以确保与目标和行动保持一致。

(8) 建立协调主体和专门的规划

设置一个集中的核心机构来协调整个城乡的各种智慧方案，计划、监督、支持和评估各个举措的效果，并避免分散化。清晰且现实的目标、时间框架和预算至关重要。

第七节 智慧城乡开发案例

一、武夷山风景旅游区

武夷山特色旅游通过对互联网大数据的收集、分类和管理，去洞察行业的趋势和变化，以期找到其核心业务和规律，以帮助推广品牌、增加客户收入。以下是数据来源和分析维度。

(一) 数据来源

携程网、微博、百度指数、当地消费指数。

(二) 分析维度

(1) 景区交通情况

1) 景区交通情况——飞机（基于携程网的航班数据分析）

A. 统计每个景区直飞的航班总数

B. 统计不同城乡（一、二、三线）飞往景区的航班数量

2) 景区交通情况——火车（基于携程网的火车数据分析）

A. 统计每个景区不同类型的火车班次数量（高铁、动车、特快、快）

B. 统计每个景区高铁和动车短途、中途、长途（按始发站到景区的运行时间划分）班次的数量

C. 统计每个景区高铁和动车联通的不同城乡（一、二、三线）的数量

D. 统计每个景区高铁和动车在不同“小时圈”可以到达的城乡

（2）景区住宿情况

以每个景区最热门的景点的坐标和酒店的坐标计算出酒店离景区的距离。

1）统计不同范围圈（1、3、5 千米）的酒店数量和总房间数

2）统计景区内获得不同评分的酒店的分布

3）统计景区内不同级别的酒店的分布

4）统计景区内酒店开始时间的分布

（3）景区景点情况

基于百度指数、微指数、携程网景点页面数据分析。

1）景点的统计（携程）

A. 统计景区内景点的总数

B. 统计景区内不同类型的景点的分布

C. 统计景区内景点得分的分布

D. 统计景区内每个景点的热度（留言、想去、去过）

2）用户留言的统计（携程）

A. 统计整个景区的评论数量随时间变化的趋势

B. 统计单独景点的评论数量随时间变化的趋势

C. 统计单独景点用户留言中出现的高频词

（4）游客画像

基于微博数据分析。

1）根据微博发言包含景区关键词的用户，统计以下不同维度的用户信息：性别、地区、职业。

2）根据发言内容中的关键词，统计不同维度的信息

A. 出行时间（春节，端午，清明，小长假，周末……）

B. 交通方式（飞机，航班，火车，动车，高铁，汽车，自驾……）

C. 出行伴侣（家人，父母，子女，男／女朋友，同学，同事……）

D. 提及景点（九曲漂流，天游峰，大红袍……）

E. 价格感受（门票贵，门票便宜……）

二、丹阳眼镜风尚小镇

（一）基本情况

丹阳，被誉为“中国眼镜之都”，年产眼镜架 1 亿多副，占全国总量的 1/3；光学玻璃及树脂镜片 4 亿多副，占全国总量的 75%，世界总量的 40%，是世界最大的镜片生产基地、亚洲最大的眼镜产品集散地和中国眼镜生产基地。

丹阳眼镜市场形成于 1986 年，目前，丹阳眼镜城拥有中国城和国际城两座现代化眼镜市场，总占地面积约 91 亩，共有商户 1000 余家，其规模、档次、

功能全国领先。市场内汇聚了眼镜行业众多知名品牌和商户，如中国驰名商标有海昌、万新、明月、鸿晨、舒曼、卡帕斯，中华老字号有南京吴良才、南京四明、杭州毛源昌、北京大明、重庆精益，国际一线品牌有蔡司、依视路、凯迪拉克、万宝龙、依视路、席琳迪翁、花花公子等。国际城内设有当今国内品种多、设施全、展示广的中国眼镜博物馆。

截至 2018 年，整个眼镜行业全年销售额超 150 亿元，外贸直接出口 2.85 亿美元。其中丹阳眼镜城市场交易额近 60 亿元，全年旅游、商务客源达 120 万人次。

（二）规划愿景

在经济转型升级进程中，智慧城乡因其形态各异、特色鲜明，被看作是供给侧结构性改革的有益探索，也是贯彻落实国家新型城镇化和产城融合发展战略的重要举措。围绕国家推进智慧城乡的政策和建设现代化工贸名城的目标，结合眼镜城产业优势，在已创成 3A 级工业旅游景区的基础上蓄势谋划一个“特而精、聚而合、小而美、活而新”的眼镜智慧城市。

眼镜小镇规划范围北至北二环路，南至九曲河，西至京杭大运河，东至玉泉路，规划用地面积约 3.27 平方千米。总体定位以“商贸流通、研发设计、全域旅游”为主题，深入挖掘眼镜产业价值、文化内涵、时尚元素，使眼镜城逐步成为全周期体验、全域化旅游、全方位升级的国家级眼镜双创基地和城市品质提升的新地标。眼镜产业转型升级重点做好研发设计、定制、贸易、体验、眼视康、主题会展等行业；全域旅游突出工业旅游、商贸旅游等；创业居住突出双创空间等；城市文化休闲突出亲水休闲、时尚消费等。

（三）小镇发布

丹阳眼镜城开始构建眼镜行业的大数据平台，发布中国丹阳眼镜指数，标志着眼镜行业的大数据时代即将到来。作为眼镜行业，指数的要旨在于成为行业发展的风向标，行业风控的晴雨表，这一权威数据的构建和形成，丹阳应该当仁不让抢占先机，进入丹阳眼镜的数字时代，并以此带动丹阳眼镜的品牌设计、研发创意、文化旅游等。打造丹阳眼镜风尚小镇，更离不开所有眼镜数据的强有力支撑。眼镜指数的声音从丹阳发出，将为生产企业指明方向，为眼镜市场巩固优势，为政府决策提供依据，为行业发展引领方向。

（四）智慧城市成果

从行业发展上看，将逐渐引进眼镜研发、设计、贸易骨干企业和科技型中小企业，提高眼镜行业技术水准，构建丹阳眼镜产业全产业链，带动眼镜产业发展，进而整体提升丹阳眼镜产业竞争力；同时以眼镜智慧城市为平台，通过定期举办眼镜文化旅游节，将整体提升丹阳眼镜、丹阳城市在全国的影响力。最终形成以眼镜产业转型升级拉动全域旅游、创业居住、城市文化休闲等多业协同发展的全“面”发展智慧城市的新格局和新生态。

三、无锡鸿山物联网小镇

2016 年 11 月 1 日，在世界物联网博览会同期，江苏无锡正式发布鸿山物联网特色小镇建设规划。鸿山街道位于无锡市东南角，隶属无锡市新吴区。规

划提出，鸿山物联网小镇将以“创新、协调、绿色、开放、共享”为发展理念，旨在打造出“物联网创新产业集聚区、物联网技术发展先行区、物联网应用示范先导区”。用无锡市新吴区区长的话说，将把鸿山物联网小镇打造成“365天永不闭幕的物联网博览会”。

2017年8月1日，阿里云与无锡市高新区签订战略合作协议，同时举行无锡·鸿山物联网基础平台（飞凤平台）项目签约仪式，宣布阿里云将与无锡市共同打造世界级物联网示范项目与物联网特色小镇，预示着鸿山物联网小镇的建设正式开始。

有相关分析认为鸿山物联网特色小镇所依托的，正是无锡近五年来大力推动的物联网产业。无锡建设首个“国家传感网创新示范区”。在物联网这个新兴产业上，无锡可谓“先拔头筹”。而鸿山所在的无锡市高新区（现新吴区），目前已成为无锡国家传感网创新示范区的核心区和主阵地（图13-7-1）。

图13-7-1 无锡鸿山物联网小镇规划

四、杭州滨江物联网小镇

2015年12月2日，杭州召开特色小镇规划建设新闻发布会，公布首批32个市级特色小镇创建名单，滨江物联网小镇赫然在列。

滨江物联网小镇位于高新区（滨江）的东大门，规划面积3.66平方千米，核心区1.5平方千米，产业用地1190亩。滨江物联网小镇的目标是依托高新区（滨江）现有的网络信息技术产业基础，打造浙江省物联网产业核心区、长三角物联网产业中心区、中国物联网产业示范区。

据了解，杭州（滨江）的产业优势和特色主要集中在互联网高新技术产业方面。有了这些基础，小镇在明确主攻物联网产业的时候，这些优势对大力发展相关联的云计算、移动互联网、信息安全及先进传感设备、核心元器件制造等物联网基础性支撑产业时有一定的帮助。

五、合肥大圩物联网农业小镇

安徽省合肥市包河区大圩物联网农业小镇从智慧景区、智慧交通、智慧三农、智慧电商、智慧文创等五个方面进行规划设计，小镇智慧景区将建设智能感知系统、景区智能导览系统、多维全景展示系统和五个物联网村落；小镇智慧交通将规划景区交通线路、设计节假日交通缓解方案、建立智慧交通系统和智能景区公交系统；智慧电商将建立同城电商系统、建立质量追溯体系和诚信管理系统，人们可以通过该系统多维了解食品的种植、生长直至面世等各个环节；智慧文创将建设合肥市都市现代农业核心示范区、建立全媒体音视频户外直播间、建立 VR 互动体验区和乒超俱乐部训练基地，切身体会现代智慧农业的优势和魅力所在。将大圩打造成健康、文化、平安、畅行的智慧小镇（图 13–7–2）。

图 13-7-2 合肥市大圩物联网农业小镇

六、杨巷物联网小镇

杨巷镇政府与中国电信宜兴分公司进行战略合作致力将杨巷打造成宜兴第一个具有特色的物联网小镇。

杨巷特色物联网小镇建设将聚焦物联产业和物联乡镇管理两个方面，依托大数据、云计算等物联网技术，从传统食品产销物联化、乡镇街道管理物联化、种养产业发展物联化和旅游产业发展物联化等四个方面，打造完整的物联网产业链，重点建设一批现代高效农业项目，建设现代化城镇管理中心，实现全区域内的实时、动态监控管理，提升城镇建设、防汛抗灾等各项管理工作效率，把杨巷打造成产业、文化、科技融合发展的智慧城镇（图 13–7–3）。

图 13-7-3　杨巷物联网小镇

思考题：

1. 智慧城乡空间的定义与内涵。
2. 给自己了解的一个项目策划智慧开发的方案。

参考文献：

[1] 孙彤宇．智慧城市技术对未来城市空间发展的影响 [J]. 西部人居环境学刊，2019（1）：7–18.

[2] 韦颜秋，李瑛．新型智慧城市建设的逻辑与重构 [J]. 城市发展研究，2019（6）：114–119.

[3] 王芳婷，邸增强．浅谈智慧城市建设的实践与探索 [J]. 智能建筑与智慧城市，2017（11）：85–87.

第三部分

城乡开发实践汇总

第十四章　基础设施的开发

第一节　基础设施的内涵和特性

一、基础设施的定义

世界各国对基础设施的看法各不相同，但多数经济学家将基础设施分为生产性基础设施和社会性基础设施。生产性基础设施是为物质生产过程服务的有关成分的综合，是为物质生产过程直接创造必要的物质技术条件；社会性基础设施是为居民的生活和文化提供服务的设施，是通过保证劳动力生产的物质文化和生活条件而间接影响再生产过程。

我国城乡建设中提及的基础设施是指城乡生存和发展所必须具备的工程性基础设施和社会性基础设施的总称[①]。本章所讲的基础设施是指为社会生产和居民生活提供公共服务的工程性基础设施，是用于保证国家或地区社会经济活动正常进行的公用性服务系统，以生产性基础设施为主体，是社会赖以生存发展的基本物质条件。

---

① 《城市规划基本术语标准》GB/T 50280—1998。

二、基础设施的构成与功能

工程性基础设施一般包括交通系统、水务系统、能源系统、通信系统、固废处置、防灾系统等六大类。它们在各项经济社会活动中承担着各自不同的功能，通过协同运行发挥着保障作用。

(1) 交通系统。交通系统包括航空交通、水运交通、轨道交通、道路交通等工程系统。航空交通主要有城市航空港、直升机场、军用机场等工程设施，是城市对外远程快速运输的主体；水运交通主要有航道、锚地、港内水域、码头、客运站等工程设施，主要承担大数量、长距离的运输；轨道交通主要有轨道线路、客运站、货站、编组站等工程设施，是城市大批量、快速、准时运输的主要形式；道路交通包括公路和城市道路两部分，道路交通设施主要有公共停车场、公共加油站、公共交通站点和场站、公路枢纽等。

(2) 水务系统。水务系统包括给水和排水等工程系统，具有供给城乡用水和处理排除生活污水、生产废水、多余地面水的功能，是最重要的公共服务行业之一。给水系统是由取水、输水、水质处理和配水等设施所组成的总体，主要工程设施有取水构筑物、输水管网、净水厂、配水管网、泵站及储水构筑物等；排水系统是由收集、输送、处理、再生和处置污水和雨水的设施以一定方式组合成的总体，主要工程设施有排水管渠和附属构筑物、泵站、污水处理厂等。

(3) 能源系统。能源系统包括电力、燃气、供热等工程系统，具有向城乡提供生产生活所需的电能、燃料、热能等能量的功能，是人类活动最重要的物质资源之一。电力系统是由发电、送变配电以及相应的附属设施所组成的总体，主要工程设施有发电厂、变配电站、高压输电线路及其廊道、中低压配电网等；燃气系统是指将气源通过输配系统供给用户的气体燃料系统，主要工程设施有气源厂、长输管线、分输站、门站和储配站、调压站、气化站和混气站、配气管网等；供热系统是由集中热源、供热管网和热能用户使用设施组成的总体。主要工程设施有热电厂、锅炉房、中继站、热力站、热力管网等。

(4) 通信系统。通信系统包括电信、广播电视、邮政等工程系统，具有提供城乡内外各种信息传输和交换的功能，是信息化社会的重要支柱。电信是指利用有线、无线的电磁系统或者光电系统，传送、发射或接收各种形式信息的活动，主要工程设施有综合通信机楼、汇聚机房、接入机房、移动通信基站、通信线路和管网等；广播电视是指通过无线电波或者有线电磁（或光电）系统向广大地区播送声音和图像节目的传播媒介，主要工程设施有广播电视发射台、卫星接收站、有线广播电视前端、基站、机房、线路和管网等；邮政是指以实物为载体、以交通运输线路和工具为媒体、全程全网的信息传送活动，主要工程设施有邮件处理中心及邮政枢纽、邮政局、邮政支局、邮政所等。

(5) 固废处置。固体废弃物处理处置是针对生活垃圾、工业固体废物、危险废物、建筑垃圾和余泥土方、城市粪渣等固体废弃物的污染控制，主要工程设施有垃圾处理设施、垃圾转运站、垃圾和粪便码头、水域保洁及垃圾收集设施、环境卫生车辆停车场、洒水（冲水）车供水器、公共厕所、废物箱、环卫工人作息场所等。

（6）防灾系统。防灾系统一般包括防洪排涝、城乡消防、人民防空、地震和地质灾害防治、应急保障等工程系统，具有抵御和减轻各种自然灾害、人为灾害、次生灾害所造成危害和损失的功能。防洪排涝主要工程设施有防洪堤、节制闸、排涝泵站等；城乡消防主要工程设施有消防指挥中心、消防站、消防供水、消防通信等；人民防空主要工程设施有指挥工程、医疗救护、防空专业队、人员掩蔽、配套工程等；应急保障主要工程设施有防灾据点、避难疏散场所、应急医疗救护、应急物资储备等。

三、基础设施的特性

（一）公共性和公益性

基础设施是一种公共物品或准公共物品，通常是为社会公众所共享，也就是说基础设施的使用一般具有非排他性：一个人在使用某个基础设施或者基础设施服务的同时不能排除其他人对该基础设施的使用。基础设施或者基础设施服务要满足社会多数的需求，具有公共性特质。

基础设施作为生产和生活的必需品，所提供的服务关系着国民经济的发展，关系着社会生产和居民生活的基本保障，在一定条件和一定范围内，具有一定的公益性特质，必须保证运营者以合理的价格、优良的质量向社会安全稳定地提供服务，满足社会公共利益的需要。

（二）自然垄断性

基础设施具有显著的网络系统和规模经济的技术经济特征。大多数基础设施的服务是通过网络系统得以实现的，对于具有网络系统特征的基础设施来说，整合非常必要，在同一区域内，单一运营者垄断经营会避免低效率的重复建设。

基础设施高额的初始固定成本和相对较低的可变运营成本，致使多提供单位产品所增加的边际成本较低，而分摊到单位产品上的固定成本较高，持续增加产量可以不断摊薄固定成本、降低平均成本。对于具有规模经济性的基础设施来说，单一运营者垄断经营的社会成本最小，有利于实现社会整体利益最大化。

（三）成本沉淀性

一方面，基础设施的初始固定资产投入规模巨大，而平均成本和边际成本在很大范围内是递减的，因此投资的回收期往往很长，资产的流动性非常弱，存在较大的成本沉淀风险，尤其是大型基础设施，资金一经投入就会沉淀下来。

另一方面，基础设施的投资常常专用于特定的用途、特定的地理区位和特定的生命周期，具有很强的资产专用性，一旦设定就难以移作他用，资产的通用性和兼容性非常弱，这也会导致基础设施产生成本沉淀。

第二节　基础设施的开发模式

基础设施的开发包括项目的投资、建设和经营管理等方面。1949 年以来，伴随着基本建设管理体制的变革与发展，我国基础设施的开发模式经历了一个长期的演变过程。

一、投资管理模式的变迁

以改革开放为转折点，我国基础设施的开发经历了投资结构由单元向多元的转变、投资管理由计划向市场的转变。

改革开放之前，基础设施项目建设所需的资金全部由政府直接投入，国家是基础设施投资的唯一主体。这时期基础设施建设资金的来源包括三块：中央统筹安排的投资、国家对地方基建补助和地方基建拨款。改革开放之后，地方政府的政策性收费和基础设施有偿使用收费成为政府投资的重要补充。1980年代，开征的城市建设维护税成为城市基础设施财政投资的主要来源，同时信贷资金和外资开始进入基础设施领域，政府投资的一元结构开始改变；1990年代，地方财政投资快速增长，中央投资进一步减少，商业信贷和债券融资的投资比重快速上升，并带动其他社会资金进入基础设施投资领域；到了2000年，社会资金的投资比重已经高达48%，投资结构呈现明显的多元化趋势。

改革开放之前，我国长期实行计划经济体制，基础设施投资管理在相当长的时期内采用“全国一盘棋”的计划管理体制，实行中央高度集权的分级管理。改革开放之后，中央赋予地方政府更多的基础设施建设投资责任，地方计划与财政部门成为基础设施投资的直接管理主体。1984年开始实施“拨改贷”，即将国家预算安排的基本建设投资资金全部由财政拨款改为银行贷款，投资的市场调节机制开始得到重视；1988年设立中央基本建设基金，并组建了六家专业性投资公司，各级政府与投资公司之间形成了项目投资的“借贷”经济合同关系，投资的计划管理模式开始向宏观调控与市场调节相结合的方向发展；1996年项目法人责任制实行后，各地相继成立了“城市投资开发建设公司”，作为政府建设投资、开发和资产运营的主体。进入2000年，随着投资主体多元化格局的形成，城市基础设施“谁投资、谁收益、谁担风险”的市场化投资管理体制初步形成。

二、建设管理模式的变迁

以1990年代为分水岭，基础设施的建设管理模式经历了由行政主导向市场主导的转变。

中华人民共和国成立后，经济恢复时期的绝大多数基本建设项目都采用了建设单位自营方式，建设与施工合二为一。1952年起，国家相继出台文件，规定建设单位与施工单位脱钩，提出了投资包干责任制；1960年代初，工程指挥部方式取代了投资包干制，并成为工程建设管理的主导模式，主要依靠行政权力、运用行政手段实施工程建设管理。

改革开放后的整个1980年代成为建设管理体制从行政管理向经济管理转变的重要时期。1980年代前期，国家相继推行了建设工程招标承包制、项目投资包干责任制和工程承包公司制。工程承包公司制度的推行，使项目建设的组织方式由行政方式变为经济方式，项目建设的组织机构也由以工程指挥部为代表的行政管理机构变为专业的、承担经济责任的工程承包公司。1980年代后期，工程建设监理制开始试行，由项目建设单位、施工单位、监理单位形成的“三方”管理体制初步建立。

进入1990年代，历经了项目法人责任制取代项目业主责任制，规定国有单位基本建设大中型项目在建设阶段必须组建项目法人，由项目法人对项目的策划、决策、资金筹措、建设实施、生产经营、债务偿还和资产的保值增值实行全过程负责制。1990年代后期开始施行《中华人民共和国建筑法》和《中华人民共和国招标投标法》，引进了市场竞争机制，最终确立了建设工程项目法人责任制、招标投标制、建设监理制和合同制的“四制”体制。

三、经营管理模式的变迁

与建设管理模式的变迁相似，经营管理模式同样经历了由1990年代以前的行政事业管理型，向1990年代以后的混合管理型转变的过程。

中华人民共和国成立后，为实施政府对公用事业的直接领导与管理，城市公用行业均采用行政事业单位性质，即采用编制定岗、行政任命的人事管理制度和计划管制、财政拨款的计划与财政管理制度。改革开放后，虽然一些城市相继成立了公共交通、自来水、供气及市政工程施工等专业公司，但因其属于国有或集体性质，也多采用事业单位管理模式。这种体制下，一方面城市公用企业兼具行业行政管理和经营管理双重职能，政事合一、政企合一，行政垄断和自然垄断并存；另一方面基础设施被确定为公益和福利性质，生产和经营由政府统包统揽，企事业单位没有经营自主权，公用事业长期靠巨额财政补贴维持运营。

进入1990年代，围绕“政企分开”“政事分开”的公用事业经营管理体制改革逐步展开。2002年建设部出台《关于加快市政公用行业市场化进程的意见》，提出通过建立政府特许经营制度，改革价格机制和管理体制，形成与社会主义市场经济体制相适应的市政公用行业市场体系的总体思路。公用行业政企分离、政事分离和事业单位的企业化改造进程加快，主要大中城市的市政公用企业基本实现了由传统的事业制向公司制的体制转变。目前，国内部分供水、园林、环卫等公用事业仍然沿用行政事业管理体制，市政公用行业呈现出行政事业管理和企业化经营管理方式并存的混合管理型模式。

四、当代基础设施的发展趋势

在当代，伴随着经济发展的快速增长、改革开放的不断深化、城市化进程的持续推进，基础设施的开发也呈现出建设规模日益扩大，市场化改革不断深入，产业化特征逐步显现的发展趋势。

在经济发展的过程中，基础设施的作用逐渐增强，它的各个系统纵向延伸、横向扩展，与经济社会各方面紧密联结，已成为经济发展的基础性产业，其运营对经济发展产生着直接和深远的影响，而持续加快的城市化进程推动着城市基础设施的建设规模日益扩大。

改革开放以来，国家先后出台了一系列加快市政公用行业市场化进程的政策，启动了以公用事业为重点的城市基础设施行业市场化的改革进程。近年来，不少城市通过组建专业公司、特许经营、租赁合同、管理合同、服务合同、公私合作等多种方式，探索基础设施的市场化运作。十九大以来，国家确立了全面深化改革的战略部署，意味着基础设施运营的市场化环境将更趋完善，基础设施行业市场化改革的进程将更加深入。

市场化条件下，政府的职能主要是通过基础设施规划、价格、反垄断等产业政策来规范社会投资行为，促进市场竞争。企业将成为具有充分的投资决策权和经营自主权的市场主体。而基础设施的规模经济性将使得投资运营主体逐步由分散经营向集中经营方向发展，并直接推动基础设施运营管理的集团化和集约化。近年来，基础设施专业化资本运营、社会化建设、企业化经营的产业链逐步形成，基础设施的产业化发展正在逐步显现。

第三节　基础设施的建设运营

一、基础设施项目的基本建设程序

基本建设程序是建设项目从筹划建设到建成投产必须遵循的工作环节及其先后顺序。我国规定基本建设程序主要包括 8 个阶段，阶段的顺序不能任意颠倒，但可以合理交叉。前一个阶段是进行后一个阶段工作的依据，没有完成前一个阶段的工作，不能进行后一个阶段的工作。

（1）编制项目建议书。对建设项目的必要性和可行性进行初步研究，提出拟建项目的轮廓设想。项目建议书根据拟建项目规模报送有关部门审批，获批后即可列入项目建设前期工作计划。

（2）开展可行性研究。具体论证和评价项目在技术和经济上是否可行，并对多种方案进行分析比较，对项目建成后的经济效益进行预测和评价。批准的可行性研究报告是项目最终决策文件，经有关部门审查通过，拟建项目正式立项。

（3）进行工程设计。从技术和经济上对拟建工程作出全面详细的设计安排。大中型项目一般采用两段设计，即初步设计与施工图设计。技术复杂的项目，在初步设计后可增加技术设计，按三段进行。

（4）进行建设准备。包括征地拆迁，“三通一平”（通水、通电、通路、平整土地），落实施工力量，委托工程监理，组织物资订货和供应，以及其他各项准备工作（建设工程报建、办理施工许可证等）。

（5）组织施工安装。准备工作就绪，具备了开工条件并取得施工许可证后，即可开工兴建。遵循施工程序，按照设计要求和施工技术验收规范，进行施工安装。

（6）进行生产准备。开始施工后，及时组织专门力量，有计划有步骤地开展生产准备工作。生产准备的主要内容包括：招收和培训人员，生产组织准备，生产技术准备，生产物资准备。

（7）竣工验收交付。按照规定的标准和程序，建设单位组织勘察、设计、施工、监理等有关单位对竣工工程进行验收，编制竣工验收报告和竣工决算，办理固定资产交付生产使用的手续。

（8）项目后评价。项目完工后对整个项目的造价、工期、质量、安全等指

标进行分析评价或与类似项目进行对比。

二、基础设施项目的经营分类

基础设施项目根据可销售性（有无收费机制）和可经营性（项目全寿命周期内经营收入是否足以覆盖投资成本），划分为非经营性项目、准经营性项目和经营性项目。

非经营性基础设施项目一般是指非盈利性的项目，主要为社会提供公益性服务，使用功能不收取费用。如市政道路、消防设施、水利设施、公共厕所、环境保护、应急保障设施等都属于非经营性基础设施项目。这类项目完全依靠政府财政投入，除了政府组建专业公司直接建设运营以外，可实行“代建制”，即通过招标等方式，选择专业化的运营企业负责建设实施，工程竣工验收后移交给使用单位。

准经营性基础设施项目是指仅能保本或微利经营的项目，单靠市场机制难以达到供求平衡，需要政府参与投资或通过适当政策优惠和补贴予以维持。如供水、排水、污水处理、垃圾处理、邮政等都属于准经营性基础设施项目。这类项目需要市场与财政复合补偿，通常采用公私合作的方式，即政府公共部门和私营组织之间以契约的形式建立合作伙伴关系，以互补的方式实现风险共担和利益共享，政府公共部门承担提供服务的最终责任。

经营性基础设施项目是指具有盈利性的项目。随着市场化的不断深入，越来越多的基础设施项目属于这类范畴。这类项目完全实行市场化运营，执行项目法人责任制，由项目法人对项目进行前期策划、资金筹措、建设实施、生产经营、债务偿还和资产的保值增值，并对项目的建设过程与建成后的运营实现全过程管理。

三、基础设施项目的主要运营模式

（1）BT 模式（Build—Transfer）。BT 模式是指建设 – 移交，是政府利用社会资金来进行非经营性基础设施建设融资的一种方式。BT 模式是指一个项目的运作通过项目公司总承包，融资、建设、验收合格后移交给业主，业主向投资方支付项目总投资加上合理回报的过程。2005 年初，北京地铁首次在奥运支线工程尝试运用 BT 模式。奥运支线项目以初步设计概算 24.2 亿元为基础，划分为 BT 工程和非 BT 工程两部分。BT 工程主要包括土建工程及车站机电设备工程等，由招标方通过公开招标的方式确定投资建设方，由投资建设方负责项目资金筹措和工程建设，总投资 10.95 亿元，项目建成竣工后由招标方分三次等额回购。

（2）BOT 模式（Build—Operate—Transfer）。BOT 模式是指建设 – 经营 – 移交，是经营性基础设施投资、建设和经营的一种方式。BOT 模式是以政府和私人机构之间达成协议为前提，由政府向私人机构颁布特许，允许其在一定时期内筹集资金建设某一基础设施，并管理和经营该设施及其相应的产品与服务，当特许期限结束时，私人机构按约定将该设施移交给政府部门，转由政府指定部门经营和管理。为了适应不同的条件，衍生出许多变种，例如 BOOT（Build—Own—

Operate—Transfer)、BOO (Build—Own—Operate)、BLT (Build—Lease—Transfer) 等，各种形式只是涉及 BOT 操作方式的不同，其基本特点是一致的，即项目公司必须得到有关部门授予的特许经营权。广西来宾电厂二期工程是我国第一个经国家批准并获得广泛赞誉的 BOT 项目。项目装机规模 72 万千瓦，总投资 6.16 亿美元，中标获得特许权的法国电力联合体投资 25%，3 家外资银行组成的银团提供贷款 75%。特许期为 18 年，特许期满电厂无偿移交给广西壮族自治区政府，并承担移交后 12 个月内的质量保证义务。

(3)TOT 模式(Transfer—Operate—Transfer)。TOT 模式是指移交－经营－移交，是国际上较为流行的一种项目融资方式。TOT 模式是指政府部门出售现有投产项目在一定期限的产权或经营权，由投资人进行运营管理，双方合约期满后投资人再将该项目交还政府部门，政府部门用获得的资金来建设新项目。南京长江第二大桥是国家"九五"重点建设项目，2001 年建成通车，工程总投资 35.79 亿元。2004 年通过 TOT 模式将已经建成的南京长江第二大桥特许经营权转让给了由深圳中海投资有限公司和南京交通投资（控股）集团有限公司合资成立的南京长江二桥有限公司，将国有独资公司 65% 股权转让给深圳市中海投资有限公司。南京市政府授予新的二桥公司 26 年的特许经营权，2031 年特许经营期满后，将长江第二大桥资产无偿移交给南京市政府或政府指定的接收机构。

(4) PPP 模式 (Public—Private—Partnership)。PPP 模式是指公共部门通过与私人部门建立伙伴关系提供公共产品或服务的一种方式。PPP 的应用范围很广泛，既可以用于经营性基础设施的投资建设，也可以用于很多非经营性基础设施的建设。PPP 可以分为外包、特许经营和私有化三大类：外包类项目一般是由政府投资，私人部门承包整个项目中的一项或几项职能，并通过政府付费实现收益；特许经营类项目需要私人部门参与部分或全部投资，并通过一定的合作机制与公共部门分担项目风险、共享项目收益，项目的资产最终归公共部门保留；私有化类项目需要私人部门负责项目的全部投资，在政府的监管下，通过向用户收费收回投资实现利润。上海老港垃圾卫生填埋场四期采用 PPP 合作模式，由中标人 ONYX 与中信泰富组成的联合体与上海市城投环境组成合资公司，负责老港垃圾卫生填埋场四期的投资、设计、建设、运营和维护。项目公司股权，上海市城投环境占 40%，ONYX、中信泰富各占 30%，项目资产属于上海城投。项目运营至今基本实现了引进资金、技术和先进管理经验的目标。

四、基础设施投资与经营的政策规定

住房和城乡建设部《关于进一步鼓励和引导民间资本进入市政公用事业领域的实施意见》(建成〔2012〕89 号) 在政策上原则性规定了以下内容：

(1) 以下 BOT 等投资项目必须公开招标：通过独资、合资合作、资产收购等方式直接投资城镇供气、供热、污水处理厂、生活垃圾处理（包括垃圾发电）设施等项目的建设和运营；通过合资、合作等方式参与城市道路、桥梁、轨道交通、公共停车场等交通设施建设；通过政府购买服务的模式，进入城镇供水、污水处理、中水回用、雨水收集、环卫保洁、垃圾清运、道路、桥梁、园林绿化等市政公用事业的运营和养护等。

（2）上述 BOT 等投资项目是市政公用事业特许经营，明确在一定期限和范围内经营某项市政公用事业产品或者提供某项服务，BOT 经营期限最长不得超过 30 年。

（3）BOT 特许经营基本内容应包括：经营内容、区域、范围及有效期限；产品和服务标准；价格和收费的确定方法、标准及调整程序；设施的权属与处置；设施维护和更新改造；安全管理；履约担保；特许经营权的终止和变更。

（4）BOT 企业承担政府公益性指令任务造成经济损失的，政府应当给予相应补偿。

（5）BOT 企业获取项目贷款融资，一般将特许经营权项下的收益或者资产进行质（抵）押，应经政府同意并办理行政登记。

2016 年财政部发布的《关于在公共服务领域深入推进政府和社会资本合作工作的通知》（财金〔2016〕90 号）中要求，探索开展两个"强制"试点。在垃圾处理、污水处理等公共服务领域，各地新建项目要"强制"应用 PPP 模式。在其他中央财政给予支持的公共服务领域，对于有现金流、具备运营条件的项目，要"强制"实施 PPP 模式识别论证，鼓励尝试运用 PPP 模式。

思考题：

探讨某一熟悉的大型基础设施建设的开发运营模式。

参考文献：

[1] 戴慎志．城市基础设施工程规划手册 [M]. 北京：中国建筑工业出版社，2000.

[2] 郜建人，宋菊萍，顾红卫．城市基础设施运营管理模式变迁与发展趋势研究 [J]. 重庆大学学报，2004，10（3）：21–23.

第十五章　城市生活区开发

第一节　城市的居住功能与生活区概念

住是人类生活的四大要素之一，人的一生 2/3 时间是在住宅及其周围的环境中度过的。自 1933 年《雅典宪章》明确提出现代城市应解决好居住、工作、游憩、交通四大功能之后，居住就作为城市规划中的重要内容而倍受重视，人们越来越意识到了“居住”在人类城市生活中的重要地位。

居住是人类生活的核心部分。人的休养生息都是在居住功能区完成的。“居者，居其所也。”（《谷梁传 · 僖公二十四年》），古人很早就做出这样精辟的解释——居住是要有一定的场所的，即住宅，它是人们吃饭、睡觉、学习、娱乐不可以须臾离开的有安全感和舒适感的场所。但住宅所能提供的活动内容仅仅是生活的一个基本的内容。现代文明和科学技术的发展使人们的生活越来越丰富多彩，简单的居住空间已经不能满足人们的需要。其实人类在早期对于生活的认识也并非是吃饭、睡觉这样简单的往复循环，“生，生长也。”（《广韵》），这句话就说明真正的生活是不断发展变化的，具有活力的一种生存状态。这也是现代城市居住区应该具备的特点——提供人们满足自身不断发展、具有活力的生活条件。因此，现代城市所进行的居住区开发在不断充实其功能、调整其结构等工作的同时已经不知不觉地步入到“生活区”的建设中去。

一、生活区的层次

居住生活的层次。从居民生活空间规模的角度讲，住宅单体是生活的最基本空间，若干单体组合形成住宅群，若干住宅群组合成为街坊或小区，多个街坊和小区加上大型生活服务设施形成完整生活区。

一般的规模化的房地产开发以居住区为单位，在我国 1993 年颁布的《城市居住区规划设计规范》GB 50180—1993 中对居住区是这样定义的：泛指不同居住人口规模的居住生活聚居地和特指被城市干道或自然分界线所围合，并与居住人口规模（30000~50000 人）相对应，配建有一整套较完善的、能满足该区居民物质与文化生活所需的公共服务设施的居住生活聚居地。

居住区的规划建设就是对城市居住区的住宅、公共设施、公共绿地、室外环境、道路交通和市政公用设施所进行的综合性具体安排，主要侧重对住宅区物质环境的塑造和基本功能的完善，对居住环境的文化背景和居住者的社会心理感受往往缺少关注。这也是在社会经济水平不很发达的背景下为了尽快解决住房问题而造成的问题。

大规模房地产开发往往以生活区为单位。

本章所定义的生活区是具有社区特征和现代居住生活所需完备设施的城市空间。根据对相关研究资料的检索，经过整理可以看出当前对社区的认识主要有以下几个方面：所谓社区，就是以一定的生产关系和社会关系为基础，形成了一定的行为规范和生活方式，在情感和心理上有地方观念的社会单元。城市中的社区是由城市中具体的空间范围内对该地区有一定认同感的居民及他们的生活环境组成的，在我国一般可以将居住区和街道办事处管辖地视作城市社区。社区内的居住者是具有某方面共同利益的交往群体，能够相互影响，形成共同的利害关系及价值准则。简单地说，社区就是地域生活共同体。“社区”这一概念的提出主要就是针对以往居住区、住宅区等概念对人们生动丰富的生活及多元化的空间环境的表达力不足而提出的，现代生活区除了具备社区在社会关系上的特征，还应该在物质设施方面满足多样化的现代生活需要，如教育、娱乐、就业和卫生管理等。以不同的内容、类型和品质互相区别与补充，并围绕居住功能构成人类在城市中休养生息的生活区。

二、生活居住区类型

按照建筑类型分有高层居住区、多层居住区、别墅区等。按照开发时间分有历史街区、传统社区等。按照居住对象分有经济适用房小区、高档社区等。

第二节　城市生活区开发的历史与理论

一、城市生活区开发的含义

对城市生活区的开发可以追溯到 19 世纪初期英国产业革命时期。当时伴随着工业革命，生产力得到大大提高，造成城市聚集了大量的产业工人，工人

们的居住环境急剧恶化，卫生和住房条件都非常恶劣，生活的基本条件难以得到保障，产生了严重的社会不安和动荡。政府不得不采取对策，集中解决工人的住房问题，从而开始了在城市中大规模开发人类生活区的历史。

住宅区开发研究最早在1920年代被伯吉斯（E. E. Burgess）提出，到1950~1960年代盛行“过滤论”（Filterdown）或“历史论”（Historical），即新住房被富有的家庭占有，“过滤”下来的旧住房让给相对贫穷的家庭使用。这是一种实证论，曾被说成是一种社会生态学的理论，因为使用了生态学的入侵和继承的概念。虽然在初期这些生活区的开发和规划并不完善，但正是在不断的尝试中才使得今天积累下大量的对城市人居生活空间的开发建设经验。

从城市规划的角度看，当前城市生活区的开发就是在城市的居住用地和与该地块密切联系的城市绿化用地、公共设施用地上，依照城市发展目标和原则，运用城市规划和市场经济的手段，有计划有目的地建设满足城市居民要求的生活空间，其中包括住宅、室外环境、商业服务、文教卫生、体育、管理等多种设施，并实现一定经济、社会效益的行为。

二、城市生活区开发的特点

由于生活区的主要建设内容为住宅，服务对象针对城市居民，它具有不同于一般房地产开发项目的一些特点：

（1）个性化的消费对象。生活区开发的主要产品——住宅是以居民（或家庭）为消费对象的，消费者的经济、教育、社会等方面的背景都是影响其选择生活空间的重要因素，开发产品的定位与规划设计的内容必须对这些方面的影响有所反映，并对消费心理进行了解和分析。这与消费对象为机构或者团体、要求相对比较单一的写字楼或商场等房地产不同。

（2）大批量的产品开发。每个人都需要一定的生活居住空间，生活区开发建设的规模效益也要求住宅的大批量建设，我国又处在城市化的高速发展时期，城市住宅无论是需求量还是供应量都非常巨大。

（3）复杂多样的市场流通。住宅使用寿命较长，价值较高，不仅具有使用价值，还具有很好的投资保值作用。在市场经济体制下，住宅的销售、转卖、租赁、抵押等活动都非常活跃，不同的市场需求和流通方式对住宅开发以及配套设施与环境的安排都具有各自具体的要求。

第三节　城市生活区与城市其他开发要素的关系

生活区在城市空间中比例最大，与其他功能区都有密切的关系。可以用关系度来描述。

一、生活区与城市中其他功能区有不同程度的相关关系

可以用关系度来表达：

居住与就业岗位关系度为1。

居住与购物中心关系度为0.2。

居住与休闲区关系度为 0.05。

分布概率。生活区是按一定规律在城市中分布的，与城市的其他要素，如快速交通的节点、工作岗位、生态环境、服务设施都有相应的关系，这些相关要素在城市空间中的分布都影响生活区的选址与开发强度的确定。

二、生活区开发要注意环境质量标准

如日照，通风（图 15–3–1）

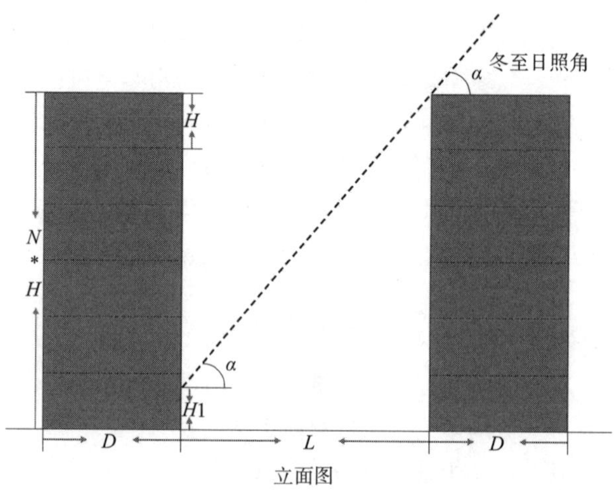

图 15-3-1　采光示意

$$Far = \frac{D \times W \times N}{(D+L)W} = \frac{D \times N}{(D+L)}$$

$$Far'_D = \frac{D \times N}{(D+L)} = N$$

$$\frac{N \times H}{L} = \alpha$$

$$\frac{N \times H}{\alpha} = L$$

（公式 15–3–1）

N——层数；

H——层高（Level High）；

W——面宽（Face Width）；

L——间距（Between Distance）；

α——冬至日照角；

D——进深（Deep）；

Far——容积率。

三、生活区的分布与交通费用地价的关系（图 15–3–2）

家庭交通费用的组成要素：

（1）上班交通费用 + 购物交通费用 + 休闲交通费用 = 家庭交通费用

（2）时间距离的换算

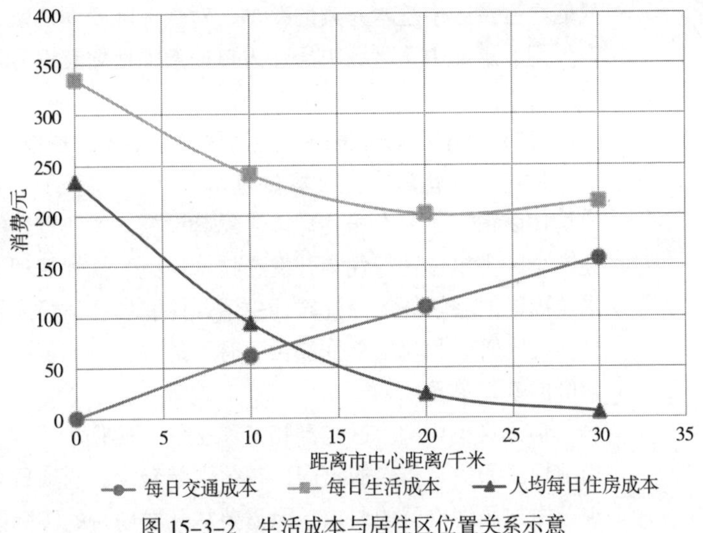

图 15-3-2 生活成本与居住区位置关系示意

(3) 交通舒适性

(2) + (3) = 交通时间的机会成本，约占标准工作时间的 25%。

四、城市生活区开发的规模与级别

城市生活区建设是以住宅为核心的整个居住生活环境的建设，所以生活区开发状况主要体现在住宅开发上，住宅开发的模式、水平与特点直接反映出城市生活区开发的相应内容。

我国自改革开放以来房地产业尤其是商品住宅开发产业得到迅猛发展，一方面由于长期以来积压的城市住房问题需要大量新建住宅来解决，另一方面市场经济体制的逐步完善和住房改革政策的推行，使住宅开发获得了良好的发展空间和政策支持。住宅开发不仅要能够在数量上、还要在开发的建设质量和科学性上满足城市发展和人民生活的要求。

如果把住宅放在城市生活区的整体中去观察，就可以通过住宅开发的不同类型来对生活区开发的状况进行了解。住宅开发的分类非常多样，这与住宅的建设类型和开发手段的多样是分不开的。而作为生活区的组成部分来看，不同规模的住宅开发对生活区的形成具有不同的作用。

（一）楼宇开发——生活区基本元素的叠加

受用地面积或者开发能力制约，开发规模在一栋或者几栋住宅之间，一般为多层建筑，包括少量高层，人口规模不超过居住组团，一般在 1000 人以下。这种规模的住宅开发主要是为了解决住房短缺的问题，对配套设施和环境景观没有明确的要求，只要能够达到一定卫生和交通条件即可。这种开发类型在房地产市场的发展初期较多，随着开发企业的实力不断增强和城市经济发展的速度加快，这种仅仅提供一定居住面积、缺少良好生活配套的住宅楼宇开发不能满足市场和城市发展的需要，现在一般只用于零星地块的改造中。

由于住宅是生活区的最基本的内容，这种类型的住宅开发除了提供一定面积的住宅，在生活设施与环境等方面并没有为居民生活提供更多的条件，因此只能是生活区中基本元素的叠加，对生活区整体功能的加强与完善没有产生一定作用，反而由于区域中居住人口的增加使配套设施和公共绿地的人均拥有水平有所下降。

（二）住宅小区开发——生活区基本单元的形成

住宅小区是城市生活区的基本单元，良好的居住生活条件不仅要有一定的居住面积，还要在居住环境、配套设施、物业管理等方面有相应的水平。以住宅小区为单位进行住宅开发在技术规范和规划管理方面都具有比较明确的要求，因而能够较好地保证居住生活条件和居住环境质量；相对完整的环境空间也为社区管理和邻里交往提供了有利条件。因此可以从功能与规模上看作是生活区的基本单元。

但是这类住宅小区与严格意义上的“居住小区[1]”不一定完全一致。由于用地规模和住宅档次的不同，在生活配套设施的项目与规模上不能够完全照搬规范中对居住小区的要求，而需要从开发项目的实际条件与开发要求出发进行针对性的部署。

（三）规模化住宅区综合开发——居住区各组成内容的有机结合

中国改革开放以来一直处在城市化水平的高速增长阶段，城市用地在不断增长，拥挤在市区中的人口需要不断疏散到新区（城）中。许多城市在总体规划的编制和修订中不约而同地在新区（城）中安排了大面积的居住用地，上海1990 年代拟定的四个示范生活区[2]中的春申居住区和三林居住区都在城市新区中。城市旧区和棚户区的改造也具有相当数量，1990 年代上海棚户区面积达到 365 公顷，其中普陀区潭子湾、潘家湾和王家宅地区（简称“两湾一宅”）一个地块就有 50 公顷的改造面积；而北京 2002 年将拆除危房 84 万平方米，全市规模最大的一片危改区东城区的朝内南小街将动迁居民 3.2 万户，涉及范围达 193 公顷；2000 年以后全国各大城市市区内工业外迁置换出来的土地也多数用于住宅开发。这些位于城市新区和旧城中的大片土地通过政府在基础设施和政策调控等方面进行的工作，吸引了一些在资金和开发能力上具有优势的开发企业，从整体出发进行开发与规划建设的安排，开发内容包括多个住宅组团（小区）、商业配套、交通网络、城市景观及绿化、教育配套、信息网络等多个方面。这类大规模综合性的住宅开发与城市生活区在功能与组成上具有很多一致性，是生活区各组成内容的有机结合。

（四）进入 21 世纪以后，大规模开发成为城市开发的主流

如上海的“一城九镇”的开发就属此类。这种大型生活区不仅配套大型公共服务设施，建设过程中教育、商业配套齐全，往往还会配有休闲办公等其他第三产业用地。这种开发建设少则几平方千米，多则十几平方千米，形成以大型居住生活区为主的新城开发模式。

第四节　我国现状城市生活区开发的特点

对当前生活区开发类型的分析也是一个对当前生活区开发状况的了解过程，城市的经济发展与住房政策的改革使我国当前生活区的开发处在一个特殊

的时期，出现了一些新的特点，这一方面对当前和未来的生活区开发提出了新要求，另一方面科学的开发方法也成为需要。

一、我国进入住宅需求平稳期

据住房和城乡建设部的分析报告显示，2017 年底我国人均住房建筑面积已经达到 40 平方米，而高收入国家人均住房建筑面积则为 46.6 平方米。世界各国的经验表明，在人均住房面积达到 30~35 平方米之前，该国将保持较为旺盛的住房需求。

有数据表明，到 2016 年，中国城市人均住宅建筑面积已经达到 31.23 平方米，户均达到 100 平方米以上；按照中国目前的建设能力，到 2035 年，可望人均 50 平方米，户均 150 平方米，国内生产总值比 2000 年翻一番，人均国内生产总值将超过 1500 美元，那时的住宅建设投资占国内生产总值的比重可能达到峰值。这从另一个方面反映出我国已经进入住宅建设的转型期。

2006~2016 年房地产投融资及建设面积　　表 15–4–1

年份	房地产投资（亿元）	年均增速	房屋施工面积（万平方米）	房屋竣工面积（万平方米）	住宅竣工面积（万平方米）
2006	19383		194786	55831	63047
2007	25280	30.42%	236318	60607	68821
2008	30580	20.97%	283266	66545	75969
2009	36232	18.48%	320368	72677	82101
2010	48267	33.22%	405356	78744	86880
2011	61740	27.91%	506775	89244	71692
2012	71804	16.30%	573418	99425	79043
2013	86013	19.79%	486347	101435	78741
2014	95036	10.49%	726482	107459	80868
2015	95979	0.99%	735693	100039	73777
2016	112180	16.88%	758975	106128	77185

从表 15–4–1 可以看出，我国的住宅建设已经进入平稳期，我国目前已经进入解决居民住宅的关键时期。其主要依据是，①根据国外的经验和发展规律，当一国人均国民收入达到 300~1000 美元的经济发展水平时期，住宅的投资量占国民生产总值的比重比较高，而且住宅建设投资随人均国民生产总值的增加而增加，直到人均国民收入达到 8000~10000 美元或以上时，住宅需求开始减少。我国 2017 年人均国民生产总值约 8582.94 美元，恰恰处于住宅产业的发展转型时期。②从国外居民消费结构的转化规律来看，恩格尔系数低于 40%~50% 的水平时，是房地产业和住宅建筑业的快速发展时期。2017 年我国居民恩格尔系数为 29.3%，进入了联合国划分的 20%~30% 的富足区间。所以，在人们收入中的很大空间有可能用于住宅消费。

因此，无论是从社会还是市场角度，大规模的生活区开发建设需求空间被压缩。如此巨大的住宅市场，如果政府没有合理统一的开发策划作为引导，不仅会造成开发建设上的盲目和低效，更有可能影响居民解决住房问题的速度，造成资源的浪费和社会的不公平。

巨大的住宅开发与需求数量，使城市居住生活条件发生了巨大的改变，而一些问题也随之产生。由于建设速度较快，又缺乏在市场经济条件下建设大规模城市住宅的经验，失去了以往计划经济体制背景下福利分房产生的“皇帝女儿不愁嫁”的优势，因而导致一些住宅因配套不全、布局不合理、设计规划等方面的问题而大量积压或者给居住者带来生活上的不便。这些问题不仅造成开发资金的积压，也是对土地资源的浪费和改善居民生活条件的漠视，同时容易诱发一些社会问题。因此，大量的住宅建设不仅应该着眼于“住宅”这一基本元素，而且要把它放在建设城市“生活区”的背景下，才能避免犯“近视”的错误。生活区的开发建设也不仅仅只是完成一定数量居住面积和配套设施那么简单，而应该体现出居住生活个性化消费的特点，制定与居民需求和城市社会发展相适应的针对性策略，才能保证大规模的生活区开发建设的健康发展。

二、生活区开发处于激烈市场竞争之中

我国确立了以社会主义市场经济为主体的经济体制，住宅建设也由福利分配转向了商品住宅的市场开发，这个转换过程中带来的对经济效益的重视对城市生活区开发提出了新的要求。城市生活区的开发的实质就是城市中大规模的生活设施开发，其中住宅是比重最大的部分。一般情况下，在城市的开发建设总量中，住宅的建设总量一般占有 50% 的份额，而在居住功能为核心的生活区内，住宅建设的比重一般占有 70% 以上。住宅也和商品经济中的其他内容一样面临着竞争，不同类型的生活区也处于市场竞争之中。在这样的经济背景下，市场竞争是影响生活区开发的关键。这就决定了生活区的开发建设也要遵循优胜劣汰的市场规则。

在生活区开发中存在两方面的因素，决定其能否在竞争中脱颖而出。一是该生活区在开发建设中的最不利因素，即影响其竞争实力的“门槛”。任何一块用地都会因为区位、内外部环境条件以及政策法规等多方面的约束而形成非常严重的发展制约。如果没有对其提出合理有效的解决策略，其他方面的优势也无法对其加以掩盖和弥补。最终结果从市场角度看会从整体上极大地削弱该项目在市场上的竞争实力；而从社会角度看，这种不足往往会给居民生活和城市居住生活条件的改善带来不利影响。

上海三林苑在一定程度上就有这方面的教训。1990 年代中期，它作为国家安居工程规划设计金奖的获得项目，在规划、建筑设计和环境景观等方面都在当时处于领先水平，但是由于建成以来，区外支路系统一直没有得到较好完善，东西方向联系较薄弱，尤其是到 2001 年为止，与西侧主干道上南路之间仍仅有永泰路一条联系道路，加上该地块地处毗邻快速路杨高路和城市外环线的城市南端，居民与城市的联系难以满足实际需要。而且该小区建成后主要作为安置城市中拆迁居民和部分低收入居民的安居用房，这类居住者出行的主要交通工具为自行车和公共交通，在当时周边缺少足够就业岗位的情况下，公共交通就成为居民上班的主要交通工具，并且使用时间较为集中，这就使三林苑

的区位劣势越发突出，所拥有的建筑规划优势也显得苍白起来，尽管从小环境和住房条件来看，这里比市区中的很多住区都要优越，但是主要由于上述原因难以吸引更多的居民入住，相关的配套设施也就难以形成规模，从而导致该生活区难以快速发展和成熟起来。从当时的状况来看，如果不能尽快提供快速交通联系、加强周边支路网的建设、促进周边场所发展增加就业岗位，这里就出现更多回迁市内的居民，而空房多为外来低收入人口租赁，该生活区的治安和管理都面临新的社会问题。由此可见，在三林苑的开发前期，对区位和周边交通、就业条件还缺乏足够的认识与分析，并且没有能够在较短的时间内拿出应对措施，因此在建成以后的一段时间内，在一定程度上影响了该地区的良性发展，并给未来的开发建设造成了负面影响。再如一城九镇，是上海为努力构筑特大型国际经济中心城市的城镇体系在“十五”期间提出的发展思路（一城九镇即松江新城，以及朱家角、安亭、高桥、浦江等9个中心镇。整个试点工作将实施重点突破、有序推进的方针，并借鉴国际成功经验，实现高起点规划、高质量建设、高效率管理，建设以居住为主要功能的各具特色的新型城镇）。在实际开发过程中，一城九镇建设争议很大，有些项目投入很大，回报很小。如罗店新镇的中心区是一个具有北欧风情的商业街，建成后将近十年没有多少商家进驻，在后来上海建设新的经济适用房生活区时注意到这个问题，快速的公共交通建设、完善的公共服务设施成为大规模社会居住区开发的先决条件。“十二五”以后该地区的交通及配套问题才基本解决，形成新的开发热点。

决定生活区开发在竞争中取胜的另一关键因素就是它的优势。在条件相差无几的项目之间，能够为市场接受、被消费者选择的往往就是凭借一个（或者几个）“卖点”。所谓“卖点”，就是将该生活区与其他竞争者区别开来的优点，而且这一优点应该是切实有利于选择住房的消费者，并且是针对某一类型的消费人群制定的。就是说，“卖点”要具有现实性和针对性。

如大连的星海家园就是一个例子。星海家园本身属于城市中旧厂区（原为大连油漆厂）改造的性质，区位环境背山面海，但是由于星海家园与海之间隔着星海湾和中山路，海景并不能借到多少，加之大连市内四区住宅建筑层数均控制在五层以下，因此海景对于该地块来说缺少现实性。在考察周边类似区位和规模的住宅区的基础上，星海家园将区内水景作为重点向市场推出，在“你无我有，你有我优”的指导思想下，打破了以往滨海居住环境仅凭自然海景而忽视内部环境中水景元素的利用的做法，不仅弥补了自身海景上的缺陷，而且以对内部环境的细致处理和重视获得市场的青睐。

改革开放以来，以环境或者生态优势作为市场竞争中的主打力量并不鲜见，上海棚户区改造项目中较为成功的中远两湾城在保证高容积率的现实条件下，一改原来两湾地区一河污水的脏乱景象，以精致周全的环境绿化配套使之一直处于市场销售的前列，并且由于绿化与建筑、儿童活动、休闲体育设施具有紧密的联系，容易接近，环境具有很强的均好性，加之与轻轨站点联系方便，比同期开发的万里城获得更多的好评，因而市场表现也更为突出，成为棚户区改造成功的范例。上海万里城的规划与建筑设计是经过国际招标筛选出来的优秀作品，但是在开发过程中，宽阔的绿化带对住宅间的小环境改善作用不明显，而且绿化带的建设加大了前期投资开发成本；同时规划的地铁在开发后的相当长时间内没有实现通车（缺乏现实性），使得该生活区在发展过程中出现了一些问题。

通过上述正反例子的分析，对照城市规划与开发中关于生活区的理论和实践分析可以看出，生活区的开发规划设计并不是开发成功的核心要素，而只是基本要素。在市场经济的背景下，竞争是来自全方位的，市场需求对规划设计条件的确定发挥着重要作用。任何单一或者片面的优势都难以成为建设市场满意、群众接受的良好生活社区，而要更好地满足居住者对物质生活与精神条件的要求，就需要在开发前期从内外环境、土地资源价值、居住空间供给以及文化内涵、个性服务等全方位进行考虑并提出具有现实性和针对性的策略。规划设计是将以上策略落实到物质形态的一个必要过程，如果没有前期大量细致深入的工作，再好的规划设计也是盲目的、没有生命力的。

三、社会经济发展对生活区开发的要求

评价一个城市的物质环境建设，居住生活环境是不能忽视的内容；而人的生存环境的改善，一般要看居住生活场所的改善。所以说生活区可以视为城市发展和社会文明程度的重要标志之一。而城市生活居住问题，也是长期以来困扰着城市开发与规划建设的主要问题。自 1940 年代以后，建筑规划专家、社会学家、心理学家、生态学家从不同角度进行探讨和研究，对现代城乡住区逐渐形成了比较系统的认识，主要内容有：

生活区是城乡空间的重要模块，与其他空间有着密切的关系，必须与其他空间建设协调发展。

生活区应该建立以人为中心的生态平衡。人是城市生活的主体，居住建筑要以满足人的生理、心理需求为中心进行设计和建构，同时人和物（动植物、建筑物、空气和水）是相互依赖、互相适应的共生体，应该建立人与物相亲和的社区空间，合理安排生活循环系统必需的人、物质的结构和密度，在人的衣、食、住、行得以满足的同时，保持自然、社会、经济生态的平衡。

生活区有能力提供不同的生活空间。居住空间应该能够满足人的归属感和安全感，提高生活情趣。因此生活区的物质环境要富有“标识性”的特点；除了依靠社会工作发挥功能之外，还要建造能创造人际交流机会的社区，具有共同参与和创造文化生活和公益事业的物质条件。因此，相关的商业服务、文化教育、休闲娱乐功能应该与生活需要相结合，配合整个生活区的开发综合规划安排，并反映出不同的社会文化特征。

生活区的建筑应具有多样性、多层次和美感。尤其是住宅及其环境，作为人的主要生活场所，不同素质、职业、文化背景、年龄的人对住宅的空间、结构、设施有不同的要求，单一的模式是不尊重人的自由选择的表现。但是住宅开发不能不受到经济实力、行业利益和生产力水平的制约，如何协调因此产生的矛盾，也是开发过程中要解决好的问题。

以上也是社会发展对生活区的功能与组织构成提出的要求，当前建设的生

活社区如果在功能和结构上不能够体现这些方面的要求，将无法满足现代居住者对理想居住空间环境的需要。

另外，国民经济水平的提高和科学技术的进步给人们的生活带来了巨大的变化，这就给城市生活区的各项内容带来了新的要求，"以人为本"和可持续发展的观念已经得到全社会的认同，并在建设实践中被广为运用。主要体现在以下几个方面：

一是生活区环境与开发效益特点，包括色彩与采光，植物与氧气，休闲与服务等。

二是对居住住房和生活空间的自然要素的要求具有强烈的需求，包括对新鲜空气、日照时间和条件，对环境噪声和光污染限制的要求。

三是对人工要素的要求。包括住房内部的各类设施条件、楼宇的公共设施条件、小区的设施条件和社区中心及商业空间、教育卫生条件、绿化环境的配套设施数量和质量的要求，包括电力、自来水供应充足、通信线路通畅、设施运行状况良好等。

四是对社会要素的要求。包括对合理的社会制度和完善的社区组织，有良好的文化氛围和活动爱好者的活动空间，能建立共同的或者可以兼容的生活习俗和宗教习惯，有统一的社会道德标准。

可以说，在经济和社会的不断进步与发展中，生活区的内容和质量都在发生着变化，同时在市场机制的作用下，生活区的规划设计应该比以往更多地考虑市场的因素。从政府的角度来看要注重对市场变化和需求的了解与满足；从开发商的角度来看则不能仅仅以自身的经济效益为出发点，应该结合居民生活的需求；而从规划设计人的角度出发，不应因为片面的审美与设计方面的要求而刻意去营造某种结构或者环境。随着住宅市场向买方市场逐渐过渡，对生活区开发决策的科学化与合理化的要求就变得日益突出。在这样的背景下，生活区将会以不同的区位特点、住宅特点、结构特点、教育条件和就业条件、居住者身份等特征进行分化，呈现出崭新的发展趋势。

另外，市场经济并不是决定生活区开发决策的唯一力量，单纯追求经济效益不是进行生活区开发的唯一目标，因而也不能成为指导生活区开发规划与设计的唯一准则。可持续发展的目标为城市建设开发提出了更高的要求，这也对生活区开发的合理性与科学性提出了更高的要求。经济的可持续发展与环境、社会的可持续发展都是保证一个城市良性运转的必要条件和发展目标，因此进行生活区的开发不可避免地既受到社会、经济、环境等方面的制约，相反过来又影响着社会、经济、环境的发展。在进行关于生活区开发的决策过程中，需要从社会、经济与环境的要求与相互制约出发，才能有助于实现城市可持续发展的管理目标。

所以，城市生活区的开发规划是一项综合的系统工程，它不仅仅需要对不同功能的建筑物进行合理、科学的空间布局，更需要对市场、社会以及相关政策法规的细致了解和分析；作为一种对人民生活、对城市发展产生重大影响的投资行为，经济效益是和社会效益、环境效益分不开的。一个生活区开发项目的成功，必须要进行基于规划、经济、市场、政治与社会等多学科综合的全面安排，只有这样，才能综合各个方面的利益，指导各项开发工作的有序进行，满足城市中不同的人对居住、购物、文化体育及卫生设施的不同需求，保证开发投资的成功，将开发活动与城市规划管理与发展协调起来，保证社会效益、经济效益、环境效益的综合最优。

在这样的背景下，城市生活区开发策略的确定必然要涉及城市规划、管理、法规、经济、生态、环境等多学科，其本身需要进行严谨、科学的组织和策划，才能保证开发建设的顺利进行和城市的健康发展。这个具有极强综合性的工作，必须由政府组织各方面的专业人才、从社会的整体利益和公众需求出发，严格按照城市规划的要求，进行统筹布置，才能够达到预期的目标。

第五节　居住生活区的开发组织体系

中国的居住生活区的规模化开发组织是典型的在政府主导下的市场经济模式。每个地区都有住房建设的管理部门，决定开发的政策制定，项目管理，市场监督，产权确认。开发建设是由有资质的开发企业完成。

政府部门下属的部门几乎都与生活区开发有关，管理开发的主要部门有规划、国土资源、建设、环境等。

开发企业（开发商）有四大类：本地政府下属的开发企业（如各个地方的开发建设公司），主要负责公益性比较强，不是以盈利为目的的项目，如经济适用房、廉租房、动迁房、大型公益项目等；以房地产市场开发为主的有大型国有企业（如中交集团、中铁集团、绿地集团、保利集团）下属的开发公司，以房地产开发为主导的股份制公司（万科、万达），私人房地产开发公司（碧桂园、世茂、龙湖等）。这种大型开发公司资金实力雄厚，经验丰富，产品质量较高。这些企业一般都会有董事会负责战略决策，总经理负责日常管理；往往都会有自己的独立研究机构，研究房地产开发的趋势，研究市场需求，研究产品创新；都有自己的金融机构，负责融资；甚至有上游的生产企业，负责上游产品的生产。这些企业开发项目遍及各地，一般都会成立地方独立法人的项目公司，以避免产生系统性风险。项目公司主要由总经理负责，寻找开发项目，有财务部负责资金运作，有工程部负责建设管理的技术问题，有销售部负责市场销售和产品分配。有的还有专业物业公司，负责销售以后的长期物业管理工作。

第六节　居住生活区开发模式

居住生活区开发目标不一样，市场销售的对象不一样，开发模式也有很大的差异。常见模式如下：

IOD 产业带动。这是一种最常见的开发模式，尤其是大型产业项目的建设，带来了大量就业人口，形成城市新兴住区。如上海 1970 年代金山石化总厂的建设带动建成了金山石化居住区。1980 年代宝钢建设带动了宝山／杨浦等相

邻地区一系列居住区的开发。1990 年代以后陆家嘴金融区的建设带动了周边沿黄浦江地区高档住宅区的建设等。不同的产业带来不同人群，由于不同的居住生活需求，促使形成不同类型的生活居住区。

TOD 交通带动。这也是一种常见的开发模式。快速交通节点建设带来人流的聚集，带动商业等服务设施的集中建设，创造了良好的生活居住条件，带来周边居住区的规模化开发。1970 年代的香港沙田地区的开发就是典型案例，沙田到九龙的地铁建好后，沙田地铁站上部建设了大型商业服务设施，进一步带动了周边地区的住宅大规模开发。

LOD 生活带动。为了解决普通低收入人群的居住问题，各地地方政府往往会建设有规模的低收入人群的住宅区，如上海 2009 年确定建设 15 个以保障性住房和中低价商品房为主的大型居住社区，建设用地总面积超过 60 平方千米。这批居住社区包括以保障性住房为主的宝山顾村等 6 大基地和中低价普通商品房为主的嘉定新城等 9 个郊区新城大型居住社区，2010 年已基本建成，基本解决上海近 600 万中低收入者的居住问题。

EOD 环境带动，教育带动。以环境建设或教育设施建设为特色，打造生活居住区。上海松江新城的建设就是一个典型案例：2001 年 1 月 5 日，上海发布市府 11 号文件《关于上海市促进城镇发展的试点意见》，提出构筑特大型国际经济中心城市城镇体系，重点建设展现异国风情的“一城九镇”的战略构想。按照规划，上海郊区将依托重大经济项目和骨干交通建设，重点发展新城和中心镇，构筑上海现代城镇体系，切实改变中心城区蔓延扩张、郊区分散布点的格局，形成工业化、城市化、现代化的城镇群和都市经济圈。松江新城就是其中的“一城”，原规划松江新城 60 平方千米土地，分两期开发，人口规模达到 74 万，首先建设了占地 506.16 万平方米的松江大学城，容纳师生 14 万人，全部建成时间为 2008 年。大学城位于松江新城示范区北块，是一所具有现代建设理念的开放式新型大学群组合，既具有环境优美、格调高雅、一校一貌、资源共享、舒适实用的特色；又融合国外优秀建筑风格，成为松江新城区一大景观。大学城不仅大大提升松江地区的文化氛围，也为松江的经济发展和社会进步输送各类人才。其次建设了泰晤士小镇，这是一个体现松江新城整体风格的标志性区域，该区占地约 1 平方千米，东侧为新城最大的一个人工湖。绿树清湖，具有原汁原味的英国乡村建筑风格。泰晤士小镇设计风格引入英国泰晤士河边小镇风情和住宅特征，追求人与自然的最佳和谐，体现松江新城浓烈的现代化、国际化、生态化以及旅游文化气息。其中一条连续的多功能步行街以及河畔英式广场成为小镇的主轴线，也是居民及游人进行集会、表演、休闲、交往的好去处，层次丰富，引人入胜，整体气氛充满生活情调和乐趣。松江新城总体规划结构由城市中心区、副中心区、交通枢纽区和居住区组成。高密度的城市中心区包括商业金融、文化会展、旅游、办公及交通中转等设施。同时建设了上海轨道交通 9 号线，解决与中心城区的交通问题。后来又建设了广富林遗址公园、松南郊野公园、”浦江之首” 水文化展示馆等一系列生态环境项目，进一步吸引从市中心疏解人口。到 2009 年，松江新城已经成为上海政治、文化、教育和居住的新中心。原规划到 2020 年居住人口为 90 万，实际到 2017 年人口已经达到 160 万。

其他的模式还有 COD 商业带动模式、SOD 服务带动模式等。

第七节 居住生活区开发的管理

一、居住生活区开发的土地管理

在生活区开发过程中，在前期的规划完成以后首先需要进入土地储备整理阶段，一般由政府下属的土地储备中心和开发公司进行。土地储备中心将土地通过拆迁、征用等手段根据政府规划收储，按照规划进行土地整理，通过批租或划拨等手段提供建设单位建设，使用者使用。

居住生活区开发项目产权属性一般分为两大类：公共类和市场类。公共类项目（城市级基础设施、绿地、服务设施）原则上是政府投入建设，一般由地方政府下属的建设机构建设、管理和运营；也有通过 BOT 模式由外来企业代建，土地由政府划拨为主。市场类（商品化住宅、商场等）项目为各个开发企业通过招拍挂的批租形式获得，通过相关程序建设然后进入市场经营和销售。使用者通过市场购买获得土地上建筑物的所有权，并获得相关土地的使用权。

由于中国的宪法规定城市土地是国有的，城市土地的使用权是有年限的，通过市场获得建筑物相关土地的使用权是有年限规定的。

二、居住生活区开发建设管理

政府主管部门通过控制性详细规划给每一个开发地块确定了相应的建设要求，主要有功能控制（用地性质）、强度控制（容积率）、形态控制（密度、高度）、公共服务（基础设施要求）、交通控制（静态交通、动态交通要求）、安全要求（消防、避险）、生态控制（绿化率、绿地率、水面率）。在土地批租时都会告知开发机构。

三、居住生活区开发过程管理

在建设过程中，政府还通过专业的管理机构进行督查，如城管、消防、绿化、环保、质检等机构进行违章监督，对于违规建设行为进行处罚。（详见第二部分第九、十一、十二章）

四、居住生活区开发的财政与金融

在居住生活区开发过程中，金融开发资金根据不同的性质有不同的来源。一般公益性项目由政府出资，资金来源主要有土地批租、政府拨款。在商业性房地产开发项目中开发资金主要由开发机构负责筹措，途径有自有资金、管理层跟投、银行贷款、私募基金、建设商垫支、预收款等。

在中国，为了控制房地产市场，政府往往通过税收（土地税、房产税）、贷款额度、限购等金融手段控制房地产开发的总量和进度。（详见第二部分第十章）

思考题：

1. 策划某一熟悉的大型居住区的开发运营模式。
2. 探讨未来城乡可能的居住模式和开发方法。

参考文献：

[1] 住房和城乡建设部．城市居住区规划设计标准 GB 50180—2018[S]. 北京：中国建筑工业出版社，2018.

[2] 孙克放．现代居住小区规划理念更新和发展[EB/OL]．(2015–4)．https：//wenku.baidu.com/view/.

第十六章　城市中心区的开发

第一节　城市中心区分类与分级

一、什么是城市中心区

城市中心区作为城市结构中一个特定的地域概念，国内目前始终没有一种明确的定义，研究人员通常侧重自身研究角度来给出相应的定义，导致城市中心区的概念存在模糊性。从城市整体功能演变过程来看，城市中心区是一个综合概念，是城市结构的核心地区和城市功能的重要组成部分，是城市公共建筑及第三产业的聚集地，为城市及其所在区域集中提供政治、经济、文化、社会等活动设施和服务空间，并且在空间特征上有别于城市其他地区。它包括城市的主要零售中心、商务中心、服务中心、文化中心、行政中心、信息中心等，集中体现城市的社会经济发展水平和发展形态，承担经济运作及管理功能。

二、城市中心区分类

根据定义显示，城市中心区是城市发展过程中最具活力的地区，城市中心区作为服务于城市和区域的功能聚集区，其功能也必然要适应和受制于城市自身的要求和城市辐射地区的需要。因此按照城市中心性质和功能，城市中心具体可分为以下九个类别：

（1）综合性公共中心：包含三种或三种以上的公共活动内容及总的公共中心。

（2）城市行政中心：城市的政治决策与行政管理机构的中心，是体现城市政治功能的重要区域。

（3）城市商务中心：城市商务办公的集中区域，集中了商业贸易、金融、保险、服务、信息等机构，是城市经济活动的核心地区。

（4）城市文化中心：城市文化设施为主的公共中心，体现城市文化功能和反映城市文化特色的重要区域。

（5）城市商业中心：城市商业服务设施最集中的地区，与市民日常活动关系密切，体现城市生活水平以及经济贸易繁荣程度的重要区域。

（6）城市体育中心：城市各类体育活动设施相对集中的地区，是城市大型体育活动的主要区域。

（7）城市博览中心：城市博物、展览、观演等文化设施相对集中的地区，是城市文化生活特色的体现。

（8）城市会展中心：城市会议、展览设施相对集中的地区，是城市展示和对外交流的重要场所。

（9）城市休闲中心：城市休闲娱乐设施相对集中的地区，是居民活动、休闲、娱乐的重要场所。

三、城市中心区分级

随着城市快速发展，我国部分城市中心区“摊大饼”的现象日益严重，中心区人口密度逐年增大，空间急剧膨胀，地价快速上涨，交通日益拥挤，中心区已经不堪重负。在城市发展的过程中，由于实际需要会将城市的某一特定功能外迁，以此来缓解城市中心区的过度荷载，许多城市逐渐在城市战略规划中提出了城市副中心、城市地区中心等概念，以便承接城市中心区功能外溢，并以此来缓解城市中心区的压力。以上海为例，在最新版的《上海市城市总体规划（2017—2035 年）》中提出构建“城市主中心（中央活动区）—城市副中心—地区中心—社区中心”的四级公共活动中心体系。

城市副中心级：城市中心由单中心向多中心转变，城市副中心应运而生。相较于西方国家，国内学者对城市副中心的研究起步较晚，不同的学者也给出了类似的定义，丁健认为城市副中心就是同城市中心在地域上保持一定的距离，聚集着相当的经济要素和集中着一部分经济活动，具有较大的服务半径，但是功能相对单一，能级低于城市中心区。陈瑛认为城市副中心是经济流的高效集聚区，是城市中新兴第三产业的集中分布区，是城市空间结构分散化过程中核心的外延部分，具有疏解或互补核心的功能，并与之共同构成城市网络系统。

城市地区中心级：随着城市规模的不断扩张，结合地区人口规模与发展需求，结合轨道交通站点及枢纽建立地区中心。从而实现公共服务与就业岗位的均衡化布局，为所在地区的居民及游客提供商业服务，并辐射带动周边部分区域。

城市社区中心级：社区中心的主要职能在于便利居民生活，在步行可达范围内保障市民享有便捷舒适的社区公共服务设施，提升生活品质，为所在社区的居民提供基本服务。

以上海为例，表16–1–1所示为上海新一版总体规划中提出的市域公共活动中心层级体系。

上海市域公共活动中心层级体系　　表16–1–1

层级体系	地域类型		主要职能
	主城区	郊区	
第一层级（城市主中心）	城市主中心（中央活动区）	—	全球城市的核心承载区，包括金融、商务、商业、文化、休闲、旅游等功能的高度融合，既链接全球网络又服务整个市域
第二层级（城市副中心）	主城副中心	新城中心	面向所在区域的公共活动中心，同时承担面向市域或国际的特定职能
		核心镇中心	
第三层级（地区中心）	地区中心	新城地区中心	面向所在地区的公共活动中心
		新市镇中心	
第四层级（社区中心）	社区中心	社区中心	面向所在社区的公共活动中心

四、城市中心区的发展趋势

在不同的历史时期，城市中心区所承担的职能有所不同，因此城市中心区的构成及形态也有所不同。首先，古代城市的中心由宫殿及神庙组成，原因来自于古代社会的统治是以王权和神权为中心的。早期的《周礼·考工记》就对营造城市做出了初步的规制，“匠人营国，方九里，旁三门，国中九经九纬，经涂九轨，左祖右社，前朝后市，市朝一夫”。由此可以看出城市的中心是宫殿和祖庙，而“市”处于次要的位置。同样，中世纪的欧洲有统一而强大的教权，教权常常凌驾于政权之上，因此教堂占据了城市的中心位置，教堂广场是城市的主要中心，是市民集会、狂欢和从事各种文娱活动的中心场所。另外，由于社会活动及商品贸易的需求，有的城市还有市政厅广场和市场广场。

到了近代，城市中心得到快速发展，中心区逐渐成型。机器工业时代的快速发展使得城市经济到达了空前的繁荣，城市规模扩大，城市中心除传统的商业功能外，随着工业的快速发展，为工业生产服务的其他行业也都聚集到城市中心中来，如商业办公、专业服务等行业。同时，零售业的经营方式也发生了变化，大型的百货商店和各类专营店开始出现，城市中心真正成了城市服务功能的聚集地，Downtown 是当时城市中心区的代称。

由于工业时代的快速发展，城市中心区变得拥挤不堪，交通工具的大力发展给城市带来了大量人流，城市中心环境日益恶化。后来随着汽车逐渐成为西方国家的私人交通工具之后，越来越多的中产阶级远离了拥挤不堪的城市中心，这也就形成了西方城市发展过程中的郊区化现象，城市中心区因此面临着强有力的竞争。早在1920年，全美90%的零售活动发生在城市中心

区，而到了 1970 年，城市中心的零售总额不到全国的 50%。此时的城市中心区更多的是办公设施，中心区的结构也发生了很大的变化，城市中心区周边聚集了大量的贫民窟，导致犯罪率不断上升。为解决城市中心区的衰落问题，西方城市在“二战”之后开始着手城市中心区的更新工作。首先是“办公综合体”的大量新建，这种综合体的底层是商业零售，塔楼部分是宾馆和办公用房，通过各类功能的混合来满足市中心职员、居民及游客的各类需求。其次是交通方式的改进，例如建立并恢复城市中心区步行系统，建立公共交通系统，兴建快速轨道交通系统。同时，历史地段的重建、综合文化场所的开发也是城市中心区更新的重要措施。另外，改善城市中心区的环境是中心区复兴的关键。

城市中心区发展至今，其地域范围迅速扩大，并出现了专门化的倾向。在更新改造的同时，城市中心区的职能结构也发生着变化，其中最主要的特点就是商务办公职能的加强。尤其在国际性大城市中，CBD（中央商务区）已经成为城市中心区的主要组成部分，这里聚集了大量跨国公司的总部，还有高层次、专业化的商务服务。跨国公司的聚集为其在全球运转自如起到了决定性的作用。从本质上来看，现在的城市中心区仍然是一个功能混合的地方。

从全球范围来看，当前面临着全球变暖及极端天气状况、人口老龄化、住房价格上涨及供应紧张、城市交通拥堵等一系列社会问题。城市中心区作为城市人口、建筑、交通及城市活动最集中的地区，也是能源消耗的高密集区域。为保证城市的可持续发展，越来越多的学者指出，城市中心区的发展不能过分关注城市形象和经济效益，应当在城市发展和保护之间寻求动态平衡，增强城市的韧性和弹性，以更好地应对未来不可预知的发展变化。因此未来的城市中心必将是以生态、高效、可持续发展为目标的绿色中心区，这也是解决中心区各类复杂问题的根本途径。

很多西方国家对本国未来二十年的城市中心区的发展作出了预判与展望。例如悉尼市政府提出的《悉尼 2030 战略规划》中未来主要的三个发展方向分别为：绿色、全球化及高度联通。其中包含促进城市中心区的可持续发展，具体表现为在城市范围内将人们所需的各类活动和服务尽量本地化或区域化，而非传统地集中到市中心，发展区域活动中心就是为了填补这种功能上的空白从而缓解城市中心区的压力。悉尼市中心区在未来的发展过程中，应当为这里注入新的活力，其中包含更为安全舒适的活动场所，各类服务、文化活动的聚集为游客及消费者提供多样性的选择。同时改善中心区内部的居住条件，提供经济适用房来维持中心区文化的多样性，构建更具包容性的城市。针对新一轮的全球化浪潮及日趋激烈的城市间竞争，悉尼市政府提出在中心区以及其他地方培育新的经济增长点和就业增长点，并保证它们与市中心紧密而高效的联系。为保证城市各部分、各区域之间的高效运转，需要建立一个具有高度连通性的交通网络，这样有助于出行者有更加多样性的选择。引导以公共交通为中心的发展模式（TOD）以减少各类机动车进入市中心，合并并减少已有的大型停车场，制定相关停车与收费政策，控制进入市中心的汽车数量。同时改造城市街道空间，并建立广泛联通的步行网络，增加城市中心区活力。

第二节　城市中心区的开发建设管理模式

本节探讨城市中心区（CBD）的开发建设管理模式，包括组织管理机构与职能、土地开发模式、土地出让模式以及建成后的运营管理模式等内容。世界上没有两个相同的城市或中心区，其开发建设模式也各有特点。本节选取北京商务中心区、深圳福田中心区、德国波茨坦广场、杭州钱江新城 CBD、上海虹桥商务区核心区、上海徐汇滨江核心商务区、上海陆家嘴中心区、巴黎拉·德方斯地区等国内外较为典型的城市中心区（CBD）开发案例，介绍几种开发建设管理模式的特征和差异。

一、模式一：政府集中管理模式

政府集中管理模式是指政府全面负责一级开发建设管理。政府专门设立 CBD 行政管理机构，负责全面建设和统筹管理 CBD 区内各项工作，管理机构职能相当于一个区政府职能的“简化版”。

北京商务中心区是政府集中管理模式的代表。北京商务中心区地处北京市朝阳区，规划建筑面积约 150 万平方米，主要用于写字楼、酒店、会展中心、娱乐等商务设施建设。截至 2014 年，北京 CBD 入驻企业达 19000 家，规模以上企业 8900 家，年均增长 27%；注册资本过亿元企业 184 家，已经形成以国际金融业为龙头、现代服务业为主导、文化传媒集聚发展的产业格局（图 16–2–1）。

在建设初期阶段，北京市政府与朝阳区政府共同建立了北京商务中心市、区两级工作体系。建立北京 CBD 建设联席会，由市领导牵头，定期、不定期召开有市、区相关部门与会的商务中心区建设与管理联席会议，以统一协调朝阳 CBD 规划建设的相关工作。2001 年，市政府设立“北京商务中心区管理委员会”的行政机构（简称北京 CBD 管委会），委托朝阳区政府代管。北京 CBD 管委会代表市政府统一行使北京商务中心区开发建设和管理职能，全面统管朝阳 CBD 范围内的土地储备、土地一级开发、公共设施和公共空间的建设和管理，负责规划编制、规划许可、地政管理以及区内公共区域的物业管理、广告宣传、大型活动组织承办和商务服务工作。北京 CBD 管委会和北京市朝阳区 CBD 工作委员会合署办公，是一个党政管理齐全、规划建设与城市管理合一的大型管理机构。北京 CBD 管委会下设规划处、建设处、发展处、综合处四个

图 16–2–1　北京商务中心区

部门；另外根据CBD发展需要，还新成立了北京商务中心区投资和服务中心、北京商务中心区土地储备分中心（负责CBD区域的土地储备）、北京商务中心区开发建设有限责任公司（负责CBD内市政基础设施开发建设、公用设施的建设运营、土地一级开发等）。

北京商务中心区的资金来源主要有地方政府、私募基金以及为北京商务中心区专门成立的北京商务中心区开发建设有限责任公司。地方政府的资金投入确定了北京商务中心区未来开发建设中政府主导、市场化经营的模式，其用于北京商务中心区项目启动、整体城市规划设计方案确定及部分基础设施建设项目。私募基金以信托贷款的形式贷给北京商务中心区的土地分中心，用于CBD核心区的土地一级开发和基础设施建设项目。北京商务中心区开发建设有限责任公司则由朝阳区政府牵头，三家公司出资组建，负责北京商务中心核心区的规模化土地一级开发、基础设施建设和招商引资活动；落实整体城市规划设计方案并监管实施进度。

由于北京CBD管委会本身不是一级政府，是负责该区域的开发建设的行政机构，北京CBD管委会名义上是代表北京市政府行使职能，但由于牵涉相当多职能部门的城市开发建设工作，其审核、管理权限并未完全下放。市政府、朝阳区政府、北京CBD管委会在各项行政审批和监管方面存在责权利不对称局面，不利于CBD的加快发展。

二、模式二：政府分散管理模式

政府分散管理模式是指政府没有专门设立CBD行政管理机构，而是按照政府相关部门职能分工分别管理CBD区内各项工作；或是仅在政府某一部门内设立一个CBD小型管理办公室，将该部门职能范围内的几项工作合并归口到CBD管理办公室，并仅负责土地收储、整理和出让的开发模式。

（一）深圳福田中心区开发案例

深圳福田中心区开发建设是典型的政府主导城市规划及土地一次开发，所有经营性用地（项目）一律由市场资本投资的案例（图16–2–2）。

深圳福田中心区位于深圳特区中部的福田区，又称“深圳市中心区”，总

图16–2–2　深圳福田中心区

用地面积约6平方千米，建设用地面积约4.13平方千米，是莲花山脚下一片"风水宝地"。1980~1990年代，对福田中心区的城市功能定位为全市金融贸易商务中心及行政文化中心。之后，由于2006年京广深港高铁在中心区设福田站，福田中心区的功能定位为深圳特区的"三个中心"，即金融商务中心、行政文化中心和交通枢纽中心。其规划总建筑面积1116万平方米，规划就业岗位26万个，居住人口7.7万人；至2011年竣工建筑面积826万平方米。

自1980年起，在福田中心区开发建设的三四十年中，仅有8年由国土局下属的中心区办公室负责其开发管理，其余均由不同政府机构或其下属部门分管福田中心区，属政府分散管理模式。在中心区办公室设立前16年，未正式成立对福田中心区专门管理的机构：深圳市规划国土局负责福田中心区概念规划、征地拆迁、详规设计；深圳市建设局负责中心区的土地平整及市政道路工程建设。福田中心区专门管理机构的缺失导致了一系列问题，如工作人员、档案资料不能集中归口、决策过的事务无法继续执行、重要规划思想未能实施等。1996年，深圳市政府为了加快福田中心区开发建设步伐，在国土局内设立了深圳市中心区开发建设领导小组及办公室（简称中心办公室）。中心办公室的工作内容包括法定图则、地政管理、设计管理与报建、环境质量的验收，以及对区内整体环境、物业管理实行监督，组织实施和落实中心区的城市设计。2004年，深圳市政府行政管理机构改革，市规划和国土资源局分设为市规划局和市国土资源和房产管理局，导致中心办公室被撤销。因此福田中心区的开发建设管理模式是松散型的"政府分散管理模式"，即使在市规划国土局内部也尚未形成统一管理的办公室。推动规划实施的两股力量是政府投资和市场投资。在起步阶段，政府规划引导和财政投资市政建设引导福田中心区初步发展，如征地、市政道路工程建设、公共建筑建设；成长阶段，政府与市场资金相互配合，有效促进福田中心区进一步发展，政府重点投资中心区六大重点工程，同时引导市场资本进入福田中心区，市场投资住宅开发；鼎盛时期，主要依靠市场的强劲动力，中心区金融办公集聚，政府对地铁、高铁等公共空间系统进行建设；后期，还需政府将配套设施加以完善。政府投资基础设施和公共设施建设以带动市场，使市场繁荣，进一步促进经济发展。

（二）德国波茨坦广场开发案例

德国波茨坦广场也是政府分散管理的典型代表。波茨坦广场位于柏林市，在"二战"前是欧洲最为活跃的文化和商务中心。"二战"中，波茨坦广场区域内所有建筑都被夷为平地，而后被德国政府定为首都的市中心。

作为德国"二战"后最大的项目，其采用国际招标方式规划建设，总建筑面积为120万平方米，由文化中心、SONY中心、Karstadt购物中心、戴姆勒—奔驰中心和广场组成。1990年，柏林市政府举行了波茨坦广场城市设计总体方案国际招标，经过激烈竞争和评委的严格筛选，一个注重柏林乃至德国和欧洲传统的方案中标了，它反映了德国文化中反对夸张、外部谨慎而又不失内涵的特征。在确定波茨坦广场总体城市设计方案后，由于各个投资商市场需求各异，柏林政府便将其拍卖给了戴姆勒—奔驰公司、SONY公司、ABB和特伦诺A&T联合公司等三大世界级跨国公司进行开发建设。这三家公司为了总体

方案有利于自身利益，分别对各个片区进行城市设计方案的国际招标。尽管柏林市政府建设局对竞赛安排和建筑师的选择方面施加了很大影响，但最终戴姆勒—奔驰片区、索尼中心及 A&T 中心还是陆续建成，历时十年，最终成为柏林市新地标（图 16–2–3）。

波茨坦广场项目由柏林市政府负责总体控制，委托欧博迈亚公司进行工程总协调管理。控制委员会由柏林市政府各部门的负责人，尤其是业务部门负责人组成，其作出的决策由其下的“工作委员会”负责具体实施。工作委员会是一个执行机构，对各个独立项目负责，同时也负责各个项目的利益平衡。工作委员会牵头、定期召开 20~30 人的小型会议，由代表某部门或方面的专人与会，找寻政府、企业、业主等不同利益相关者的平衡解决途径。会议要求，与会人员代表部门或领域必须有决定权。

欧博迈亚公司是波茨坦广场项目中负责协调管理整个区域的第三方。波茨坦广场的建设不仅涉及政府，还包括大型区域中不同企业、业主的关系，以及市政基础设施建设、能源供应、道路交通等方面的建设。尽管广场内各地块采取单独招标的方式确定业主，且各个业主有不同的需求，但欧博迈亚公司负责协调政府、企业、各业主关系、基础设施建设及能源供应商的关系、公共投资与私人投资的关系，以寻求各方利益的协调。欧博迈亚公司对工程建设的协调管理也通过工作委员会执行。

在波茨坦广场的建设中，市场资金的投入和使用是其成功的重要支柱。三个中心的开发商都是世界级的跨国企业，有雄厚的资金作为支撑。戴姆勒—奔驰公司是世界驰名的跨国公司，其实力不容小觑；SONY 公司的经济实力也是驰名世界的；A&T 联合公司是 ABB 公司联合特伦诺公司共同组建的，其发挥了资金组合优势。三大跨国公司的入驻和投资行为促使波茨坦广场的研究和构思成为现实。但由于一些跨国企业影响力过大，甚至对政府决策造成了影响，继而对规划成果进行变动；甚至脱离政府，自行邀请设计师作另一套规划。

图 16–2–3 德国波茨坦广场

波茨坦广场设计的案例代表了政府直接分区块招商的城市中心区开发模式。这种模式将城市中心区开发置于市场之中，政府可以不投入资金，而令项目运营完全由市场资金推动进行。同时，政府还可以对出让地块行使监管和介入的权利。

然而，分别出让的地块可能由于开发商的不同开发意向和利益需求呈现出不同的风格，其在整体上可能缺乏协调性，地块难以进行完整规划设计。此外，这种模式下的城市中心区开发是由政府—开发商两类拥有极高话语权的利益相关者推动进行的，从某种意义上来说，只是起到标榜国家、企业形象的作用，却忽略了市民的活动和需求。

三、模式三：国企市场化运作管理模式

国企市场化运作管理模式，即由政府主导、国企投资为主体的管理模式。该模式以"政府主导、企业主体、市场化运作"为指导思想。由政府（管委会）和国有企业共同实施土地一级开发和市政设施、配套设施等的投资建设，部分CBD建设中，政府和国企还深度介入了公共空间及重要项目的二级开发。典型案例如杭州钱江新城CBD采用了管委会委托一家开发商（国企）实施土地一级开发和市政配套设施建设；上海虹桥商务区核心区一期开发中，一级开发商同时还负责地上地下公共空间开发建设和管理；上海徐汇滨江核心商务区则更进一步，政府委托在进行一级开发的同时，针对区域内有特定意图的重要项目进行二级开发。

（一）杭州钱江新城CBD开发案例

杭州钱江新城CBD位于杭州市江干区西南部，核心定位是城市总部经济的平台，以金融业为龙头，以商业、贸易、信息服务及旅游等高层次第三产业为支柱的城市中心核心区。杭州钱江新城CBD由市政府领导挂帅的钱江新城建设管委会和几家国有企业共同实施土地一次开发、市政投资建设。2002年成立国有独资的钱江新城开发建设有限公司，杭州市钱江新城建设管委会为出资人，该公司专门负责钱江新城CBD的开发建设。除完成市政府交由集团公司负责投资、建设的重点工程项目外，集团主要承担钱江新城核心区以外区域即钱江新城上城区域、钱江新城江河汇流区域、钱江新城沿江区域、城东新城近26平方千米的建设、管理和经营主体责任，负责做地并实施道路、河道、安置房及相关配套设施的开发建设。2008年9月，钱江新城核心区向市民全面开放，该区占地面积约4平方千米，规划总建筑面积700万平方米，截至2010年8月，核心区已竣工建筑面积达271万平方米，已经报建和正在施工的建筑面积达409万平方米。规划实施的速度之快、程度之高均属同类罕见（图16–2–4）。

（二）上海虹桥商务区核心区开发案例

上海虹桥商务区核心区位于上海中心城区西侧，紧临虹桥枢纽，地处长三角交通网络中心，核心区面积4.7平方千米，规划商务办公约110万平方米，一期东侧紧临交通枢纽本体，规划面积1.43平方千米。规划将形成以总部经济、贸易机构、经济组织、商务办公为主体业态，会议、会展为功能业态，酒店、

图 16-2-4　杭州钱江新城 CBD

商业、零售、文化娱乐为配套业态的产业格局，是上海服务长三角地区乃至长江流域的高端商务中心。2006 年，经上海市政府批准组建的市级多元投资开发公司——上海申虹投资发展有限公司，承担虹桥综合交通枢纽开发建设的总体组织协调、规划设计的系统集成、施工建设的全面管理、26 平方千米的动拆迁、13 平方千米的土地储备以及周边地区的规划发展等重任。2009 年 7 月，市委常委会决定成立上海虹桥商务区管理委员会，负责虹桥商务区的建设和日常管理活动，组织虹桥商务区核心区的规划和开发建设工作。申虹公司亦成为虹桥商务区主功能区土地前期开发的受委托实施主体，虹桥商务区主功能区城市基础设施建设的重要投资主体，虹桥商务区公共服务配套项目的投资建设主体（图 16-2-5）。

虹桥商务区核心区一期开发建设中的重要特色是，地下空间开发建设采用了“统一编制规划、各地块地上地下统一出让、整体开发”的建设模式。政府委托一级开发商负责完成地区地下空间开发控制规划，对未来可能出让土地的地下空间开发制定出控制指标，并将其作为地块出让的附加条件，确定二级开发商。一级开发商要完成地块内公共用地下的、具有公益性质的地下空间开发，如社会停车库、地下通道、下沉广场、共同沟等设施，并做好与出让地块之间的预留接口。二级开发商完成地块内地下空间开发以及与公共地下空间的连接

图 16-2-5　上海虹桥商务区效果图

工程。一、二级开发商在开发建设中，都需要严格执行控规层面下的地下空间开发控制指标与要求。由于建设区域涉及公共与非公共的地下空间，为使地下空间的运营管理更加方便和一体化，由一级开发商成立地下空间管理公司，负责地区公共用地下的部分地下空间运营管理，包括地下道路、地下步行系统、地下社会公共停车库的运营管理，以及地区地下空间运营过程中的协调工作。

（三）上海徐汇滨江商务区开发案例

徐汇滨江（现称“上海西岸”），是2010年上海市启动包括世博会场在内的“黄浦江两岸综合开发计划”、上海“十二五”规划中的六大功能区之一。该区域位于徐汇区西南域，北起日晖港，南至关港，东临黄浦江，西至宛平南路－龙华港－龙吴路，面积约9.4平方千米，岸线长约11.4千米，是目前上海黄浦江两岸可成片开发面积最大的区域，总开发量约达900万平方米。

徐汇滨江板块就是由政府委托的国资企业负责土地的一级开发及公共空间和重要项目的二级开发，其开发主体为上海西岸开发（集团）有限公司，负责土地收储和地块运营和开发；政府管理主体是上海徐汇滨江地区综合开发建设委员会，负责监管和统筹。上海西岸开发（集团）有限公司属国有独资集团，以土地收储、资产运营、文化产业、地产开发为四大核心业务板块，全面承担徐汇滨江地区9.4平方千米范围内土地储备和前期基础性开发、基础设施和公共环境建设、重大产业项目的投资和建设、文化产业发展，以及建成区域的运营管理等五大职能。

徐汇滨江的开发可总结为“统一规划、政府引导、市场化运作”的模式。在确定徐汇滨江的综合规划与专项规划后，由徐汇滨江开发建设委员会进行引导，国有上海西岸开发（集团）有限公司进行土地收储、开发和出让。坚持整体开发，即推进商务区组团式整体开发，同时将区域综合开发建设继续向南北延伸、向腹地拓展，依托核心商务区建设带动周边区域的城市更新。土地出让模式采用招挂复合的方式，即招标和挂牌相结合，使土地出让市场化，同时抑制过度飙升的地价。在土地出让的同时，上海西岸开发（集团）有限公司还负责部分重点项目的二级开发。西岸传媒港是上海市“十二五”规划中六大重点开发区域之一，占地面积19公顷，建筑总量约97万平方米，其中地上面积约53万平方米，地下面积约44万平方米，以文化传媒、复合商业、滨水活动为主要功能。西岸传媒港采用“带地下工程、带地上方案、带绿色建筑标准”的土地出让方式和“统一规划、统一设计、统一建设、统一运营”的四统一开发模式，确保项目中各地块在空间与功能上的完美衔接和建设品质上的高度统一。

四、模式四：上市公司管理模式

上市公司管理模式是由地方政府牵头、联合其他企业共同成立企业负责中心区开发建设，或是利用既有国企负责中心区开发建设，然后该企业逐步走向上市公司的开发管理模式，不仅负责土地收储、整理、出让、整体规划设计和基础设施建设，还负责重要项目的开发和建设。

该模式的典型案例是上海陆家嘴地区的开发建设，详见第四节。

五、模式五：非盈利机构运作管理模式

非盈利机构管理模式，是指在政府的授权下由非盈利的第三方机构组织或进行土地管理、规划编制及其实施、建筑管理及市政公共设施建设等的建设管理模式。第三方机构可由政府成立，具有非盈利的性质，其管理模式同时具有政府与企业的双重模式，以确保城市中心区开发的高效。巴黎拉·德方斯（La Défense）和伦敦道克兰（Docklands）地区均采用这一类开发模式，下面就拉·德方斯开发案例作简要介绍。

巴黎的拉·德方斯（La Défense）就是采用政府委托非盈利机构管理模式的案例之一。拉·德方斯从1958年开始规划建设，位于距卢浮宫7千米的市郊“贫民窟”。经过半个多世纪的规划建设，其已演变成目前欧洲最大的商务办公区之一。拉·德方斯拥有办公楼面积360万平方米；就业岗位15万人，进驻了1600个公司，包括法国20个最大公司中的14个，全世界50个最大公司中的15个；还拥有15000个居住单元和4万居民。拉·德方斯无疑是欧洲CBD在开发管理方面的成功范例（图16-2-6）。

图16-2-6 巴黎拉·德方斯地区

在拉·德方斯地区开发、发展和建设中，拉·德方斯开发管理机构EPAD（Etablissment Public d´Amenagement de la region de La Défense）扮演了不可忽视的角色。EPAD成立于1968年9月，是法国政府第一次颁布法令成立的一个工商性质的公共机构，负责城市规划建设、开发整治和具体实施。EPAD的工作职责包括：①征地、获得土地所有权；②规划和建设基础市政工程和公共设施；③管理旧建筑遗产；④出售建设权和发放建筑许可证；⑤为拉·德方斯注入生命活力并推动发展；⑥掌握财务运作管理，确保收支平衡、为地方开发和重点工程作贡献。可以看出，在管理上，EPAD拥有土地征用、基础设施及公共设施管理、建筑管理等权限，且负有保证拉·德方斯区域财务收支平衡的责任，即在拉·德方斯新区开发建设中，政府既不投资，EPAD公共机构也不盈利，这是拉·德方斯规划建设管理体制的核心所在。

EPAD领导机构由18人组成，国家和地方政府各占一半，包括9名来自市镇及公共机构的主管成员以及9名国家政府代表。尽管EPAD对土地、基础设施、公共设施及建筑有管理权，但其只有根据选民的意愿采取决策的权利。

在土地管理方面，EPAD 首先对拉 · 德方斯私有的土地进行征用，具体是从 1650 名土地拥有者手中征用 415 公顷土地，由此获得对拉 · 德方斯土地的控制权和管理权。在逐步实施基础设施和市政工程建设后，以考虑当地居民利益为基础，EPAD 以出售建设权给开发商的方式获得基本的收入来源，同时向银行低息优惠贷款以作为补贴。

在拉 · 德方斯开发建设 50 周年时，EPAD 完成其使命，由政府新成立的公共机构 EPGD（Etablissement Public de Gestion de La Défense）接管，其管理层包括相关行政辖区议会代表，其下设的巴黎商会代表以及租户代表的咨询委员会为拉·德方斯的管理和改进提出建议。EPGD 主要负责拉·德方斯地区的维护、保养、运营管理以及商业开发，预计将拉 · 德方斯与塞纳河—凯旋门共同融为“拉 · 德方斯—塞纳河—凯旋门”商务区，并新建 30 万平方米办公面积和 10 万平方米居住面积。

EPAD 公共管理机构是政府委托非盈利机构管理模式的代表。这种管理模式的优势是，政府将土地等管理权赋予公共管理机构，公共设施投资不再是由政府大包大揽，而是让 CBD 土地的收益与投入自我平衡、自负盈亏，避免政府由于对 CBD 过度投资而影响其他片区的平衡发展；同时，公共管理机构的非盈利属性使其承担更多的社会责任，这种第三方机构可以在公众意见的基础上进行决策，规避只顾城市中心区发展、不顾居民生活需求的问题。

另外，政府几乎不出资建设公共设施和基础设施、建设资金来自土地建设权出让及银行贷款的资金流动模式，可能会导致地区发展向出资方希望的方向倾斜的问题。如地区内由多个跨国公司获得土地使用权并以商业模式开发，容易造成职住不平衡的问题，进而引发严重的交通压力。

六、小结

比较上述几种国内外典型的开发模式，虽各有其不同社会经济背景条件，但仍可对其利弊进行简要分析。

“政府集中管理模式”：政府全面全程负责 CBD 开发建设和区内管理，将 CBD 视为一个特定地区，采取类似“行政区”的传统管理模式。这种模式的优点是政府管理力度大，可以长期把握规划建设和管理效果。缺点是行政成本较大，且受到政府换届等行政工作的影响，实现 CBD 既定目标存在诸多不确定因素。在国内现有体制下，完全由政府财政投资的开发模式已经逐渐不适应廉洁高效发展的需要。

“政府分散管理模式”：虽然政府主导 CBD 开发建设的作用仅局限在推进城市规划有效实施，但由于政府层面的工作缺乏统一协调管理，部门权责有限，因此难以把握实施进度和实施效果，对实施后的区内管理也缺乏统一管理。

“国企市场化运作管理模式”：在政府主导下，CBD 的土地开发、公共设施投资不再由政府财政大包大揽，而是让 CBD 土地收益和投入自我平衡、自负盈亏。从全市层面来看，这种模式可以避免政府过度投资 CBD 而影响其他区域的平衡发展。如果负责 CBD 建设开发的国企不以盈利为目的，而以国企承

担的社会责任为重心，在这个前提下的“国企市场化运作管理模式”与“非盈利机构运作管理模式”较为接近。这种模式必须建立在国企廉洁高效运作的基础上，既发挥了政府行政主导的优势，又有企业经济核算及长远运营的目标责任优势。

“上市公司管理模式”：这一模式中，上市公司仍由政府控股，政府仍然承担应尽职责，又把廉洁高效的运作透明公开给市场股民监督。“政府主导＋上市公司”的管理模式在保证城市公共利益和长远目标前提下兼顾经营者个人利益，使得CBD开发建设运营的长期效果得以实现，是一种公私兼顾的制度化管理模式。

“非盈利机构运作管理模式”：工商性质的非盈利性公共机构是该管理模式的关键所在，这类机构集中了政府和企业的双重职能，既能行使征地、地政管理、城市规划、市政交通建设、建设管理方面的政府职能，同时它又完全是企业化运作管理的公共机构，这样双重职能的机构运行效率较高。

第三节 城市中心区的开发过程

一、开发机构的组织

（一）政府设立的行政机构——管委会

政府专门设立城市中心区行政管理机构，全面负责建设和统筹管理城市中心区内各项工作，管理机构的职能相当于一个区政府职能的简化版，一般为一个党政管理齐全、规划建设与城市管理合一的大型管理机构。

（二）政府分散管理组织——管理办公室／工作委员会

政府没有专门设立城市中心区行政管理机构，即按政府相关部门职能分工分别管理中心区内各项工作；或仅在政府某个部门内设立一个中心区小型管理办公室，将该部门职能范围内的几项工作合并归口到中心区管理办公室。

（三）政府下属的国有企业

政府主导、以政府出资成立的国有企业为开发管理主体，在政府的委托权限内对土地进行自主经营开发。这种在政府主导下的市场管理架构，既能提升发展效率，又能保障公共利益。

这类政府委托的国有开发企业经过一定的发展可以转型为上市公司，能够更加透明公开地接受市场监督，是该模式向市场投资管理进一步过渡的结果，以上海浦东陆家嘴金融中心区为代表。

（四）政府委托的公共管理机构

由政府组建成立的非盈利性质公共机构，负责管理城市中心区开发，具有政府和企业双重职能，政府既不投资，公共机构也不盈利，须求得长期自身资金平衡，是高效开发和管理城市中心区的一种组织结构。

（五）政府合作的民营企业

政府通过竞标或者委托方式确定合作的民营企业，由企业主导开发建设，政府负责总体控制和协调，完全采用市场资金进行城市中心的建设。通常政府会从各相关部门抽调人员组成城市中心区管理委员会，对中心区建设进行总体控制。

二、开发的策划与规划

（一）城市中心区开发的策划

城市中心区开发的策划，一般包括背景环境分析、总体构思、可行性研究、融资策划、运营实施管理分析和规划设计策划等几个方面。

（1）背景环境分析

对中心区开发建设的背景环境进行调查与分析，一般包括经济运行环境、市场供需环境、产业发展环境以及社会、法规、技术等环境要素在内。

（2）总体构思

提出关于策划的总体构想，包括开发的目标、开发的战略和重点、计划组织管理方式、运作模式、对投融资以及建设进度提出初步规划等。

（3）可行性研究

从开发方角度出发，根据设定的开发目标与定位，探寻可能的开发方式，以及不同的开发方式所需要的投入和收益情况。具体可能包括项目资金来源的可行性、市场需求的可行性、区位选择的可行性、支撑系统的可行性等。

（4）融资策划

包括对项目融资原则、内容的策划以及不同开发策略下融资方案的选择情况。

（5）运营实施管理分析

运营实施管理过程是对整个开发过程进行计划、组织和控制，是对整个城市开发项目进行设计、运行、评价和改进的过程。

（6）规划设计策划

规划设计策划阶段往往需要通过国内、国际招标的方式，对多个方案进行比较。

城市中心区开发策划方案的确定过程是不同利益者进行博弈的过程，在这一过程中，政府代表的是公共利益，应平衡公共利益与开发企业的经济利益，避免因片面追求经济利益而导致的房地产过度开发、交通等基础设施配套不足、城市整体环境品质下降等问题。

（二）城市中心区开发的规划

城市中心区开发具有对城市发展影响大、建设周期长以及开发程序复杂等特点，因此，需要城市规划工作的全程指导与配合，包括城市宏观发展方向、土地利用布局、功能结构组织、空间形态指引、产业布局、道路交通、绿化景观和基础设施配套方面的内容。相关规划人员应依据城市发展的相关政策与法规，从规划、设计、建筑、工程、经济、管理、营销等多学科，广泛收集资料并进行深入研究。

在中心区开发的不同阶段，应编制不同层次的规划对开发过程进行管控：

（1）战略与总体规划阶段。这一阶段主要是确定城市发展目标、发展定位、安排各项城市功能与布局等大方向上的问题。

（2）控制性详细规划与城市设计阶段。这一层次规划是可操作性的规划阶段，落实总体规划与战略规划思想，便于实施规划管理。

(3) 修建性详细规划阶段。这一层次规划是对具体的建设项目进行安排，并作为各项工程设计的依据。

典型案例：上海虹桥商务区

上海虹桥商务区的总体定位为以低碳节能和现代商务为特色的高端低碳商务区。为了实现该目标定位，同时适应城市建设由规模化发展向精细化管理转变的需求，对传统控规的规划控制体系进行大胆创新，强调空间形态、功能业态及低碳指标的结合，最终形成“导则＋图则＋三维模型”三位一体的全新的规划控制体系（图16–3–1）。

(1) 建立详尽的低碳建设指标体系

强调低碳理念与规划的结合，提出详尽的低碳建设指标体系，与导则及图则相结合，确保低碳理念落到实处。

(2) 强化对功能业态的控制

规划除了对地块主要用地性质进行控制外，还对分层功能业态提出明确要求（图16–3–2）。

(3) 突出对公共空间的控制

除了对传统控制要素如用地性质、容积率、建筑高度、建筑密度、绿地率等的控制外，还新增了建筑贴线率、公共开放界面率、建筑分层密度、建筑重点处理位置、街坊通道宽度、二层步廊宽度及位置等控制要素，强调对公共空间立体复合式的控制。

(4) 强调地下空间的开发控制

由一级开发商完成区域内公共用地下的、具有公益性质的地下空间开发；二级开发商完成地块内地下空间开发以及与公共地下空间的连接工程。一、二级开发商在开发建设中，都需要严格按照控规层面下的地下空间开发控制指标与要求，保证核心区地下地上空间利用以及整合的实效性。

三、开发的投融资模式

（一）投融资主体

从国内外城市的经验看，城市中心区开发较成功的投融资模式一般是以政府投资为引导，企业投资为主体，社会融资和引进外资为重要组成部分的多渠道、多层次、多元化的投融资形式。各个投融资主体可以不同形式参与其中，发挥不同的作用。

（二）投融资方式

城市新中心区的开发属于城市总体空间结构的战略调整，通常都是大规模的开发计划，其融资渠道比较多元，主要涉及政府直接投资、借贷开发模式、项目投融资开发模式、股权融资模式、资本市场融资、债券融资等。

财政直接投资。在城市中心区开发初期，政府往往会投入大量资金在地铁、道路等基础设施和公共服务设施项目上，从而为其他形式的投资铺平道路。如杭州钱江新城CBD开发中，钱江新城管委会对其基础设施累计投资达70亿元。

借贷开发模式。此种模式一般是由政府组建一个控股子公司（比如某开发公司、投资公司等），通过给予该公司土地、开发权、使用权、财政资金等来

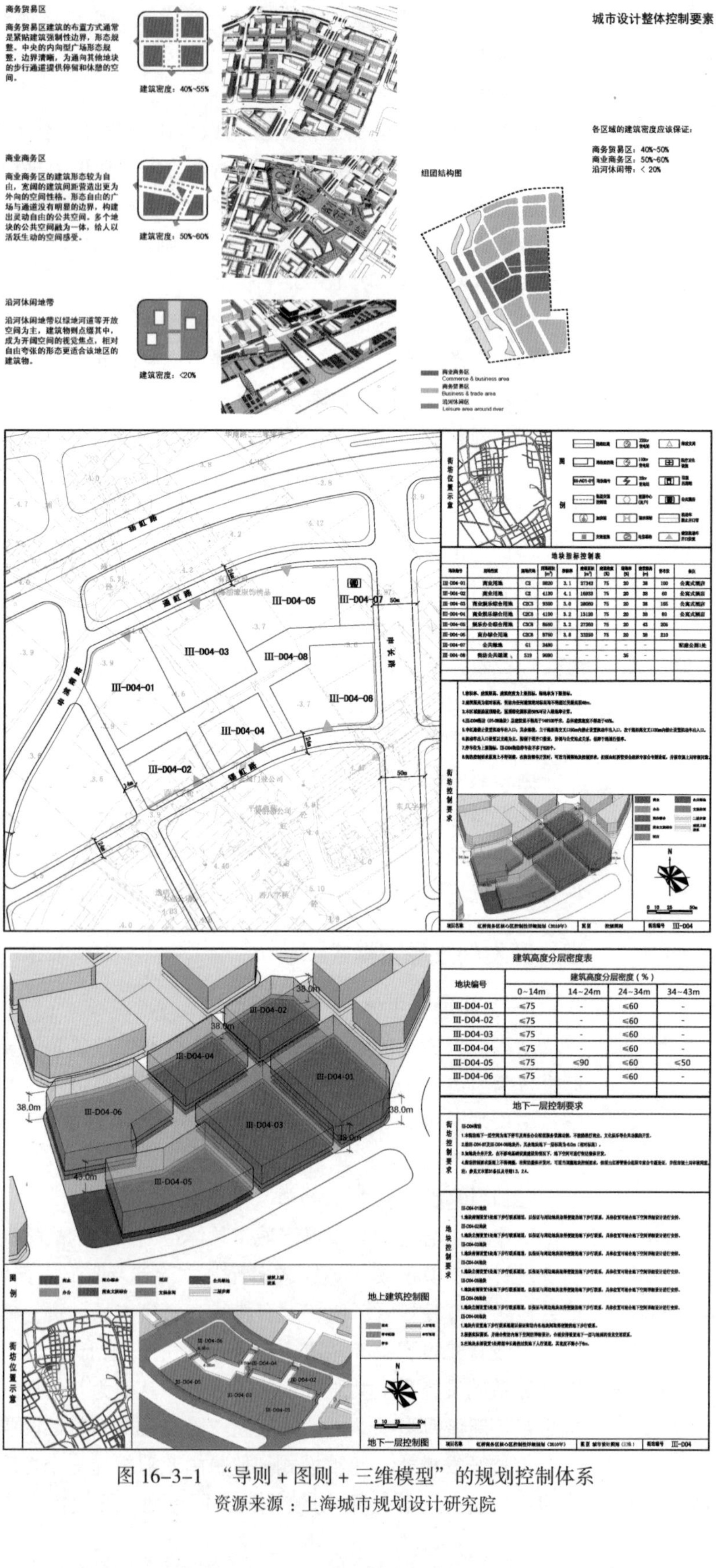
商务贸易区
商务贸易区建筑的布置方式通常是紧贴建筑强制性边界，形态规整。中央的内向型广场形态规整，边界清晰，为通向其他地块的步行通道提供停留和休憩的空间。
建筑密度：40%~55%
商业商务区
商业商务区的建筑形态较为自由，宽阔的建筑间距营造出更为外向的空间性格。形态自由的广场与通道没有明显的边界，构建出灵动自由的公共空间。多个地块的公共空间融为一体，给人以活跃生动的空间感受。
建筑密度：50%~60%
沿河休闲地带
沿河休闲地带以绿地河道等开放空间为主，建筑物则点缀其中，成为开阔空间的视觉焦点，相对自由夸张的形态更适合该地区的建筑物。
建筑密度：<20%
城市设计整体控制要素
各区域的建筑密度应该保证：
商务贸易区：40%-50%
商业商务区：50%-60%
沿河休闲带：< 20%
组团结构图
商业商务区
Commerce & business area
商务贸易区
Business & trade area
沿河休闲区
Leisure area around river
III-D04-01
III-D04-02
III-D04-03
III-D04-04
III-D04-05
III-D04-06
III-D04-07
III-D04-08
建筑高度分层密度表
地块编号 | 建筑高度分层密度（%）
0~14m | 14~24m | 24~34m | 34~43m
III-D04-01 | ≤75 | - | ≤60 | -
III-D04-02 | ≤75 | - | ≤60 | -
III-D04-03 | ≤75 | - | ≤60 | -
III-D04-04 | ≤75 | - | ≤60 | -
III-D04-05 | ≤75 | ≤90 | ≤60 | ≤50
III-D04-06 | ≤75 | - | ≤60 | -
地下一层控制要求
街坊控制要求
地块控制要求
街坊位置示意
38.0m
43.0m
地上建筑控制图
地下一层控制图

图 16-3-1 “导则 + 图则 + 三维模型”的规划控制体系

资源来源：上海城市规划设计研究院

地块分层控制表						
地块编号	用地面积（平方米）	开发分层				备注
		-2F	-1F	1F	2F	
		主导功能	主导功能	主导功能	主导功能	
III-D19-01	4980	停车 / 商业	商业	商业	商业 / 文化局娱乐 / 运动	
III-D19-02	9710	停车 / 商业	商业	商业 / 文化娱乐 / 运动	商业 / 办公	
III-D19-03	4850	停车 / 商业	商业	商业 / 文化娱乐 / 运动	商业 / 办公	
III-D19-04	5170	停车 / 商业	商业	商业	商业 / 文化娱乐 / 运动	
III-D19-05	9120	* 停车 / 商业	* 商业	街坊公共通道	—	

图 16-3-2　上海虹桥商务区某地块分层控制表

帮助其增加资本金。控股子公司以其资产为抵押，向国内外商业银行、政策性银行贷款来进行开发建设，并在未来通过楼宇出售、政府购买等方式获得的回款作为偿债资金的来源。

项目投融资开发模式。依托于项目（如某基础设施）进行开发，一般由政府出面与开发建设单位签订特许协议，采用 BOT、BT、TOT、TBT 等方式进行建设，在建设完成、经营期结束后，由政府出面按照约定的方式进行回购。此种开发模式以政府信用作担保，并按一定的价格回购，因此，往往缺乏市场活力和创新，但是大型基础设施的建设仍然依托这种方式。

股权融资模式。股权融资即通过发行股票、证券的方式吸纳团体或者个人的资金，间接性地使投资者参与其中，享受部分股份。

资本市场融资。开发公司通过上市融资，比如陆家嘴集团通过 A 股、H 股上市融资，获得大量资本市场资金。

债券融资。通过向各类社会投资者发行债券，募集资金，进行开发建设。

此外，部分城市在开发投融资模式上也有一些新的探索，如郑东新区龙湖 CBD 的垫资开发模式，北京通州副中心充分利用社会资本以产业基金开发新城模式，上海迪士尼中方控股前提下引进外资模式，都是值得借鉴的经验。

（三）典型案例

郑东新区：CBD 垫资开发模式。首先，组建项目开发公司，竞拍土地使用权。河南东龙控股有限公司（由管委会发起组建）和中国交通建设集团联合组建项目开发公司，即中交（郑州）投资发展有限公司。项目开发公司通过招拍挂方式获得龙湖金融中心的地块，资金由中国交通建设集团垫资。然后，项目开发公司进行筹资建设。初始的建设资金包括注册资本金、股东借款、银行贷款。在开发的过程中，中交（郑州）投资发展有限公司与建筑商协商，签订相关协议，由中标商预先支付建设所需资金，在项目完成后，通过楼宇租售收回的款项，一部分支付给建筑商，另一部分偿还银行贷款。如果楼宇没有完全出售，出现亏损，管委会以超出建设成本 7% 的价格进行回购。钱款收到后，中交（郑州）投资发展有限公司再支付给建设方。而在这个过程中，中交（郑州）投资发展有限公司和管委会为了降低自己的投资损失，会尽可能地将楼宇出售或者出租，因为这样中交（郑州）投资发展有限公司的收益必然高于 7% 的利润，从而带动了两个投资方的开发热情（图 16–3–3）。

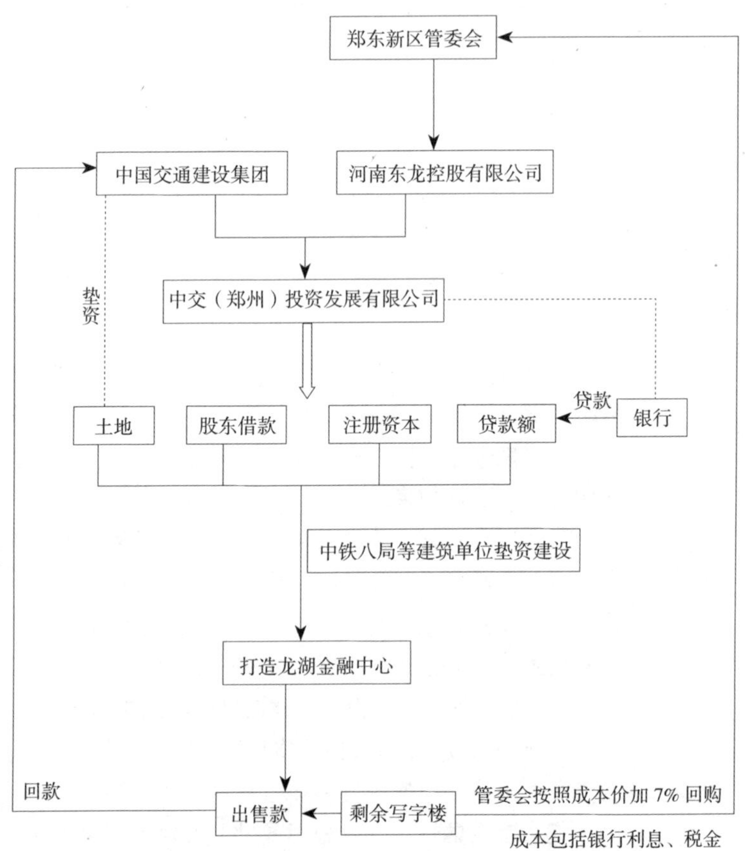

图 16–3–3　郑东新区 CBD 龙湖金融中心投融资流程

上海陆家嘴：合作开发主体＋资本市场融资模式。陆家嘴的开发建设主要是依靠陆家嘴集团开发公司。其建设开发的基本路线，尤其在前期财政资金有限的情况下，基本是通过“土地空转、滚动开发”。首先，通过以地抵押进行贷款或者银团贷款，获得启动建设资金；第二，进行“九通一平”，土地平整后出售土地，获得建设资金；第三，通过已拥有的土地作价，入股项目公司，继续进行开发建设，获得社会资本；第四，通过土地出租，以获得的租金进行建设；第五，以土地作价成立公司，公司在海外和国内资本市场上市进行融资。

四、开发土地的收储与出让

（一）开发土地的收储

我国的土地收储主要由所在行政区划国土资源主管部门管理下设的土地储备机构按照一定的法律程序，运用市场机制，按照土地利用总体规划和城市规划，通过征用、收购、换地、转制和到期回收等方式，从分散的土地使用者手中，把土地集中起来，并由政府或政府委托的机构进行土地开发，完成房屋的拆迁、土地的平整等一系列前期开发工作。通常土地收储对象包括：依法收回的国有土地，收购的土地，行使优先购买权取得的土地，已办理农用地转用、土地征收批准手续的土地，其他依法取得的土地。

目前城市中心区的开发土地收储模式主要分为城市新区中心区和城市更新中心区两大类。城市新区中心区的开发土地收储以深圳福田中心区为代表，收储对象主要为农村集体所有土地，初期拆迁成本低，土地收储部门在早期进行大量的土地储备，为中心区后期发展提供了足够的空间。同时，严格控制中心区土地出让时序，预留优质土地待区域发展较为成熟时再行出让，既有利于政府收取合理的地价，也有利于规划的调整与实施。城市更新中心区以上海陆家嘴金融贸易区为代表，收储对象主要为工厂及居住区，1.7 平方千米的土地上需拆迁 104 万平方米住宅、15 万平方米厂房、动迁居民 17700 户和单位 450 户。因此建设初期土地收储成本过高，为了撬动中心区的发展，采用了“用土地资源吸引项目投资——项目投资提升了土地价值——融资后进一步变生地为熟地吸引更多的项目投资——区域内房地产价值进一步提升——新一轮的土地开发”的市场化滚动开发机制，先从拆迁量少、易于开发的地块开始着手，通过成片规划、逐步转让的开发策略，既提升了中心区的建设发展速度，同时也保证了中心区的整体质量。

（二）开发土地的出让

我国的开发土地出让，实际是土地使用权出让，是指国家以土地所有者的身份将土地使用权在一定年限内让与土地使用者，并由土地使用者向国家支付土地使用权出让金的行为。目前我国的土地出让方式主要有：拍卖、招标、挂牌、协议四种基本出让形式。其中，商业、旅游、娱乐和商品住宅等各类经营性用地必须以招标、拍卖、挂牌方式出让。

除上述四种基本土地出让方式外，近年来为了更好地适应市场需求及保障建设质量，城市中心区的土地出让环节尝试了带方案招标及招挂复合等新形式。上海虹桥商务区核心区就采用了带方案招标的方式，竞买人不仅需要报价，还需要提交投标地块的规划设计方案。在评标过程中，不再是价高者得，而是采用商务标和技术标组合评分形式进行评标，选择综合最优方案中标。并且为了弱化价格因素，加大技术标的权重，报价得分在总分中占比仅不足 1/7，技术标占总分的 3/5。此外，还通过增加预出让环节，提高竞买人准入门槛，这样有效避免了“地王”的出现，对于稳定房地产市场社会预期有着明显的作用。同时提高土地供给效率，促进房地产市场健康、平稳地发展。

招挂复合是招标和挂牌相结合的一种土地出让方式。在该出让方式下，土地公开公告方式不变，公证处于公告结束后一个工作日内审核保证金，并于当日发布通知，确定具体交易方式，以及后续交易活动安排。根据审核情况，若通过保证金审核的有效申请人数达 3 人及以上，发布有竞价招标（即招标结合现场竞价方式确定受让人）通知，投标人数不对外披露。若通过审核的有效申请人数为 1~2 人，即发布挂牌通知，同时发布竞买人数。招挂复合方式适合一些市场需求不确定的地块或是预计会产生较高溢价的地块，使竞争者过多而造成高价的现象大大降低。以上海徐汇滨江西岸传媒港为例：WS5 单元 188S-H-2 地块采用招挂复合方式，由于有效申请人数为 2 人，进而采用挂牌形式出让，港企恒基兆业子公司基益有限公司以 38.72 亿的底价摘得，拿地成本较低。招挂复合方式有两个好处，一是土地出让市场化，挂牌还是招标方式由市场需求来决定；更重要的是，无论最终采取哪种方式，都会将竞标人数控制在最低限度，从而抑制过度飙升的地价。

五、开发建设管理

城市中心区开发建设管理是指参与城市中心区开发建设的政府、管理机构、企业及各类中介、服务结构等组织在领导体制、运行机制、组织机构、管理权限、法规制度等方面相互关系的综合。它涉及城市中心区开发建设有关的组织、管理、经济和技术等多个方面，其组织和管理方式还可以扩展为组织结构确立、管理任务划分、管理职能分工和工作流程等若干个方面。目前我国城市中心区或 CBD 的开发建设模式主要分为一级开发和一二级联动开发两种模式，根据参与主体的地位不同，又可细分为政府主导、政府平台公司主导、企业主导等模式，具体模式概述可见表 16-3-1 所示。

城市中心区开发建设模式 表 16-3-1

开发模式	参与主体	模式概述
土地一级开发	政府主导	由政府下辖土地整备中心进行统一操作
	政府平台公司主导	由政府下属的平台公司，如城投、城建公司统一操作
	企业主导	通过交易手段从政府手中获取成片土地；一级开发（基础设施建设）与二级开发（项目建设）同步进行
土地一二级联动开发	企业主导	企业在获取政府委托授权或者通过正常交易获得成片土地之后，进行独立的市场化操作；在土地内部进行基础设施建设，使土地由生地变为熟地，再对外进行土地出让；企业具备强大的资源整合力与资本实力，主要以一级开发为主

以政府为主导的土地一级开发模式即由园区管委会或新城办公室对土地进行统一开发的操作模式。此类模式具备以下五项特点：①政府作为土地的所有者代表，将土地一级开发列为土地整理储备中心的一项职能；②由土地整理储备中心及其组建机构完成全部的一级开发工作；③该机构是非盈利性政府职能部门，保证国家土地所有权借以体现的土地收益的实现，而不是利用这种特权去谋取自身利益；④土地储备中心一级开发实施机构由政府财政专项拨款（或

国有股本）进行土地一级开发；⑤开发完成后将预期的熟地交由土地管理部门，面向市场以招拍挂方式公开出让。

以武汉光谷中心区开发建设项目为例，该项目成立了光谷中心区发展管理办公室，简称中心办，可以行使对区域的开发权及管辖权，同时成立中城投负责基础设施的建设与开发，但实际上主导权还是保留在政府。

以企业为主导的土地一级开发模式即由市场化招标产生的一级开发企业或由政府性国有企业对项目开发进行操作，企业作为开发主体，主要有国有企业及民营企业两种开发建设模式。

其中国有企业具有以下四项特点：①由政府型国有企业进行操作，如上海实业、上海城投等；②在获取政府委托授权获得成片土地后，进行土地的一级开发操作；③进行各种基础设施建设，使土地由生地变为熟地；④国有一级开发企业具备强大的资源整合力与资本实力。

另外，民营企业操作也具有下列四项特点：①由市场化招标产生的民营企业进行操作；②在通过招投标获得成片土地后，进行独立的市场化操作；③进行各种基础设施建设，使土地由生地变为熟地，再对外进行土地出让；④企业需自行筹措开发融资等相关资金，最大限度地发挥市场化操作优势。

以上海新江湾城开发为例，上海城投是政府背景浓厚的老资格一级开发商，全盘操作新江湾城的一级开发。新江湾城土地出让的收入由政府和一级开发商分成，一级土地开发主要由一级开发商筹资开发建设。

以企业为主导的土地一二级联动开发模式即由政府授意的政府型一级开发企业或通过市场化招标产生的一级开发企业对项目一级及二级开发进行整体操作。此类开发模式具备下列五项特点：①政府向一级开发企业出让或委托“生地”一级开发；②一级开发企业完成一级开发后核算开发成本及酬金；③待土地转让取得土地价款后扣除开发成本及酬金，剩余土地转让款归政府所有；④政府通过出让协议保证其土地出让市场优先获取土地的权益和社会公共利益；⑤土地开发企业则通过相关房产项目公司拿地进行二级开发，或与其他二级开发商合作进行二级开发并通过出售物业实现其开发利益。

以海南省清水湾地区开发建设为例。雅居乐地产全权进行土地一二级开发，主要特点在于大企业进入、大项目拉动，建设具有高科技支撑的重点项目。

第四节　案例解析：上海陆家嘴金融贸易中心开发

陆家嘴金融贸易中心位于陆家嘴－花木分区的西端，浦东的小陆家嘴区域，黄浦江东凸岸，江水在此从南北流向转向东方，与对岸浦西的外滩遥遥相望。陆家嘴金融贸易中心是上海CBD的主体部分，用地约1.7平方千米（图16–4–1）。

一、开发机构组织

1990年4月18日，国务院正式批准开发开放上海浦东新区。陆家嘴金融贸易中心作为上海浦东新区的一部分，由上海市人民政府浦东开发办公室、浦东新区管委会、上海市浦东土地（控股）公司及陆家嘴金融贸易区开发公司，

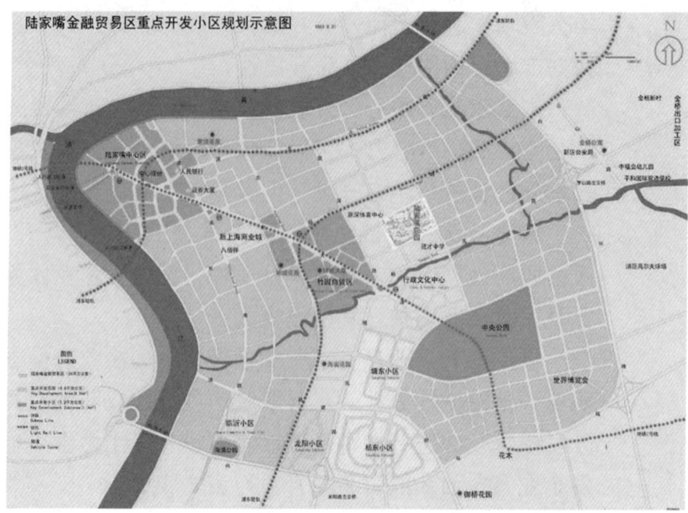

图 16-4-1　陆家嘴 – 花木分区（西北橙色片区为陆家嘴金融贸易中心）

对陆家嘴金融贸易中心进行开发。其中，陆家嘴金融贸易区开发公司是陆家嘴金融贸易中心的开发主体。

上海市人民政府浦东开发办公室为政府的派出机构，负责浦东开放开发工作组织、协调和决策，不承担地区的行政管理；市政府各职能部门在浦东设立办公室，协助开发办公室进行开发项目的行政审批。至 1993 年，浦东新区管委会成立，开始实施新区全面的行政管理。

上海市浦东土地（控股）公司行使浦东城市化区域的土地预征，并根据各开发区发展的需要，代表市政府提供预征土地。原以国有资产代表的名义操作，后只作单纯的土地提供。1993 年，政府又赋予公司对花木分区等区域的土地开发和招商业务。其中，包括行政文化中心、浦东世纪公园、新国际博览区等功能区的开发和建设。

陆家嘴金融贸易区开发公司是上海市政府设立的、针对陆家嘴金融贸易中心的开发公司，由公司组织编制详细规划、实施开发区土地的一级开发，同时负责招商引资工作。成立初期，陆家嘴金融贸易区开发公司得到上海市政府以土地空转初始地价投入的资金得以成立，后通过运营，在 2003 年底形成拥有总资产超过 150 亿元、净资产超过 50 亿元的特大型集团公司。

浦东新区政府成立后，陆家嘴金融贸易区开发公司由新区代为管理，并在陆家嘴开发区设置管理委员会，实施开发区的行政管理，配合开发公司协调和处理在开发中发生的社会矛盾。

二、开发策划

1990 年 4 月，中央宣布开发浦东、开放浦东的重大决策，发展目标作为太平洋西岸最大的经济贸易中心之一的上海开始采取开发振兴的部署。纵观国际，CBD 可集中数百家金融机构以及更多的跨国公司总部、大型商贸机构和相应的商业、文化、管理服务机构，其业务量或资金流量巨大，远远超过城市本身。在上海浦东起步开发金融中心区，与原有中心区经贸、文化商业区相结合，逐步形成上海 21 世纪现代商务中心网络，就是支撑上海成为太平洋西岸最大的经济贸易中心之一这一战略目标的最关键步骤。

陆家嘴金融贸易中心地处的陆家嘴中心地区与外滩隔江相望，也是三段水道、十条道路视线汇聚的焦点，有条件在城市中心区与外滩联合，形成历史与未来、水与绿、建筑与环境结合的卓越城市空间。顺应这种独特文脉进行城市开发，陆家嘴金融贸易中心将成为上海 21 世纪 CBD 开发的先导和主体。

1979 年至 1990 年，陆家嘴金融贸易中心初步明确了规划方向。陆家嘴金融贸易中心的开发宗旨是将陆家嘴金融贸易中心与外滩共同塑造出上海崭新的中央商务区（CBD），成为上海乃至中国的国际金融和贸易中心。

最初对陆家嘴金融贸易中心的发展提出的具体要求包括：在产业结构上，重点发展以金融业为主，商贸、房地产、信息服务业为辅的第三产业，形成金融功能为主，商贸、居住、文化娱乐为辅的商务中心区。具体功能配置：金融业的建筑容量 80 万平方米；贸易及行政办公 135 万平方米，含 3 栋超高层 65 万平方米；商业、服务业 150 万平方米；住宅 25 万平方米；文化娱乐 10 万平方米；市政交通合理配置，总建筑面积 400 万平方米。

在土地开发方面，采取以土地融投规律投入产出的模式，即开发区利用土地开发的投入产出规律，以土地的合资、集股、抵押获得启动资金，以土地的招商转让集聚开发投资基金，以此周而复始地用于开发区域内土地的市政基础建设，同时推动了房地产的增值效应。同时，拟成立开发组织协调机构、规划编制及开发机构及土地管理机构，以保证陆家嘴金融贸易中心开发运营管理顺畅。资金方面，通过上海市政府投入的部分资金，加上银行贷款和开发企业自筹资金，推动陆家嘴金融贸易中心不断建设。

三、开发规划

陆家嘴金融贸易中心开发的规划是经由规划国际咨询及规划方案深化和审批最终确定的。

在 1986 国务院在批复《上海市城市总体规划方案》时正式提出“使浦东成为现代化新区，特别要注意有计划地建设和改造”。1991 年下半年，上海市政府和法国公共工程部联合组织陆家嘴金融中心区国际规划设计竞赛。根据上海市城市规划设计研究院编制的《陆家嘴中心区调整规划初步方案》和上海市建设委员会的批复意见“原则同意规划结构，并进一步确定陆家嘴金融中心区在上海 CBD 的重要地位”作为中法合作编制《上海市陆家嘴中心地区规划及城市设计国际咨询邀请书》及《任务计划书》的主要依据。

1992 年 11 月，经过挑选的中国上海联合设计小组、英国罗杰斯、法国贝罗、意大利福克萨斯、日本伊东丰雄共五个国家的著名设计大师将有关陆家嘴中心地区规划国际咨询设计方案正式递交上海市政府（图 16–4–2）。

上海陆家嘴中心地区规划深化工作组按照“中国与外国结合、浦西与浦东结合、历史与未来结合”的原则，进行陆家嘴中心区的规划深化工作。在原陆家嘴中心地区调整规划方案的基础上，吸取了国外专家规划方案及上海咨询方

上海联合设计小组方案　　　　英国罗杰斯方案

法国贝罗方案

意大利福克萨斯方案

日本伊东丰雄方案

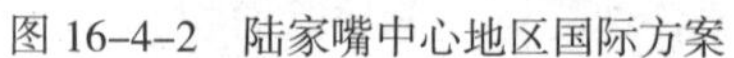

图 16-4-2　陆家嘴中心地区国际方案

图 16-4-3　陆家嘴中心地区最终方案

案的优点，在进一步深入研究发展态势之后，提出标志性超高层双塔和高层带建筑格局，由发展轴沿线绿带联系中央旷地、滨江旷地的环境格局结合，形成强有力的城市形象。该方案与原有城市文脉协调，吸收了国际方案的长处，又不影响现有开发项目。随后又召开了小型国际研讨会，进一步提出了组成核心区三塔等建议（图 16–4–3）。

1993 年，政府批准了陆家嘴金融贸易中心详细规划。其规划占地面积约 1.74 平方千米，其中开发地块 80.34 公顷；规划总建筑面积 418 万平方米。实际开发的建筑总量约 500 万平方米，比最初批准规划的 418 万平方米建筑量，增加了约 19.62%（表 16–4–1，图 16–4–4）。

小陆家嘴金融贸易中心规划用地平衡表 表 16–4–1

用地名称	用地面积（公顷）	比例（%）
建设用地	82.18	47.24
市政用地	3.89	2.23
道路用地	37.93	21.81
公共绿地	49.96	28.72
合计	173.96	100

注：陆家嘴金融贸易中心规划面积为 170 公顷，表内包含规划区外，浦东南路东和浦东大道北的一街坊的土地面积，约 4 公顷。有工行的世纪金融大厦、农行的金穗大厦、上港的船舶大厦等第一批启动项目，建筑面积约 21.7 万平方米。

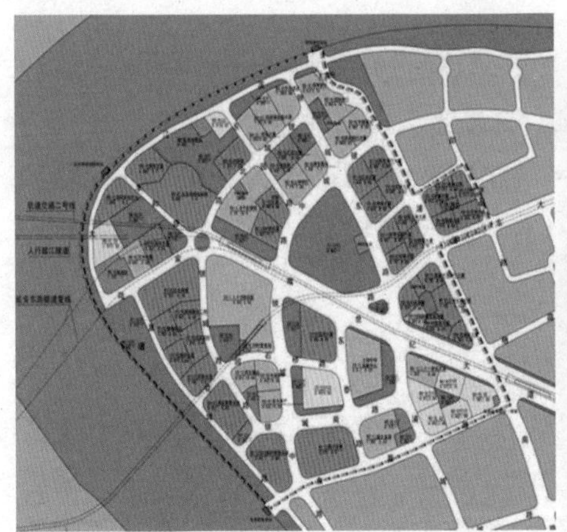

图 16–4–4 陆家嘴金融贸易中心地块控制指标图

图 16–4–5 开发拆迁前的小陆家嘴地区（延安东路隧道浦东出口处）

四、投融资模式

上海陆家嘴金融贸易中心地处小陆家嘴，在开发时为已建满工厂和居民区的建成区（图 16–4–5）。因此，陆家嘴金融贸易中心的开发建设实属旧区改建，即将原有建筑拆迁，重新建设一个现代化的城区。

按规划方案所作的投资匡算咨询报告，基础设施投资，包括道路、下水、隧道、地铁、共同沟、轻轨交通、供电、供水、燃气、电信电话、集中供热、过江轮渡、公交站点、环卫、绿化、警署、消防和动迁费用等计 20 项的匡算投资为 155~163 亿元。扣除隧道、地铁、轻轨交通、过江轮渡、集中供热等投资有政府统筹外，区内的道路、市政基础设施和动迁等费用约 100 亿元。

但上海陆家嘴金融贸易区开发公司注册资本仅有 3000 万元现金，不足以支付金融贸易区开发所需资金。为解决资金问题，在政府的协调下，除政府注入及银行贷款外，还采取了以下办法筹措资金：

（1）成立联合开发企业共同开发

1992 年，经外经贸部批准，上海陆家嘴金融贸易区开发公司与中国人民保险公司、中国人保上海分公司、香港泽鸿发展有限公司和上海实业（集团）

有限公司合资组成上海陆家嘴金融贸易区发展联合有限公司，注册资本 9800 万美金，到位现金约 4000 万美金。陆家嘴金融贸易区开发公司以 69.56 公顷的使用权，每平方 70 美元，折价 4851 万美元和现金 539 万美元，合计 5390 万美元，占 55% 的股权；其他几方以现金出资 4410 万美元，占 45%。上海陆家嘴金融贸易区发展联合公司成为这 69.56 公顷土地的开发主体。

（2）公司上市

1992 年 8 月，上海陆家嘴金融贸易区开发股份有限公司注册登记，注册资本 8 亿元。1993 年 4 月和 1994 年 11 月，分别在上海证券交易所实现 A、B 股上市。其中，A 股发行 6.7 亿国家股、上海信托 3000 万股和个人股 1500 万股。B 股 2 亿股，每股 0.668 美元（5.695 元），计 12692 万美元。

（3）吸引外资企业联合开发

1993 年，上海陆家嘴金融贸易区开发股份有限公司与泰国正大集团合作开发陆家嘴金融贸易区内的"富都"地块，开发面积约 20 公顷。当年 11~12 月，转让了 4 幅土地使用权给我国台湾震旦、汤臣、香港嘉里等四家公司，土地面积计 5 公顷，规划建筑面积约 34 万平方米，转让金额 1.78 亿美元。使"富都"地块开发资金形成良性循环。

（4）土地使用权转让

1991~1994 年，是土地使用权转让的集中期。

此时，土地使用权转让的方式主要是协议和招标，而且以协议的方式为多。1993 年，在陆家嘴金融贸易区的"富都"区块，协议转让了 4 幅土地的使用权，平均楼面地价为 500 美元／平方米。其中，香格里拉酒店的楼面地价为 598 美元／平方米。通过实践浦东中心区的土地使用权转让的市场价格也开始形成，陆家嘴金融贸易中心的地价成为浦东土地市场价格的标尺。

（5）多种经营

到 1993 年，公司已投资 30 家企业，包括房地产、金融、贸易、服务业等，投资金额 3.55 亿元。1995 年，有 6 个企业的投资回报率在 10% 以上。到 2009 年，陆家嘴（集团）已持有甲级写字楼、多供能综合型商业中心、国际社区、都市研发楼、高端酒店、会展中心等物业 300 万平方米以上，年租收入达 15 亿元以上。

五、开发土地收储与转让

土地是城市发展的基本要素。从浦东开发起步，就以"土地预征"的方式，着手建设用地的储备；并以"国有土地使用权的有偿使用"的用地体制，建立地产市场。

（一）建设用地的储备

根据浦东新区城市发展总体规划，对规划城市化地区范围内的集体土地实行"土地预征"。这项举措是借鉴深圳、珠海特区在建设用地储备工作方面的经验，以保障浦东开发一定时期（20 年）的建设用地的有序供应。陆家嘴金融区即通过土地预征，满足了其储备发展之需。当开发区内没有所需规模的用

地可供，则可通过调拨预征土地对用地需求予以支持。

1990年8月3日，上海市人民政府以沪府〔1990〕60号文，转发市土地局关于在浦东新区城市化地区范围内实行土地预征的意见的通知。

"土地预征"是对集体所有土地实行预征，是根据浦东新区总体规划所划示的开发建设范围，由市人民政府向集体经济组织支付一定的土地补偿费，将土地从集体所有变为国家所有。

被预征的土地，将按国有土地的要求，加强对预征土地的监督检查，并建立地籍管理制度。对预征范围内的国家建设用地、乡村企事业建设用地，均由市统一审批；农民建房由区、县审批。防止重复建设和二次拆迁，避免不必要的损失。

虽然，被预征土地的所有权发生改变，但是，在实施实征之前，原有的土地使用关系不改变，集体经济组织和农民仍可在原土地上生产和居住。

（二）在浦东新区首先全面实行"土地使用权有偿使用"

为了推进全面改革和对外开放，改革土地使用制度，上海市政府成立上海市土地使用制度改革领导小组，其办公室设于上海市土地局，负责具体实施工作，开展对境外土地市场和法规的调研，进行本市土地使用权有偿使用法规的拟定。期间，市政府特聘香港梁振英（时任香港仲量行合伙人）、罗康瑞（瑞安有限公司主席）、阮北耀（翁余阮律师行律师）、简福饴（时任香港测量师学会会长）、刘绍钧（香港房地产建筑业协会会长）等8位人士为顾问，对此项工作给予指导。

1987年11月29日，经国务院有关部门的认可，上海市人民政府颁布《上海市土地使用权有偿转让办法》。这是中华人民共和国成立以来，首部有偿使用国有土地的地方性规章。

《上海市土地使用权有偿转让办法》发布后，对房地产抵押、出售、建筑管理和外资项目立项审批等方面作相应的改革。1988年6月9日和10月12日，上海市人民政府发布了与《上海市土地使用权有偿转让办法》相配套的《上海市抵押人民币贷款管理暂行规定》《上海市抵押外汇贷款管理暂行规定》《上海市土地使用权有偿转让房产经营管理实施细则》《上海市土地使用权有偿转让房地产登记实施细则》《上海市土地使用权有偿转让公证实施细则》和《上海市土地使用权有偿转让委托律师代理的若干规定》等六个配套实施细则，使上海市初步形成了房地产市场法律化的制度规范框架。

上海国有土地使用权有偿出让的探索，也为国家制定相应的法令提供了有益的数据。1990年5月19日，《中华人民共和国城镇国有土地使用权出让和转让暂行条例》（国务院令〔1990〕第55号）发布，自发布之日起施行。由此，国有土地使用权有偿使用成为国家的法规。浦东自然必须在开发中推行。

中华人民共和国成立后的40年，我国的国有土地的使用，一直实行行政划拨和无偿无限期使用的政策，也就没有土地使用权的市场价格，这给土地使用权出让价格的设定带来困难。故在陆家嘴金融贸易中心开发初期的国有土地使用权出让和转让中，多采取协议的方式（第55号令第十三条，规定土地使用权出让可以采取协议、招标和拍卖三种方式）。经过一段时间的运行，地段价格初步形成，可作为参照依据，进而招标出让成为国有土地使用权出让的主要方式。

国有土地使用权出让和转让，不仅仅为政府得到一定的土地收益，弥补城市基础设施建设之需；而且更重要的是建立起地产市场，与国际市场接轨，有利于更多的国内外投资者参与浦东城市的发展。

六、建设实施成就

经过近十三年的艰辛工作，陆家嘴集团公司先后投入资金 130 亿，完成动迁居民 2.7 万户、单位近 700 家，拆除旧建筑面积约 210 万平方米，建造 7 座 35 千伏变电站，修建市政道路 70 余万平方米，完成滨江大道、中心绿地、世纪大道等一系列重大工程。

截至 2003 年 12 月底，在陆家嘴金融贸易中心区 1.7 平方千米集聚的外资银行营运资产总额突破 200 亿美元，平均每平方千米引资逾 117 亿美元，成为中国资本最密集的地区。开业的分行级中外资金融保险机构已达 146 家，外资金融机构资产总值 2200 亿美元，占全国外资金融机构资产总值的 57%；上海证券交易所的股票、国债等有价证券额占全国市场份额的 87%；在全球各大证券交易所中排名 13；陆家嘴的股票、期货、钻石、产权、房地产、人才等 7 大要素市场中上海期货交易所上一年成交额高达 6.05 万亿元人民币，占全国期货市场份额的 60% 以上；陆家嘴金融中心区已成为上海国际金融中心的核心地域和亚太新兴资本集聚极之一。

目前，陆家嘴金融贸易中心区的总建筑面积已达到 280 万平方米左右，占规划总建筑面积的 64%。陆家嘴金融贸易中心区拥有中银大厦、金茂大厦等 25 座主要办公楼宇，总建筑面积达到 230 余万平方米。另有会展建筑面积 13.4 万平方米（包括上海海洋水族馆 2.1 万平方米、上海国际会议中心 11 万平方米、陆家嘴开发陈列室 0.3 万平方米），商业建筑面积 24.3 万平方米（正大商业广场），住宅 3.3 万平方米（瑞苑公寓），宾馆 7 万平方米（上海浦东香格里拉大酒店 7 万平方米，另外金茂大厦主楼 53~87 层也为五星级宾馆）（图 16–4–6~ 图 16–4–13）。

图 16–4–6　陆家嘴金融贸易中心

图 16–4–7　首批进入陆家嘴金融贸易区建设的项目，有金茂大厦、证券交易所、招商大楼等

图 16-4-8　建设中的东方明珠

图 16-4-9　1998 年的陆家嘴金融贸易中心

图 16-4-10　上海证券交易所及银行大楼

图 16-4-11　中银、交银大厦及香格里拉酒店

图 16-4-12　南浦大桥

图 16-4-13　杨浦大桥

思考题：

1. 调查你所熟悉的城市中心区发展历史。
2. 探讨城市中心区未来发展方向。

参考文献：

[1] 丁健．现代城市经济 [M]．上海：同济大学出版社，2001．

[2] 陈瑛．特大城市 CBD 系统的理论与实践 [D]．上海：华东师范大学，2002．

[3] 上海市人民政府．上海市城市总体规划（2017—2035 年）报告 [EB/OL]．[2018-08-08]．http://www.shanghai.gov.cn/newshanghai/xxgkfj/2035001.pdf．

[4] 陈天．高密度城市中心区规划设计 [M]．南京：江苏科学技术出版社，2017．

[5] 周祎旻，胡以志．城市中心区规划发展方向初探——以《悉尼 2030 战略规划》为例 [J]．北京规划建设，2009(3)：103-108．

[6] 魏旭峰．北京商务中心区（CBD）发展战略 [D]．北京：对外经济贸易大学，2002．

[7] 张铁军．北京商务中心区（CBD）建设回顾 [J]．北京规划建设，2006(5)：35-36．

[8] 陈一新．深圳福田中心区（CBD）城市规划建设三十年历史研究 [M]．南京：东南大学出版社，2015．

[9] 彭芳乐，赵景伟，柳昆，等．基于控规层面下的 CBD 地下空间开发控制探讨——以上海虹桥商务核心区一期为例 [J]．城市规划学刊，2013(1)：78-84．

[10] 西岸集团．西岸传媒港（徐汇滨江）[EB/OL]．[2018-08-08]．http://www.westbund.com/cn/index/KEY-PROJECTS/All-Projects/detail_696Ea.html．

[11] 刘晓星，陈易．对陆家嘴中心区城市空间演变趋势的若干思考 [J]．城市规划学刊，2012(3)：102-110．

[12] 陶建强．上海陆家嘴中央商务区规划开发回眸 [J]．上海城市管理，2004，13(6)：9-13．

[13] 陈一新．巴黎德方斯新区规划及 43 年发展历程 [J]．国际城市规划，2003，18(1)：38-46．

[14] 金继晶．城市中央商务区（CBD）开发策划研究 [D]．长沙：中南大学，2009．

[15] 王晓净．我国特大城市 CBD 投融资研究 [D]．北京：首都经济贸易大学，2016．

[16] 李玉辉．我国的土地储备制度与融资问题研究 [D]．北京：北京交通大学，2012．

[17] 阳建强．城市中心区更新与再开发——基于以人为本和可持续发展理念的整体思考 [J]．上海城市规划，2017(5)：1-6．

[18] 严华鸣．城市更新中的土地开发研究 [D]．上海：同济大学，2008．

[19] 陈俊．滨海新区土地储备决策研究 [D]．天津：天津大学，2014．

[20] 陆春．城市新区开发中土地储备若干问题研究 [D]．上海：同济大学，2007．

[21] 新源．浦东新区管理机构设置的创意 [J]．探索与争鸣，1993，1(6)：55-56．

[22] 马文军．城市开发策划 [M]．北京：中国建筑工业出版社，2015．

[23] 杨文耀．转型期大城市土地出让模式创新——以虹桥商务区核心区（一期）土地出让为例 [J]. 规划师，2013(s2)：215–219.

[24] 陶建强．上海陆家嘴中央商务区规划开发回眸 [J]. 上海城市管理，2004，13(6)：9–13.

[25] 黄富厢．上海 21 世纪 CBD 与陆家嘴金融贸易中心区规划的构成 [J]. 时代建筑，1998(2)：24–28.

[26]Andongbeijing．我的北京我的家摄影大展 [EB/OL]. [2018–08–08]. http://citylife.house.sina.com.cn/detail.php?gid=64236.

[27] 中国经济网．深圳"代建制"改革推动政府投资项目面向市场选择（组图）[EB/OL]. [2018–08–08]. http://www.sohu.com/a/149400212_120702.

[28] 查查 362．宜居柏林 [EB/OL]. [2018–08–08]. https://www.cc362.com/content/A1ODLB6yaZ.html.

[29] 第一推．虹桥商务区着力功能打造，打造长三角联动发展新引擎，各界共话大虹桥宏伟蓝图 [EB/OL]. [2018–08–08]. http://diyitui.com/content-1482181590.66175108.html.

[30] 美丽杭州．江南：看钱江新城 [EB/OL]. [2018–08–08]. http://ggg70867086.blog.163.com/blog/static/23231708620146231174669/.

[31] 季寺．国际思想周报 [EB/OL]. [2018–08–08]. https://www.thepaper.cn/newsDetail_forward_1496359.

[32] 温州中心．透过陆家嘴的变迁 预见温州中心的未来 [EB/OL]. [2018–08–08]. http://5b0988e595225.cdn.sohucs.com/images/20171220/de2d5aa365c84867a4c30dfb4d67ad1c.jpeg.

第十七章　城市产业区与新城开发

1933 年的《雅典宪章》提出了城市四大功能区居住、工作、交通、游憩的理念。城市产业园区的发展经历从工业区到新城的历程。1950 年代末，上海建设了五个卫星城（松江、吴泾、嘉定、闵行、安亭）、十大近郊工业区（漕河泾、桃浦、大场、长桥、彭浦、北新泾、吴淞、高桥、周家渡等）就是典型的案例。此时的工业区完全是以工业生产为核心，以产业集聚为目标。1970 年代以后建立了金山石化，1970 年代初宝钢工业区等也是在该理念引导下建设的，但是已经考虑了部分生活配套设施。1977 年的《马丘比丘宪章》提出后，城市开发强调了生产生活配套的理念，原来的纯工业区的理念被有生活配套的工业园区替代。改革开放以后，这种区域的城市功能更综合，在综合协调开发理念指导下，形成了经济技术开发区；并进一步根据产业特点发展成为高科技特色的高新技术园区；以对外贸易为特色的保税区、进出口加工区和经贸区等各种对外贸易产业园区，功能的复合性更强。1993 年以后，其中一些规模较大的区又逐步发展成为具有完整城市功能的新区（浦东新区）和新城。

第一节　产业经济区

一、产业经济区开发指导思想与原则

（一）持续发展的原则

目前绝大多数的产业开发区规划程序为：首先完成开发区总体规划和开发区控制性详细规划（具有一定的空间形态），然后以此为基础形成投资指南，进行引资行为，最后对每一投资地块进行修建性详细规划（图 17–1–1）。

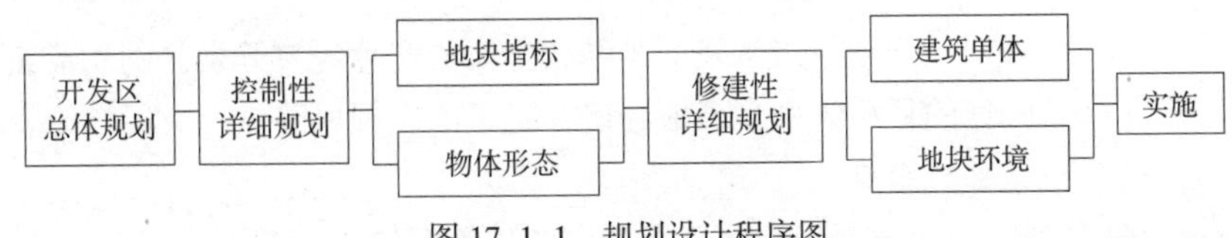

图 17–1–1　规划设计程序图

但是，在招商和开发的过程中，不确定因素甚多，在不同利益的驱动下，诸多规划内容都发生了变化；而且开发区的管委会为了投资的引入也会不惜牺牲一些条件，由投资方"分割"土地，从而导致土地开发的用地功能上的混乱。致使规划在前期过程中起到了一定的指导与引资的作用，但后期由于建设中布局比较混乱，与原规划形成较大偏差，最终规划的龙头作用"失职"。

因此，在产业开发区的开发规划中应以可持续发展为原则，引入持续规划（Sustainable Planning）思想。

1950 年代美国数学家理查德·贝尔曼（Richard Bellman）建立了动态规划（Dynamic Planning）数学方法。其核心内容是动态行为，它具有两个基本特征：①它是一个多阶段的动态决策问题；②它是一种带有反馈（Feel Back）性质的决策行为。同时 Bellman 提出了他著名的最优化模型（Optimal Model），即在某种决策系统下，使目标函数实现极大或极小，用之于城市规划领域，是使城市建设达到最理想水平的效益和状态。

根据 Bellman 的思想，运用于开发区开发建设，将规划过程作为一个持续地阶段性进行和完善的过程，不将开发区固定在一个终点上（End–state），而是根据现在具有的对开发区的客观预测能力，对开发区的主要因素进行预测和规划，在开发中不断更新，收集发展的新信息及时地做出反馈和决策，对规划进行修改和调整，进一步指导实施，同时，完成更深层次上的规划（图 17–1–2）。

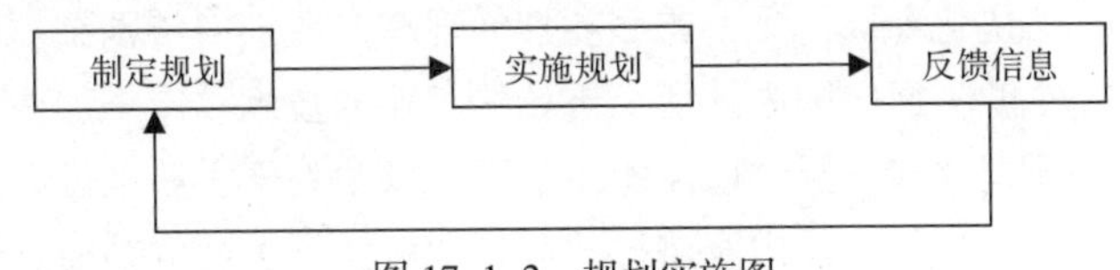

图 17–1–2　规划实施图

（二）以人为本的原则

我国以往产业开发区在规划建设过程中，往往片面强调其经济效益，而忽视了生活在其中的人们其他各个方面的需求，从而导致开发区配套设施不完善，居住条件恶劣，开发区环境质量低下等不良现象，使产业开发区的吸引力锐减，

投资意向降低，从而造成恶性循环。随着产业结构调整和升级，人们已不再将便利的交通、低廉的土地价格作为投资的唯一标准，而是越来越重视熟练技术性人才、创造性人才的密集程度。纵观国外产业开发区的成功案例，无不将人作为首要考虑的因素之一，越是能吸引人的地区就越是充满活力与创新的场所。因此，在产业区开发规划中应始终贯彻“以人为本”的原则，创造亲切宜人的工作、生活空间。

二、产业经济开发区结构体系

产业经济开发区的结构体系由产业经济开发区的功能定位、产业经济开发区的目标体系、产业经济开发区的发展思路、产业经济开发区的区位选址四大部分组成。

（一）产业经济开发区的功能定位

功能定位是选择产业发展模式、战略对策的基础。功能定位准确，就能从城镇与区域经济的发展中获得永久的支持。在兴办产业经济开发区之初，国务院规定了产业经济开发区的主要任务是“大力引进我国急需的先进技术，集中举办中外合资、合作、外商独资企业和中外合作的科研机构，发展合作生产，合作研究设计，开发新技术，研制高档产品，增加出口创汇，向内地提供新型材料和关键零部件，传播新工艺、新技术和科学的管理经验”。国务院规定是对开发区的总体要求，具体到不同地域、不同规模、不同类型的产业经济开发区，应允许有不同的具体要求，需要从更广泛的地域范围，宏观与微观相结合，内部环境与外部环境相结合地加以具体分析论证，确定其合理的功能定位。

（1）国际环境变化与产业经济开发区的功能定位

我国产业经济开发区功能定位与国际环境特别是亚太经济发展趋势相关联。一是经济全球化使我国经济开发区面临的国际竞争压力明显增大，随着我国加入世界贸易组织（WTO）和国际经济一体化程度的不断提高，竞争将从国内市场扩展到国际。我国将面临更强烈的区域性竞争。二是新的科技革命加速了世界产业结构调整，特别是高新技术和知识经济的快速发展将引发一场新的产业革命，使发达国家产业升级转移扩散加快，加工工业和初级产品将面临大的调整，我国开发区产业发展将面临新的挑战，既要加快工业化进程，又要补知识经济的新课。因此，对我国的产业开发区来说，都有必要一方面建立与发展具有科技优势和国际市场竞争优势的高新技术产业，加快推动产业结构的优化升级，另一方面要加快现有产业部门特别是支柱产业，立足国内外两种资源，面向国内外两个市场的工业的技术改造，加速大中企业集团与跨国公司的建立和发展，以期能在国际市场中处于主动地位。

（2）国内经济形式与产业经济开发区的功能定位

从国内形势看，我国经济发展将进入一个新的阶段，以短缺经济和数量扩张为主的发展阶段已基本完成，继续靠产业扩张带动经济增长的时代基本结束。国民经济正在向以买方市场和整体素质提高为特征的新阶段过渡，也就是说，我国经济发展已经进入了必须依靠科技进步和产业结构优化升级才能保持国民经济持续快速健康发展的新阶段、新起点。

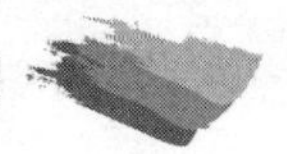

从我国所处的经济发展阶段出发，我国许多经济开发区应首先考虑的是扩张与优化第二产业，促进高新技术产业的建立与发展。其次是加速发展外向型经济，提高外向型经济的效益，增强外贸产品的国际市场竞争力。再次是积极发展第三产业，加强基础设施，改善投资环境。

(3) 区域环境特色与产业经济开发区的功能定位

任何一个产业经济开发区都存在于一个特定的区域环境之中，都必须以此区域为依托来进行开发建设。如何突出该区域环境特色，建立相关的主导产业或特色产业对于产业经济开发区的功能定位具有极其重要的意义；同时，以区域性产业结构为依托，参与区域产业的分工协作，实行优势互补，资源共享，可以使产业区内产业得到快速、健康的发展，并以此为龙头，带动相关产业协调、稳定地发展。所以，在开发区开发前期策划就应努力寻求产业功能与区域环境特色的结合点，实现产业经济开发区的有效开发。

(4) 开发区内部环境与产业经济开发区的功能定位

相对而言，产业开发区原有的比较优势正在逐步丧失，在产业经济开发区的起步阶段，低廉的劳动力价格和较低的工业用地价格是开发区十分明显的比较优势，特别是劳动力的低工资成为外资投向于劳动密集型产业的一个有利因素。甚至可以说，开发区劳动密集型产业的迅速发展是国际产业结构转换和开发区劳动力低工资这一比较优势相互作用的结果，但随着开发区的不断发展，人均收入水平的提高以及劳动力素质的不断改善，劳动力低工资的这种静态比较优势正逐渐丧失。相比之下，无论在工业用地价格还是在劳动力低工资方面，产业开发区这一比较优势正在丧失，这必然会影响产业开发区的产业功能定位，以期挖掘产业内部潜力及寻求产业区域相对优势转换的契机，作为进一步吸收和扩大利用外资规模的基础条件。

(5) 开发区外部环境与产业经济开发区的功能定位

从外部环境看，其一，在总体上，国内各开发区之间存在着相当明显的发展差距，与世界发达国家和地区相比，其产业结构的差距更大，表现为二、三次产业劳动生产率偏低，第三次产业发展相对滞后；其二，各开发区普遍存在着产业结构趋同化的问题，工业结构档次较低，工业外延发展未能与内涵的发展同步提高；其三，工业企业专业化协作程度低，行业企业间的联系松散，生产专业化程度不高且没有形成规模经济。以上这些问题都会在不同程度上影响到产业开发区的产业结构的优化升级，进而影响到产业开发区开发初期的产业功能定位。

（二）产业经济开发区的目标体系

目标体系的策划是整个开发策划工作的基础，它在功能定位的基础上，提出并确定目标因素，建立起目标系统，并对系统优化定界，最终确定开发目标。

产业经济开发区目标按性质可分为战略目标和具体目标两部分。产业经济开发区战略目标的确定，必须从宏观全局高度出发，全面考虑产业经济开发区与相关地区及所在城市的具体情况。既要使产业区产业规划目标与国民经济发展规划、国家产业政策及高层次区域发展方向相协调，又要体现出产业区产业特色。以时序过程整体考虑当前和长远之间的关系，依据可持续发展的原则，不同的发展阶段，应有不同的目标模式，并力求使各阶段的规划目标相互衔接。同时为实现总体路线目标，必须重视时间因素及其影响，即时效性，一般在产业区开发过程中，可初步划分为形成、扩张、成熟三个阶段，并对每一阶段制定明确的产业发展目标。

产业经济开发区的具体目标，表现为开发过程中的技术目标、经济目标、社会目标、生态目标等各项详细目标，它由战略目标系统决定，针对开发的整个生命期，常常体现在运营阶段上。

在建立这类目标系统时应遵循以下基本原则：

（1）首先满足强制性目标

强制性目标与期望目标之间争执，如常见的环保要求与经济性（投资收益率、总投资等）之间的争执，则必须满足强制性目标。

（2）建立均衡的目标系统

目标系统的建立要照顾各方面利益，如政府机构、投资方、运营方、顾客等，又要符合总目标。目标系统的建立应能协调开发组织和上层系统之间的利益平衡，既要防止部门干预目标设计，又要防止部门利益冲突而导致目标因素的冲突，使开发目标能最佳地满足上层系统各方面对开发的需要。

（3）明确目标系统的重心

均衡并不排除各个组成部分具有一定的优先次序，出现个别的或一定数量的“重点”目标，形成目标系统的重心，这往往是政府领导的明确要求。

（4）注意目标系统的补充与调整，保持适度弹性

开发运作的深入和发展会要求目标系统不断补充与调整，同时也提供了这种可能性，在开发策划前期应注意到这种补充与调整的可能，使目标保持适度的弹性。

产业区开发的目标系统可能包含的目标因素很多，但不是所有的目标因素都纳入体系范围，因为在开发过程中不可能解决所有问题，达到所有可能的目标，因此，需要对目标因素进一步优化，由专家组进行认真研究，界定、划定目标范围，建立起切实可行的目标体系。

（三）产业经济开发区的发展思路

产业经济开发区的发展思路必须立足于现有的各种条件，把近期开发与中长期发展结合起来，在激烈的市场竞争中寻找各种发展的契机。把握发展的契机，关键问题是充分利用和发挥现有的优势条件，尽量减弱和转化不利因素的影响，概括地说，有以下几点：

（1）在“本地资源”上做文章，集中力量发展产业化龙头企业，并根据产业发展的总体目标对基础设施和公共部门的建设进行统一规划，并保持弹性，随时可以调整，从而在体制上和基础设施建设上不受旧格局的影响。同时，重视开发区内的政策优势，以提高结构的灵活性。

（2）立足于发挥优势，培育产业经济区特色产业。从宏观全局高度看，我国许多开发区没有从宏观布局和本地的条件来发展具有本区特色的产业，而是不顾本身的条件和优势，争相发展一般性的加工项目，尤其许多开发区大上电子信息、机电一体化、生物工程、新材料、新能源及一般性加工项目，彼此之

间缺乏合理的分工，造成了低水平的重复建设、重复引进和重复生产的问题，导致了结构趋同化，这不仅会牺牲各个区域的比较优势和分工效益，而且会加剧内部的竞争程度，影响对外竞争力。经济开发区要避免陷入这种状态，必须一开始就注重形成自己的产业特色。基础设施建设与项目引进互为条件，两者共同构成产业发展的起点。在推进和开发中培育产业特色，要重视这样几个问题：一是产业项目的选择要注意其发展前景，并考虑产业配套和结构转换；二是要注意环境污染和环境保护问题；三是对高耗能、粗加工的项目始终要加以限制，即使在招商困难的情况下也要这样；四是对于各地均全力追求的“热点”项目的引进要持谨慎态度，尤其要注重产业的比较优势和竞争优势。

(3) 全面了解其他产业经济开发区发展动向，适当调整发展目标，在产业结构的变动中加强产业发展的优势。产业结构总是在变动中趋于高度化，1990年代以来国际产业结构变动速度明显加快，我国产业结构也正处于调整和升级时期。产业开发区的产业结构调整必须适应这一变动趋势，从世界出口加工区的情况看，一般要经历形成、扩张、成熟以至衰落等几个阶段。形成阶段是产业结构逐渐形成的过程；扩张阶段则是产业结构变动的升级转换时期；到了成熟阶段，产业结构将出现大幅度调整和转换，否则就会较快转向衰落。因此，产业经济开发区如何在结构变动中加强产业发展优势，是一个重要的战略问题。

(四) 产业经济开发区的区位选址

产业经济开发区的区位选址好坏直接影响到将来开发的成败。同时，根据产业类型不同，产业经济开发区的选址将遵循不同的原则。

(1) 传统产业的区位

传统产业往往是资源制约型产业，对于原材料、能源、劳动力等依赖性很强，同时其他辅料和产品的运输也是一个重要的组成部分，因此，传统产业的区位选择，往往需要考虑以下因素：

1) 接近原材料产地，或是接近产品市场。

2) 交通便捷，劳动资源丰富。

3) 地形、地势良好，便于进行基础设施建设。

4) 便于接受大城市辐射，产生互动效应。

(2) 高技术产业的区位

高技术产业所需原材料与传统产业相比要少得多，对资源的依赖性不像传统产业那么强，其产品体积小、重量轻、运输方便，自然运量就较小。所以这些都使得其选址不必像传统产业那样受到自然环境的限制。但是，它要求较高的智力资源，对信息的依赖性强，对资金的需求量大，对环境质量的要求高，对各种服务的需求多，也就是说，高技术产业对于软环境的要求远比对于硬环境的要求高得多。特别是在选择高技术区这样一种集约发展模式时，这些软要素的影响更加突出，其在区位选择时已经起到几乎决定性的作用。

综合各国的经验教训，高技术区的区位选择，应该依次考虑下列各项因素：智力密集区、开发性技术条件、网络要素、基础设施条件、生产和生活环境基础。

1) 智力密集区

作为一种资源来说，智力资源比较密集的区域不是指具有科学知识的个人，而是指从事各种基础科学研究和应用开发研究的科研机构。对高技术产业有促进作用的智密区不是一般意义的大学或科学研究中心所在地，而是指具有研究性的理工科大学和科学院所等结合在一起，构成高水平的研究与开发（R & D）能力的新型智力资源集中区。这类智力资源常酝酿出一些新的科学设想或新的设计方向，是开发高技术产业的智力基础。智力资源在某种程度上比硬资源更有价值，因为现代工业发展主要依靠技术结构的转化，没有基础科学和开发性研究人才，没有培养人才的中心，就不可能争取向先进结构转化，在竞争中就会被淘汰。美国“硅谷”区拥有 8 所大学、9 所社区大学和 33 所技工学校，这些智力资源一方面为高技术产业进行技术设计、指导、咨询；另一方面则源源不断地向“硅谷”输送高质量人才，使美国“硅谷”的大型集成电路处于领先地位。

在我国选择高新技术产业开发区时，一般均已注意到指向智力资源密集区的趋势。应当指出的是，对智密区的认识应尽可能避免仅从特定区域的统计数字中的大专院校、科研单位多少、高级科技人员密集程度等方面做出开发区依托优势的判断。因为其中仍含有无法直接参与高技术活动的部分，所以这些数字只能视为客观区域文化素质及其水平的标志，视为发展高技术产业的潜在社会文化基础。

总之，对高技术产业开发区具有指向作用的智力资源密集区位问题，应从总体与具体两个方面进行分析。一是对于区域整体的科学技术水平与文化素质分析，它关系到发展高技术的背景条件与经济社会支持程度。如天津在高技术产业开发区的调研中就指出了天津市的智密区与智密核心区两个层次。二是具体明确开发区与所依托的智力集团的联系强度及其现实性和可能性。这些同开发区的发展领域以及对所在地区的传统工业改造有极为密切的关系，如天津开发区所认定的电子信息技术产业机电一体化技术产业和新材料技术产业等方面就与南开大学、天津大学等教学科研单位的研究基础相关。

2）开发性技术条件

智力资源的密集为高技术的发展提供了可能性，但是，高科技产业能否在某一特定区域健康地发展还有赖于与其发展相关联的市场、服务等因素，如果采用传统产业发展的说法，就是还需取决于其所需的“原料”、产品的“下游”去向以及生产所需的配套设施等。具体讲，主要包括四个方面。首先，是作为开发基础的区域技术开发能力。也就是说，该地区是否能把研究成果迅速转化为产品的技术素质，拥有新材料、新能源以及相应的科学技术手段和运用这些手段的技术人才。其次，是区域支撑技术密集。一般认为，高技术产业的发展需要有基础性技术、关键性技术、先导性技术等开拓新产业结构的支撑体系，这些方面在一定区域的密集，为高技术产业的发展奠定了技术基础。而这几方面一般都是在一个大城市或区域内比较集中，所以，高技术产业往往会在大城市地区孕育。第三，要具有多种方向的中试功能。高技术产业产品更新换代比传统产业快，新产品不断问世，因而对于产品中试的需求特别大。通过中试，把成熟的技术孵化为产品，为大规模商品化生产做好准备。因而，不是要求一般的实验室或生产车间，而是要求装备精良、人员素质高，具备工

业性试验条件。所以，拥有中试孵化功能的区域条件往往表现为经济、技术条件较好的产业发达地区。第四，是拥有能够吸纳高技术的大工业基础。高技术本身以精细为重要特点，但是，其产业化的产品同样包括了大量传统工业的成果，因而，它无法脱离传统工业而独立存在，需要大工业的支持，它的技术、产品需要扩散，大工业也需要依靠高技术实现生产的现代化。也就是说，以高技术的创新为龙头，包括创新、吸收、扩散整个过程，以此带动整个区域经济的发展。

3）网络要素

高技术产业是当今发展最为迅速的生产力。受尖端化和国际化倾向所决定，高技术本身就是一个应变能力较大的柔性系统，而支持这个系统的条件就是网络要素。

A. 信息网络

谁拥有信息，谁就在生产竞争中处于优势地位，对传统产业如此，对于高技术产业更是如此。随着世界由工业社会逐步进入信息社会，世界各国已经把信息资源视为一种与材料、能源、资金同等重要，甚至更加重要的资源，对于信息资源条件的评价一般包括：信息资源的数量、覆盖面积、传递速度、相互关联程度、获得方便程度等。有关研究表明，信息资源最大的特征在于其共享性、再生性以及相互激励产生新的创新特征。同时，信息获得时间的早晚变得特别重要。

网络化是信息资源得以更好地开发利用的基本条件，信息高速公路的建设已经成为席卷全球的热潮。而这种网络正是信息资源存在、传播的重要方式，也是信息资源最为密集的地方，因而也正是高技术产业最易于诞生和生存的环境。

B. 人才网络

实践证明，发展高技术产业需要多种学科和专业的协作进行研究与开发，因此也可以说，高技术产业开发区的建设与发展是多种专业人才的组合共同创新的综合产物。

在围绕高技术产业开发区建设的多种人才网络中，首要的应是有接收与判别有价值信息资源能力的科学研究人才，由他们提出课题或建设项目。其次，要有开发事业的组织孵化人才，有从事生产力的指导人才，有进行风险投资的金融机构与决策者，有行政管理和领导者的支持。此外，还要有经济、法律、商贸等方面人员共同构成的开发者人才网络，才能保证开发区研究与开发、生产与制造、销售与服务这个综合体各环节的起步与正常运作。

4）基础设施条件

良好的基础设施条件是产业发展的基本保证，高技术产业同样无法脱离基础设施存在。因为其特征决定，高技术产业除了一般的产业发展要求的基础设施条件外，特别强调基础设施的质量。比如，交通运输方面，高技术产业不像传统产业那样消耗大量的原材料，产品也往往体积不大，因而，对于运输的要求是快速、方便，尤以航空或高速公路为理想的运输方式。通信条件的好坏对于高技术产业至关重要，特别是大容量、网络化的通信媒体更是必不可少的。

能源方面，它要求洁净、可靠的能源供应，供水方面对于水质的要求也比传统产业苛刻得多。效率在高技术产业的发展中占有特别重要的地位，因而，适于它发展的环境往往是那些大城市地区。

中国高技术区的选择基本考虑到了基础设施方面的因素，或经过一段时间的建设，基础设施条件已经有了明显改善。但是，与国外高技术区相比，在有些方面还有不小的差距。有的开发区依托于城市边缘，但城市的基础设施一时还难以顾及其需要，或者受到城市基础设施总体容量的限制，不得不另起炉灶，前期成本相当昂贵；有的高技术区干脆白手起家，虽然具有良好的用地条件，但是同样面临着基础设施建设成本这个门槛的限制；还有的位于市区，周围制约因素众多，发展受到限制，基础设施也往往非常陈旧，适应不了高科技产业发展的需求。因此，基础设施问题应该是中国今后进行高技术产业区选址和建设中重点考虑的问题。

5）生产和生活环境基础

高技术产业对于环境的要求非常严格，这是由其生产特性所决定的。比如，微电子产品的生产往往要求恒湿恒温，空气中的悬浮尘埃、有毒成分的比重必须达到非常低的水平等。因此，这类产业的布局一般选择在环境质量好的地区，这样可以降低为维持日常生产环境所需要的费用，保证产品的质量。

另外，高技术产业的就业岗位对于人员的素质要求很高，在此工作的人员中科学家、设计师、熟练技术工人占绝大多数，他们一方面要求良好的工作环境，另一方面也追求良好的生活质量。在他们生活的社区里，希望能有充足的社区设施，美好的居家环境，而且要求具有一种激励创新的氛围。否则，难以吸引高技术人才在此落户，安居乐业。

从上面的分析可以看出，高技术产业区的建设首先要选择那些智力资源密集、具有一定技术孵化能力的地区，这些地区一般要求有良好的交通和通信条件，丰富的信息资源，洁净的环境质量，优良的社区生活品位。这些都是在高技术区规划建设中应该充分考虑的问题。

三、产业开发经济区开发

（一）产业经济开发区的开发进程

产业经济开发区的开发进程可以概括为三个阶段：聚结——吸引——辐射。

首先，产业经济开发区的开发需要具备良好的培养基——地区内的经济条件、科技条件、社会或环境条件。同时，它的开发起动需要外部促进条件，即产业经济开发区的政策导向和资本与科技的投入。

在此基础上，区内各工程项目在内外因素的条件下，开始“聚结”，随着功能的聚结，产业经济开发区开始由产生转向发展，这样就形成了规模，形成了更好的投资条件，就形成了吸引力，进而加速了它的发展。在发展过程中，又形成一定的与其地区相抗衡的竞争力，这样便聚集了更多的社会生产和社会生活，产生出巨大的辐射力，影响并促进着其他相关区域的建设与发展。

产业经济开发区不是孤立存在的，它必须同其他各种环境因素相联系。它的开发进程不是线型的，是在稳定与不稳定、均衡与不均衡的矛盾运动中进行

的。节奏并不是始终如一的。随着环境因素的变化，开发区的开发进程时而呈现大幅度、高速度，时而呈现小幅度、低速度。

产业经济开发区开发进程的这种特征是由两个规律共同支配的，一个是自然系统的规律，一个是人工系统的规律，所谓自然系统的规律是市场规律，开发区的土地开发受到市场中价值规律的调节；所谓人工系统的规律，是人们对客体特有的主观性、计划性的规律，人们在开发区的开发中，通过人工系统规律，一方面能发挥主观能动性，促进并引导开发区的进程，另一方面可以通过计划性避免因市场性而引起的盲目和外部负效益。

为了促进产业开发区的开发，必须了解它的进程，了解它的内在规律。在整个开发过程中运用自然系统规律与人工系统规律，促进产业的聚结、吸引和辐射，并通过创造条件和积极引导为这一进程的发展提供硬件环境和软件环境。尤其在聚结这一阶段，它是整个开发过程的决定阶段，如果在该阶段通过良好的软、硬环境的创造促进了资本与科技的聚结，那么在市场规律的作用下，将使其自然走向非平衡态，产业产生吸引力，导致规模的扩大，最终具有区域的辐射力。

（二）产业经济开发区的开发特点

产业经济区是一个具有独特性的新型城市开发区。无论从它的工程系统，还是从它的发展方向来看，它都具有其自身的特点。

产业开发区的开发是一项复杂的工程系统，从该角度来看，它具有六个基本特点：

(1) 工程前期工作复杂

它的开发首先要进行充分的区域选址分析和发展条件论证；其次要完成复杂的软件系统，它包括目标系统、管理系统、可操作系统等。

(2) 工程项目多

首先产业开发区是一个多功能综合开发区，因此工程项目的层次比较复杂，有生产功能、科研功能（高新技术开发区）、居住功能、商业办公功能、文化娱乐功能等；其次，每一个工程项目类型中的工程量都比较大。

(3) 建设周期长

产业开发区是一个科研（高新技术产业开发区）——生产——管理办公——生活——商业服务的一系列的建设行为。因此，导致它建设周期比较长。

(4) 品位高

时代进步对新开发提出了高的要求，决定了它的开发是高品位的。一方面要提供良好的产业开发环境，吸引投资，吸引科技人才；另一方面，它是一个面向新世纪的工程，应具有现代气息和较好的环境面貌要求。

(5) 涉及面广

一方面，产业开发区其自身功能层次复杂；另一方面，它不仅以周边区域的科技环境、经济环境、社会与自然环境为发展条件，而且它也对周边相关产业起到积极的辐射作用。

(6) 投资量大

从客观上讲，产业开发区功能齐全，基础设施要求高，以及建设周期长等

因素，使整个开发区的开发投资量大。

（三）产业经济开发区的开发阶段

产业开发区的开发可分为四个主要阶段：

第一阶段是复杂的开发前期准备工作（筹划、论证、选址等工作）。这一阶段主要内容包括：①大量的科学调研与考察；②进行系统和全面的客观分析与比较研究；③确定产业区性质和功能定位；④确定其方向和目标体系；⑤确定发展思路与战略；⑥确定选址与规模；⑦提出各种可供选择的可行性研究报告。

第二阶段是制定规划、项目引进、确定资金投入。这一阶段工作包括：①制定出分期实施的近、中、远期发展总体规划；②制定出（起步区）控制性详细规划；③制定出开发区管理准则和投资指南；④项目招商；⑤论证详细具体的项目工程，并报请审批；⑥落实实施开发计划的财力、人力和物力；⑦根据项目对原规划进行进一步调整。

第三阶段是土地被征用或建设。这一阶段主要是实施批准的发展规划和项目工程计划，包括：①项目落实；②深入设计；③项目实施与项目管理。这些为开发区转入正常运作做好管理和服务工作。

第四阶段是更新与商业化。

总体来说产业开发区的发展、转化和变迁既受城市经济和外界环境的发展和衰落的影响，同时也受政治环境与部门管理者主观因素的影响，所以产业开发区的开发也具有波动性。

产业开发区的发展行为受到市场的引导，受城市内外环境的波动影响，并且这些条件都具有突发性和不易预见性的特点。由于市场经济的发展和政策频繁干预，加上投资决策的影响和国家对开发政策的非法律性，以及开发过程中的投机性等最终导致高新技术产业开发区的发展具有突变性。

（四）产业经济开发区的发展与变化

在世界现存的近千个各类经济开发区中，真正能够被公认为是成功的，并且在经济和社会效益方面令人感到满意的并不多。以设立经济开发区最多的美国为例，1980 年代初期，在其批准并开业的 69 个外贸区中，经济活动十分活跃的外贸区只有 38 个，其余的均存在某些困难和障碍，影响了其开发进程。因此，开发一个理想的产业开发区并非易事，它的成败从设区和开发之日起就开始不断孕育与积累着。经济技术开发区是城乡空间经济活动比较集中的区域，发展快，衰落也快。一般前十年是孕育期，投入多于收益，发展速度较快，后二十至四十年发展是成熟期，收益会远远大于投入，一般五十年后经济技术开发区会进入变更期，相当一部分会向综合城区变化，有的变成商务区，有的改造成为居住生活区，有的发展成为产业经济的高端服务区。

第二节　新城（区）

2001 年中国加入 WTO 后，经济增长加快，新城建设上升到一个新的阶段，成为我国城市发展和结构调整的主要途径和制定城市发展战略的重要组成部分，集中体现了“以 GDP 为目的，资本追逐高额利润及传统权力的影

响”。大规模的新城、新区建设迅猛，成为一种主流，整个中国成为一个“大工地”，高楼大厦和城市大道开始成为各个城市的一道“风景线”。城市正常的生长规律被打破，城市分区明显，功能单一化的倾向越来越严重，城市发展出现各种新问题。如：新城形式主义泛滥，空城现象在全国各地开始蔓延，投资效率严重下降，经济社会发展停滞不前，环境污染日益严重，政府负债增加过快等。近三十年来的新城发展模式已不可持续。如何创造出富有活力、亲切宜人的空间，激发出新城市场经济的强大发展动力，使新城经济再循环，空间再生产，发挥出应有的空间效益，成为新城规划理论和规划实践面临的复杂的现实问题。

一、新城（区）的定义

（一）西方的新城

“新城”源于英国，阿伯克隆比（Patrick Abercrombie）在1944年完成的大伦敦规划（Greater London Plan）中，提出“新城”这个概念，接纳因战争需要从伦敦地区疏散的人口和工业。新城建设的最初和最主要目标是“疏散城市中心区人口；为快速增长的城市人口提供合适的就业和住房；降低大都市区的通勤压力”。“二战”后，新城是为了修复战争破坏影响，避免人口过度向大城市中心区快速聚集，满足退役军人住宅等所需要的大规模在伦敦外围建造新空间的社会活动[①]。

新城，英国《不列颠百科全书》的解释为：一种规划形式，其目的在于通过在大城市以外重新安置人口，设置住宅、医院和产业，设置文化、休憩和商业中心，形成新的、相对独立的社会。

新城（New Town）在哥伦比亚大学编纂的词典中的标准含义为“A planned urban community designed for self-sufficiency and providing housing, educational, commercial and recreational facilities for its residents.”该定义包含了两个方面的意思：经过规划的城市社区；有自给自足的能力，能够为居民提供居住、教育、商业和娱乐设施。

美国学者则认为新城是根据明确的目的而规划建设的新城市和新的发展区，指的是一个通过综合规划建设的城市性社区，它从建设初始有着明确的目标：通过鼓励经济发展和提供各种市政公共服务设施来尽可能达到自我完备。美国的《住宅和城市开发法》（Housing & Urban Development Act）把新城按照空间位置分为：扩张城市（Expanded Town）、独立城市（Self-contained Town）、卫星城市（Satellite Town）和城市内的新城（New Town in Town）四种类型[②]。

事实证明，新城在不同时期、不同的国家和地区有着不同的内涵，一般认为新城是卫星城发展的第三个阶段。卫星城的发展包括“卧城”“卫星城”“新城镇”三个阶段。新城具有一些共同的特征：

---

① 苏振宇．生态和谐的新城规划及实践[D]．重庆：重庆大学，2008.

② 张捷，赵民．新城规划的理论与实践——田园城市思想的世纪演绎[M]．北京：中国建筑工业出版社，2005.

(1) 新城都是经过全面规划和设计的新的城市区。

(2) 规模不断扩大，从1940年代人口在5万～8万之间，到1960年代后的新城人口达到25万～40万，但从全世界范围看，新城确定的规模并没有明显的扩大的趋势。西方学者一般认为，一个功能独立的新城人口需达到20万～25万以上。

(3) 疏导大城市的人口和产业，为了增加新城的吸引力，减少相互之间的交通量，强调生产、居住与生活服务等方面功能的综合平衡。

(4) 从更大范围的城市空间体系来看，新城是大城市地域空间的有机组成部分，形成了有产业特色的多级化的城市群。

(5) 注重城市生态环境的建设，追求适合于人居住的城市空间，重视城市个性和特色，希望能够符合人的精神需要。

（二）中国的新城（区）

中国的新城（区）源于1992年批准建设的“浦东新区”。“浦东新区”是我国第一个国家级城市新区，希望能够借鉴深圳的成功经验，带动长江流域人口众多的城市改革发展。2003年后，全国各地纷纷效仿，大规模的综合性新城建设运动开始出现，极大地推动了我国城市化的发展。新城的概念也在动态变化、不断调整中。

中国的许多新城其实是新区，新区[①]一般主要是指主城或老城扩展后的城市功能片区，具有一定规模和公共服务中心，产业新城，一些“边沿新城”等。这些新区相对新城距离主城要更近一些，功能上重点是对原有的老城作一些外延、完善和补充。2012年后，新区的概念发生了变化，如：国家级新区[②]，新区的地理空间扩大到几个行政县区，甚至包括数个不同功能的新城，探索新的历史条件下区域协调的制度创新和发展模式。新区的类别有国家级新区、国家综合改革试验区（其中三个为国家级新区）和地方政府建设的各类新区共计一百余个。

中国广义的新城（区）是为了政治、经济、社会、生态、文化等多方面的需要，经由主动规划与投资建设而成的相对独立的城市空间单元。主要有：经济特区、国家新区、国家综合改革试验区、经济技术开发区、高新技术产业开发区、保税区、边境经济合作区、出口加工区、旅游度假区、物流园区、工业园区、自贸区、大学科技园，以及产业新城、高铁新城、智慧新城、生态低碳新城、科

① 刘士林，刘新静，盛蓉．中国新城新区发展研究[J]. 江南大学学报（人文社会科学版），Vol.12，No4. 2013，7：78. 国家发展改革委地区经济司2012年度社会公开征集课题《规范新城新区若干重大问题研究》。

② 国家级新区是另外一个概念。国家级新区规模普遍较大，建设用地充足，且涉及多个行政区划。如天津滨海（2270平方千米）、浦东（1210平方千米）；甘肃兰州新区（806平方千米）、广州南沙（803平方千米）、武汉新区（368平方千米），贵安新区（500平方千米）；现有人口规模基本都在100万人以上，资源禀赋好、经济实力强，是国家未来战略高地，是带动周边大区域的强势极核；由国务院审批成立的社会经济综合改革与发展的副省级新区。目前共有11个国家级新区：1992年10月上海浦东新区成立、1994年3月天津滨海新区成立、2010年6月重庆两江新区成立、2011年6月浙江舟山群岛新区成立、2012年8月甘肃兰州新区成立、2012年9月广州南沙新区成立、2014年1月陕西西咸新区成立、贵州贵安新区成立、2014年6月青岛西海岸新区成立、2014年6月大连金普新区成立、2014年10月四川成都天府新区成立。

教新城、行政新城、临港新城、空港新城等[①]。

我国学者最初将新城定义为："位于大城市郊区，有永久性绿地与大城市相隔，交通便利、设施齐全、环境优美，能分担大城市中心城市的居住功能和产业功能，具有相对独立性的城市社区"[②]。最新的研究成果把"新城"定义为：中国新城是在城市化过程中，随着大城市的空间扩张，有计划地在距离大城市市区一定距离，经过全面规划而新建的具有一定规模、相对独立的综合性城市；新城是经济、社会或文化等方面具有不同于主城的人与人之间的关系的城市，代表了城市未来的发展方向，能产生强大的人口吸引力，发展动力持续长久的城市。

二、新城建设的政策

新城（区）是中国改革开放的试验田。中国新城是对外开放，集中引进"两头在外"的合资、外资企业，利用现代管理、现代组织、现代技术、现代金融和现代大规模生产，减少对国有企业和已建城市的政治影响，从兴办"经济技术开发区""高新技术开发区"等开始，从上到下规划和实施"乌托邦"梦想的结果。

新城（区）一般情况下采用先局部示范、后全国推广的政策。在全国范围内，由东向西、由南向北，从点、到线、到面、到区扩散；从沿海、沿江、沿交通线延伸；从产业性、经济性或单一功能性新城新区到综合性的新城新区提升。新城（区）是从高度集中的计划经济体制向充满生机和活力的社会主义市场经济体制转变的产物和空间体现。

新城（区）目前发展政策可以根据国家政策和自身的实际发展制定，先行先试。

（一）经济发展政策

（1）完善投资硬环境。主要以通电、通水、通路、通信、通煤气、通排污、通排洪和平整土地为主的"七通一平"城市基础设施等；以学校、医院、体育场馆、行政中心、商业金融、公共交通（地铁）等为主的公共服务配套设施。

（2）完善投资软环境。推行开放政策，制定特区管理条例、稳定政策、健全法制、高效政府、一站式审批[③]、放松外汇管制、提供金融和信息服务、减免关税等，创造良好的投资环境，鼓励外商投资，引进先进技术和科学管理方法，促进区内经济发展。

（3）区内企业享有相当的自主权，可以合资、合作经营、独资经营、补偿贸易、来料对外加工装配等，在企业管理、基本建设、资金流通、产品价格、劳动人事和工资分配等相关方面有一定范围的自主权。

（4）中国加入WTO后，提出"以新型工业化为主导"进行"二次创业"，

① 冯奎，等. 中国新城新区发展报告 [M]. 北京：中国发展出版社，2015：1-2.

② 张捷，赵民. 新城规划的理论与实践 [M]. 北京：中国建筑工业出版社，2005：253.

③ 把各种审批高度精简融合，如：包括城乡规划、产业规划、土地规划、国民经济和社会发展规划、生态规划、园区规划等各部门的审批，减少工作流程，把目标、功能、用地、环保、林保等方面存在的交叉和矛盾内部消化。

进一步体制改革创新、产业升级换代、提高产业关联度，实现产业聚集、区域协调发展等，成为新一轮国际经济要素重组和产业转移的重要载体。国家级新区（包括新城及各种产业开发区）是对特定区域的发展做出重新定位，在进一步整合资源的基础上，发挥该区域的潜在比较优势和竞争优势，从而解决长期以来困扰中国经济的产业结构同构和产能过剩困局，进而优化产业布局，提升产业能级，提高经济发展的质量和效益。

（5）强化招商引资工作，制定全民招商指标，扩大招商引资成果，提高招商引资质量。近年来开始变"招商"为"择商"，变"大招商"为"招大商"。重点是国际500强、中国大央企、上市企业等行业龙头企业，提供价格低廉的土地和力所能及的优惠措施。高价出让居住和商业用地，平衡土地成本。

（6）以新产业、新业态为导向，大力发展先进制造业和现代服务业。官、产、学、研联合，提高技术引进、研发的市场转化速度，进一步依靠体制创新和科技创新，营造吸引优秀科技人员和经营管理者创新创业的良好环境。

（7）拓宽投融资渠道，建立政府引导，带动全社会参与的多渠道、多元化的投融资体制。一般用物质空间的大项目、大投入（固定资产）、大用地拉动新城发展规模和速度，成为中国目前投资拉动经济增长的主要原因。

（二）特殊权力政策

新城按照级别，给予不同的税收、用地指标、征地拆迁、规划管理、用人机制、资金和金融扶持等各个方面的优势政策。如：一定年限之前可按15%税率征收企业所得税；在一定期间，例如"十二五"期间，新增的地方财政各种各样的税收、行政事业费用，不用上缴可留用自身发展；用地计划指标单列予以倾斜，保证优先发展；政府启动一定规模的财政性资金支持新城的征地动迁、"七通一平"、基础设施建设的投入。

在产业方面，设立产业投资基金，优先引导支持重点产业发展；减免高新技术产业所得税，所得税可以按10%来增收；扣除风险补偿金，高新技术产业，或者战略性新兴产业领域的企业，获利年度起三年内按有关规定提取风险补偿金可税前扣除；对重点支持的产业用地实行双优政策（优先、优惠），对从事技术开发的高等院校安排区内补助。

人才引进方面，对新城范围内引进各种企业总部高管人员、金融人才给予安家资助和财政扶持，并给予激励机制，促进人才引进。

追根溯源，中国新城的规划实践，可以从鸦片战争开始，中国1840~1949年间的新城主要是鸦片战争后，开埠对外通商、新式工业发展和外国殖民统治的结果。主要集中在东部具有海港和贸易条件的沿海城市，处于一种萌芽阶段。从1949年到改革开放以前的新城建设不是城市自身发展规律的结果，而是国家政治和军事的需要，总的效果不理想，不过尽管如此，新城对带动中西部地方经济发展，形成多层次的大城市地域空间结构，仍然具有一定的积极作用[①]。主要原因在于没有遵循城市化规律，新城市、卫星城选址不合理，项目布局分散，没有建立与母城快捷的交通联系，过早搞了"强制郊区化"。一方

① 苏振宇．生态和谐的新城规划及实践[D]. 重庆：重庆大学，2008.

面中心城市仍然有着强大的吸引力，另一方面，因缺乏资金投入，造成卫星城的生活服务设施水平偏低，缺乏吸引力。

改革开放后，为了发展经济，新城发展经历了两个阶段。第一阶段是1980年代先后展开的农村和城市改革，新城承担了对外开放的空间需要。1987年后，中共十三大形成了社会主义初级阶段的基本理论，邓小平同志全面阐述社会主义建设"三步走"的经济发展战略，为中国新时期的经济和社会发展勾勒了基本框架，产业新区、园区、新城区建设是城市内部改革的空间需要。第二阶段是1990年代社会主义市场经济体制的初步建立，确立了新城发展的市场化方向。在1997年的住房制度改革，2003年土地招拍挂，"土地财政""土地抵押贷款融资"①，21世纪初中国加入WTO等重大经济发展政策事件推动下，新城新区发展逐渐加速，最后"爆炸式"增长，出现"泡沫"，然后马上面临"泡沫"破裂。

三、不同等级城市的新城建设②

（一）特大城市的新城建设

上海是我国人口规模最大的城市之一，中国近现代城市发展的代表，在1949年前是远东最大的城市和金融中心。1946~1949年期间完成的三稿都市计划方案，提出的"有机疏散、组团结构"通过发展新市区，将人口向新市区疏散，工业向郊外迁移。1950~1970年代建设了闵行、吴泾、嘉定、安亭和松江等工业卫星城镇，1970年代，建设了金山卫、宝山卫星城。上海城市结构从单一中心的城市逐步演变为群体组合城市。

1986 年的上海市城市总体规划构建"中心城—卫星城—郊县小城镇—农村集镇"四个层次组成的城镇体系。2001年批准的城市总体规划转变为"中心城—新城—中心镇—一般镇"的城镇体系结构，建设"国际经济、金融、贸易中心之一"。2006年在总体规划明确的11个新城建设的基础上，提出"中心城体现繁荣和繁华，郊区体现实力和水平"，实施了以新城和中心镇为重点的城镇化战略，启动了上海郊区"一城九镇"试点。2006年1月，上海市委1号文件明确了市域"1966"城乡规划体系的基本框架。把上海市域分成"中心城、新城、新市镇、中心村"四个层面进行统筹安排，城市扩张后，两个新城融入主城，新城层面最终确定规划建设9个新城，松江新城、嘉定新城等已初具规模，与上海郊县的地方行政区划基本重合，并首次实现市域城乡规划全覆盖，确立了上海城乡规划体系格局。

上海新城目前还是郊区县的政治经济文化中心，更多地承担着区县域中心

---

① 截至2012年底，全国84个重点城市处于抵押状态的土地面积为34.87万公顷，抵押贷款总额5.95万亿元，同比分别增长15.7%和23.2%。全年土地抵押面积净增4.72万公顷，抵押贷款净增1.12万亿元，已远超土地出售收入的减少。

② 我国的设市城市按市区和郊区非农业人口的规模大小，分为四类：特大城市——100万人口以上；大城市——50万~100万人口；中等城市——20万~50万人口；小城市——20万人口以下。
2014年《城市规模划分标准调整方案》进入实施阶段，有4级城市。特大城市，城区人口为500万以上；大城市，城区人口为100万~500万；中等城市，城区人口为50万~100万；小城市，城区人口50万以下。截至2010年全国城区人口超过1000万的有6个城市，城区人口达到500万~1000万的有10个城市。

的职能，对中心城人口疏解作用尚未显现，还不能与中心城共同构成大都市城市群中的综合功能的城市。

上海 2030 年的全域总体规划中，主要规划建设的新城包括：一个主城区，三个辅助城区（即内部不能实现自体循环，主要是与主城区采取生态屏障隔离开的、采取组团化城市向乡村形态过渡的区域）。

三个支撑性的重点新城分别是临港新城，远期约 450 平方千米；嘉定新城，与昆山太仓两地连为一体，面积约 280 平方千米；松江新城向南拓展到黄浦江，面积为 300 平方千米左右。

五个次要新城分别是南桥新城，150 平方千米；金枫新城，商贸、航空服务综合区，150 平方千米；杭州湾新城，形成产业、教育、休闲居住为一体的 180 平方千米带状城市；东滩－长横新城按照组团布局，规划为高尚居住、产业服务、论坛娱乐为主的区域，面积 120 平方千米；城桥新城按照 50 平方千米，规划为崇明全岛的服务城市和启崇海地区中心城市。

（二）大城市的新城建设

2012 年和 2013 年我国 31 个省会（首府）城市（含直辖市）的政府工作报告，提出造城计划的城市共有 24 个。规划的新城区总面积累加起来超过 4600 平方千米，预计建造新城的面积超过 100 平方千米的城市共有 12 个，其中，沈阳、西安、贵阳的造城计划规模较大。武汉规划了 11 个新城新区，沈阳市计划建设 13 个新城区，总面积约 210 万平方千米；贵阳市则计划建造 5 个城区，其总面积超过 510 平方千米。

案例：成都天府新区：一核两区双中心

天府新区作为国际化现代新城，主要集聚新型城市功能，包括科技、商务、行政文化、现代制造业基地和高新技术产业基地等。城镇建设用地约 638 平方千米，生态绿隔地区面积约 940 平方千米，形成天然的“一区两楔八带”布局，产业与山水相依的产城一体化、生态环境友好化的生态田园城市。

规划方案希望能够解决“摊大饼”式的发展模式所带来的诸多诟病。天府新区所包含的六个产城综合功能区都是相对独立的主体，拥有自己的高端产业，并将按照一个“大中城市”的规模配套完善生产生活服务功能，如医疗、文化、体育、教育、科研、环保等设施将十分完备（图 17–6–1）。

在划分六个大功能区的框架下，突出产城融合，又细分了 35 个“产城融合发展单元”，集居住、产业和配套功能为一体的“城中城”，每个产城单元人口规模约 30 万人，建设面积 25~30 平方千米，拥有自己的主导产业，按照“中小城市”规模完善生产生活所需公共配套，基本实现各功能区内的职住平衡，实现现代产业、现代生活、现代都市“三位一体”的全新城市形态。阿德里安·史密斯和戈登·吉尔和他们的团队 AS+GG 建筑设计事务所完成的以生产性服务业为主的“产城融合发展单元”，任何两点间不会超过 15 分钟的步程，计划 8 年完成，居住 8 万人。

（三）中小城市的新城建设

全国各地的中小城市也规划建设了大量的新城新区，国家发改委城市和小城镇改革发展中心利用网络对全国 12 个省、自治区（辽宁、内蒙古、河北、

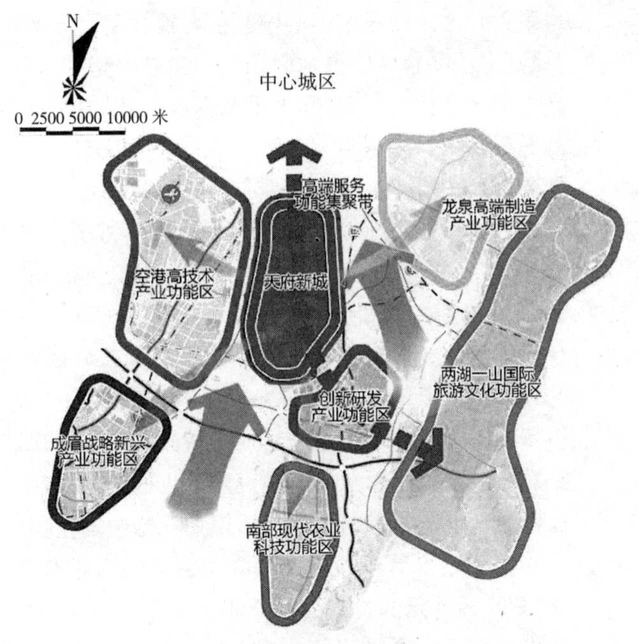

图 17-6-1 中国成都天府新区空间结构规划图

资料来源：成都市规划局

江苏、河南、安徽、湖北、湖南、江西、广东、贵州、陕西）的 156 个地级市和 161 个县级市的新城新区规划建设情况进行摸查，主要结果总结[①]如下：

所调查的 90% 以上的地级城市规划建设了新城新区，25% 以上的县级城市已规划了新城新区。地级以上城市共 156 个，其中提出新城新区建设的有 145 个，占 92.9%。在 144 个地级城市中，有 133 个地级城市提出要建设新城新区，占 92.4%，共规划建设了 200 个新城新区，平均每个地级市提出建设 1.5 个新城新区。在 161 个县级城市中，提出新城新区建设的有 67 个，占 41.6%。在已公布数据中，平均每个新城新区规划建设用地面积为 63.6 平方千米，相当于现有城市面积的一半多。平均每个城市新城新区规划人口为 80 万，基本相当于现有城市人口。[②]

省域新城规划案例：广东省在 2013 年一年内，按照"一市一区"密集批复了粤东西北地级市中的 12 个新城区发展规划，总规划面积达数千平方千米。每个地级市的新城区规模从 100 平方千米到上千平方千米不等，其中尤以 500 平方千米左右规模的新区数量最多。包括韶关芙蓉新区、汕头海湾新区、梅州嘉应新区、潮州新区、清远燕湖新区、揭阳新区等规划面积都在 500 平方千米上下，最大的茂名滨海新区规划面积则达 1688 平方千米，批复较早的肇庆新区面积最小，仅有 115 平方千米，批复最后的汕尾新区规划总面积 465.1 平方千米。意味着粤东西北地区绝大多数地级市城区将可容纳 100 万人以上，在空间和人口规模上达到大城市及以上的等级规模，也突破了广东省住建厅《推动

① 国家发改委城市和小城镇改革发展中心.《城乡研究动态》第 229 期.

② 张伟. 2013 年中国城镇化发展综述 [J]. 中国经济周刊，2013（50）.

粤东西北地区地级市中心城区扩容提质工作方案》中将对新区提出大胆的要求："原则上新区整体区占地面积应不超过500平方千米，核心区不超过50平方千米，起步区控制在10平方千米左右"。以揭阳新区为例，目前揭阳市中心城区的总居住人口还未突破100万人，但揭阳新区到2017年的短期规划常住人口就要达到140万。河源市中心城区建成区面积45平方千米、常住人口仅40万，其规划建设的江东新区规划面积434平方千米（其中起步区规划面积10.4平方千米），规划的常住人口达45万；粤北清远市中心城区的常住人口超不过60万，规划的燕湖新城人口规模约为30万~40万人。

地级城市的新城案例：湖北十堰的新城规划是地级城市新城的典型代表，计划"削山要地"，在"十一五"和"十二五"期间，十堰"向山要地"15万亩（相当于100平方千米），成本将超过千亿元规模。这是中国当前城镇化"大跃进"的一个缩影：基于建设用地少的约束条件，近年来各地方政府出现了大规模的削山造城、围水造城的规划，给中国新型城镇化的推进带来了风险。

县级城市的新城案例：内蒙古自治区呼和浩特市清水河县是一个财力只有3000多万元的贫困县，1998年一位上级领导到清水河县考察工作，认为这里山路崎岖、交通不便，妨碍经济发展，不如选一个地理位置稍微好点儿的地方建新区。于是，清水河县领导开始建造新城。新区距离旧城26千米，占地5平方千米，项目总投资61亿元。在资金筹措方面，建设单位自筹资金占26.23%，申请银行贷款占11.36%，申请国家投资占12.48%，申请地方投资占12.48%，对外招商引资占31.94%，当地政府自筹占5.42%。从1998年打算迁址到2008年放弃搬迁，耗费了十年时间，结果留下了大量的空置办公区和"烂尾楼"。

四、中国新城的经验成就

（一）中国新城的数量规模

中国近四十年大规模、快速的"城市大跃进"是史无前例的，据不完全统计，截至2014年10月，县及县以上的新城新区数量总共超过3500个。其中，国家级新区11个；各类国家级经济技术开发区（215个）、高新技术开发区（115个）、综合保税区、边境经济合作区、出口加工区、旅游度假区等约500个；各类省级产业园区1650个；较大规模的市新城、产业园1000个；县以下的各类产业园上万计。各种园区在新的规划中，为了实现产业升级和转型跨越的挑战，2005年后，大部分产业园区都开始向综合性的新城转型，产城融合，二次发展。

其中，广东、山东、四川省新城新区数量最多。32个省（市、自治区）中，20个省（市、自治区）达到平均每县（县级市、市辖区）1个新城新区。广东新城新区县均数量最多，平均每县（县级市、市辖区）1.78个。其中，广东、山东、四川平均每县（县级市、市辖区）1.78个、1.37个、1.05个新城新区[①]。

① 冯奎，等.中国新城新区发展报告[M].北京：中国发展出版社，2015：2-3.

全国超 1000 平方千米的新城新区数量有约 25 个，长三角、珠三角、京津冀、成渝、中原、长江中游、哈长等七个城市群集聚了 1473 个新城新区，占全国新城新区总数的 46.9%。新城与中心城市的关系从城市边缘社区逐渐向区域城市群化发展，新城开始超越主城，在更广泛的大都市区发挥作用，影响了区域空间格局的演变，是一些距离老城较远，又位于全国主要城市发展群的新城的规划选择。

（二）中国新城的社会成就

中国新城（新区）是中国改革开放的先行示范区和空间载体。1979 年，党中央、国务院批准广东、福建在对外经济活动中实行“特殊政策、灵活措施”，并决定在深圳、珠海、厦门、汕头试办经济特区，1988 年 4 月 13 日在第七届全国人民代表大会上通过关于建立海南省经济特区的决议，建立了海南经济特区。深圳等经济特区的创建成功，为进一步扩大开放积累了经验，有力推动了中国改革开放和现代化的进程。1990 年，从中国经济发展的长远战略着眼，又做出了开发与开放上海浦东新区的决定。

1998 年 7 月 3 日，国务院下发了《国务院关于进一步深化城镇住房制度改革加快住房建设的通知》，废除了住房实物分配的制度，为商品房的发展扫清了“竞争对手”，新城数量和规模开始快速增长，城市化不断提速（2014 年城市化率超过 54%）。以北京与上海为例，2005~2014 年，北京市新增加的常住人口中 40% 以上集中在城市发展新区，2014 年浦东新区常住人口为 550 多万，占上海市总人口的 23%。

中国的新城还总结形成了独具特色的管理模式和开发模式，管委会、党工委（纪委）、指挥部、地方政府、政府投融资公司、开发企业、实际使用主体、当地原住民等根据各自的实际情况、开发面积大小，不断变化管理模式（详见后面章节）。

（三）中国新城的经济成就

为促进经济发展、培育新产业、推动城市化，把对城市的影响降到最低，减少改革开放的阻力，通过改革开放，沿海沿边“两头在外”的外来资本推动，创立的各种各样的第二产业为主的新城（新区）起到了非常积极的作用。

中国各种层级的老城外的产业园区是中国经济增长的重要空间，通过特殊优惠政策吸引外资，灵活地进行中外企业合作，是名副其实的经济增长的“发动机”，缓解了大城市人口压力和产业退二进三，保护旧城，改善居住环境，实现城市新功能、新目标（如高铁新城、空港新城、港口新城、大学城、生态城、自由贸易区、创新示范区等）。

东部的主要国家级新区 2014 年占所在市 GDP 总量的 30% 左右，国家级高新区与经济开发区贡献的 GDP 占全国近 1/4，114 个国家级高新区实现工业总产值 19.7 万亿元，实现增加值 5.8 万亿元，全国 215 个国家级经济技术开发区实现地区生产总值超过 5.6 万亿元。在此基础上，国家级的新区又开始转型，产城融合，由产业园区升级为综合性的新城。

但是，2000 年后，缺少人口和第三产业支撑的规模巨大的综合性新城、居住地产新城又走向了另一面，形成“卧城、空城”，造成巨大的浪费和损失。

五、中国新城的开发模式与经验

（一）中国新城的管理模式

在中国，管理是政府职能的重要组成部分①，目前新城的管理模式主要有三种：①规模较小、等级较低的新城采用“建设指挥部和新城投资公司”模式，类似战争需求，快速高效，完成后移交地方政府；②大部分新城采用“开发区管委会”模式，是地方政府发展经济的“特区”；③大型开发区或等级较高的新城，采用“类政府”模式，与地方政府合二为一，一些跨越行政区划的采用“托管”，或提高级别，由省政府、市政府主要领导分管，下设几个园区成立管委会。新城政府管理本质上依然属于自上而下的、高度集权的、借鉴了战争高效决策特点的管理组织。

国家级开发区及特殊经济功能区行政管理模式主要有：

（1）新区体制创新模式。以天津滨海新区和浦东新区行政管理体制为代表，其经历了“开发办—管委会—新区政府”发展历程，坚持以“小政府、大社会”政府架构和行政管理活动，政府职能机构借鉴国外“大部制”模式，按职能模块化综合设置。如：上海市政府有100多个委办局，浦西的每个区县也有50个左右的局办。浦东管委会下设10个局办，800个编制，比浦西的区县减少了一半。新区不设人大和政协，由市人大和市政协派驻联络处。2000年后，管理体制回归到正常的政治架构，建立区委、区政府、区人大、区政协等。

天津滨海新区的第一届管理结构为：区委、区纪委，区人大、区政协，区政府（区长、副区长）、区法院、区检察院。城区管理机构成立工委和管委会，主要行使社会管理职能，保留经济管理职能；功能区管理机构成立党组和管委会，主要行使经济发展职能，形成新区的事在新区办的运行机制。天津市不过多干预审批，新区需要报送国家审批的事项，市有关职能部门不再审批，按程序报送。

（2）开发区体制融合创新模式。大连开放先导区采取了把开发区、高新区、保税区、旅游度假区、出口加工区等多种功能区整合为一个特殊功能区的模式，先导区设立一级党工委，主要负责对各功能区干部进行统一管理，各功能区管委会单独行使区域内经济管理职能。另外，广州市在广州开发区的基础上组建了萝岗区，实行了集开发区、高新区、出口加工区、保税区和萝岗区“五区合一”的一体化行政管理模式，负责经济运行的组织、协调、管理职责的机构一般实行合署办公。

新城作为经济转型和大规模开发期特定的产物，其管理体制带有很强的计划经济色彩和“非正常”的特点。

案例：青岛经济技术开发区目前已成为山东省青岛市开放型经济发展程度最高、综合经济实力最强、区域环境最优的国家级开发区之一。用国家级经

① 通常是指国家在社会制度的框架指导下，通过制定一系列社会政策和法律规范，对社会组织和社会事务进行规范和引导；培育和健全社会结构；调整各类社会利益关系；回应社会诉求，化解社会矛盾；维护社会公正、社会秩序和社会稳定；维护和健全社会内外部环境；促进政治、经济、社会、文化和自然协调发展。

济技术开发区的指标评价体系[①]分析比较后，它稳居经济技术开发区“国家队”的第一方阵，却发现管理体制是开发区发展的薄弱环节和第一短板。青岛经济技术开发区提出了通过管理体制机制创新，实现开发区的二次创业。

一是深化行政管理体制改革，积极试行“大部制”改革创新。在坚持“党政合署、职能整合、减少领导职数、减少机构设置”的原则基础上，力争在“大部制”改革方面有实质性突破。试行党委统一领导下，开发区与行政区职能相对分离，确定开发区管委会以经济发展为主，行政区政府以社会管理为主，并将部分市垂直管理部门授权由开发区管委会代管，为多区联动助推体制融合奠定基础。

二是创新供给侧的管理机制，推进政府行政管理职能的转型，向“服务型”政府转变。开展“多区港联动”改革试点，将保税区的特殊政策覆盖到港区，充分发挥国家级开发区、保税港区、出口加工区、新技术产业开发试验区的政策优势和黄岛区、前湾港的区位功能优势，将“五区一港”的功能整合、政策叠加，探索区域内多类型经济功能区互动机制，构建“大通关”运营新体制。

三是要建立开发区与周边区域联动发展运作机制，探索试行“异地联合兴办开发区”，发挥辐射带动作用，推动开发区与周边区市联动发展。

（二）中国新城的开发理论

中国新城发展总结出来的经济理论主要有：①新自由主义主导下的开放型经济理论：开发区竞争优势基本取向。②增长极理论：开发区发展基点极化取向。③产业集群理论：开发区发展要素聚集取向。④区域创新理论：开发区发展系统体系取向。⑤制度变迁理论：开发区发展制度建设取向。中国一个成功建立和不断发展的产业新城，如一些排名靠前的国家级经济技术开发区、高新技术开发区等，一般具有以下特征：

（1）充分响应国家的宏观发展政策和改革开放的整体框架，抓住时机和国家重点项目建设的历史机遇。

（2）需要立足长远，环境保护优先，绿化、大气、水、噪声达到较高标准。

（3）有远见且务实、干事、廉洁奉公的专门管理机构或领导机构。

（4）制度机制创新，不断建立健全各项法律法规。

（5）发挥市场的高效机制，用岗位和产业支撑人口的集聚、新城的发展。

（6）较完善的城市级和社区级的教育、医疗、体育、文化等公共配套设施。

（7）便捷高效的地铁、轻轨、BRT 等公共交通。

（8）有独特的区域性、政策性的竞争优势，能成为区域城镇体系的关键节点、基地或中心。

案例：苏州工业园区是为了严格保护老城，中国和新加坡两国政府间发展现代经济的合作项目、改革开放试验田、国际合作示范区，全国首个开放创新综合试验区域，是中国发展速度最快、最具国际竞争力的开发区之一。2013 年末苏州工业园区常住人口 102.8 万（户籍人口 41.3 万），2014 年实现地区

① 包括总指数和 7 个大类指数，即综合经济实力、基础设施配套能力、人力资源及社会责任、环境保护与节能减排、技术创新环境、体制建设、发展与效率。

生产总值 2000 亿元，同比增长 8.4%；公共财政预算收入 230.3 亿元，增长 11.3%。

2016 年加快建设金融商贸区、科教创新区、国际商务区、旅游度假区等重点板块，加快推进东方之门、苏州中心、中南中心等多幢地标建筑，环金鸡湖区域正在成为苏州新的商业商务和文化中心，园区成为全国首个“国家商务旅游示范区”，阳澄湖半岛旅游度假区获批为“省级旅游度假区”。苏州工业园区已开始转型为苏州的新城区。

思考题：

1. 了解你所熟悉的产业区发展历史。
2. 如何策划一个产业园区成为一个新城区？

参考文献：

[1] 迈克尔·布鲁顿，希拉·布鲁顿．英国新城发展与建设 [J]．于立，胡伶倩，译．城市规划，2003（12）：78–81．

[2] 杨东峰，熊国平，王静文．1990 年以来国际新城建设趋势探讨 [J]．地域研究与开发，2007（6）：18–22．

[3] 陈益升，湛学勇，陈宏愚．工业园区发展与新型工业化 [Z]．2003．

[4] 陈家祥．中国高新区功能创新研究 [M]．北京：科学出版社，2009．

[5] 阎兆万，等．经济园区发展论 [M]．北京：经济科学出版社，2009．

第十八章　旅游区开发实践

第一节　旅游区的分类与开发特点

一、旅游区及旅游区开发

《旅游规划通则》GB/T 18971—2003 将旅游区定义为以旅游及其相关活动为主要功能或主要功能之一的空间或地域[①]。《旅游区（点）质量等级的划分与评定》GB/T 17775—2003 再次明确了旅游景区的定义为“以旅游及其相关活动为主要功能或主要功能之一的空间或地域，具有参观游览、休闲度假、康乐健身等功能，具备相应旅游服务设施并提供相应旅游服务的独立管理区，管理区应有统一的经营管理机构和明确的地域范围；旅游景区包括风景区、文博院馆、寺庙观堂、旅游度假区、自然保护区、主题公园、森林公园、地质公园、游乐园、动物园、植物园及工业、农业、经贸、科教、军事、体育、文化艺术等”[②]。

旅游区开发是把一定区域内的旅游潜在资源转化为实体旅游经济优势的

① 国家旅游局规划发展与财务司，清华大学建筑学院．旅游规划通则 GB/T 18971—2003 [Z]. 2003.
② 国家旅游局规划发展与财务司．旅游区（点）质量等级的划分与评定 GB/T 17775—2003 [Z]. 2004.

综合性系统开发工程，即政府或开发商对旅游资源、客源市场、旅游设施的开发，是对开发地的自然环境和社会文化进行优化的过程，具体包括旅游资源开发、旅游产品开发、旅游设施开发、客源市场开发以及配套服务设施和保障系统的开发，构成连续完善的“旅游开发链”，开发目的是利用本地旅游经济资源创造经济效益，旅游区开发中需根据地区特色和资源优势明确发展定位①。也有学者认为旅游开发包括区域开发、规划设计、项目投资等内容②。旅游区开发可使不毛之地得以利用，使深藏“闺中”、被人忽视的风光等资源发挥效能，使古老的历史文化发扬光大。

我国在旅游区开发中的现存问题主要有两种。一是，多种专业人员都能参与旅游区开发规划，不同专业人员的规划侧重不同且进行协同作业的情况较少，导致规划的考虑不全面。如由旅游专业人员编制的规划，较注重从游客需求角度进行市场分析，但缺乏专业化的设计考虑；而城市规划、风景园林、文物保护专业人员编制的旅游规划则对游客需求和产品竞争态势缺乏足够分析③。二是，开发者为了追求经济效益，经济开发型旅游区存在盲目模仿成功旅游区，忽视游客体验、同质化严重的问题，如主题公园的主题缺乏特色、重复建设，使产品稀缺性消失；而资源保护型景区存在过度开发、忽视可持续发展理念，低估旅游资源价值等情况④。

旅游区开发应遵循科学发展、长远发展的原则，坚持市场导向、适度开发、利益均衡原则，根据区域资源特色因地制宜进行规划建设。①市场导向原则。旅游区开发必须坚持以旅游市场需求为基础，避免盲目模仿，打造有地域特色且符合市场需求的旅游区。②适度开发原则。旅游区开发要遵循可持续发展原则，为了长远发展适度利用旅游资源，对不可再生资源进行严格保护，不可为一时效益过度开发旅游资源，避免盲目扩张。③利益均衡原则。旅游区开发涉及的利益主体多，开发中既要迎合游客需求，又要考虑附近居民的承受能力；既要考虑经济利益，也要考虑区域社会生态保护⑤。

二、旅游区的分类

基于不同的分类依据，本书将旅游区分为三种类型（表 18–1–1）。

旅游区分类　　　　**表 18–1–1**

分类依据	旅游区类型
基于开发目的	经济开发型旅游区，资源保护型旅游区
基于资源类型与市场导向	自然景观类旅游区，人文景观类旅游区，人造景观类旅游区
基于核心旅游功能	观光游览类旅游区，宗教类旅游区，休闲度假类旅游区，体育健身类旅游区，教育展示类旅游区，娱乐消遣类旅游区

① 李海瑞 . 旅游开发实录 [M]. 香港：中国旅游传播出版社，2000：8.
② 沈祖祥，张帆 . 现代旅游策划学 [M]. 北京：化学工业出版社，2013.
③ 彭德成 . 对我国旅游规划工作的现状、问题与对策的研究 [J]. 旅游学刊，2000（3）：40-45.
④ 邹统钎 . 旅游景区开发与经营经典案例 [M]. 北京：旅游教育出版社，2003：1-4.
⑤ 朱江瑞 . 对旅游景区开发建设的思考——以宁夏兵沟旅游区为例 [J]. 学术交流，2011（12）：127-130.

（一）基于开发目的的分类

按照不同开发目的，将我国旅游景区分为两类：一类以经济开发为主要目的，另一类则以资源保护（包括自然资源、人文历史资源）为主要目的。

经济开发型旅游区主要包括主题公园、旅游度假区、游乐园，该类旅游区开发特点为完全以经济盈利为目的，采用市场化运作方式经营，基本采用了现代企业开发管理模式，功能是满足游客休闲需求，为开发商赢得经济效益。以主题公园为例，目前多采用企业管理模式，为游客提供主题鲜明的游乐体验，由投资企业自负盈亏。再如旅游度假区，它采用政府指导下的企业管理模式，行政上设立国家旅游度假区管理委员会，企业自主经营，为游客提供观光、度假场所。

资源保护型旅游区主要包括风景名胜区、森林公园、地质公园、自然保护区、历史文物保护单位、寺庙观堂等，其开发特点为以保护为主，往往依托公共资源，旅游区社会文化与环境价值超过经济价值，由于景区资源不可再生且有公共性，经营上具有明显的排他性，政府对这类旅游区干预程度相对较高，大多有相关的保护规划法规。以风景名胜区为例，它是政府审定的集中大量风景名胜资源的区域，以保护生态环境、发展旅游、开展科研、发挥经济效益和社会效益为主要目的，其中将生态资源环境保护放在首位，政府城乡建设主管部门负责风景名胜区的保护开发工作[①]。

（二）基于资源类型与市场导向的分类

旅游区是吸引游客奔赴异地旅游的吸引物，因此旅游区被游客视为核心旅游吸引点。对旅游区加以分类时，国外学者一般是对旅游吸引物（Tourist Attractions）进行分类。在英国学者约翰·斯沃布鲁克所著《景点开发与管理》一书中将旅游吸引物分为四种类型：独具特色的自然环境；最初并非为吸引游客而建造，如今却吸引大量游客参观的场所；专门为吸引游客并满足其休闲要求而建造的场所；特殊活动。这四种类型中，前三种为长久性景点；前两种视旅游开发为威胁，需要管理好游客，防范游客过多破坏环境，而后两种则认为旅游是发展的机会，是有意义的，应尽量吸引游客，创造经济效益最大化[②]。

按照旅游区的资源类型与市场导向，参考国外学者对旅游吸引物的分类，将旅游区分为三类：自然景观类旅游区、人文景观类旅游区（包括历史古迹、现代景观）及人造景观类旅游区[③]。

自然景观类旅游区具有特色的自然环境，包括风景名胜区、森林公园、地质公园、自然观光游览区、观光农业等。自然景观类旅游区的开发特点为在确保自然资源受到保护的前提下，充分利用资源为游人提供观光服务。

人文景观类旅游区为最初并非为吸引游客而建造的人造景观，分为历史古迹旅游区、现代景观旅游区两类。历史古迹包括古代史迹、园林和建筑、寺庙观堂和近现代史迹等，开发特点为保护历史人文资源，为游客传播历史文化；

---

① 邹统钎．旅游景区开发与管理[M]．北京：清华大学出版社，2004：1–4，167–180.

② 约翰·斯沃布鲁克．景点开发与管理[M]．张文，等译．北京：中国旅游出版社，2001.

③ 廖卫华，梁明珠．旅游区（点）分类体系研究——兼析对旅游资源与产品开发管理的意义[J]．南方经济，2005（6）：32–34.

现代景观包括城市公园、文化艺术、体育馆、博物馆、科技博览、休闲购物等。

自然景观类旅游区和人文景观类旅游区多为公共产品，应该以社会效益为主。

人造景观类旅游区是专门为吸引游客而建造的人造旅游区，包括主题公园、旅游度假区、游乐园等。人造景观类旅游区的开发目的是吸引游客、创造经济价值，为游客提供休闲度假游乐，在开发前期时应选址于旅游需求较大的区域，研究市场及旅客需求，打造独具特色的人造景观旅游区。

（三）基于核心功能的分类

按照旅游区为游客提供的核心旅游功能，将我国旅游区分为观光游览类旅游区、宗教类旅游区、休闲度假类旅游区、体育健身类旅游区、教育展示类旅游区、娱乐消遣类旅游区等多种类型。

观光游览类旅游区主要包括园林、风景名胜区、森林公园、地质公园、自然保护区、观光农业等；宗教类旅游区主要包括寺庙、观庵、教堂，游客可以进行宗教朝拜，也可以对宗教文化和建筑进行游览欣赏；休闲度假类旅游区包括旅游度假区、主题公园，在旅游区主题的选择上不能人云亦云，打造创新主题才能使旅游区更具吸引力；体育健身类旅游区包括城市公园、体育馆；教育展示类旅游区包括近现代史迹、博物馆、科技博览馆；娱乐消遣类旅游区包括游乐园、购物街等。

三、旅游区开发特点

旅游区的开发特点可从地理特征、土地利用、空间特征、功能特征等方面论述（表 18–1–2）。

旅游区开发特点 **表 18–1–2**

地理特征方面	自然景观类、人造景观类旅游区一般远离城市中心；部分人文景观类处于城市中心地段
土地利用方面	土地利用的专用性特点
	土地利用类型的包容性与排斥性
空间特征方面	旅游区都具有标志性的空间特征
	资源保护型旅游区倾向于水平发展；经济开发型旅游区在开发密度和高度方面所受限制相对较小
功能特征方面	主要具备旅游功能，具体包括参观游览、休闲度假、康乐健身等

（一）地理特征方面

资源类型与市场导向不同的旅游区，在地理分布上具备不同特征。自然景观类、人造景观类旅游区由于受限于自然环境的约束，一般处于城市相对偏远的地段，远离人口分布和经济活动的中心。部分人文景观类旅游区分布于城市的历史城区，处于城市相对中心的地段，接近城市人口分布和经济活动的中心。

（二）土地利用方面

专用性：旅游区在土地、就业等诸多方面具有特定的专用性，如旅游区土地利用普遍对各类城市功能用地开发实施约束性竞租，无法对人口、产业等要素资源形成强大的集聚性和扩散性。

包容性与排斥性：在旅游区，某些土地利用类型对其他类型具有排斥性，如文物保护单位的核心保护范围、建设控制地带（地面不可移动文物保护单位的建设控制地带定在保护范围外50~100米）和环境协调区内不得建设破坏文保单位及环境的设施。旅游区的某些土地利用类型可以包容其他类型，如野生动物主题公园内可包容餐馆、商店、酒店等商业土地类型。

（三）空间特征方面

旅游区大多都具有标志性的空间特征。资源保护型旅游区的用地性质、建筑年代、形式与特点往往与周边地块不同，经济开发型旅游区为了吸引游客往往建造了独特的建筑形式，总之旅游区一般会营造出与众不同的空间领域，形成城市的代表性公共形象，其空间形态的显著标志性将会影响城市整体风貌①。

开发目的不同的旅游区，即资源保护型与经济开发型旅游区，在空间开发方面的特点不同。资源保护型旅游区的核心保护范围与建设控制地带被作为强制性约束因素严格执行保护，致使资源保护型旅游区周边地区倾向于水平向的广度开发，而非趋向高度开发。在文保单位周边分层限高的控制下，周边地区的空间形态将类似圈层式发展。经济开发型旅游区的开发目的完全以经济为主，在开发密度和高度方面所受限制则相对较小。

（四）功能特征方面

旅游区在城市功能定位中主要为市民提供旅游功能。一般地，旅游区功能可分为参观游览、休闲度假、康乐健身等几大类。不同类型旅游区具有不同功能，例如，旅游度假区具有休闲度假功能，风景名胜区、历史古迹具有参观游览功能，城市公园具有康乐健身功能。另外，旅游区内的管理区为游客提供旅游服务功能。

第二节 旅游区的开发模式

一、旅游区开发模式选择

旅游区开发模式包括旅游区市场开发模式、旅游区产业开发模式与空间开发模式。旅游区市场开发模式是从市场开发角度出发，根据产权投资者或参与者的开发主导情况确定其开发模式，也可以基于区域的不同市场需求确定开发模式。旅游区产业开发模式是根据该区域具体旅游产业开发类型确定的，旅游区空间开发模式则是旅游区在空间结构上的具体开发形式。政府在选择旅游区开发模式时，需要了解不同模式的特点，根据当地经济发展状况与旅游业发展情况等对旅游区的开发模式作出正确的选择和引导（表18–2–1）。

（一）基于市场开发的旅游区开发模式

1. 基于不同产权制度的投资开发模式

根据旅游区开发时产权制度、投资方的不同，分为三种旅游区投资开发模

---

① 谢沁，夏南凯，沈锐．开发强度视角下的临空商务区开发风险与收益研究初探[J]. 上海城市规划，2013（2）：77-82.

旅游区开发模式　　表 18–2–1

分类依据		旅游区开发模式
旅游区市场开发模式	基于不同产权制度的投资开发模式	传统公共产权制度的投资开发模式
		旅游区整体出让的私人产权投资开发模式
		以项目为主导的联合投资开发模式
	基于不同开发参与方的开发模式	政府主导的共有模式
		企业主控模式
		社区参与模式（公司 + 农户 / 公司 + 社区 + 农户，政府 + 公司 + 农村旅游协会 + 旅行社，股份制为基础的收益分配模式，农户 + 农户，个体农庄）
	基于不同市场需求的开发模式	旅游资源优越且市场需求大——完善旅游景点，开发新产品，丰富旅游项目，强化旅游中心功能
		旅游资源优越但市场需求小——加强基础设施建设，大力开拓客源市场，改善交通，加强宣传
旅游区产业开发模式		开发湖泊旅游区：综合旅游开发模式，观光旅游开发模式，度假旅游及休疗养开发模式，体育训练及水上运动开发模式，探险旅游开发模式
		开发乡村旅游区：主题农园开发模式，乡村主题博物馆发展模式，民俗体验与主题文化村落发展模式，现代商务度假与企业庄园发展模式，农业产业化发展与产业庄园发展模式
旅游区空间开发模式		“中心社区 – 吸引物”的多功能中心网络开发模式
		“三区结构”开发模式（即“同心圆结构模式”）
		“双核空间模式”
		“吸引物 – 综合体结构模式”（即“核环式”）

式，即传统公共产权制度的投资开发模式、旅游区整体出让的私人产权投资开发模式、以项目为主导的联合投资开发模式。政府应根据区域经济及旅游业市场需求，选择合理的旅游区投资开发模式。

（1）传统公共产权制度的投资开发模式——由政府投资旅游区内的公共性项目，多个企业对多种经营项目进行投资，逐渐提高区域旅游形象，完善旅游配套设施条件，能对处于旅游开发初期、特别是旅游投资资金短缺的地区起到重要作用，为今后发展打下良好基础。在旅游开发初期，各方面条件不成熟，配套设施落后，较难吸引大企业参与投资，而多家中小企业能聚集力量开展旅游开发。这种开发模式的弊端在于数量过多的投资企业导致无序竞争，另外由于缺乏必要制约，企业为了经济效益最大化，过度开发环境资源，影响旅游区整体环境品质。政府应发挥协调作用，加强对旅游区的规划，控制参与投资的企业数量。

（2）旅游区整体出让的私人产权投资开发模式——由政府出资源，企业出资负责全面规划、建设、独家经营管理的模式，能摆脱政府在投资上的困境，有效避免过度无序竞争，保障企业利益，提升企业知名度，产生更大品牌效应。此外，这种投资开发模式能使资源合理分配和利用，减少重复建设，提高资金利用率，保障旅游区开发的整体性、可持续性、系统性和规范性。旅游区整体出让是通过建立私人产权制度来结束公共产权制度的途径之一，这种模式的负面影响在于整体出让有资源开发垄断化的倾向，这种垄断性的开发可能带来另一种风险，因为旅游区开发特别是依附自然、人文历史的旅游区开发不同于一般的商业开发，对企业有较高的素质要求，独家经营使整个旅游区开发的成功

与否依赖于企业。此外，独家经营可能造成企业对资源开发的优化配置缺乏积极性。政府在选择企业时应对企业资质进行严格把关，详细约束企业行为。

(3) 以项目为主导的联合投资开发模式——以项目为龙头，各企业、单位、个人进行联合投资。这种模式有明显的优点，联合投资的投融资能力较强，开发投资有统一规划，有利于发挥投资的整体效益，多方联合入股可分散风险，个人持股激发积极性，投资回报能迅速转化为社会与股东追加投资的热情。不同企业性质可形成几种集体形式[①]。

①业内联盟开发项目模式——旅游产业内如旅行社、饭店等企业联合开发旅游区项目。旅行社一般是旅游中介机构，负责将旅游区项目推向市场，当旅行社主动参与开发投资，利益关系会更加直接，可借助旅行社的多种优势，如人力资源优势、稳定市场渠道的优势，使开发项目迅速走向市场。当旅游区开发获得成功时，旅行社自身也能得到快速发展。业内联盟形式完善了整个旅游产品的生产链，对企业或整个旅游产业的发展都能起到积极作用。

②金融机构参与项目开发模式——金融机构作为企业投资旅游区开发的主要筹资渠道，也可以成为投资主体。金融机构参与旅游区投资开发不仅能保证资金来源稳定可靠，可以投资回报周期长、资金量大的项目，并能因金融机构财务管理方面的优势而使投资效益预测更合理科学。

2. 基于不同开发参与方的开发模式

旅游区开发过程中，越来越多角色的介入使开发过程越发复杂，公私合作开发模式越来越普遍，不同参与方有着不同的角色分工。公共部门与私营部门都应担任重要角色，市民、村民等旅游区开发利益相关者也应参与到开发与管理过程中[②]。首先，旅游区开发项目所在区域需有政府的介入，对于大型旅游区开发项目，高级别政府可通过制定政策影响开发；企业也可以在旅游区开发中占据举足轻重的地位，如通过资金投入或运营管理方式积极参与到旅游区开发项目中来；旅游区开发项目中居民承担了非常重要的角色，旅游开发可能会损害居民权益，可以让居民通过参与旅游区开发的方式避免其利益损失。

根据旅游区开发参与方类型及开发主导者，将旅游区开发模式分为以下三类。

(1) 政府主导的公有模式——该模式在旅游发展初始阶段，尤其是在农村经济发展落后地区占主导地位，有较强的计划经济体制痕迹，一切由政府解决，对政府管理协调能力要求较高，是大包大揽的开发模式[③]。政府负责决策规划、资金扶持、人才培训、全程引导，政府财政划拨解决旅游区内基础设施、宣传促销、市场开拓、旅游行业管理等问题，并需要解决区域内村民的出路问题。

(2) 企业主控模式——在政府宏观调控下，引入有实力的专业旅游开发运营公司控股经营并对旅游区进行管理运营，大量资金有利于项目实施并保证充

---

① 王莹. 政府作用与旅游区投资效益 [J]. 旅游学刊，2004 (3)：14–18.

② 陈雅薇，杰勒德·维格曼斯，贺璟寰. 荷兰城市开发过程管理及其对中国的启示 [J]. 国际城市规划，2011，26 (3)：1–8.

③ 陈钢华，保继刚. 旅游度假区开发模式变迁的路径依赖及其生成机制——三亚亚龙湾案例 [J]. 旅游学刊，2013，28 (8)：58–68.

足的客源。这种开发商控股管理的模式无法保障居民利益。

（3）社区参与模式——社区参与式旅游开发模式的核心是社区全面参与旅游开发，可充分发挥社区的凝聚作用，居民参与旅游区开发的模式从根本上解决了旅游区所在行政区域的经济发展和居民增收问题，有利于区域产业结构调整，促进第三产业的发展。参与开发模式强调社区和居民的全方位参与，从旅游区的打造、旅游产品的生产到销售、游客的接待均有社区和居民主动参与，从经济上保障全体居民的旅游收益，从而保障居民能从旅游开发中直接获益，避免传统旅游开发中因土地和资源被占而使村民返贫的现象。社区参与的旅游区开发模式需要对社区居民进行教育培训和管理，增强居民服务意识、提高服务水平，树立市场营销理念。这种模式的开发主体包括社区、政府及个体居民，可以实现居民增收，美化环境，实现行政区经济社会的可持续发展。

社区参与的旅游区开发形式应根据社区具体情况，结合经济生产和产业结构调整进行开发，开发模式包括以下几种[①]：

①“公司＋农户”／“公司＋社区＋农户”模式——“公司＋农户”模式吸纳社区居民参与到旅游开发中，在开发旅游资源丰富的区域时，充分利用社区闲置的资产、富余劳动力，增加居民收入，向游客展示真实的乡村文化。运营管理公司需规范居民的接待服务，避免不良竞争。“公司＋社区＋农户”模式，公司不与农户直接合作，公司先与社区达成协议，通过社区组织农户参与旅游区开发，农户行为受公司规范，这种模式充分考虑了农户利益，在社区全方位参与中带动了乡村经济的发展。

②“政府＋公司＋农村旅游协会＋旅行社”模式——该模式可发挥旅游产业链中各环节优势，避免过度开发，保障旅游区可持续发展。这种开发模式中，政府负责乡村旅游规划和基础设施建设；乡村旅游公司负责经营管理和商业运作；农民旅游协会负责组织村民参与导游、工艺品制作、提供民宿餐饮等，协调公司与农民利益；旅行社负责开拓市场，组织客源。

③以股份制为基础的收益分配模式——政府、村委会、个体农户合作，把旅游资源、特殊技术、劳动量转化成股本，收益结合按股分红与按劳分红，进行股份合作制经营。其中农户以房屋使用权或以土地使用权入股，与村委会达成经营管理协议，归属集体统一管理结算。通过公积金的积累扩大开发及旅游设施的建设，政府从当年盈余中提取公积金，量化给成员计入个人账户。

④“农户＋农户”模式——部分乡村地区的农民对企业介入旅游区开发多有顾虑，不愿把资源和土地交给公司经营，他们更信任最先开发乡村旅游并获得成功的示范户。农户们在旅游开发示范户带动下加入旅游接待的行列，形成“一户一特色”规模化产业，调整了农村产业结构，实现经济良性发展。在农户纷纷加入旅游接待行列并从示范户学习经验、技术后，就形成了“农户＋农户”的乡村旅游开发模式。

⑤个体农庄模式——个体农户通过改造自己经营的农牧果场并建设旅游项目，打造旅游景区，并吸引周边闲散劳动力通过表演、服务、手工艺形式加

① 郑群明，钟林生．参与式乡村旅游开发模式探讨[J]. 旅游学刊，2004（4）：33-37.

入旅游区服务中。

3. 基于不同市场需求的开发模式

根据区域旅游市场的不同需求，利用不同模式开发旅游区。

①旅游资源优越，市场需求大的区域——应完善旅游景点，开发新产品，丰富旅游项目，强化旅游中心功能。

②旅游资源优越，市场需求小的区域——应加强基础设施建设，开发旅游新项目，树立旅游形象，大力开拓客源市场，改善交通条件，加强宣传。[①]

（二）旅游区的产业开发模式

根据旅游区域的经济社会特征、自然条件、旅游资源和产业结构，提出针对性的旅游区开发模式。

（1）例如开发湖泊旅游区，可根据不同旅游产业发展目的提出5类湖泊开发模式[②]：

①综合旅游开发模式——挖掘湖泊各类旅游资源，集观光、休闲、度假、运动、休疗养等功能为一体的旅游开发模式。

②观光旅游开发模式——适于有较高景观观赏价值，不宜开发侵入环境项目的湖泊。

③度假旅游及休疗养开发模式——适于水质优良或附近拥有特殊有益物质的湖泊（如温泉、药泉）。

④体育训练及水上运动开发模式——适于水面开阔、深度适合，自净能力强，能开展各种水上和岸上运动的湖泊，包括天然湖泊与人工湖泊。

⑤探险旅游开发模式——适于具有特殊湖底构造或有特殊研究价值的湖泊。

（2）再如开发乡村旅游区，可根据不同产业发展目的提出4类乡村产业发展模式[③]：

①农旅结合的主题农园开发模式——即复合性地开发农业和旅游业，以农求稳，以旅求富，降低风险，鼓励更多农民加入乡村旅游开发。

②乡村主题博物馆发展模式——这种模式可以传承地方性遗产，纪念逐步消失的乡村生活，保护乡村景观遗产，是乡村景观个性的表达和新兴经济行为。

③乡村民俗体验与主题文化村落发展模式——开发复古怀旧产品，让游客体验历史民俗文化。

④农业产业化发展与产业庄园发展模式——农业产业化可将乡村资源优势转化为市场优势，推动乡村产业经济一体化发展；产业庄园既能进行科学化农事生产，又能提供旅游服务，生产性与服务性并存。

（三）旅游区的空间开发模式

旅游区的空间开发主要涉及旅游区的结构，如采取集中布局，还是分散布局，卫星式或网络式等，旅游区有4种典型的空间布局开发模式。

1965年产生了“中心社区－吸引物”布局概念，即在旅游区的中心布局

① 刘立勇．河南区域旅游开发模式与对策[J]．经济地理，2010，30（4）：693-696.

② 周玲强，林巧．湖泊旅游开发模式与21世纪发展趋势研究[J]．经济地理，2003（1）：139-143.

③ 王云才，许春霞，郭焕成．论中国乡村旅游发展的新趋势[J]．干旱区地理，2005（6）：862-868.

服务社区，形成服务综合体，服务中心的外围布置吸引物组团，服务中心与周边吸引物通过交通连接，这种空间开发模式有助于度假区内部协调管理。

1973 年产生了旅游区空间开发的“三区结构”（即“同心圆结构模式”），中心是禁止入内的核心自然保护区，其外围是控制开发的休憩缓冲区，配置野营、观望等设施，最外圈是适当开发的密集游憩区，为游客提供各类旅游服务，这种同心圆空间开发模式适用于风景名胜区。

1974 年产生了空间布局“双核空间模式”，旅游服务集中在一个辅助型社区内，处于自然保护区的边缘。

还有一种“吸引物－综合体结构模式”（即“核环式”），在核心处打造自然景观或娱乐设施等主要吸引物，饭店、商店等服务设施环绕吸引物分布，各设施间形成圆环状交通联络，设施与中心吸引物之间也有交通连接，以温泉、高尔夫为主要资源依托的旅游度假区通常采用这种空间开发模式。

二、机构组织

旅游区开发过程中，政府管理部门、运营开发企业应明确分工，有效协作。

（一）所有权与经营权分离

在坚持资源国家所有、严格保护、永续利用的前提下，经政府统一规划，把开发经营权剥离出来。政府不直接参与旅游经营活动，只负责统一规划、招商引资、市场维护和形象塑造等宏观方面的问题，具体的经营活动由企业来完成。通过政府与投资者签订保护开发、建设经营、管理协议，授权投资者依法有偿取得一定期限内的开发建设权、经营管理权及其收益权。

（二）组织保障

旅游区开发的组织机构由政府管理机构、开发运作机构和行业管理机构共同构成。

1. 政府管理机构

建立旅游发展委员会，负责政策制定、区域协调，领衔建立旅游定期联系会议机制，组织旅游企业、行业协会、相关部门参加。总结评估监督年度项目建设、市场营销、行业发展等情况，研究解决当地旅游发展中的重大问题。

在旅游产业逐步向全域化发展的大趋势下，旅游发展委员会需要管理和协调的工作内容已经超越了旅游局的权限范围，因此主任多由主管旅游的地方政府领导担任，旅游局、公安局、规划局、国土局、交通运输局、民族宗教局、文广局等多个政府部门及当地主要景区管理单位的负责人任副主任，下设职能部门办公室，负责日常工作。

2. 开发运作机构

旅游区实施运营是通过旅游投资公司进行企业化运作来完成的，一般是由委员会牵头，景区相关企业、金融机构共同参与，以资产入股的方式联合成立旅游投资公司；发展委员会控股，成立的旅游投资公司与景区相关企业可以相互持股；发展委员会执行政府职能，旅游投资公司按企业化运作；旅游投资公司做为独立法人单位单独或分拆上市，并扶持景区相关企业上市；旅游投资公司对景区进行统一规划，统一管理：企划宣传统一；客户资源整合；业态规划与调整。

3. 行业管理机构

通过各类旅游协会制定行业标准，协会会长经民主选举，可以由有较大影响力和带动作用的经营业主担任。引导和扶持景区、重点街道、乡镇的旅游经营活动，协会应报当地街道及乡镇政府同意后设立，经旅游主管部门审核后，依法登记，并纳入当地旅游行业管理。

第三节 开发过程

旅游区开发过程应包括规划与评估、经费筹措与损益分析、土地供给与采购、规划实施及产品营销五个阶段。

一、规划与评估

旅游区开发实施首先需要进行规划研究，研究内容包括资源评价、市场分析、品牌定位，产品设计、行动计划等内容，规划制定过程中应当对旅游开发可能产生的社会、经济、环境影响给予严谨的评估，同时有针对性地扬长避短，争取最佳的实施成效。

（一）旅游影响评估的内容

旅游影响评估体系涉及社会效益评估、经济效益评估、环境效益评估三个方面。

1. 社会效益

旅游发展对当地的社会文化影响可以划分为利好和不良影响两个方面。从有利的方面看，旅游开发带来的游客促进了当地文化交流的发展，增加了休闲娱乐的机会，同时也通过游客和居民的资源共享改变了双方的生活方式；从不利的方面看，也存在居民、游客抢占资源，当地生活原真性消失，甚至因为商业活动不规范导致价值观和伦理道德蜕变等不良影响。

社会效益的评估包括游客和旅游地居民及主客关系三个方面的影响力分析。因此通过研究旅游者行为和旅游地居民对旅游业发展的态度，可以对旅游发展的社会文化影响进行评估，评估的主要内容包括：休闲娱乐机会、公共服务能力、文化交流、文化传承、资源共享、城镇化建设、道德品质提升、生活方式转变等社会文化影响。为了准确测度旅游的社会文化影响，一些学者尝试建立一个统一的实用性较强的定量评价模型，最著名的是旅游影响态度表（Tourism Impact Attitude Scale，TIAS）和旅游影响比尺（Tourism Impact Scale，TIS）。它们通过将居民对旅游影响的感知和评价进行分离评估，为旅游决策者和研究者提供了一个有量化标准的研究模型。

2. 经济效益

据推算，在经济增长其他条件相对平稳的情况下，国内旅游消费每增长10个百分点，将拉动居民消费占国民经济总量的比重提高约1个百分点；旅游业作为服务业的龙头产业，旅游业增加值占服务业增加值的比重约为10%，加快发展旅游业，也将进一步推动第三产业地位的迅速提升。

由于我国是出境旅游人数和花费较多的国家，很多属于我国货物贸易顺差较大的国家（如美国、英国和欧盟一些主要国家等），通过发展出境旅游，还在一定程度上有效缓解了我国同一些国家的贸易摩擦。

另外，旅游业的一个重要功能就是能够实现财富的转移，实现国民收入的再分配，更多情况是实现由相对发达地区富裕人群财富向相对落后地区贫困人群的转移，实现国民收入的再分配。（张海燕．对旅游业"战略性支柱产业"定位的理解和认识[N]．中国旅游报[2011-7-15]．）

由此可见，旅游业除了对当地经济增长的直接拉动之外，还对转变经济发展方式、调整产业结构、调整地区间收入差距、平衡国际收支减少贸易摩擦等方面有积极的影响。但也存在外部依赖性、利益和成本分配不公等问题。通过经济学模型的定量评估，可以将旅游业对地方经济的影响进行合理地分析和研判。投入产出分析、可计算的一般均衡模型以及社会核算矩阵法等评估方法都是着眼于旅游经济乘数效应，被广泛应用到旅游经济研究领域。

经济评估的重点应包括居民收入、居民消费、经济结构、开发建设投资、税收、房产地价等影响因素。

3．环境效益

从我国Ⅰ、Ⅱ、Ⅲ产业每万元GDP能源消耗情况来看，第一产业约为0.48吨标准煤／万元，第二产业约为0.9吨标准煤／万元，第三产业约为0.3吨标准煤／万元，第三产业单位能耗约是二产的1/3，是一产的60%。作为服务业的龙头产业，通过大力发展旅游业，可以带动服务业的快速发展，从而实现进一步优化产业结构、有效降低资源消耗的目标。但旅游活动本身也存在对环境的干扰和影响，通过旅游活动和环境相互作用的研究可以对环境的游客容量进行合理评估，这将直接影响到环境质量保证和资源的可持续利用。

在具体研究中，既成事实分析、长期全天候监测和模拟实验都是常规的评估方法。旅游强度（游客人数与旅游发展程度）和旅游吸引物使用的集中程度、游客活动和旅游类型、旅游目的地的环境敏感度与脆弱性都是环境效益评估的重要影响因素。

（二）旅游规划的评估指标体系

基于旅游可持续发展的原则，旅游规划应对规划区域进行全面的效益评价，早在1996年，WTO就提出了一套包括11个核心指标为主的可持续旅游指标体系（表18-3-1），可以全面涵盖旅游目的地的影响因素，但未实现量化评估；随后产生的多个可持续旅游指标体系都在量化评估方面进行了探索，使规划评估在增长与适应性发展、环境兼容、公众参与等层面均有系统的操作，比较有代表性的有旅游可持续性评估的应用程序（Ko，2005），牛亚菲的可持续旅游指标体系，马勇、董观志基于区域旅游持续发展潜力分析基础上的测度模型等。

为确保旅游目的地发展的可持续性，旅游规划在对地区经济增长与适宜性发展充分平衡的基础上，对环境的保护和可持续利用，不同利益主体价值目标的协调等因素都要有充分的论证和研究。

随着旅游业发展，建立在旅游容量分析和目的地影响评估基础上的可持续

WTO 可持续旅游指标体系 表 18-3-1

类型	指标	详细度量
核心指标	场地保护	根据 IUCN 索引指定场地保护的种类
	压力	游客人数（每年、高峰月）
	利用程度	高峰时期的利用程度
	社会影响	到当地的游客（高峰期随时间变化）
	开发控制	对场地开发和利用的环境评述或正式控制
	废弃物管理	污水处理率（对其他基础设施的结构限制，如供水）
	规划过程	组织制定旅游目的地规划（包括旅游内容）
	临界生态系统	稀有或濒危种类的数目
	游客满意度	游客满意水平
	居民满意度	居民满意水平
	旅游对当地经济贡献	旅游所产生的经济收入比例
复合指标	承载力	影响不同水平的旅游承载能力的关键因素的早期综合预警度量
	地点压力	对目的地影响水平的综合度量（自然文化特征、其他部门累计压力）
	吸引力	使目的地具有吸引力的地方性的定性度量

旅游管理工具成为旅游规划的目标所向，也形成了一系列有影响力的管理模型，如游客影响管理、游憩机会谱、旅游优化管理模型等，他们为旅游开发决策提供了更为清晰的参照和依据，成为旅游规划评估的重要支撑（表 18-3-2）。

管理模型 表 18-3-2

特性	最大可忍变化法（LAC）	游客影响管理（VIM）	游客体验与资源保护（VERP）	游客活动管理程序（VAMP）	游憩机会谱（ROS）	旅游优化管理模型（TOMM）
主要应用领域	自然保护区	自然保护区内的景点	主要应用于美国国家公园	加拿大国家公园，也适用于其他地区	以自然景观为主的保护区或多用途区域	以自然景观为主的旅游社区
能够评价和最小化游客影响	+	+	+	+	+	+
考虑各种产生影响的潜在因素	+	+	+	+	+	+
帮助选择各种管理措施	+	+	+	+	+	+
提出保护性的决策	+	+	+	+	+	+
鼓励公众参与和相互学习	+	+	+	+	+	+
整合地方资源并利用管理	+	+	+	+	+	+
规划必要的投资	--	-	--	---	--	---
基于实践的总体有效性	---	-	-	-	---	--

注：+ 为正面效应，- 为负面效应（数量表达程度深浅）。
资料来源：Hall 和 MeArthur，1998；Farrell 和 Marion，2002

二、经费筹措与损益分析

（一）资金筹措

资金保障是旅游项目实施的基本条件，必须清楚地了解所需资金类别和

融资渠道适配性分析一览　　表 18–3–3

融资渠道	具体方式	适配项目
国家级生态、旅游等专项资金	申报规划区为国家生态、旅游、城乡统筹等方面的重点发展片区，争取国家资金扶持	基础设施建设，道路环境、设施的配置
银行贷款	· 向商业银行申请商业贷款 · 向政策性银行申请贴息贷款、国际信用 · 采用门票质押、开发经营权质押、土地质押等	有收益的景区基础设施建设、土地开发项目等，如景区人行道、停车场、水电配套等旅游基础设施建设等
整体项目融资	· 单个项目进行招商 · 向境内外的社会资金进行招商 · 合成开发、合资开发、转让项目开发经营权等	度假村、游乐园等大型主力项目
商业信用融资	· 利用开发商的信用，通过垫资方式进行信用融资 · 一般融资比例为 30%~40%，若有相应的财务安排，融资 100% 也有可能	与重点项目相配套的旅游商品、广告宣传、景观建设等
招商引资	招募入股融资、定向募股融资、项目融资、发展权转移、引进外资等	具体项目建设与活动举办
社会资本融资	· 向社会定向招募投资人入股，共同作为发起人 · 向社会定向募股，以增资扩股的方式，引入部分战略投资人、搭车投资人、资产整合进行融资	特色旅游项目开发及重点项目配套产业的发展，如观光夜市美食街、生态农业产业园
金融资本融资	转让、抵押、拍卖项目经营权、项目收费权等各种形式引入资本，确定各个融资方式的比例和序列，如引入证券、基金公司合作融资	重点大型旅游项目，有望上市项目

筹措资金的可能渠道，并制定合理的投资战略，才能保证规划目标顺利实现（表 18–3–3）。

（二）融资招商

1. 招商策略

根据规划发展目标和思路，发挥政府宏观调控功能和市场机制，广开筹融资渠道，营造企业投资的软环境，有助于特色旅游产品进行重点开发，全面构筑开放带动性旅游产业体系。在品牌先行、市场导向原则、政府调控和多元化招商原则指导下，旅游项目招商常用策略为：

（1）品牌策略：借用品牌造势，积极引入具有良好旅游投资业绩的品牌开发商。

（2）互动联合策略：依托旅游品牌进行招商推广，联合周边景区进行招商宣传。

（3）公关造势策略：政府重视，公关先行，联合造势。

2. 招商模式

现阶段旅游区开发常用的招商模式分为三种类型：选择大型专业投资商，相对垄断核心资源进行开发，由主力投资商负责对整体招商的投资项目建设、改造和经营，拥有所有投资和承包经营项目的经营权，政府从所有项目收入中提取一定比例，具有低风险、高收益的特点；对重点项目分拆招商，吸引能够投资大中型单体项目的投资商进驻，通过收取一定比例的门票及部分土地出租盈利；小项目招商招租，鼓励多种社会投资者参与，集合当地居民、集体村镇组织、外来投资者、投资集体等，最大限度地调动社会资金，这是土特产生产加工、本地工艺品生产、民俗表演、文化深度挖掘与创新的关键。

从政府、专业投资商、中型投资商到小型投资者，形成三个层次全面推进的社会资金投入局面。在主力投资商重点把握、全面统筹、统一运作带动下，整个招商模式的次序、重点、节奏清晰可见。

3. 招商渠道

在项目运营的不同阶段，应选择可行的招商渠道进行招商，表 18–3–4 是不同招商渠道的适配性、采取形式、优劣势分析的概览。

不同招商渠道的适配性、采取形式、优劣势分析概览 表 18–3–4

适配性	招商渠道	采取形式	优劣势
常用	会展招商	举办投资说明会、投资研讨会、项目推介会、特色节会等进行招商洽谈，吸引资金	声势大，媒体宣传密集，但目标客商不确定
适配	捆绑招商	与回收期比较短的房地产或开发捆绑在一起进行招商，能平衡投资商资金运作问题，对投资商具有很大的吸引力	平衡投资商资金，但需避免地产过多而旅游项目未开发或者开发不足
	组团式招商	招商主体带着项目，有选择地组团到经济发达地区，去参加一些重要的经贸、招商活动进行招商	“走出去请进来”针对性强，吸引目标商户
	联合招商	“政府搭台、企业唱戏”或政府牵头组织、企业为主参与，政、企共同推进	选择目标准确，推广成本低，效率较高
辅助	网上招商	利用网站平台，发布招商信息，加入招商信息库	费用较低，宣传范围广，无时间限制
	产业链招商	进行链条式的结构扩大，引进上、下游产品或上、下游配套生产、经营企业，拉长拉宽产业链条	新型招商方式，产业带动性较强

（三）旅游区盈利途径

旅游区的盈利途径包括以下五类：

（1）土地收益：土地出让、土地使用税费、土地增值等。

（2）房地产开发：服务设施及生活商办用房开发收益等。

（3）税收：景区税收分成、企业经营税收等。

（4）运营管理：物业管理费、治污费、水电管理费等公共服务收益。

（5）经营性服务：有偿提供餐饮、娱乐、购物、医疗等。

不同盈利模式的投入规模、回款周期及回报率都各有特点，实际操作中会根据项目具体情况选择一种或多种模式，以取得最佳盈利回报（表 18–3–5）。

盈利模式适应性分析一览 表 18–3–5

盈利模式	模式特点	投入	回款方式	优势	劣势
土地溢价	完成土地基础设施建设及项目推广后，将土地部分或整体转让，从土地溢价中获得利润	大：以前期土地成本为主	一次性回收	周期短，风险较低	初级开发，盈利相对有限
销售利润	采取出售运营模式，通过销售一次性回收成本并实现利润	投入较大：土地成本 + 建设成本	一次性回收	盈利高，节约后期管理成本	存在产品滞销的风险
租金	采取出租的运营模式，长期持有物业，通过收取租金来获取利润	投入较大：土地成本 + 建设成本	细水长流	自身持有物业，后期可根据市场情况转租为售，实现盈利转变	需投入一定的人力及物力
服务费	提供旅游及生活等方面的配套服务，从中获利	不定（视具体情况而定）	产品附加值：细水长流	风险低	盈利有限

三、土地供给与采购

（一）旅游用地的特性

旅游用地一般指旅游业用地，即在旅游地内能为旅游者提供游览、观赏、求知、娱乐、度假疗养、探险猎奇、考察研究等活动的土地（毕宝德，2000）。由于旅游业开发是对指定土地范围内资源的开发利用，因而土地供给也是旅游发展的基本条件，旅游发展在受土地资源制约的同时，也能够有效提升土地资源价值。

旅游活动的开展并不限定于建设用地或农业用地，由原生的自然景观与人文景观共同组合的可供旅游活动使用的用地都属于旅游用地，因此旅游用地是复合式土地利用类型，其旅游功能都是在原有功能基础上延伸产生的。吴承照和过宝兴（1991）认为旅游用地功能具有多样性，具体可分为以下三类：高度专门化水平旅游用地，只具有单一旅游功能，如风景区的游赏用地；中等专门化水平旅游用地，具备生产与旅游复合功能，如林业、茶业用地；低专门化水平旅游用地，指未做旅游开发的保护区外围地带，主要用于生产，也具有一定观赏性。

综上所述，旅游用地具备以下特征：

（1）资源吸引性：资源吸引力是激发旅游者旅游动机的基本条件。

（2）功能复合性：旅游开发一般需依赖其他建设项目的发展。

（3）发展持续性：旅游项目的持续发展要建立在适应旅游需求变化的基础上，同时还应注重对资源的保护，力求永续利用。

（4）效益综合性：旅游用地发展可获得多重效益，因此项目价值评估需综合社会效益、经济效益和生态效益的综合考量。

（二）用地政策与规划协调

原国土资源部《全国土地分类》国家标准中无旅游用地一项，涉及旅游功能的土地类型也仅有瞻仰景观休闲用地等少数类型，这使旅游用地的使用很难与国土规划衔接；建设部《风景名胜区规划规范》GB 50298—1999 中将风景区用地分为 10 大类 50 二级类型，但与《全国土地分类》标准依旧未能充分对应。

2008 年张娟在娱乐景观用地与旅游接待生产用地两大类基础上，细分为风景游赏用地、游览设施用地、滞留用地、旅游接待及管理设施用地、旅游生产用地五个二级类型，并通过划分农用地、建设用地及未利用地三大景观功能用地与全国土地分类标准衔接。

由于土地利用必须根据现有的土地分类体系纳入法定性规划审批程序，旅游用地分类的缺失导致旅游规划与土地利用规划难以协调，尽管原国家旅游局颁布的《旅游发展规划管理办法》中明确指出“旅游发展规划经批复后，由各级旅游局负责协调有关部门纳入国土规划、土地利用总体规划和城市总体规划”，但土地资源管理与旅游项目开发之间的矛盾一直难以避免。

为解决上述问题，章牧等（2006）提出目的地可以通过选择具有地方特色的旅游－地产发展模式，以提高土地资源的利用质量，并将旅游用地计划纳入土地利用总体规划体系中。他们将旅游－地产发展模式分为四类：一是旅

游景点地产，指旅游区内为游客旅游活动建造的各种观光、休闲、娱乐、非住宿型的建筑物及关联空间；二是旅游商务地产，指在旅游区或旅游区旁提供旅游服务的商店、餐馆、娱乐等建筑物及关联空间；三是旅游度假地产，指为游客或度假者提供的、直接用于旅游休闲度假居住的各种度假型的建筑物及关联空间，如旅游宾馆、度假村、产权酒店以及用于分时度假的时权酒店等；四是旅游住宅地产，指与旅游区高度关联的各类住宅建筑物及关联空间。

（三）旅游用地获得

旅游开发过程中，旅游用地的获得是保障运营实施的基础，除了保证项目落地的基本需求，还应配置足够的服务配套用地及相关支持产业发展用地。

在国外，土地分区和强制征购是促进旅游发展的常用方式，政府部门根据相应的土地使用法规和旅游开发详细规划，严格控制土地供给，避免投机、分割或者围圈土地的现象发生（Cooper，等，1998）。目的地政府对旅游土地的供给和行政干预通常有以下几种形式（鲍德博拉，等，中译本，2004：225）：

(1) 建立征购机构购买土地（最有效）。

(2) 建造权限制——指定农业用途或环境保护用地进行建造权限制，以便未来旅游开发转化（成本较低）。

(3) 对技术基础设施的控制（成本较低）。

(4) 通过为批准项目发放财务贷款和补贴实行管制与引导（最具时效性）。

国内根据项目类型、开发规模和土地性质的不同，也有比较灵活的土地利用方法，但设施建设用地应统一征用统一出让；道路用地依据具体情况可征用、租用，也可采用其他形式——旅游专用道路最好采用征用方式，与居民共用道路可租用或入股，景区游览路可与其配套景点共同处理；人文景点及主要自然景点宜征用，以利于景点保护与管理，其他区域可租用；国有土地中河流可无偿提供于旅游开发，其他建设用地、国有森林等可采用转包方式，允许在规定用途范围内从事经营活动；旅游项目本身可以租赁、入股、收购等方式解决土地供给问题。

旅游产业的土地开发尽量不用或少用出让方式，应根据项目实际情况采用多种方式供地，包括行政划拨、协议出让、租赁、作价入股、依法流转等，以减少投资者的用地成本。

旅游用地应及时纳入法定规划报批，可采用整体规划逐步推进的开发模式分阶段开发，涉及不可转让的土地，应通过政府协调采用不改变土地所有权的参股分红方式解决；项目涉及不同行政区划时，应由级别较高的政府出面，成立专门管理机构进行统一规划，统一管理。

四、规划实施

（一）规划实施方法

规划实施的基本方法是在确定规划实施主体的基础上，建立合作机制，制定明确的行动计划，对规划项目进行认证及实施。

规划应通过以下程序进行实施：

(1) 规划审议：实施主体与当地旅游局共同为规划提供指导和建议，并

对规划成果进行审议和上报，终稿上报政府相关部门，结合公众参与取得审批认可。

（2）规划保障：规划成果以合法程序纳入法定规划，以保障项目实施符合相关法律及各类法规。

（3）与相关规划及计划衔接：规划应与上位规划及当地现有相关规划充分衔接，如交通专项规划、景区保护规划、产业发展规划等，以取得相关部门的支持，确保规划的可实施性。

（4）开发经费筹措：资金来源包括地方财政、国家政策扶持资金，企业投资、国际援助等，一般大型基础设施由政府出资，商业设施由企业出资，旅游景区则以政府为主导，依据资源类型和政策导向采用独立或合作的方式进行操作。

（5）项目实施：通过制定实施计划，组织运营团队，招募培训员工、品牌营销推动项目的落地操作。

（6）旅游发展的持续监督：对实施项目进行经济、环境和社会文化影响监控，对市场营销结果进行检测，对阶段目标落实情况进行督查。

（7）规划和计划的调整：通过监督发现规划实施过程中的问题，对规划内容进行合理调整，以促进规划目标的实现。

（8）规划复议与修改：旅游规划 5 年左右应复议一次，并进行适当的修改和调整，以适应市场产业发展新趋势。

（二）规划实施的监控和评估

规划实施的监控和评估是保障发展计划充分适应市场需求和社会变化的必经程序，这是一个有系统的、阶段性的测量和评估过程，北京大学城市与环境学院旅游研究与规划中心曾经受北京市旅游局委托，对《北京市旅游发展总体规划》进行了中期执行评估研究，提出了旅游规划实施评估的理论与技术，通过一套系统的、多方位的实施评估指标体系对《北京市旅游发展总体规划》的进一步实施和改进提供了依据，也成为我国旅游规划实施评估的重要参照（表 18-3-6）。

旅游规划实施评估指标体系的主要内容　　表 18-3-6

类别	内容
旅游经济指标	旅游收入、游客量、人均消费、滞留时间、旅游企业数量、旅游业从业人数、旅游业固定资产原值等
市场发展	目标市场地理定位、专项市场细分
空间结构的发展	空间布局、开发重点
旅游产品的发展	产品市场反应、新产品供需情况
旅游目的地形象的准确性与适宜性	与现状的吻合程度、目标市场对品牌的接受程度
旅游危机的应对	瘟疫、自然灾害
营销计划的执行	旅游产品销售情况、市场占有率、营销费用率的大小和结构、关联群体态度
旅游接待业的发展	酒店、餐饮、娱乐休闲、旅游商品及旅行社经营情况；游客中心及智慧旅游系统发展情况
支持系统的发展	政策、人才、交通、金融、互联网等
旅游规划的影响	社会风尚、生态环境
与相关规划衔接	—

评估工作的核心技术是通过德尔菲专家问卷方法确定多目标综合评估系统中各项关键因素以及各因素的权重值，建立评估系统完整的指标体系。

五、品牌营销

（一）旅游品牌建设

旅游区营销是旅游开发中比较重要的环节，通过市场推广争取潜在游客对旅游区产生兴趣，促使他们发生出游行为，是旅游区扩大市场影响力的必然选择。在旅游市场竞争日趋激烈的今天，信息产业的迅猛发展不仅给旅游区的市场推广带来了前所未有的发展机遇，也给传统营销渠道带来了猛烈的冲击，但无论营销渠道和方法如何创新，旅游区品牌作为旅游者对目的地的独特感应和印象，是旅游区营销必须首先建立的系统。

旅游区品牌常常被旅游区形象所混淆，但更多学者认为品牌的内涵更为广泛，旅游区形象是品牌的核心组成部分，是品牌的重要识别要素。旅游区品牌建设不仅需要塑造一个对游客具有吸引力的形象定位影响旅游市场，还包括对形象的管理，以及通过旅游经济收入的增加和环境的改善使目的地更适宜居住（Park，Petrick，2006），因而旅游品牌建设被定义为选择一组稳定的因素组合，通过积极的形象塑造以定义一个目的地并使之与竞争者相区别的过程（Cai，2002）。品牌的识别要素包括品牌名称、网站、标识、特性、代言人、口号、广告语、包装和标记等，所有品牌要素都应围绕着一个明确独特的主题展开，这些要素共同作用创造了品牌的资产（Keller，2003：175）。

关于旅游品牌建设的战略和方法的研究，吴必虎（2005）提出的3P—3I的模式相对比较全面，该模式认为：通过对目的地3P——地格（Placeality）、认知（Perception）、合作及竞争者（Partnership/Competition）——的情景分析，引导3I——理念识别（Mind Identify）、视觉识别（Visual Identify）、行为识别（Behavioral Identify）——建立目的地形象显示系统，最终构建整体品牌体系。其中地格是品牌建设的基础，主要指由区位、空间形态和独特性形成的目的地的地理特征，它可以从自然地理特征、历史文化特征和民俗文化特征各个方面进行分析和解读。例如“好客山东”作为一个文化旅游品牌，不仅体现了管仲的“以人为本”的思想，又体现了孔子的“仁者爱人”和“有朋自远方来，不亦乐乎”的理念，极大地丰富了旅游礼仪的内涵；既是一种礼仪的象征，又是旅游礼仪的指导思想；不仅是一种精神财富和旅游品牌，又能转化为一种经济效应，创造不可估量的物质财富。对山东地域自然与历史文化特色的高度概括和定位，使“好客山东”成为山东最显著的地域印记和强势的区域性旅游品牌以及山东旅游形象的重要支撑点。

（二）营销模式及营销平台建设

1. 旅游区营销的模式（主要有三类）

（1）系统营销：遵循统一性、针对性、规模化的旅游形象宣传原则对整体形象进行策划和宣传；细分市场，瞄准新型市场；建立通畅的分销系统，多渠道促销；树立整体促销的意识。

（2）圈层营销：目前，对于“圈层营销”的普遍理解是在项目营销过程中，把目标客户当作一个圈层，通过针对他们的一些信息传递、体验互动，进行精准化营销。而在操作手法上，最普遍的就是举办国际性节庆活动，通过核心圈的领袖意见引领圈层消费，让消费者获得精神归属感与内心荣耀感，进而带动整体市场消费。

(3) IP 营销

国外成熟 IP+ 自创 IP，硬件 IP（如玻璃栈道）+ 软件 IP（如创意卡通）；从旅游要素角度，发展区域 IP 品牌。

2. 营销平台建设

通过产品展销会、旅游会展、DM 直投、高速广告、平面媒体、专业旅游网站、集散中心咨询点、广播广告、电视广告等多种方式对旅游区品牌进行宣传推广。

思考题：

选择一个地区进行旅游资源的调查，写出调查报告。

参考文献：

[1] 吴必虎，俞曦．旅游规划原理 [M]. 北京：中国旅游出版社，2010.

[2] 任黎秀．旅游规划 [M]. 北京：中国林业出版社，2002.

[3] 旅游景区项目策划与创造体验 [EB/OL]. 百度文库，教育专区．

第十九章　旧城改造开发

第一节　什么是旧城改造

旧城改造是城乡开发的重要类型之一，是以城市中已建设的旧城区域为主要开发对象的一种开发形式。它具体是指对旧城区（包括城中村）中已经不适应经济、社会发展需要的物质环境进行局部或者整体改造，通过各种方式提高环境质量的综合性工作，是在城市老化地区有规划地进行城市改造建设。

旧城改造的主要目的是解决旧城区（包括城中村）存在的各种城市问题，满足城市各方公共利益的需要和推动城市社会经济的持续发展，其主要内容包括：①旧城区人口疏散；②经济社会结构调整；③设施更新；④环境改善；⑤建筑形体空间的再创造以及文化空间塑造等内容。

旧城改造的方式包括再开发（Redevelopment）、整治改善（Rehabilitation）、保护（Conservation）三种类型。

（一）再开发（Redevelopment）

再开发是针对建筑物、公共服务设施、市政设施等有关城市生活环境要素的质量全面恶化地区的开发方式，在该地区这些要素已无法通过其他方式，使其重新适应当前城市生活的要求。这种不适应，不仅降低了居民的生活品质，甚至会阻碍正常的经济活动和城市的进一步发展。因而，必须拆除原有的建筑物，并对整个地区重新考虑合理的使用方案。建筑物的用途和规模、公共活动空间的保留或设置、街道的拓宽或新建、停车场地的设置以及城市空间景观处理等，都应在旧城区改建规划中统一考虑。应对现状作充分的基础调查，包括该地区自身的情况以及相邻地区的情况。再开发是一种最为完全的改造更新方式，但这种方式在城市空间环境和景观方面、在社会结构和社会环境的变动方面均可能产生有利和不利的影响。同时在投资方面也更具有风险，因此只有在确定没有其他可行方式时才可以采用。

（二）整治改善（Rehabilitation）

整治改善是针对建筑物和其他市政设施尚可使用，但由于缺乏维护而产生设施老化、建筑破损、环境不佳地区的开发方式。对整治改善地区也必须做详细的调查和分析，大致可细分为以下三种情况：

（1）若建筑物经维修、改善和更新设备后，尚可在相当长的时期内继续使用的，则应对建筑物进行不同程度的改建。

（2）若建筑物经维修、改善和更新设备后仍无法使用，或建筑物密度过大，土地或建筑物的使用不当，或因土地或建筑物的使用不当而造成交通混乱、停车场不足、通行受到影响等情况时，则应对造成上述各种问题的原因通过各种方式予以解决，如拆除部分建筑物，改变建筑和土地的用途等。

（3）若该地区的主要问题是公共服务设施的缺乏或布局不当时，则应增加或重新调整公共服务设施的配置与布局。

整治改善的方式比重建需要的时间短，也可减轻安置居民的压力，投入的资金也较少，这种方式适用于需要更新但仍可恢复并无须重建的地区或建筑物。整治改善的目的不只限于防止其继续衰败，更是为了全面改善旧城地区的生活居住环境。

（三）保护（Conservation）

保护适用于历史建筑或环境状况保持良好的历史地区。保护是社会结构变化最小、环境能耗最低的“更新”方式，也是一种预防性的措施，适用于历史城市和历史城区。

历史城区保护更多关心的是外部环境，强调保护延续地区居民的生活。所以要保护好历史城区的传统风貌和整体环境，保护真实历史遗存。要鼓励居民积极参与，建设和改善地段内的基础设施，改善居民住房条件，以适应现代化生活的需要。保护除对物质形态环境进行改善之外，还应就限制建筑密度、人口密度、建筑物用途及其合理分配和布局等提出具体的规定。

以上虽然可以将旧城改造的方式分为三类，但在实际操作中应视当地的具体情况，将某几种方式结合在一起使用。

一、国内旧城改造相关概念

在国内学者的相关研究中，与“旧城改造”一词相关的概念范畴还常有城市更新、城市复兴、城市再生等。其中，“旧城改造”的主要特征是牵涉旧城居住区的动拆迁工作和相关补偿事宜；而“城市更新”是一个更加广泛的概念，

它既包含对旧城区（包括城中村）动拆迁之后的改造更新，又包含其他各类型的改造更新行为，在实际城市更新项目中常常包含旧城改造的部分内容；“城市复兴”一词的概念，强调城市衰败、没落地区的重新改造和功能更新；“城市再生”与“城市复兴”相近，都有对原有衰败地区提升、更新的含义，其侧重点是为原有地区注入活力使其再生。在本章中，提到旧城改造与城市更新时，两者所指代内容基本一致（编者注）。

二、国内旧城改造相关的实践历程

中国旧城改造相关的实践历程，可以梳理为以下几个阶段：

（一）1980 年代的主流：计划经济政府筹措下的大拆大建

当代中国大规模的城市更新工作应该是在 1980 年代改革开放政策以后开始的，但是当时的城市更新总体上还是以大拆大建为主的旧城改造，而且改造的地区也以改善居住条件和整治城市环境为主，包括对破旧房屋、简屋、棚户和危房进行拆除，对城市基础设施简陋、环境污染严重的地区进行改造，中心区的工业用地尚未开始大规模置换，以上海和北京中心城区城市更新改造为例，总结这一时期主要特点如下：

（1）资金来源：尽管 1980 年代政府也开始利用各方力量筹措资金，通过采用“集资组建”“联建公助”“民建公助”等方式多方筹集资金，但始终没有迈出“市场化”步伐，市、区政府的财政资金仍是中心区城市更新的主要来源。

（2）实施主体：这一时期的城市更新改造项目基本是政府主导下的“旧房利用、内部改造”项目，具体实施的主体基本上是市或区所属的国有房地产开发企业，还有些是市或区城市建设主管部门。

（3）运作方式：这一时期仍是沿袭完全计划经济体制下的运行方式。除了 1980 年代后期开始个别尝试旧住房成套改造外，此前规划改造对象是棚户、简屋集中地段，采取的方式是大规模推倒重建。对于更新过程中涉及的动迁居民基本实行原地回搬和现房安置。居民的住房属于单位分房制，只有使用权而无产权，这时期尚不存在公开的、规模化的市场。

（4）资源保护：由于城市肌理、城市文脉、城市遗产这样一些观念还未被认知到，在这个过程中，有价值的建筑、格局和风貌被破坏的现象比较严重。据 2001 年 10 月的《北京晚报》刊载的消息，1949 年北京原有大小胡同 7000 余条，到 1980 年代只剩下约 3900 条。可以说，在该阶段中，“大拆大建”“推倒重来”是主体，还没有将城市历史保护再利用的问题纳入城市更新的范畴来考虑。

（二）1990 年代的主流：市场经济下的大规模商业化更新

1990 年代，中国在走向市场经济的道路上逐渐找到适合自己的发展途径和方式，在尝试引进外资方面尝到甜头，从此社会经济发展模式发生了深刻变化，市场主导模式开始成为城市更新的主要模式。随着土地有偿使用制度的不断深入，利用黄金地段的土地级差优势，将大量土地出让收入投入到市政基础设施建设上，极大地改善城市基础设施建设资金匮乏的困难局面，也有利于优化城市土地利用结构。因此，这一时期成为很多大城市，诸如北京、上海，进入建设历史上投入、建设和管理力度最强的时期，也是城市形象、环境质量和城市功能变化最大的时期。这一时期上海中心城区城市更新改造的主要特点为[①]：

（1）资金来源：土地制度的改革为城市建设提供了新的资金来源[②]。通过房地产开发方式实施的旧区改造，充分利用土地级差地租效应，运用有效的规划引导和调控手段，通过外资房地产开发企业进行土地使用权的有偿转让，缓解中心区改造资金短缺的长期矛盾。

（2）实施主体：尽管城市更新是由各类房地产开发企业来实施，但总体来说政府仍然是城市更新项目真正的实施主体。特别是“365危棚简屋”的改造是市政府的一项重点实施工程，各区政府是具体的责任单位，由于有着明确的时间节点，各区政府都十分重视。正如国内学者指出的：“1990年代上海中心城区的改造，各级政府一直冲在最前沿，指挥、实施、引导、协调、监督每一个旧区改造项目的具体操作[③]。”

（3）运作方式：土地供应往往通过协议方式完成，尚未形成土地供应的市场运作机制。政府以指令性的方式将改造任务下达给企业，同时给予企业政策和资金方面的支持，短时间内能拆除大量危棚简屋，显著改善居住生活，但却未能充分发挥企业主观能动性。不管是政府统建，还是房地产开发项目，更新改造仍是由外部力量进行组织。在这一情况下，对于是否实施或如何实施旧城更新改造项目，更多时候是基于政府和开发商的视角，原住居民话语权有限，更新方式主要为将居民全部外迁，建筑推倒重建。居民的安置大多是实行易地安置，而不考虑回搬。

（4）资源保护：由于市场化因素占据整个城市更新的话语权主体，“谁出钱、谁说了算”的现象比较严重。一方面，投资方以经济利益为主要的驱动；另一方面，政府急于从出让土地中获取资金进行城市基础建设，从而在一定程度上放宽了对城市改造的管制。因此，1990年代以来的这个时期，是城市风貌总体上被破坏最厉害的时期。在很多地方，保护与拆除仿佛变成了一种赛跑，例如，继1980年代后，北京的胡同仍以每年600条的速度消失。当然，由于学术界的呼吁，加之部分有国际眼光的开发商开始借鉴国际上大城市对历史文化建筑再改造的案例，从而孕育出上海新天地这样的一些地块改造。通过政府和开发商联手开发的大规模整体式改造，在新天地里，城市风貌、里弄格局、老建筑等都被完整地保留，并重新修缮，赋予新的功能。然而，新天地基本上还是以文化商业娱乐为主要功能的，属于“消费性服务业”范畴；另外，更新过程还是以物质空间为主，原住居民的切身利益被忽视，高额的更新成本使他们无力回归“家园”。

（三）21世纪的“旧城改造”与“城市更新”

进入21世纪后，随着中国改革开放的不断深入，社会经济进入了一个前所未有的高速发展期，城镇化也进入了一个崭新的发展阶段，城镇化水平由1978

① 管娟．上海中心城区城市更新运行机制演进研究——以新天地、8号桥和田子坊为例[D]．上海：同济大学，2008.

② 赵民，鲍桂林，侯丽．土地使用制度改革与城乡发展[M]．上海：同济大学出版社，1998.

③ 徐明前．城市的文脉：上海中心城旧住区发展方式新论[M]．上海：学林出版社，2004.

年的 17.9% 提高到 2005 年的 43.0%，城镇人口由 1.72 亿增加到 5.62 亿[①]。

在此高速城市化的过程中，就开发建设而言，主要存在两条途径，其一是以新区开发为代表的城市扩张，其二是旧城拆迁改造。

以“速度快、密度高、高度高、规模大”为特点的大规模城市扩张大大加速了城市建成区面积的扩张。城市建设量增加必然导致城市建设所占用地的增加，也就使越来越多的原郊区用地变成城市的市区用地。可以说，中国城市发展模式是“蛙跳式”的快速扩张模式。

与城市向外扩张相对，在城区往往采取的是拆迁改造的方式。旧城改造规模大，形式较为单一，基本上属于“大拆大建，破旧立新”，追求的是“大变样”，对历史建筑及其周边环境的保护方面考虑不够。以上海为例，1980 年代后，上海基本告别了“零星拆建”的形式，转而变成“相对集中，成片改造”的旧区改造模式[②]。1990 年代后，随着“以经济建设为中心”的口号日渐深入人心，通过“土地批租”等政策，利用土地的极差地租效应，旧城改造进入更大规模的拆建阶段，通过向房地产开发企业进行土地使用权的有偿转让，借助外资缓解旧区改造资金短缺的长期矛盾。但是，这种大拆大建的方式，造成的负面影响不容小视。就城市风貌特色与文脉而言，随着大片旧住区被拆迁，一些有保留价值的建筑、设施、古树、风貌等永远地消失了，原有的城市形态、街廓体系、城市风貌正在迅速改变，城市文脉受到割裂和人为的破坏，取而代之的是新建筑，各种风貌的拼凑。就社会公平而言，在此过程中，往往采取的是居民全部外迁的方式，将建筑全部推倒重来，居民的安置大多实行现房易地安置，不考虑回搬。这种途径与“二战”以后西方发达国家解决城市旧区衰败的问题所采取的措施相似，采用的办法是完全推倒重建，并将其中居民转移走，然后以能够提供高税收的项目取而代之。

国内相关学者的研究：

我国真正意义上的旧城改造与城市更新是从 1970~1980 年代才开始的，有关理论研究是到 1990 年代后期才开始发展并完善起来的。1988 年，清华大学教授吴良镛先生在北京旧城中心地段改造实践过程中，提出了“有机更新”理论，并在北京菊儿胡同的改造项目中实践了这一思想。方可在《探索北京旧城居住区有机更新的适宜途径》[③]中进一步发掘了吴良镛教授提出的“有机更新”理论的内涵，从土地开发、拆迁安置、规划设计与管理、历史文化环境保护等几个方面调查和分析了北京旧城居住区大规模改造中存在的各种突出问题，结合实践从战略和战术两个层面提出了北京旧城有机更新的理论研究框架，从规划方法角度对该理论作了进一步的拓展。阳建强、吴明伟合著的《现代城市更新》[④]则着重分析和介绍了城市更新的历史发展、基础理论、类型模式、系统规划和组织实施，并结合实践以及一些实地调查案例对其理论和方法进行了剖析。陈秉钊教授提出了“系统更新”的概念，认为应从系统论角度来分析研究“城市

---

① 中国市长协会．2005 年中国城市发展报告 [M]. 北京：中国城市出版社，2006.

② 徐明前．城市的文脉：上海中心城旧住区发展方式新论 [M]. 上海：学林出版社，2004.

③ 方可．探索北京旧城居住区有机更新的适宜途径 [D]. 北京：清华大学，1999.

④ 阳建强，吴明伟．现代城市更新 [M]. 南京：东南大学出版社，1999.

更新”，因此城市更新需要权衡和科学的决策[①]。

在大多数国内学者看来，旧城改造与城市更新是一个动态的概念，不同的时期赋予了其不同的内涵，由于时代的变迁和处于不同阶段城市发展的需要，城市更新也由大规模的物质形态更新转向注重非物质形态要素的可持续的发展，本书所提到的城市复兴，是城市更新在现代社会中的一种表达方式，和有些学者所倡导的“城市再生”“柔性更新”的内涵是基本统一的。

相关学者表述详见表 19–1–1。

部分国内文献中关于旧城改造的概念表述 　　表 19–1–1

表达方式	界定维度	概念内涵	作者 / 时间
旧城改造	旧城改造与开发	旧城改造是根据城市发展的要求和满足城市居民生活的需要，针对城市现存环境中内部功能、建筑、空间、环境等进行的必要的调整和改变，是有选择地保存、保护并通过各种方式提高环境质量的综合性工作，是在城市老化地区有规划地进行城市改造建设，包括再开发、整治、保护三个方面的内容	董晓倩 /2009
旧城再开发		旧城再开发是指在布局混乱，城市功能完全丧失，城市环境质量严重恶化的城区，根据城市总体规划，拆除全部建筑物和构筑物，拓宽城市道路，新建各种必要的城市设施，重新安排合理的城市土地利用，完善城市功能，提高环境质量，彻底改变原有地区景观的大规模城市改造建设	董晓倩 /2009
旧城改造		旧城改造，也就是旧城区（包括城中村）的二次开发，是指对旧城区中已不适应经济、社会发展需要的物质环境部分进行改造，使其整体功能得到进一步改善和提高。旧城改造的主要目的是解决旧城区存在的各种城市问题，满足城市居民公共利益的需要，进行城市社会经济的持续发展	谢浩 /2011
旧城改造		旧城改造主要是指对旧城区进行开发以及再利用，将旧城区中无法与新时期下社会经济发展相适应的区域进行全面的改造，使该城区的价值以及使用功能能够得到有效的提升	李珊珊 /2016
旧城改造		旧城改造就是通过改造旧城区中那些落后的、不利于城市经济、社会发展的环境结构，重新构建城市发展的合理化空间布局，恢复旧城区在城市发展中的固有活力，发挥其应有作用，以达到改善生活质量与环境、振兴城市经济、推动社会进步的目的。旧城改造内涵主要包括旧城区人口疏散、经济社会结构调整、设施更新、环境改善、建筑形体空间的再创造以及人文感知空间塑造等内容	靳红霞 /2008
城市更新	城市更新	城市更新是城市在生长过程中必然要进行的新陈代谢过程，其表现形态就是城市物质结构、空间结构的一次次变迁	蒯大申 /2008
城市更新		生活在城市中的人，对于自己所住的建筑物、周围的环境或出行、购物、娱乐及其他的生活活动，有各种不同的期望与不满，对于自己所居住的房屋的修理改造，对于街道、公园、绿地和不良住宅区等环境的改善，尤其对于土地利用的形态或地域地区的改善，大规模都市计划的实施，以便形成舒适的生活环境和美丽的市容，都抱有很大的希望。所有这些有关城市改善的建设活动，就是城市更新（Urban Renewal）（1958 年 8 月城市更新第一次研究会）	蒯大申 /2008
城市更新		城市更新的本质是城市功能的调整和城市空间的“再利用”。具体而言，城市更新是对城市中某些衰落破败、功能退化的区域进行拆迁、改造和建设，使之重新繁荣，恢复吸引力和发展活力	蒯大申 /2008
城市更新		城市更新是在科学预见的基础上解决城市发展的根本矛盾的手段，就是说将老化（Decay）的市区予以有效的改善，使其成为现代化的都市本质。它具有双重意义：一方面，反映城市发展的过程，它们的空间规划组织及建筑和福利设施的完善过程，这个过程很长，有时甚至长达几百年；另一方面，城市更新是一种物质成果，反映了当时的建筑和福利设施的状况。总之，城市更新是城市发展的一种形式	刘俊 /1998

① 陈秉钊．旧城更新中的系统论和辩证观 [J]. 城市规划汇刊，1996，Vol.（4）.

续表

表达方式	界定维度	概念内涵	作者 / 时间
城市更新	城市更新	城市更新的实质是对局部规则的更新；城市更新是一个综合的过程，它应建立更新地段局部规则的新的平衡；城市更新并不意味着对更新地段所有的局部规则的改变；城市更新应谨慎对待涉及城市历史文化、地域特征的局部规则	贾新锋 /2009
城市更新		通常地讲，"城市更新"是指在城市中，针对某个区域范围内的建筑与环境，实施重建、整修或维护的措施，以实现促进城市土地再开发，激活城市机能，改善城市环境等目的	贾新锋 /2009
城市复兴	城市复兴	"城市复兴"是 1980 年代起源于欧美的一项城市再造运动，其宗旨是既要保留城市原有历史文化风貌，也要保护其特有的社区生活方式，给城市的平衡发展注入新的活力	中英城市复兴高层论坛 / 2005
城市复兴		城市复兴是一个动态过程，目标不仅仅是改善城市环境和市民生活，使城市充满生机，增强城市经济活力，改善环境质量，更重要的是使城市更加具备社会和文化包容性，消除贫困，减少犯罪，提供广泛的受教育机会等	罗翔 /2013
城市复兴		1970 年代，北美城市规划引入了"城市复兴（Urban Renaissance），"以综合和整合的视角并通过行动，引导对城市问题的分析，寻求转型地区持续增长的条件，其中包括经济、形态、社会和环境等方面的内容	罗翔 /2013
文化为导向的城市复兴		文化为导向的城市复兴将文化视为"复兴的催化剂与引擎"，主要通过文化产业的发展来替代衰败的传统制造业来提升内城的活力，通过文化活动将人们重新吸引到内城来。在改造复兴过程中，通过对老的工业建筑及公共空间的再利用和新增文化设施来提升整个地区的活力，进而推动旅游产业的发展，来带动衰败地区的城市复兴	吴书驰 /2012
城市再生	城市再生	城市再生是一项旨在解决城市问题的综合、整体的城市开发计划与行动，以寻求某一亟需改变地区的经济、物质、社会和环境条件的持续改善（Peter R）	张平宇 /2004
城市再生		城市再生是随着城市化的升级，针对不同历史时期的城市问题，制定相应的城市政策，并加以系统地实施和管理的一个过程	王伟年 /2006

资料来源：作者自绘

三、国外旧城改造相关概念

旧城改造在国外学者的研究中，常有以下几种表述方式：Urban Renewal，Urban Regeneration，Urban Reconstruction，Urban Renaissance，Urban Redevelopment 等。其中，前两者侧重于城市物质、社会全方位的更新换代；Urban Reconstruction 强调城市空间、物质层面的重建；Urban Renaissance 一词对应中文"城市复兴"一词的概念，强调城市衰败、没落地区的重新改造和功能更新；而 Urban Redevelopment 则侧重于地块功能、物质空间等的二次开发。

四、国外旧城改造相关的实践历程

根据西方国家的经历，其实践历程大致可以分为三个阶段，或者称为"三代"，从第一代"推土式""大拆大建"物质与建成环境决定论的城市更新演变到第三代强调经济发展商业途径的城市中心的复兴。三代都有着不同的引导政策，其对应的社会、经济和政治特征也不尽相同，当然也是由于不同的操作者、行动方式和结果所导致的。

（一）第一代：推土机式，物质与建成环境决定论

在城市的增长过程中，城市中心区的建筑日益陈旧、状况恶劣，越来越让人难以忍受，与其本身的区位价值不相适宜，品质恶劣与区位良好的矛盾促使

“清理贫民窟”的想法付诸实施。

在英国，随着1930年格林伍德法案（Greenwood Act）颁布，“清理贫民窟”的行动在较大范围内开始推广①。第一代的城市更新过程中，英国有超过25万的住宅被废弃或封存，超过1.25万的人口迁离旧居②。这一运动由于“二战”被中止，直到1954年又继续实施。当时规划师制定的目标是每年移除1.2万~6万户住宅，并建造10万~15万户的新住宅③。许多被推倒的住宅是低层私人建筑，而新建筑大多是大型的公共公寓。整个“推土机式”的清理工作以及住宅的提供都是由英国政府当局出面负责的。

由于对1937年美国《房屋法》一直存在异议，美国的城市更新开始于1949年对于《房屋法》的调整，提出“得体的和可负担的住宅”，结束于1974年的《房屋与社区发展法》。与英国不同的是，美国的土地集中和清理过程普遍是由地方公共机构完成的，该机构或称为城市开发公司，使用联邦资金（2/3）和地方资金（1/3），运用征用权，拆除了60万个住房单元并搬迁了200万人口。但是新建筑却掌握在私人企业手里。结果，在城市更新计划中，推倒的公寓要比建起的多。贫民窟很快被商业中心、办公建筑、文化和娱乐中心所取代④。Gans论证了1949到1964年间，在美国联邦政府城市更新计划中，只有0.5%的费用被花费在重新安置当地居民，大部分住宅都没有考虑当地居民的回迁问题⑤。

尽管英国和美国两个国家城市更新的手段不同，但批评的声音却是空前相似：执行者并没有考虑强制性安置所带来的沉重心理成本以及摧毁健康的社区所带来的社会成本⑥。一些新建的居民区被指责这样的规划和设计的街区是野蛮的，根本不适合家庭生活，尤其不适合贫困家庭。再者，许多地方的再开发项目持续了20~30年，但大多数的时候，没有用的建筑和空余的地块占据了城市中心，从而引发了巨大的经济和社会破坏。

在加拿大，城市更新计划在1948年到1968年间已经有了48个，但人们对大量道路建设和商业建筑代替了住宅的批判声音也很大⑦。在法国，批评者认为1958~1975年期间，采取的城市更新活动是一种“跟随现代化的大破坏”途径⑧。事实上，西方世界的大城市，尤其是美国，很多混凝土、钢、玻璃组成的奢侈建筑项目，例如纽约的林肯中心，都是建造在贫民窟的场地上。

但是在许多报告的案例中，移除和废弃政策以及针对大批居住街区贫困人口带来长期的经济和社会成本实在是很高。因此，推土机式城市更新一直都受

---

① Short, J. R. Housing in Britain：The Post-War Experience[M]. London：Methuen, 1982.

② Gibson, M. S., M. J. Langstaff. An Introduction to Urban Renewal[M]. London：Hutchinson, 1982.

③ Short, J. R. Housing in Britain：The Post-War Experience[M]. London：Methuen, 1982.

④ Carmon, Naomi. Three Generations of Urban Renewal Policies：Analysis and Policy Implications[J]. Geoforum, 1999, Vol. 30(2)：145-58.

⑤ Gans, H. J. The Failure of Urban Renewal：A Critique and Some Proposals[M]. In Urban Renewal：People, Politics and Planning, edited by M. HausknechtJ. Bellush. New York：Doubleday, Anchor Books, 1967.

⑥ Carmon, Naomi. Three Generations of Urban Renewal Policies：Analysis and Policy Implications[J]. Geoforum, 1999, Vol. 30(2)：145-58.

⑦ Carter, T. Neighborhood Improvement：The Canadian Experience[M]. In Neighborhood Regeneration：An International Evaluation, edited by R. AltermanG. Cars. London：Mansell, 1991.

⑧ Primus, H., G. Metselaar. Urban Renewal Policy in a European Perspective[M]. Delft：Delft University Press, 1992.

到质疑，在大多数地方也没有很成功。

（二）第二代：邻里恢复，强调社会问题的综合途径

美国从1960年代开始产生了一种新的途径来帮助邻里，它源自对第一代推土机式城市更新的批判。当时的背景是大规模经济增长和社会优化，伴随着“富足社会”目标而启动了“贫穷的再开发”运动①。在这个过程中，公众的观点变得越来越有力量，并要求财富的重新分配。因此，这使得计划并实施综合的居住计划变成可能，既可以改善现状的居住和环境（而不是摧毁），同时也可以处理人口等社会问题，增加社会服务并提高品质。在决策制定过程中，很多新的计划，以“最大可能的参与”为口号，都尽可能地考虑当地居民。

美国总统林登·约翰逊（Lyndon Johnson）提出的“大社会”计划中，“与贫穷作战”是核心，行政方面的改革是“模范城市”计划②。这个计划80%由联邦政府支持，20%由当地政府出资，针对大城市里贫穷地区的穷困问题建立一套解决方式。在7年的时间里，新成立的住房与城市发展部门（HUD）共花费了23亿美元在该目标上。然而，大部分的资金都分配到教育、健康、专业培训、公共安全等一系列的社会项目上，只有一小部分被花费在居住重建和基础设施上③。

尽管这个计划本身是基于好的愿望，也为此支付了大量资金，但是计划还是被认为是失败的，之所以没有成功的原因是在没有附加资源的条件下，原有计划的框架从36个邻里单元扩张到66个，此后又翻了一倍④。而其他一些人认为，像那个时候的其他“与贫穷作战”计划一样，这个政策“过于理论化”，而且完全被它自己的规范和限制所压制⑤。曾经担任过该计划主席的Wood先生认为这个计划取得了一定的成功，也有着正面的且长期的结果，但是Frieden and Kaplan将其总结认为“承诺和表现之间是有巨大鸿沟的”⑥。

相似的社会经济力量在1960~1970年代的英国也非常活跃，在城市复兴方面也创造了相似的，虽然不是相同的过程。在物质空间领域，有一个明显的趋势，在“从旧房到新家”的口号下，从清空建筑变为对现状建筑和环境进行修缮⑦。社会计划受到美国规划师的影响，例如社区开发中的居民参与。1975年，有3750个项目和“与贫困作战”有关，总预算达到3400万英镑。英国政府很多机构以及当地机构都参与了，在城市计划的框架内，处理教育、就业、福利的问题⑧。GIA地区（总体改进地区）是专门改进贫困地区居住和环境的政府计

① Harrington，M. The Other America[M]. New York：Macmillan，1962.
② Haar，M. Between the Idea and the Reality：A Study in the Origin，Fate and Legacy of the Model Cities Program[M]. Boston：Little Brown and Company，1975.
③ Listokin，D.，ed. Housing Rehabilitation：Economic，Social and Policy Perspectives[M]. New Brunswick NJ：Rutgers，The State University of New Jersey，1983.
④ Banfield，E. The Unheavenly City Revisited [M]. New York：Little Brown，1974.
⑤ Moynihan，D. P. Maximum Feasible Misunderstanding[M]. New York：Free Press，1969.
⑥ Kaplan，M.，P. Cuciti，eds. The Great Society and Its Legacy[M]. Durham：Duke University，1986.
⑦ Murrie，A. Neighborhood Housing Renewal in Britain[M]. In Neighborhood Policy and Programmes：Past and Present，edited by N. Carmon. London：Macmillan，1990.
⑧ Gibson，M. S.，M. J. Langstaff. An Introduction to Urban Renewal[M]. London：Hutchinson，1982.

划。于是在英国出现了一个组合，居住的物质空间改进计划与社会问题的改进结合在一起，通常物质空间的问题和社会问题无论是在组织还是空间上都是被割裂开的。

正如 Alterman 表明的，许多欧洲的升级计划是片面的，单独或主要集中在居住和基础设施的问题上①，包括在瑞典、荷兰和联邦德国。但是在其他一些国家，譬如加拿大、法国和以色列，采用的是美国模式。加拿大的邻里改进计划于 1973 年在议会得到审批通过，包含 322 个当地机构，处理现有建筑的翻新、拆除部分状况不佳的住宅、社会和社区服务的经费，并保障在决策过程中居民的公共参与②。法国的邻里社会开发政策开始于 1981 年，对法国境内 150 个邻里有影响，直接指导居住、教育、社会整合、就业、专业培训、健康、文化和休闲综合性和整合的管理，并特别强调在此转变过程中的居民参与③。

（三）第三代：城市中心的复兴，强调经济发展的商业途径

在 1970 年代开始的时候，经济下滑席卷全球。与此同时，大量的研究结果表明，1960 年代大的社会计划并没有起到正面作用。其中最著名的研究是 Gibson and Prathes 做的，他们对社会计划进行了评估，得到的结论是"没有起作用"④。另一个是 Charles Murray 的结论，"与贫困作战"计划的结果是创造了更多的穷人⑤。于是右翼政府取消了第二代的更新计划，开始关注恶化的城市问题，尤其是内城。

1970~1980 年代，在大城市和发达国家却出现了自发的复兴过程。城市中心地区低廉的土地和居住吸引了大量小型和大型的私人企业。这个过程被分成两类："公共和个人合作"以及"公共和私人合作"⑥。其中"公共和个人合作"是指个人、家庭和小型商务的所有者直接（主要是以自助贷款形式）或机构间接地（通过特别的规范、投资到周边公共服务等）投资到日益恶化的邻里。而"公共和私人合作"描述的是近年来大的私人投资者、企业、公共机构、当地政府之间比较频繁的合作。根据 Carmon 的理论，"公共和私人合作"可以分为以下三类。

（1）中产阶级化。这个过程主要是发生在有活力的城市中央商务区，这些地方往往提供了有魅力的建筑和有历史的住宅。在许多案例中，中产阶级化往往是复兴的第一标志，但是在一些地方它跟在其他投资之后。有大量的研究描述了这个过程，通常这些地方的人群是年轻并有较高学历的，例如雅皮人士

---

① Alterman，R. Dilemmas About Cross-National Transferability of Neighborhood Regeneration Programs[M]. In Neighborhood Regeneration：An International Evaluation，edited by R. AltermanG. Cars. New York：Mansell，1991.

② Lyon，D.，L. H. Newman. The Neighborhood Improvement Program 1973-1983：A Review of an Intergovernmental Initiative[M]. Winnipeg：Vniv of Winnipeg，1986.

③ Tricart，J. P. Neighborhood Social Development Policy in France[M]. In Neighborhood Regeneration：An International Evaluation，edited by R. AltermanG. Cars. London：Mansell，1991.

④ Gibson，F. K.，J. E. Prathes. Does Anything Work？ Evaluating Social Programs[M]. CA：Sage，Beverly Hills，1977.

⑤ Murray，C. Loosing Ground：American Social Policy，1950-1980[M]. New York：Basic Books，1984.

⑥ Carmon，Naomi. Three Generations of Urban Renewal Policies：Analysis and Policy Implications[J]. Geoforum，1999，Vol. 30(2)：145-58.

(Yuppies，年轻的城市专业人士)和丁克人士(Dinks，双份收入没有孩子的夫妻)。在美国[①]、加拿大[②]和西欧[③]，他们会把存款或者贷款投资到恶化的中心城区内的旧建筑翻新。中产阶级化及其带来的效应吸引了大量研究目光和评论[④]。多数人认为带来的是置换效应，例如，中产阶级的进入不断地将低收入者从地方上置换出来[⑤]。尽管很有争议，当地权威还是倡导“回到城市”的运动，通过在邻里内采用便利的法规、税赋的折扣，补贴贷款，对于道路和其他服务的改进等措施来促进该运动。研究者也表示“中产阶级化的程度和影响是受到 1970 年代和 1980 年代相关城市文章的夸大，随着 1990 年代的工业衰退，其重要性减少了”[⑥]。

(2) 有义务的居民的升级。Clay 是第一个使用“复兴”这个名字来描述这个过程的人[⑦]：当地居民决定要投资来改善他们的住宅和环境，一些时候他们还成功劝说其他人来帮助他们。在美国，他们通常会借助于当地机构和非政府组织；在英国，经常是建筑团体[⑧]。中产阶级化主要发生在城市中心区，而有义务的居民升级通常在非城市中心的邻里单元里比较多见。大部分的美国案例都属于这个类别。

(3) 由移民引发的升级。过去，邻里单元里出现贫穷的移民多半被认为是恶化的原因。相比之下，近年来，(在美国，自从 1965 年移民法颁布后)，大量移民涌入发达国家已经是趋势。这些移民通常来自欠发达国家的大城市，他们中的很多是有技术的，通常受到过良好的教育并拥有很多资源，他们致力于进入这些国家的中产阶级。当然底层阶级的移民流并没有中断，只是有技术的移民的比率上升了[⑨]。Winnick 发现“新移民”给纽约恶化的邻里带来新的生命，他们增加了该地区的就业和商务数量，翻新的公寓、建筑和重新充满的学校[⑩]。Muller 发现由于新移民潮，纽约、洛杉矶和迈阿密开始集中开展城市更新[⑪]。美国的 Nathan[⑫] 和加拿大的 Bourne[⑬] 指出城市更新中，移民起到促进作用。

---

① Lipton, G. Evidence of Central City Revival. Journal of the American Institute of Planners[J]. 1977, Vol. (43): 136–37.

② Ley, D. Inner City Revitalization in Canada : A Vancouver Case Study[J]. Canadian Geographer 1981, Vol.(25) : 124–48.

③ Smith, N., P. Williams, eds. Gentrification of the City[M]. London : Allen and Unwin, 1986.

④ Griffith, J. M. Gentrification : Perspective on the Return to the Central City[J]. Journal of Planning Education and Research 1996, Vol. 11(2) : 241–55.

⑤ Hartman, C. Comment on Neighborhood Revitalization and Displacement : A Review of the Evidence[J]. Journal of the American Planning Association. 1979, Vol. 45(4) : 488–90.

⑥ Bourne, L. S. The Myth and Reality of Gentri®Cation : A Commentary on Emerging Urban Forms[J]. Urban Studies. 1993, Vol. 30(1) : 183–89.

⑦ Clay, P. Neighborhood Renewal[M]. Lexington, MA : D.C. Heath and Company, 1979.

⑧ Murrie, A. Neighborhood Housing Renewal in Britain[M]. In Neighborhood Policy and Programmes : Past and Present, edited by N. Carmon. London : Macmillan, 1990.

⑨ Carmon, N. Immigration and Integration in Post-Industrial Societies : Quantitative and Qualitative Analysis[M]. In Immigration and Integration in Post Industrial Societies : Theoretical Analysis and Policy Implications, edited by N. Carmon. London : Macmillan, 1996.

⑩ Winnick, L. New People in Old Neighborhoods[M]. New York : Russel Sage Foundation, 1990.

⑪ Muller, T. Immigrants and the American City[M]. New York : New York University Press, 1993.

⑫ Nathan, R. A New Agenda for Cities[M]. Columbus : 1992 :

⑬ Bourne, L. S. The Myth and Reality of Gentri®Cation : A Commentary on Emerging Urban Forms[J]. Urban Studies. 1993, Vol. 30(1) : 183–89.

第三代中一个卓越的贡献是在经济开发项目中的"公共与私人合作"。这些项目不仅仅集中在城市的中心，还包括大型商业中心、会议中心、宾馆和少数的特权住宅。Frieden and Sagalin 记录了其中一些比较有名的案例：美国波士顿的 Quincy Market、西雅图的 Pike Place、圣地亚哥的 Horton Plaza①。Fainstein②, Robertson③ 和 Wagner④ 等分析了很多美国当时的项目。其中最有名的是伦敦的码头区（Docklands），但还有很多其他的旗舰项目。许多大项目都在商业上很成功。他们吸引了商业、当地顾客、旅游者，对当地的赋税有重要的作用，并增加了城市的口碑。

"公共与私人合作"改变了城市再开发实践的本质⑤。那些做过第三代城市复兴经济开发收益调研的研究者都认为它们大多拓宽了"有"和"没有"之间的鸿沟。这是汉堡、伦敦、纽约和其他城市得出的结论。根据"滴漏"理论，利润会从快速经济发展领域渗透到社会的各个方面。

国外相关学者的研究：

巴黎的城市美化运动，奥斯曼⑥用了 18 年时间对巴黎进行了全面的更新，尽管有所成绩但也引起后人广泛的争议。后来美国的泰勒正式提出"卫星城（Satellite Ctiy）"的概念和相关理论，开始从区域的角度对待城市的发展问题。芬兰建筑师 E·沙里宁为缓解由于城市过分集中所产生的弊病，在霍华德"田园城市"的思想基础上提出关于城市发展及其布局结构的"有机疏散理论"。1950~1970 年代，西方国家普遍的城市更新运动使大刀阔斧的城市重建逐步转向了小规模渐进式的改造。勒·柯布西耶（Le Corbusier）⑦是现代建筑运动的激进代表，主张以工业的方法和简单的几何形体进行大规模地房屋建造，从而需要清除城市中较为陈旧和古老的建筑和街区。这种"推倒式""福尔马林罐式"城市更新引起了众多专业人士的反对。简·雅各布斯⑧是其中的主要代表，她着重提出了"城市的多样性"和"小而灵活的规划"，其代表性著作《美国大城市的死与生》被认为是终结了 1950 年代美国政府以铲除

---

① Frieden, B. J., L. B. Sagalyn. Downtown Inc.: How America Rebuilds Cities[M]. Cambridge, MA: MIT Press, 1989.

② Fainstein, S. S. The City Builders: Property, Politics, and Planning in London and New York[M]. Oxford, UK: Blackwell, 1994.

③ Robertson, K. A. Downtown Redevelopment Strategies in the US: An End of the Century Assessment[J]. Journal of the American Planning Association 1995, Vol. 61(4): 429-37.

④ Wagner, F. W., T. E. Joder, A. J. Mumphry Jr., eds. Urban Revitalization: Policies and Programs[M]. Thousand Oaks CA: Sage Publications, 1995.

⑤ Sagalyn, L. B. Explaining the Improbable: Local Development in the Wake of Federal Cutbacks[J]. Journal of the American Planning Association, 1990, Vol. 56(4): 429-41.

⑥ 乔治·欧仁·奥斯曼（1809~1891 年），时任塞纳大省省长、巴黎警察局长，第二帝国（1852~1870 年）时期，由拿破仑三世任命为对巴黎进行大规模改造的总负责人。

⑦ 勒·柯布西耶与新派立体主义的画家和诗人合编杂志《新精神》，在第一期就写道："一个新的时代开始了，它植根于一种新的精神，有明确目标的一种建设性和综合性的新精神。"后来他把其中发表的一些关于建筑的文章整理汇集出版单行本书《走向新建筑》，激烈否定 19 世纪以来的因循守旧的建筑观点、复古主义的建筑风格，歌颂现代工业的成就，提出"住宅是居住的机器"，鼓吹以工业的方法大规模地建造房屋，"建筑的首要任务是促进降低造价，减少房屋的组成构件"，对建筑设计强调"原始的形体是美的形体"，赞美简单的几何形体。

⑧ 1959 年，美国休斯敦街以南以格林街为中心的地区（简称 SOHO）面临被改造的危险，1961 年 2 月，人们推举简·雅各布斯为"反对筑路联盟"主席，抗议 1965 年纽约市政府的下曼哈顿区改造计划。

贫民窟和兴建高速路为特征的大规模城市更新运动。1970 年代后人们开始认识到内城衰落的不利影响，有关城市再生、城市振兴、城市复兴等的研究成为 1970 年代以来城市发展研究的主题。其后刘易斯·芒福德的两部著作《城市文化》和《城市发展史》都集中反映了文化和城市的相互作用这一思想，他提出“城市的主要功能是化力为形，化权能为文化，化朽物为活灵灵的艺术形象，化生物繁衍为社会创新”①。1965 年，C·亚历山大② （C·Alexamder）在《城市并非树形》一书中，论证了现代功能城市存在的问题，他认为按照功能理性设计的“人造城市”因不能满足人们对某些真正价值的渴望而以失败告终，他指出“树形结构”③的城市是没有活力的，因此他认为必须用“半网络”结构及其相应的规划方法来创造生机勃勃的城市。“二战”后的日本也开始探索城市更新之路，其代表性人物黑川纪章倡导“共生理论”，强调城市和建筑与人、自然共生共存的思想，他认为功能主义已经过时，现在重要的是创造一种新陈代谢的设计理论。黑川纪章的思想在其作品“中银舱体大楼”④的设计中得到了较好的体现。

1969 年 9 月，纽约哥伦比亚大学建筑系主任詹姆斯·马斯顿·菲奇⑤ （James Marston Fitch）指出了大拆大建城市更新模式给建筑、城市造成的创伤，使政府不得不开始关注历史街区的复兴问题。人们在 1970 年代开始认识到内城衰落对城市发展的严重阻碍，纷纷开始对旧城中心区的复兴进行深入的研究和探讨，有关城市复兴、城市再生等的研究成为 1970 年代以来城市发展的主题。“城市复兴”一词最早出现在 1992 年，伦敦规划顾问委员会的利歇菲尔德女士在她的《为了 90 年代的城市复兴》中这样定义：“用全面及融会的观点与行动为导向来解决城市问题，以寻求一个地区在经济、物质环境、社会及自然环境条件上的持续改善。”1999 年，英国政府委托以著名建筑师理查德·罗杰斯勋爵（Richard Rogers）领衔，由上百位社会各方面的

---

① 刘易斯·芒福德．城市发展史——起源、演变和前景 [M]. 宋俊岭，倪文彦，译．北京：中国建筑工业出版社，2004：197.
“最初，城市是神灵的家园，而最后城市变成了改造人类的主要场所，人性在这里得以充分发挥。进入城市的是一连串的神灵，经过一段段长期间隔后，走出城市的是面目一新的男男女女，他们能够超越其神灵的局限，这是人类最初形成城市时始所未料的”，“城市乃是体现人类之爱的一个器官，因而最优化的城市经济模式应该是关怀人和陶冶人”。

② 他把人造城市失败的原因，归结到那条理清晰和结构简单的“树形结构”身上，指责树形结构的简单化倾向损害了现实社会中人际关系的复杂性，它无法真实反映社会的结构，这种为了减少模糊性和重叠性的树形思维，是以富有活力的城市的人性和丰富多彩为代价的。

③ 亚历山大认为优良的城市结构必须和社会生活产生对应关系，他认为树形结构的城市是不真实的，因为社会生活本身不是一种等级制的树形结构，现代社会其实已经不存在真正意义上的完全闭合的小圈子，而是由无数的互相交叠的圈子共同形成的半网络结构。树形结构的形成遵循了比半网络结构更为严格和更多的规则，树形结构之所以在城市结构中使城市受到损伤，正是因为其缺乏半网络结构所具有的联系的多样性和结构复杂性。亚历山大认为“今天，人们越来越充分地认识到，在人造城市中总缺少着某些必不可少的成分，同那些充满生活情趣的古城相比，我们现代人为地创建城市的尝试，从人性的观点而言，是完全失败的”。

④ 中银舱体大楼是日本建筑业“新陈代谢运动”仅存的模块式建筑之一，并且在 1996 年开始它就入选为 DOCOMOMO INTERNATIONAL 国际委员会的世界遗产之一。面对舱体楼将被拆除的命运，黑川纪章提出一个折衷方案：去掉每一个居住舱体，用新的居住单位代替，让基础大楼保持不变。

⑤ 詹姆斯·马斯顿·菲奇是美国哥伦比亚大学历史性建筑保护专业的创始人，主持了若干纽约的重要历史性建筑的修复与再生工作，如埃利斯岛重建工程和纽约中央火车站工程。

专家学者组成的“城市工作专题组”（Urban Task Force），重点研究日益严重的城市问题。最终“城市工作专题组”历时一年完成了《迈向城市的文艺复兴》（*Towards an Urban Renaissance*）这一研究报告，正是在这份报告中，将城市复兴的意义首次提高到一个同文艺复兴（Renaissance）相同的历史高度。随后各个发达国家也积极提出了各自的城市复兴战略，城市复兴的理念逐渐普及发展。

相关学者表述详见表 19–1–2。

部分国外文献中关于旧城改造的概念表述　　　　表 19–1–2

表达方式	界定维度	概念内涵	作者 / 时间
Urban Renewal	Urban Renewal 旧城更新	Urban renewal is defined as the process of slum clearance and physical redevelopment that takes account of other elements such as heritage preservation. 旧城更新被定义为考虑到遗产保护等其他因素的贫民窟清理和实体重建的过程	Helen Wei Zheng/2014
Urban Regeneration	Urban Regeneration 城市更新	Urban regeneration is a comprehensive integration of vision and action aimed at resolving the multi–faceted problems of deprived urban areas to improve their economic, physical, social, and environmental conditions. 城市更新是着眼于解决城市贫困地区的多方面问题，以改善其经济、物质、社会和环境状况的全面设想和行动	Helen Wei Zheng/2014
Urban Regeneration		Urban regeneration as defined by Peter Roberts and Hugh Sykes is ‘a comprehensive and integrated vision and action which leads to the resolution of urban problems and which seeks to bring about a lasting improvement in the economic, physical, social and environmental condition of an area that has been subject to change’（Roberts & Sykes, 2000, p. 17）. Peter Roberts 和 Hugh Sykes 所定义的城市更新是“一种全面和综合的设想和行动，它将会解决城市问题，并试图持久改善一个经历了变化的地区的经济、物质、社会和环境状况”（Roberts & Sykes, 2000, p. 17）	Anurup Kesavan Nair/2016
Urban Regeneration		Regeneration could be considered as the rebirth of the city, allowing the city to live a second life as it was once became dead. The physical, social and economic aspect of the city are transformed and improved to achieve higher or at least the same level as its glory days. 城市更新可以被认为是城市的重生，让城市可以像曾经消亡过一样重生一次。城市的物质、社会和经济方面都在改变和改善，以达到更高或至少与它的辉煌岁月一样的水平	Siti Syamimi Omar/2016
Urban Renaissance	Urban Renaissance 城市复兴	Promoting urban living and working offers various potential benefits such as improving urban vitality, reducing the need to travel and using land more efficiently. 促进城市生活和工作可带来各种潜在的好处，如提高城市活力、减少旅行需要和更有效地使用土地	Dominic Stead/2004
Urban Renaissance		Urban renaissance therefore represents more a set of ‘processes’ of change and adaptation than a set of ‘products’ or clearly defined solutions to the way towns and cities work. 城市复兴更多的是一系列变化和适应的过程，而不是一套“产品”或明确定义的城镇工作方式	Matthew Carmona/2001

续表

表达方式	界定维度	概念内涵	作者 / 时间
Urban Resilience	Urban Resilience 城市再生	Urban resilience concerns the adaptability of a system reflected after the occurrence of disturbance. The theories of resilience develop through three stages : the engineering perspective, which views resilience as the mere ability of recovery to the previous state after shock ; the ecological perspectives, which considers resilience as the amount of disturbance the system can absorb before the change of state ; and mostly recently the evolutionary perspective, which deems resilience as the ability of continuous adjustment to the changing backgrounds. 城市再生关系到系统在发生干扰后的适应性表现。复原力理论经历了三个阶段：工程观点，即认为复原力仅仅是恢复到冲击后的先前状态的能力；生态观点，即认为复原力是指系统在状态改变之前可以吸收的干扰量；以及最近的进化观点，即认为复原力是对变化的背景进行持续调整的能力	Yiwen Shao/2016

资料来源：作者自绘

第二节 旧城改造分类

一、根据实施主体分类

旧城改造根据实施主体可分为：①政府主导型；②非政府组织主导型；③企业主导型；④居民主导型等（图 19–2–1）。

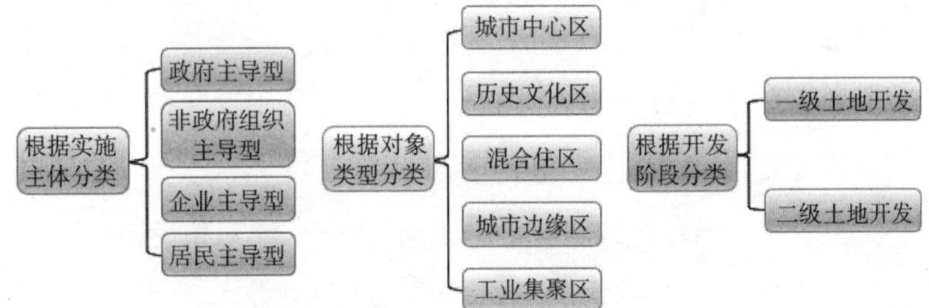

图 19-2-1 旧城改造类型划分示意

资料来源：作者自绘

（一）政府主导型

政府主导型即政府掌握控制权，强化住宅的保障功能，改造区域不进行商品房开发，所建房屋全部用于居民回迁。

（二）非政府组织主导型

非政府组织主导型是指协会、住宅合作社、社团、基金等负责领导或组织实施。该模式适用于历史文化保护区项目、旧城内商业开发价值较低地段的改造、传统居住区改造等对资金需求相对较小的小规模改造项目。第三方主导的旧城改造模式还有一个前提，就是非政府组织发达，有成熟的非政府组织可以担当主持旧城改造的任务。

（三）企业主导型

在执行规划和政策的前提下，企业作为独立的市场主体，在旧城改造项目中享有自主权，由企业作为旧城改造的主要推动力量。资金由企业自行收集，以自有资金或自有资产作抵押贷款投资，自行承担开发和经营风险。企业主导型主要应用于商业价值较高的地块。商业价值不够高的地块也可采取企业主导模式，做到“企业主导，政府兜底”。在企业主导模式中，要鼓励房地产开发商将前期开发和后期经营统一起来，使开发主体和经营主体一体化。

参考案例：上海新天地①

上海新天地是一个具有上海历史文化风貌、中西融合的都市旅游景点，它以上海近代建筑的标志石库门建筑旧区为基础，首次改变了石库门原有的居住功能，创新地赋予其商业经营功能，把这片反映了上海历史和文化的老房子改造成具有餐饮、购物、演艺等功能的时尚、休闲文化娱乐中心。

（四）居民主导型

居民成为旧城改造主体，前提是房屋产权改革到位，即在房屋产权已经私有化的基础上进行。居民自愿往往达到一定的比例，居民自组织模式才可能得以实施。居民自组织模式中，社区是主要的行动单位。原因是自组织的推动力来源于部分居民一致的利害关系和利益要求，而一个社区内部比较容易达成这种一致性，过大则难以达成，过小则力量不足。

参考案例：上海田子坊②

田子坊位于上海市卢湾区打浦桥街道泰康路。田子坊在历史上是上海原法租界第三次扩张区域的中央区南端，街区形态形成于1920年代。田子坊所在街区内的建筑形成多类型住宅、公建及厂房混合共存的形态，功能上混合了居住、办公、大工厂、小作坊等用途，逐渐形成里弄住宅、花园住宅和20世纪初后聚集起来的弄堂工厂建筑，风格多样混合，具有明显的上海特色。

二、根据对象类型分类

旧城改造根据对象类型可分为：①城市中心区；②历史文化区；③混合居住区；④城市边缘区；⑤工业聚集区等。

（一）城市中心区改造

通常，一个城市的发展大多围绕中心城区展开，城市中心承载着城市功能与活动的主要部分。在城市经济发展的推动下，其市政配套和功能结构一直处于更新与再开发之中，所以城市中心往往成为旧城改造的重点区域。中心旧城区内通信、供水供电等基础设施完备，学校、医院、金融和商店等配套设施也相对集中，并且城市中心区拥有核心区位与交通枢纽优势。但弱势在于建筑密度大、公共绿地少、生活环境质量差、停车场以及停车泊位少等。宜采用功能多元，高端引领的策略。

---

① 全国旧城改造案例盘点，新浪微博，http：//blog.sina.com.cn/s/blog_bcb6fb250102xcpg.html。

② 摘自田子坊：自下而上的可持续性旧城更新模式，百度文库，https：//wenku.baidu.com/view/296e916aaeaad1f347933f47.html。

参考案例：上海青浦桥梓湾[①]

青浦桥梓湾位于青浦老城区的中心地段，与青浦老城隍庙、曲水园相临，是青浦历史上最繁华的地段。随着经济文化的发展和城市进步，这一历史上的商业中心将以更具现代的视觉和传统的风貌呈现给青浦人民。桥梓湾的设计理念最大限度地体现了桥梓湾地区的历史风貌、人文风情和高雅的商业格局，使整座商城建筑既具有古代历史街区原貌中的肌理特征，又具有多元化的商业与餐饮半隐半开的混合空间。

（二）历史文化区改造

城市历代古城建筑真实地记录了城市的发展和演进，是城市不可再生的宝贵资源，也是城市底蕴和魅力所在，更是城市竞争优势的关键因素之一。对于历史文化街区改造宜采用维系文脉，挖掘价值的策略。

参考案例：成都宽窄巷子[②]、成都锦里古街、上海新天地

宽窄巷子位于四川省成都市青羊区长顺街附近，由宽巷子、窄巷子、井巷子平行排列组成，全为青黛砖瓦的仿古四合院落，这里也是成都遗留下来的较成规模的清朝古街道，与大慈寺、文殊院一起并称为成都三大历史文化名城保护街区。成都宽窄巷子历史文化保护区核心区占地66590平方米，总计约73个院落和单位，原有建筑面积约61300平方米，944户居民。片区内大部分保留下来的传统院落是民居建筑，尤其是街巷风貌基本保持清末民初的风格特征。

（三）混合居住区改造

混合居住区通常位于城区的中间圈层，是早期规划短视的产物，由于历史原因，混合居住区内集中了居住、商业、工业、市政设施等多种土地类型，道路狭窄、建筑密集，区域内人口购买能力低，无力承担改善居住置业的成本，且混合区内工业以小型企业居多，增加了拆迁难度。宜采用配合政府，统筹操作的改造策略。

参考案例：广州市越秀区旧城改造[③]

广州市越秀区的旧城改造属于高密度危房改造，居民安置措施因情况而异：单位自有的危房，由各单位自行负责进行维修改造，迁出住房；私有危房由政府协助解决危房住户的迁出安置；直管房危房住户可以临时迁出，产权人维修改造危房后回迁安置，或由产权人提供安置房，住户永迁安置，危房按规划建设绿化。广州市越秀区的旧城改造中，以创造城市绿色景观为原则，在危房集中地块推行拆危建绿，将原有的商业区、办公区与居住区相剥离，致力于把老社区改造成为绿色小区。

（四）城市边缘区改造

城市边缘区是五十多年来因城市扩展所包围的原城边村居。所以许多城市

---

① 摘自旧城改造与城市更新案例——上海青浦桥梓湾，中国城市发展研究院，http：//www.zgcsgx.com/news_show.php？ cid=16&id=249。

② 摘自宽窄巷子，百度百科，https：//baike.baidu.com/item/%E5%AE%BD%E7%AA%84%E5%B7%B7%E5%AD%90/546674？ fr=aladdin#reference-[1]-729551-wrap。

③ 摘自广州市旧城改造模式研究——以越秀区为例，豆丁网，http：//www.docin.com/p-407209510.html。

边缘区一般仍有集体经济与行政合一的组织机构，建筑杂乱密集，而其中最典型的形态当属城中村。由于二元体制的惯性，这种“都市中的村庄”仍旧实行农村管理体制，因此在建设规划、土地利用、社区管理、物业管理等方面都与现代城市的要求相距甚远，甚至出现管理上的真空。改造措施宜采用城乡一体，监管并重的措施。

参考案例：深圳大冲村[①]、宁波市鄞奉片区改造

深圳大冲村旧村改造项目位于南山科技园东区，紧邻深南大道，是深圳市最大的城中村改造项目，包括一栋300米高的标志性写字楼及附属办公楼；一座五星级酒店，两座四星级酒店；一座18万平方米的超大型购物中心（Shopping Mall）和规模达228万平方米的商务公寓及住宅。该项目的设计将全新的商业模式和生活方式引入旧村改造中，使该片区形成具有国际品质，展现未来多元化都市活力的新型社区。

（五）工业聚集区改造

世界范围内的工业建筑遗产主要是指自18世纪后半叶工业革命以来至今的废弃建筑物。在城市的发展过程中，工业企业的布局因为城市规模增大、城市功能调整而变得不再合理。由于工业区产权结构与建筑结构简单，且容积率较低，拆迁量相对住宅片区较小。同时工业区供电、供气、给水排水设施的容量优于普通住宅，所以工业区改造往往可以免除大规模的市政投入。但值得注意的是，这些工业聚集区改造不是简单的厂房拆除和产业置换，而是牵涉更深层次的产业设计与厂房再利用。针对工业聚集区的改造宜采用依托基础，发挥特色的策略。

参考案例：青岛啤酒街[②]、北京798艺术区

青岛啤酒街：利用拥有百年历史的青岛啤酒厂这一工业遗产优势，青岛市带动了登州路整体的旧城改造。通过发挥和利用青岛啤酒的品牌效应，突出啤酒文化、建筑文化和青岛特有的人文氛围，在原有各式建筑的基础上修旧出新，拆迁破旧危房，规范门头字号，修饰建筑立面，铺设彩色路面，进行了一系列精细化的修缮整治，使整条登州路焕然一新。同时，登州路还被赋予了浓郁的欧陆风情，突出啤酒文化和特色，充分满足了旅游观光和休闲消费的需求。

三、根据开发阶段分类

旧城改造根据开发阶段可分为：①土地一级开发；②土地二级开发。

（一）土地一级开发

土地一级开发，是指政府或其授权委托的企业依法通过收购、收回、征收等方式储备国有建设用地，并组织实施拆迁和市政基础设施建设，达到土地供应条件（通常是指土地达到“三通一平”“五通一平”或“七通一平”等建设条件）的行为。[③]

---

① 摘自大冲村旧村改造项目，百度百科 https://baike.baidu.com/item/%E5%A4%A7%E5%86%B2%E6%9D%91%E6%97%A7%E6%9D%91%E6%94%B9%E9%80%A0%E9%A1%B9%E7%9B%AE/7576040?fr=aladdin。

② 摘自全国旧城改造案例盘点，新浪微博，http://blog.sina.com.cn/s/blog_bcb6fb250102xcpg.html。

③ 本条解释参考《北京市土地储备和一级开发暂行办法》（京国土市〔2005〕540号）中相关描述。

（二）土地二级开发

土地二级开发，是指土地使用者将达到规定可以转让的土地通过流通领域进行交易的过程。包括土地使用权的转让、租赁、抵押等。以房地产为例，房地产二级市场，是土地使用者经过开发建设，将新建成的房地产进行出售和出租的市场。即一般指商品房首次进入流通领域进行交易而形成的市场。

第三节 旧城改造开发模式和过程

一、开发模式分析

我国旧城改造项目的开发主体主要包括地方政府、房地产开发商和社区利益方（或由社区成立的股份公司），三者相互关系如图 19–3–1 所示。从以上三者在旧城改造项目中的主导关系来划分，开发模式主要分为以下三种：①政府 + 开发商模式；②开发商 + 社区利益方模式；③政府 + 开发商 + 社区利益方模式。

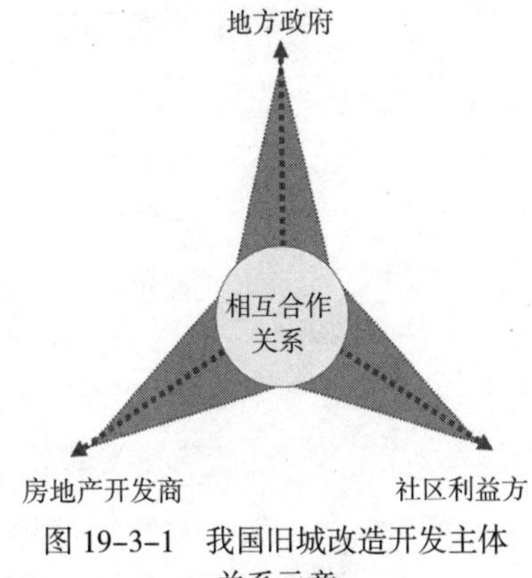

图 19–3–1 我国旧城改造开发主体关系示意

资料来源：作者自绘

（一）“政府 + 开发商”模式特征（表 19–3–1）

“政府 + 开发商”模式特征表 表 19–3–1

基本特点	（1）政府主导，自上而下，市场化运作； （2）以人居环境改善为出发点
相互关系处理	（1）政府与开发商是合作伙伴关系，共同与社区利益方、公众进行博弈； （2）多用行政手段； （3）拆迁补偿主要考虑保证稳定基础
常见问题	（1）项目拿到后，政府可能出现难以兑现其按时拆迁的承诺，导致项目周期拖延乃至搁置； （2）容易激化与被拆迁人的矛盾，引发上访等事件的发生，导致社会风险
运作情况	是我国目前大部分城市的主要做法

资料来源：作者自绘

（二）“政府 + 开发商”模式的前期流程

前期主要流程包括：①政府部门主导项目立项；②政府公示并审批通过项目立项，将旧改项目纳入政府年度计划；③引入开发商企业作为政府旧改项目的合作伙伴；④政府主导动拆迁工作（图 19–3–2）。

（三）“政府 + 开发商”模式的开发案例：海南三亚时代海岸项目[①]

（1）项目区位图（图 19–3–3）

（2）开发情况简介

①项目背景：项目位于三亚市委办公区对面，改造前房屋破旧，严重影响形象，政府改造意愿强烈。

① 本章节案例分析摘自世联顾问咨询报告部分内容，在此基础上进行一定修改。

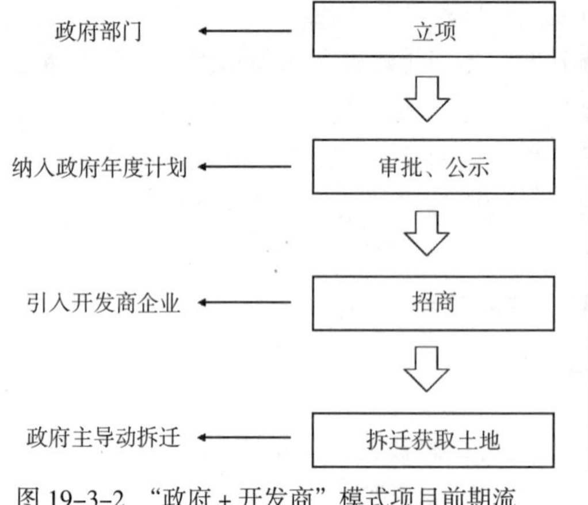

图 19-3-2 “政府＋开发商”模式项目前期流程图

资料来源：作者自绘

图 19-3-3 海南三亚时代海岸项目区位图

资料来源：作者根据网络图片绘制

②改造模式：三亚政府与深圳创维鸿洲科技发展有限公司签订合作开发协议，政府负责组织拆迁，开发商负责费用，另政府在地价、行政性收费等方面给予诸多优惠政策。

③项目规模：总占地面积 35 万平方米，总建筑面积约 52 万平方米 ，分 A、B 两区。

④改造目标：将该区域建成具有旅游观光、休闲、特色餐饮、游艇俱乐部等多功能的综合区。

⑤产品：高层住宅、别墅、酒店式公寓、超豪华酒店、休闲健康城、游艇会、名车俱乐部、高档写字楼、大型购物广场、特色酒吧餐饮街。

⑥改造效果和问题：政府完全行政手段的拆迁方式遇到严重的阻力，项目最终只完成了 A 区，B 区由于拆迁无法推动被无限期搁置；B 区规划了大量的公共建筑，政府想通过改造为城市提供公共建筑，完善城市功能的目标没能实现，最终只是增加了一个住宅区而已，B 区破旧的形象仍然是政府“心中的痛”；开发商以较低的土地成本实现了较高的销售收入，经济效益可观，“获益匪浅”。

（四）“开发商＋社区利益方”模式特征（表 19-3-2）

“开发商＋社区利益方”模式特征表　　表 19-3-2

基本特点	（1）开发商主导，自下而上，市场化运作； （2）以经济利益最大化为出发点
相互关系处理	（1）开发商与社区利益方是合作伙伴关系，与政府博弈； （2）核心是开发强度； （3）采用协商型的拆迁赔偿措施
常见问题	项目审批复杂，政府各部门、各环节冗长
运作情况	是目前市场化运作的主要作法，相对比较成熟

（五）“开发商＋社区利益方”模式的前期流程

前期主要流程包括：①社区牵头进行项目申报；②政府将计划编制纳入政府年度计划；③开发商主导专项规划申报审批；④开发商与社区利益方签订合作协议；⑤政府确定开发主体；⑥动拆迁工作实施（图 19–3–4）。

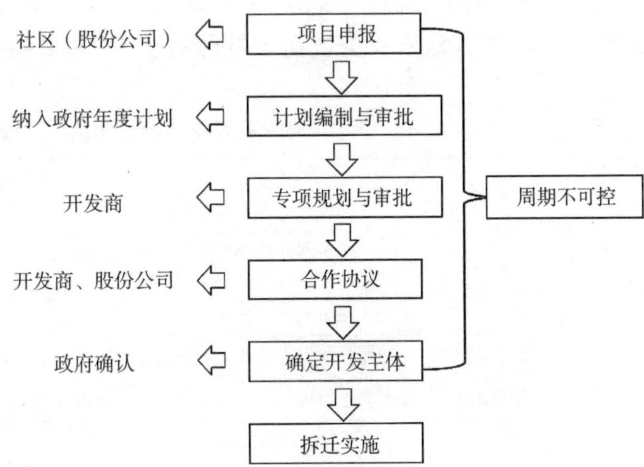

图 19–3–4 “开发商＋社区利益方”模式项目前期流程图

资料来源：作者自绘

（六）“开发商＋社区利益方”模式的开发案例：深圳城市绿洲花园项目

（1）项目区位图（图 19–3–5）

（2）开发情况简介

①项目背景：项目位于中心公园西侧，深南大道北侧；改造前房屋主要为客家民居，原建筑面积 4 万多平方米，原容积率在 1 以内，原居民 200 多户。

②改造模式：由香港汉国置业和运泰实业联合开发，开发商只与股份公司谈判并签订拆迁补偿安置协议，村民拆迁由股份公司负责。

③模式评价：将社区利益方纳入合作开发的角色。社区利益方除获取拆迁赔偿外，还普遍有利润分成，双方利益共享，风险共担；此模式下，双方往往

图 19–3–5 深圳城市绿洲花园项目区位图

资料来源：根据网络图片绘制

一味追逐经济利益最大化，合力向政府争取最高容积率，忽略更新与城市和区域的关系，是单一的地产开发为目的的单维更新模式。

④改造效果和问题：由于以短期利益为目标，开发商在城市中吃了“肥肉”而剩下“骨头”，引起另一方关系主体政府的关注，这种模式下，政府的长远利益被牺牲，规划的管制作用被弱化，因此这种模式未来空间会越来越小。

（七）“政府＋开发商＋社区利益方”模式特征（表 19–3–3）

“政府＋开发商＋社区利益方”模式特征表　　表 19–3–3

基本特点	（1）三方协商主导，自上而下与自下而上相结合，市场化运作； （2）全面考虑各方利益的综合决策
相互关系处理	（1）三方合作伙伴关系，兼顾三方目标； （2）关注社区公众参与； （3）三方共同决策
常见问题	想要达成对未来改造更新目标共识有一定困难
运作情况	在我国目前处于开发萌芽阶段，尚在发展中，未形成成熟的操作流程

（八）“政府＋开发商＋社区利益方”模式的前期流程

前期主要流程包括：①政府启动前期工作；②政府与社区利益方协商制定工作计划；③政府项目建议书审批公示；④开发商一同参与专项规划申报审批；⑤政府确定开发主体；⑥动拆迁工作实施（图 19–3–6）。

（九）“政府＋开发商＋社区利益方”模式的开发案例：深圳金地岗厦项目

（1）项目区位图（图 19–3–7）

（2）开发情况简介

①项目背景：项目属于深圳 CBD 内的大规模城中村，与区域形象形成极大反差，格格不入。

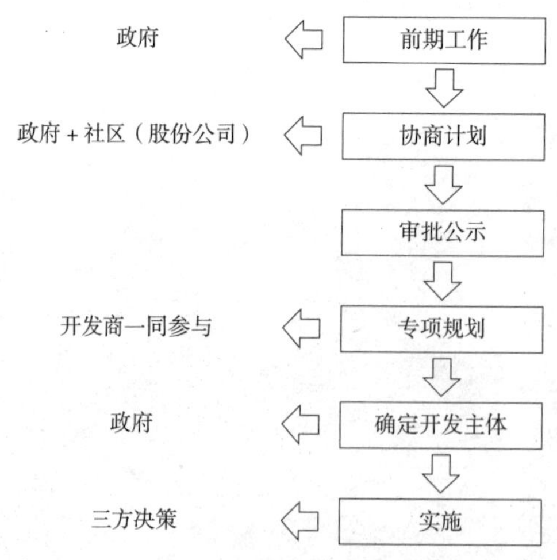

图 19–3–6　“政府＋开发商＋社区利益方”模式项目前期流程图

资料来源：作者自绘

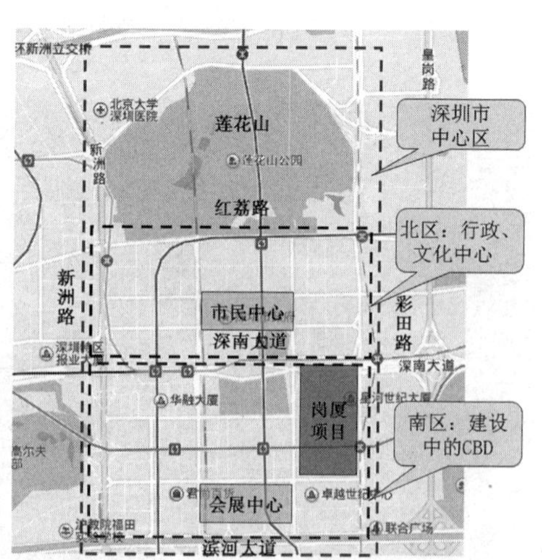

图 19–3–7　深圳金地岗厦项目区位图

资料来源：根据网络图片绘制

②改造目标：在诸多限制条件下，各主体发挥各自优势，通力合作，保障项目顺利进行。其中，村民可接受的拆赔是基础；保障项目经济可行的开发强度是前提；股份公司的积极性是关键。

③模式评价：将以往的双向合作拓展为三方伙伴关系，三方主体均参与更新决策，各方权力更加平衡，从而保证了更新目标的可实现性；这种模式考虑了政府、开发商、社区利益方三方利益，综合了社会、经济、环境等城市更新目标，兼顾了城市、区域发展、产业等多角度，是一种可持续的城市更新模式。

④改造效果和问题：当前此种模式出现是市场推动的个案偶然，但它符合城市更新的发展规律，随着案例的成功，加上政府建立起一套长期、系统、规范的更新机制，这种模式将成为城市更新市场化运作的一种趋势。

二、开发基本流程

旧城改造项目与一般城市开发项目的流程基本相同，但是在前期会增加拆迁安置的环节，因此其整个流程分为五个阶段：①项目立项阶段；②前期准备阶段；③工程建设阶段；④项目售租阶段；⑤交付使用阶段（图 19–3–8）。其中，第④、⑤阶段的工作，主要包括旧城改造（或城市更新）项目中比较普遍的商品房建设销售过程。

（一）项目立项阶段

本阶段主要是由开发主体针对旧城改造项目的可行性进行论证，并且决策通过项目立项的工作阶段。包括：

（1）可行性研究目的：实现项目决策的科学化、民主化，减少或避免投资决策的失误，提高项目开发建设的经济、社会和环境效益。

（2）可行性研究内容：①项目概况；②开发项目用地的现场调查及动迁安置；③市场分析和建设规模的确定；④规划设计影响和环境保护；⑤资源供给及资本运作方案；⑥环境影响和环境保护；⑦项目开发模式、组织机构、岗位需求、管理费用的研究；⑧开发建设节点计划；⑨项目经济及社会效益分析；⑩结论及建议。

（二）前期准备阶段

本阶段主要是由开发主体针对土地使用权、拆迁征地、规划设计审批和建设报建等前期手续进行准备的工作阶段。包括：

（1）获取土地使用权。开发商获取土地使用权的主要方式有：①通过行政划拨方式取得；②转让取得；③出让方式取得（招标、拍卖、协议出让三种方式）；④联合开发并报有关主管部门立项、审批后取得；⑤通过司法裁决取得；⑥通过兼并、收购等股权重组方式取得。

（2）征地拆迁，申办《房屋拆迁许可证》。城市房屋拆迁是对城市规划区内国有土地上

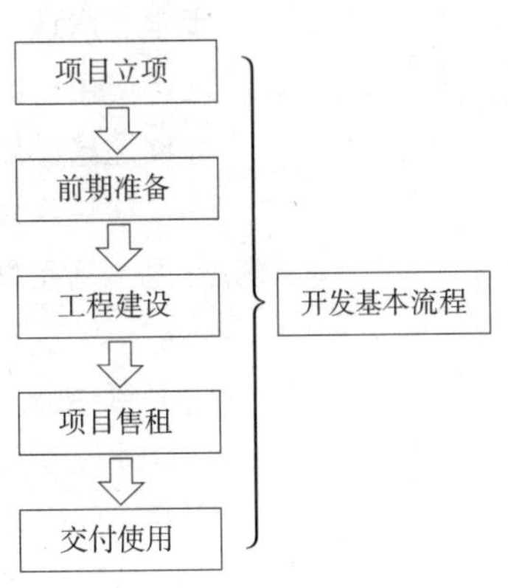

图 19–3–8　旧城改造项目基本流程示意图

资料来源：作者自绘

原有的房屋及其附属物等，不适应经济、社会发展需要的部分进行拆除重建的工作过程，目的是使城市的整体功能得到改善和提高。

其中，拆迁方式包括：①政府组织拆迁，主要指通过批租、旧城改造方式取得土地使用权所涉及拆迁；②拆迁人自行拆迁，是大型房地产公司常用模式，但要申请拆迁许可证；③拆迁人委托拆迁，适用开发商缺乏拆迁经验时委托专门从事房屋拆迁工作的单位进行。

拆迁的主要内容包括：①房屋拆建，如危旧房改造；②城市功能、用地布局和空间结构的调整，如居住区、商业区、车站、生活服务设施等公共建筑的建设和改造；③环境治理，如扩展绿地、治理污染工程等。因此，城市房屋拆迁是伴随着城市建设项目进行的，是城市建设的重要组成部分，也是旧城改造中的一个重要环节，处于旧城改造项目开发的前期准备阶段。

(3) 规划设计与审批。建设工程规划设计与管理审批的主要内容有：建筑管理、道路管理、管线管理、审定设计方案、核发建设工程规划许可证。在已经开发使用的城镇国有土地范围，项目规划申报的基本步骤是：①在项目建议书报批或可行性研究报告编制之前，开发商要向规划管理部门申报规划要点，规划管理部门应在要点通知书中予以批复；②在项目建议书批复后，开发商应向规划管理部门申报项目选址、定点，即向申请单位下发选址规划意见通知书，对项目用地的位置、面积、范围等提供较详细的意见，并须同时下达规划设计条件；③规划设计条件，是项目选址后，由建设单位申请，规划管理部门下达的委托设计机构进行规划方案设计的依据性文件。开发商在完成方案设计后，须向规划管理部门提出审定申请；④通过审定的设计方案，是编制初步设计或施工图的依据，也是取得建设用地规划许可证的必备条件；⑤开发商依据审定的设计方案通知书和可行性研究报告批复，并在规划管理部门征询土地及拆迁部门有关用地及拆迁安置的意见后，应向规划管理部门申领建设用地规划许可证，该证是取得土地使用权的必备文件；⑥申领建设工程规划许可证，是在项目列入年度正式计划后，申请办理开工手续之前，需进行的验证工程建设符合规划要求的最后法定程序，该证是申办开工的必备文件。进行营利性的房地产开发，必须取得国有土地使用权才能进行。根据《城市房地产管理法》的有关规定，房地产开发用地一级市场取得方式有两种：出让和划拨。通过出让方式取得使用权的法律凭证是国有土地使用权证：通过划拨取得土地使用权的临时证件是建设用地批准书或划拨决定书。

(4) 建设项目报建登记，申请招标，办理招标投标手续，确定勘察、设计、监理、施工队伍。依法必须进行招标的项目范围和规模标准，按照国家和各省市相关规定执行。施工单项合同估算价在 50 万元人民币以上或建筑面积达到 1000 平方米的建设工程新建、扩建和改建的建筑的建设工程必须进行招标。工程建设项目必须在发包前，由建设单位或其委托代理机构到市交易中心进行报建。应当报建而未报建的工程项目，不得进行招投标。报建时须交验工程建设项目以下文书：立项的批准文件、银行出具该工程项目资信证明、经批准的建设用地证明和规划审批文件等。工程建设项目的报建内容主要包括：工程名称、建设地点、投资规模、资金来源、当年投资额度、工程规模、拟开工与竣工日期、发包方式和工程筹建情况等。

（三）工程建设阶段

本阶段主要是将开发过程涉及的人员、材料、设备、资金等资源聚集在特定时间、地点上所从事的施工生产活动过程。本阶段的工作包括：

（1）施工用水电及通信线路接通，保证施工需要。

（2）施工场地平整，达到施工条件。

（3）施工通道疏通，满足施工运输条件。

（4）施工图纸及施工资料准备。

（5）施工材料和施工设备的准备。

（6）临时用地或临时占道手续办理。

（7）施工许可批文及办理开工手续。

（8）确定水准点与坐标控制点，进行现场交验。

（9）组织图纸会审、设计交底。

（10）编制工程进度计划。

（11）设计、施工、监理单位的协调等。

（四）项目售租阶段

本阶段主要是针对已经或即将建设完成的旧城改造项目中的房屋产权进行销售的过程，其中包括住宅商品房（含保障房）销售，商业、办公等经营性房屋销售和租赁等。以商品房销售为例，本阶段主要工作是开发主体申办《销售许可证》。

商品房销售有商品房预售和现售两种方式。商品房预售是指房地产开发企业将正在建设中的房屋预先出售给承购人，由承购人支付定金或房价款的行为。而商品房现售，则是指房地产开发企业将竣工验收合格的商品房出售给买受人，并由买受人支付房价款的行为。商品房现售标准是指房屋已通过竣工验收或分期验收，并取得地方政府办理的《房地产开发经营项目交付使用证》。

商品房预售实行许可证制度。商品房预售许可证一年一换。未取得《商品房预售许可证》的，不得进行商品房预售。开发企业进行商品房预售，应当向城市、县房地产管理部门办理预售登记，取得《商品房预售许可证》。

商品房现售实行现售备案证。现售备案证只用办一次，直到房子全部卖光，不必每年更换，此种情况下当消费者看到该证是前一年办理的，也可以购买。

（五）交付使用阶段

本阶段主要是由开发主体针对已经建设完成的项目建筑、环境、设施等申请竣工验收，并且将房屋产权交付给销售承购人进行权属登记，以及进行物业移交的过程。包括：

（1）申请竣工验收，取得《建筑工程竣工验收备案证》。属成片开发住宅区的，还应申请综合验收。竣工验收是指一个工程项目经过施工和设备安装后达到了该项目设计文件规定的要求，具备使用条件，由开发建设单位查验工程并办理接收手续的过程。竣工验收一般分为两个阶段，一是单项竣工验收，二是综合验收。

（2）申办建设工程规划验收。建设工程竣工验收后 3 个月内，建设单位应

向原批准的城市规划行政主管部门申报建设工程规划验收。

（3）进行权属登记，取得《商品房权属证明书》。房地产权属登记，是指由房地产行政管理部门对房屋所有权及其相应的土地使用权，以及由上述权利产生的抵押权、典权等房地产他项权利进行的登记并对登记的房地产依法进行审查和确认权属，核发房地产权属证书的行为。房地产权属登记分为总登记、初始登记、转移登记、变更登记、他项权利登记和注销登记。一般城市的房地产权属证书包括《房屋所有权证》《国有土地使用权证》《房屋共有权证》《房屋他项权证》和《期房抵押证明》等。

（4）物业移交。开发建设单位应当与物业管理企业订立前期物业管理服务合同，该合同至业主委员会与其选聘的物业管理企业订立物业管理服务合同生效时终止。

其中，针对住宅区入住率达到 50% 以上或者住宅区房屋交付使用满 2 年时，由所在地的区房地产行政管理部门会同开发建设单位、街道办事处或者镇（乡）人民政府召集第一次业主大会，选举产生业主委员会。开发建设单位必须在住宅区业主委员会成立之日起 30 日内，向房地产行政管理部门提出申请，经审查批准后向业主委员会移交新建住宅区的物业管理用房、物业管理启动资金和工程建设档案资料。

三、开发与审批机构组织

（一）开发审批机构与职能

旧城改造项目的审批机构通常是政府城建相关职能部门，它们通常包括旧城改造（城市更新、城中村等）工作办公室、规划和国土资源管理局、城市更新局等。

下列三个为不同地区旧改项目审批机构设置及负责职能：

（1）陕西省某城市城中村改造办公室机构设置

①综合部：负责单位政务工作，督促检查单位工作制度的落实；负责单位会议的组织和会议决定事项的督办；负责文电、机要、档案、保密、信访、接待、计划生育等工作；负责单位财务、国有资产管理和后勤服务等工作；负责党的基层组织建设及思想政治工作；负责人大议案、建议和政协提案的办理；负责组织实施目标责任综合考评工作。

②规划建设部：拟定城中村、旧城改造工作总体规划、年度计划；组织编制城中村、旧城改造方案、实施计划及投置计划；会同区规划、国土等部门，做好城中村、旧城改造项目规划、土地的行政许可工作；协助做好改造重建土地使用权的出让工作。

③拆迁安置部：负责组织编制城中村、旧城拆迁安置补偿方案；负责组织改造方案论证、报批工作；会同有关部门做好拆迁群众房屋评估及核实工作；负责协调做好拆迁过程中的维护稳定工作；指导、协调做好城中村、旧城改造项目的回还安置工作。

④项目监管部：负责城中村改造工作的督查落实，指导、协调各街办及成员单位城中村、旧城改造涉及的社区建设、集体经济体制改革、户籍转变、社

会保障等相关工作；负责组织城中村、旧城改造项目的招投标；负责监督征地补偿费、拆迁补偿费、地面附着物补偿费兑付等工作。

(2) 原上海市规划和国土资源管理局（该部门现更名为上海市规划和自然资源局，编者注）详细规划管理处（城市更新处）部门职能

①负责本市控制性详细规划管理的相关政策研究、标准制订和规范化管理工作。

②负责组织本市控制性详细规划的编制和调整工作。

③受市政府委托负责审批本市一般地区的控制性详细规划，负责对市政府审批的重要地区控制性详细规划进行审核。

④负责组织对本市控制性详细规划的实施进行评估和监管。

⑤负责全市控制性详细规划数据成果管理，参与信息平台维护工作。

⑥负责本市城市更新中相关政策的研究制订和实施指导工作。

⑦负责相关业务的批后监管和区县规划土地部门的业务指导等工作。

⑧承办局领导交办的其他事项。

(3) 广东省某城区城市更新局机构设置

①办公室：负责局机关的日常管理，协助局领导处理日常政务；负责文秘、会务、督办、机要、文书档案等机关日常工作；统筹建议提案办理工作；承担党建、机构编制、组织人事、纪检监察、信访、维稳、保密、修志、计生、工青妇等工作；负责宣传、对外新闻发布、政务公开工作；承担组织协调、综合调研工作；组织区级更新改造政策规范的制定和发布工作；统筹信息化建设工作；负责局机关固定资产的购置及管理、机关后勤保障等工作。承担区城市更新工作领导小组办公室的日常工作。

②策划审核科（挂审批管理科牌子）：负责开展全区城市更新项目标图建库调整工作；参与编制全区城市更新片区的土地利用总体规划和城乡规划；负责组织全区城市更新改造片区和实施项目可行性研究和论证；负责编制区级城市更新总体或专项规划、总体工作方案、中长期或年度计划；拟定全区年度城市更新改造片区和实施项目，划定改造范围；组织全区城市更新改造项目策划方案和控规调整意向的编制工作；负责编制全区年度城市更新专项资金计划并按计划申请资金；组织开展政策宣讲和全区城市更新改造项目改造前期工作，指导项目成立公众咨询委员会或村民理事会，指导项目开展前期基础数据调查及确认、旧村改造意向征询和旧城改造第一轮征询等工作；督促改造主体做好文物及历史建筑的普查工作。负责制定区级改造方案编制规范和收件办案标准，指导开展全区更新项目实施方案编制、征求意见及审查工作；负责开展全区政府主导项目成本方案的编制工作；组织或指导开展全区城市更新改造项目控规调整的方案编制或申报工作；负责牵头论证全区城市更新项目的产业定位；指导开展全区旧村项目实施方案（含拆迁补偿安置方案）的制订和表决工作；负责组织全区城市更新项目涉及的各类历史用地完善手续报批工作；对审批权限范围内城市更新改造项目实施方案和微改造项目进行审批，对审批权限范围外城市更新项目实施方案开展报批工作。

③建设监督科：统筹、协调全区城市更新项目批后实施阶段的（审核）事项，

负责全区城市更新项目批后至竣工阶段涉及区级权限范围内行政审批事项的统一受理；办理区政府授权或相关职能部门委托的审批（审核）事项，并统筹协调项目相关的其他审批（审核）事项；负责协调全区城市更新范围内土地储备相关工作，负责统筹纳入年度城市更新计划的土地房屋征收、协商收购、整合归宗等工作；组织全区城市更新项目涉及的集体建设用地征收为国有建设用地的审核报批；督促改造主体做好文物及历史建筑保护方案的编制上报工作；协调全区完善历史用地手续项目的供地工作；负责全区城市更新信息化建设及信息、档案、综合统计工作；负责统筹、协调全区政府主导城市更新项目复建安置房的建设和分配使用工作；协调开展全区城市更新改造项目的公建配套移交工作；协调改造主体做好安全生产监管工作。指导、协调、监督各街道城市更新工作，负责全区城市更新项目批后实施的监督和考核；协调区政府发布更新改造公告或征收公告；指导全区旧村改造项目开展补偿安置协议的签约工作，审核、监督合作企业的引入工作；负责制定全区旧村改造项目资金监管方案并实施监管；指导开展全区旧城改造第二轮征询、补偿安置方案制订和签约、征收工作；落实全区城市更新改造项目的退出机制，负责协调、跟进全区城市更新改造项目的股份转让工作；指导区派驻村工作组开展工作。

（二）开发主体企业组织结构

旧城改造（包括城市更新）项目的开发主体机构往往是地方政府下辖的城市建设投资公司（简称“城投公司”）或房地产开发企业，其中参与土地一级开发的大部分是城投公司，而参与土地二级开发的既有城投公司，也包含房地产开发企业。

城投公司和房地产开发企业参与旧城改造项目的职能机构通常包含以下部门：

投资开发部：收集土地信息，编制项目立项报告等。

营销部：市场调研及营销定位等。

设计部：管理协调规划设计方案等。

工程部：现场踏勘，施工管理等。

财务部：根据可研报告估算投资收益、初步筹资方案等。

成本部：控制性成本目标（限额指标、成本控制系统规范）、根据可研报告估算成本等。（根据设计部提供的规划要点进行估算）

采购部：制定项目合约计划方案、市场调研合作方资源等。

四、开发土地获取

一般情况下，旧城改造项目开发主体（包括城投公司和开发商企业）获取土地使用权的方式主要有三种，即行政命令方式、资本市场交易和土地市场交易。

（一）行政命令方式

包括划拨和协议出让两种途径。在危改项目、保障性住房和基础设施建设等方面，建设用地分配基本通过政府行政命令方式进行。

（二）资本市场交易

包括投资参股、土地收购和收购有土地企业三种途径。

（1）投资参股：用资金入股或用土地入股，通过土地与资金的互换共同组成项目开发公司。

（2）土地收购：直接收购获得土地，这种直接收购按国家规定要缴纳营业税、土地增值税、所得税、印花税、契税等税费；

（3）收购有土地的公司：为了避免缴纳契税与营业税等，一般通过直接收购公司的股权获取土地使用权，这种收购公司的形式现阶段主要涉及企业所得税或个人所得税等税费，不用缴纳营业税、土地增值税、契税。这是近年来比较常见的一种方式，比如万科收购浙江南都，香港路劲收购顺驰。

（三）土地市场交易

通过在土地市场进行招标、拍卖、挂牌公开获得土地，这也是自2002年7月以来获取土地的主要方式。通常情况下是以“价高者得”为衡量标准。

2002年5月9日，国土资源部发布了《招标拍卖挂牌出让国有土地使用权规定》（11号令），自2002年7月1日起施行。11号令全面确立了经营性土地使用权招标拍卖挂牌出让制度，明确规定：商业、旅游、娱乐和商品住宅等各类经营性用地，必须以招标、拍卖或者挂牌方式出让，前述规定以外用途的土地的供地计划公布后，同一宗地有两个以上意向用地者的，也应当采用招标、拍卖或者挂牌方式出让。11号令第一次明确了经营性用地必须实行招拍挂出让，第一次对招拍挂出让的原则、范围、程序、法律责任进行了系统规定。11号令确立了市场配置土地资源的制度，其核心是通过“公开、公平、公正”的市场方式确定土地使用权人，这一既具有实体性内容又有程序性规定的部门规章一经面世，即在社会上产生了强大的反响，被业界称为“第二次土地革命”。

五、开发策划与规划

根据旧城改造项目的规模，开发策划与规划设计的具体工作流程也有所不同。对于规模较大的旧城改造开发项目来说，一般包括项目开发策划和规划设计两个部分。

开发策划是由旧城改造开发主体编制的概念性报告，内容包括旧城改造项目的条件分析、项目定位、产业业态、营销策划等。

规划设计又包含方案设计、初步设计和施工图设计三个具体步骤。

（1）方案设计反映了建筑平面布局、功能分区、立面造型、空间尺度、建筑结构、环境关系等方面的设计要求。

（2）初步设计在方案设计的基础上，应提出设计标准、基础形式、结构方案及各专业的设计方案。初步设计文件应该包括设计总说明书、设计图纸、主要设备与材料表、工程概算书四个部分。

（3）施工图设计是初步设计基础上的更详细的设计，具有工程设备各构成部分的尺寸、布置和主要施工方法；并要绘制完整详细的建筑及安装详图及必要的文字说明。

开发商在进行规划及建筑设计前，需要向城市规划行政管理部门申报规划设计条件，以获得规划设计条件通知书（主要规定规划建设用地面积、总建筑面积、容积率、建筑密度、绿化率、建筑后退红线距离、建筑控制高度、停车位个数等）。

关于开发策划和规划设计详细内容，在本书相关章节中已经有了较详细论述，在此不做进一步论述。

六、开发经济测算

本部分主要介绍旧城改造项目开发的经济测算内容，由于在本书之前的章节中对城市开发项目经济测算方式和流程已经有较为详细的分析，本章节主要结合案例介绍旧城改造项目的经济测算过程。

（一）开发资金来源

旧城改造项目的开发资金来源主要包括①国内贷款、②利用外资、③自筹资金、④其他资金，共四个方面。

2017 年截至 4 月末[①]，全国房地产开发资金来源合计 4.72 万亿元，同比上升 11.4%，涨幅较年初有所提升，但低于 2016 年整体开发资金增长水平。其中前 4 个月，国内贷款、利用外资、自筹资金和其他资金累计分别为 8773 亿、74.3 亿、1.42 万亿和 2.41 亿元，同比则分别上升 17%，上升 115.3%，下降 4.7% 和上升 21.3%。这显示行业当前整体资金面情况仍相对理想，但相比 2016 年宽松的状况已经有所改变。

（二）项目收益计算

项目销售收益包括①销售收入、②租金收入、③其他收入（自持自营部分等），共计三者收入总和，其中前两项是一般项目的主要收益来源。

（1）销售收入计算

项目销售收入根据项目开发产出的各类型产品销售价格计算。

案例：某地块改造项目最终产品包括高层住宅、酒店、商业和写字楼等，项目分 6 年售完，各年的产品均价及销售总收入见表 19-3-4。

某地块改造项目收益计算表（2017~2022 年）　　表 19-3-4

产品类型	2017	2018	2019	2020	2021	2022	年复合均价
（年均增长幅度）	8.0%	7.0%	6.0%	5.0%	5.0%	5.0%	—
高层住宅（元 / 平方米）	a	b=a*1.08	c=b*1.07	d=c*1.06	e=d*1.05	f=e*1.05	g=（a+b+c+d+e）/5
（年均增长幅度）	7.0%	6.0%	5.0%	5.0%	5.0%	5.0%	—
酒店公寓（元 / 平方米）							
一层商业用房（元 / 平方米）							
二层商业用房（元 / 平方米）							
地下车位（万元 / 个）							
（年均增长幅度）	6.0%	6.0%	5.0%	5.0%	5.0%	5.0%	—
写字楼（元 / 平方米）							

资料来源：作者自绘

① 数据来源：中国产业信息网 . 2017 年中国房地产开发资金来源分析 [EB/OL]. http：//www.chyxx.com/industry/201708/550071.html.

因此，该项目住宅部分销售总收入为：g* 住宅销售面积（其他部分同样方法计算）。

（2）租金收入计算

项目租金收入根据办公、商业等出租面积和租金水平计算。

案例：某旧城改造项目甲级办公楼面积为 10000 平方米，办公楼租金收益以项目预计投入使用的 2018 年开始计算，以每年 3% 的租金涨幅计算，第一年除去 40% 的不确定因素，之后的每年则除去 10% 的不确定因素；假设办公楼租金 =2.40 元 / 平方米 / 天（2017 年），则有：

各年预期租金＝当前平均租金 ×（1 + 3%）^{2018年}（1 + 3%）^{2019年}（1 + 3%）^{2020年}…（1 + 3%）^{2036年}，详见表 19–3–5。

（例）2008 年租金 =2.47 元 / 平方米 / 天 ×365×10000×60%＝5409300（元）

某旧改项目租金收入计算表（2017~2036 年）　　表 19–3–5

年份	办公楼租金（元 / 平方米 / 天）	小计（元）
2017	2.40	—
2018	2.47	5409300
2019	2.54	8343900
2020	2.62	8606700
2021	2.70	8869500
2022	2.78	9132300
2023	2.86	9395100
2024	2.95	9690750
2025	3.04	9986400
2026	3.13	10282050
2027	3.22	10577700
2028	3.32	10906200
2029	3.42	11234700
2030	3.52	11563200
2031	3.63	11924550
2032	3.74	12285900
2033	3.85	12647250
2034	3.96	13008600
2035	4.08	13402800
2036	4.20	13797000
合计		201063900

资料来源：作者自绘

因此，从 2017 年开始，未来 20 年的写字楼租金总收益为 2.01 亿元。

（三）项目成本计算

项目成本费用包括①土地成本、②基础设施费、③主体建安工程费、

④项目前期费、⑤营销物业财务费，共计五者费用总和。

（1）土地成本

土地成本包括土地出让金、拆迁安置费、土地补偿费、土地契税等，详见表19-3-6。

某项目土地成本费用示意　　表19-3-6

费用名称	建筑面积（平方米）	估算造价指标（建筑面积，元/平方米）	估算成本（万元）	可售面积（平方米）	折合销售面积单方成本（元/平方米）	指标来源、说明
土地出让金						
拆迁安置费						
土地补偿费						
土地契税						
小计						

资料来源：作者自绘

（2）基础设施费

基础设施费包括项目室外市政各系统配套、景观施工成本费用等，详见表19-3-7。

（3）主体建安工程费

主体建安工程费包括项目各类型建筑建设安装工程、地上地下停车设施、公共厕所和社区会所建设费用等，详见表19-3-8。

某项目基础设施费用示意表　　表19-3-7

费用名称	基数（平方米）	估算造价指标（元/平方米）	估算成本（万元）	指标来源、说明
1. 室外市政道路工程费		120		道路占用地面积20%
2. 室外景观工程费		200		景观占用地面积55%
3. 室外水电管线工程费		35		占地面积为基数
4. 电话管线工程		6		占地面积为基数
5. 有线电视工程		8		占地面积为基数
6. 住宅安全监控		40		建筑面积为基数
9. 管道煤气工程		22		住宅面积为基数
11. 集中供热（住宅）		30		住宅面积为基数
小计				

资料来源：作者自绘

某项目主体建安工程费用示意表　　表19-3-8

序号	成本项目	单位	建筑面积	单价（元）	合价（万元）	单方造价	工程量及单价说明
住宅建安工程费							单方造价以公寓楼面积为基数
1	建安工程费	万					

续表

序号	成本项目	单位	建筑面积	单价（元）	合价（万元）	单方造价	工程量及单价说明
	小高层公寓（11层）	平方米					
	高层公寓（18层）	平方米					
	高层公寓（21层）	平方米					
2	产品提升	万					
写字楼建安工程费							单方造价以写字楼面积为基数
1	建安工程费	万					
	21层写字楼	平方米					
2	产品提升						
商业建安工程费							单方造价以商业面积为基数
1	建安工程费	万					
	裙房商业	平方米					
地下车位建安工程费							单方造价以地下车位面积为基数
1	建安工程费	万					
	人防地下车位	平方米					
	非人防地下车位	平方米					
公共厕所建安工程费							
1	建安工程费	万					
	1层公厕	平方米					
会所建安工程费							
1	建安工程费	万					
	会所	平方米					
小计							总成本含地下成本

资料来源：作者自绘

(4) 项目前期费

项目前期费包括项目规划建筑设计费、“三通一平”费、工程监理费、政府审批费等，详见表19-3-9。

某项目前期费用示意表 **表19-3-9**

费用名称			建筑面积（平方米）	估算造价指标（建筑面积，元/平方米）	估算成本（万元）
设计费	主体设计费	住宅		45.00	
		酒店式公寓		60.00	
		写字楼		90.00	
	景观设计费	方案费、初步设计费、施工图费		35.00	
		标识设计费		0.50	

续表

费用名称			建筑面积（平方米）	估算造价指标（建筑面积，元/平方米）	估算成本（万元）
	配套设计费	市政设计费（道路、桥梁、排水设计费）		2.00	
		供水设计费		0.50	
		燃气设计费		0.80	
		电力设计费		2.50	
		人防设计费		0.63	
		样板房设计费		—	
		弱电智能化设计费		1.50	
	设计咨询费	设计方案评审费、图审费等技术咨询费		2.00	
	其他相关费用	晒图费等		0.50	
"三通一平"费	通水、通电、通路、障碍物拆除、土方平整费				
工程监理费	建安监理费、质量监理费、工程勘察费等				
政府审批费	前期规划审批费、办证费用				
其他费用	人工费、杂费等				
小计					

资料来源：作者自绘

(5) 营销物业财务费

营销物业财务费包括项目后期营销推广费、项目公司管理费、前期物业管理费和财务费用等，详见表 19-3-10。

某项目营销物业财务费用示意表　　　　表 19-3-10

费用名称	基数（平方米）	交费标准（建筑面积，元/平方米）	估算成本（万元）	指标来源、说明
营销推广费	0	0		营业税后收入 2%
项目公司管理费	0	0		开发周期 4~5 年，每年 400 万
前期物业管理费	0	0		
财务费用	0	0		土地 100%，建安 25%，年利率 12%
小计				

（四）项目财务综合计算

项目财务综合计算包括经济收益分析和现金流量表分析两个方面，以下将结合示例对这两方面进行介绍和分析。

(1) 经济收益分析

经济收益分析是指以货币单位为基础对旧城改造项目成本投入与收益产出进行估算和衡量的方法，它是一种预先制作的计划方案。

以下为某旧城改造项目的经济收益分析表，其中“建设投资”一栏是由项目前期费、基础设施费和主体建安工程费等整合构成。

某旧城改造项目经济收益示意表 **表 19-3-11**

序号	大项	项目名称	总收入（万元）	备注
1	成本		89724	
1.1		土地成本	26950	
1.2		建设投资	39575	
1.3		管理费	1996	（1.1 项 +1.2 项）*3%
1.4		贷款利息	3816	
1.5		营销费用	6535	收入 *5%
1.6		相关税费	10852	收入 *5.565%
2	收入		150806	
		营业收入	150806	
3	税前利润		56123	收入—成本—折旧
4	税前投资利润率		62.55%	税前利润 / 成本
5	税前自有资金回报率		208.25%	税前利润 / 自有资金

（2）现金流量表

现金流量表是模拟一定时期内的（通常是年度）旧城改造项目过程中，企业现金流入、现金流出情况的财务报表。作为一个分析的工具，现金流量表的主要作用是反映旧城改造项目公司财务生存能力，特别是现金偿付能力。

（3）专业术语解释

折现率（Discount Rate）是指将未来有限期预期收益折算成现值的比率。例如：有物品 A，准备一年后出售，估计可卖到 115 元，现决定立马出售，那么 A 只能卖出 100 元，也就是说一年后出售的物品 A 折现到今年出售，损失了 15 元，折现率可粗略计作 15%。（折现率就是 1 年后到期的资金折算为现值时所损失的数值，以百分数计。）相对于卖方而言，希望折现率越低越好，未来收益折现成目前价值损耗的利益越少越好；而作为买方，则相反。（房地产投资行业一般折现率取 8%~15%，折现率肯定比一年定期的国债利率高，因为国债利率可定义为无风险报酬率。而折现率基本可看作是报酬率的反过程。）

净现值（*NPV*）是基于折现率基础上，对未来各年的净现金流量折现后的价值总和，减去初始投资额的价值差。对于一个投资项目而言，净现值为正，表示项目方案可行；净现值正值越高，说明项目越优质。（作为多种方案比较时的一个选择依据。）

内部收益率（*IRR*）是表示项目投资实际可望达到的收益率。也就是当净现值等于 0 时的折现率。（一般 20% 左右作为项目安全度的临界点，内部收益率越高表示项目越优质。）

第四节　旧城改造涉及政策和法律问题

国家、各省市级政府层面在旧城改造领域已经颁布出台相当数量的相关法律和政策，其种类涵盖规划、土地、房屋拆迁、房地产开发建设等，以下为部分旧城改造涉及的相关法律规范。（省市层面以广东省深圳市为例，其他省市都有相关法律及规范政策）[①]

一、国家层面

（一）规划类

·《中华人民共和国城乡规划法》（2019.4.23 修正）

（二）土地类

·《中华人民共和国物权法》（2019.8.26）

·《中华人民共和国土地管理法》（2019.8.26 修正）

·《中华人民共和国土地管理法实施条例》（2014.7.29 修订）

·《中华人民共和国城镇国有土地使用权出让和转让暂行条例》（1990.5.19）

·《土地储备管理办法》（2018.1.3 修订）

·《招标拍卖挂牌出让国有建设用地使用权规定》（2007.9.28 修订）

·《协议出让国有土地使用权规定》（2003.8.1）

（三）房屋拆迁类

（1）总类

·《中华人民共和国物权法》（2007.10.1）

·《中华人民共和国公司法》（2013.12.28 修正）

·《中华人民共和国城市房地产管理法》（2019.8.26 修正）

·《城市房地产开发经营管理条例》（2019.3.24 修订）

·《国有土地上房屋征收与补偿条例》（2011.1.21）

（2）房屋测绘

·《中华人民共和国测绘法》（2017.4.27 修订）

·《房产测绘管理办法》（2001.5.1）

·《建设部关于房屋建筑面积计算与房屋权属登记有关问题的通知》建住房〔2002〕74 号（2002.3.27）

（3）房屋估价

·《房地产估价机构管理办法》（2013.10.16 修正）

·《国有土地上房屋征收评估办法》（2011.6.3）

（4）房屋拆除与补偿

·《国有土地上房屋征收与补偿条例》（2011.1.21）

·《国务院宗教事务局 建设部关于城市建设中拆迁教堂、寺庙等房屋问题处理意见的通知》（国宗发〔1993〕21 号文）（1993.1.20）

---

① 摘自《城市更新改造项目法律实务和操作指引》贺倩明。

(5) 纠纷解决

·《国有土地上房屋征收与补偿条例》(2011.1.21)

·《房屋拆迁证据保全公证细则》(1994.2.1)

·《最高人民法院关于当事人达不成拆迁补偿安置协议就补偿安置争议提起民事诉讼人民法院应否受理问题的批复》(2005.8.11)

(四)房地产开发建设类

(1) 建设阶段

·《中华人民共和国城乡规划法》(2019.4.23 修正)

·《中华人民共和国城市房地产管理法》(2019.8.26 修正)

·《中华人民共和国建筑法》(2019.4.23 修正)

·《建设工程质量管理条例》(2019.4.23)

(2) 销售阶段

·《城市商品房预售管理办法》(2004.7.20 修订)

二、广东省层面

(一)规划类

·《广东省城市控制性详细规划管理条例》(2014.9.25 修正)

(二)土地类

· 广东省实施《中华人民共和国土地管理法》办法(2008.11.28 修订)

·《广东省非农业建设补充耕地管理办法》(2010.9.1)

(三)房屋拆迁类

(1) 房屋估价

·《广东省房地产评估条例》(1994.9.1)

(2) 房屋拆除与补偿

·《广东省拆迁城镇华侨房屋规定》(2005.1.1)

三、深圳市层面

(一)规划类

·《深圳市城市规划条例》(2001.3.22 修订)

·《深圳市城市更新办法》(2016.11.12 修订)

·《深圳市基本生态控制线管理规定》(2005.11.1)

·《深圳市城中村(旧村)改造暂行规定》(2004.11.1)

·《深圳市城市规划标准与准则》(2019.10.16 修订)

·《深圳市人民政府关于深圳市城中村(旧村)改造暂行规定的实施意见》(2005.4.7)

·《深圳市城市更新办法实施细则》(2012.1.21)

·《深圳市拆除重建类城市更新单元计划管理规定》(2019.3.15)

(二)土地类

·《深圳经济特区土地使用权出让条例》(2019.10.31 修正)

·《深圳市城市更新办法》(2016.11.12 修订)

·《深圳市土地储备管理办法》(2006.8.1)

·《深圳市土地征用与收回条例》(1999.5.6)

·《深圳市征用土地实施办法》(2002.10.1)

·《深圳市城市更新办法实施细则》(2012.1.21)

·《关于处理宝安龙岗两区城市化土地遗留问题的若干规定》(深府〔2006〕95号)(2006.6.5)

·《深圳市人民政府关于贯彻落实国务院关于深化改革严格土地管理决定的通知》(深府〔2004〕204号)(2004.11.30)

·《深圳市宝安龙岗两区城市化土地管理办法》(深府〔2004〕102号)(2004.6.26)

·《中共深圳市委、深圳市人民政府关于进一步加强规划国土管理的决定》(1998.10.23)

(三)房屋拆迁类

(1)总类

·《深圳市房屋征收与补偿实施办法(试行)》(2013.5.1)

·《深圳经济特区处理历史遗留违法私房若干规定》(2002.3.1)

·《深圳经济特区处理历史遗留生产经营性违法建筑若干规定》(2002.3.1)

·《〈深圳经济特区处理历史遗留生产经营性违法建筑若干规定〉实施细则》(2002.3.1)

·《〈深圳经济特区处理历史遗留违法私房若干规定〉实施细则》(2002.3.1)

·《深圳市人民政府关于处理深圳经济特区房地产权属遗留问题的若干规定》(1993.11.9)

·《深圳市城市更新办法》(2016.11.12修订)

·《深圳市城市更新办法实施细则》(2012.1.21)

(2)房屋测绘

·《深圳市房屋征收与补偿实施办法(试行)》(2013.5.1)

(3)房屋估价

·《深圳市房屋征收与补偿实施办法(试行)》(2013.5.1)

(4)房屋拆除与补偿

·《深圳市城市更新办法》(2016.11.12修订)

·《深圳市房屋征收与补偿实施办法(试行)》(2013.5.1)

·《深圳市国家机关事业单位住房制度改革若干规定》(2000.1.1)

·《深圳市城市更新办法实施细则》(2012.1.21)

·《深圳市人民政府关于加强土地市场化管理进一步搞活和规范房地产市场的决定》(2001.7.6)

(四)房地产开发建设类

·《深圳市建设工程质量管理条例》(2004.7.29修正)

·《深圳市城市更新项目保障性住房配建规定》(2017.11.20)

·《深圳市城市更新办法》(2016.11.12修订)

第五节　案例：山东菏泽市某旧城改造项目拆迁过程概况

一、项目介绍①

该旧城改造项目位于山东省菏泽市区赵王河景观带以东、长城路以南、桂陵路以西、大学路以北，共征收土地390亩，涉及居民853户、面积22.8万平方米。

项目由房地产企业碧桂园集团与菏泽市本地国企菏泽城建集团联合开发，总规划建筑面积64.5万平方米。其中一期占地面积11万平方米，建筑总面积约34.74万平方米。项目规划有一栋独立商业综合楼、6栋别墅、14栋高层洋房及1栋配套幼儿园（图19-5-1）。

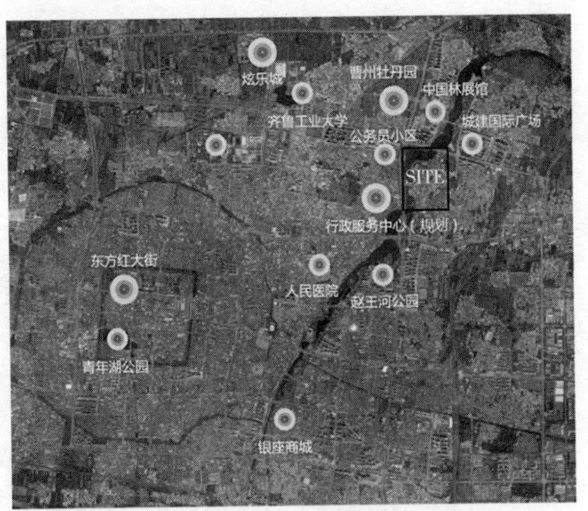

图19-5-1　菏泽市某旧城改造项目区位图
资料来源：作者自绘

项目位于赵王河东岸，地理位置十分优越，是进入菏泽城区的重要门户，关系菏泽的城市形象。建成后，可容纳1.5万余户、近5万人居住，将打造成为赵王河畔高档商住区，全面改善赵王河沿岸城市形象，进一步提升城区综合承载力。

二、项目拆迁过程

（一）入户丈量，掌握拆迁居民基本情况

其中包括：①详细掌握拆迁居民真实情况，家庭人员组成，工作生活背景等；②了解居民房屋面积、结构形式、建造年限等房屋信息。

（二）张贴房屋征收公告、房屋征收决定、房屋征收补偿方案

房屋征收公告和房屋征收决定的张贴是正式通知居民片区内要开始拆迁了，房屋补偿方案是让居民充分了解拆迁目的、拆迁范围、征收部门、征收实施单位、具体签约时限、补偿办法、房屋产权调换、奖励政策等相关事宜（图19-5-2）。

① 本案例由项目投资建设方之一，山东菏泽市城建集团提供基本材料，作者略作删改。

图 19–5–2　菏泽市某旧城改造项目过程示意
资料来源：案例项目方提供

（三）房屋评估

选定房屋评估机构，对房屋价值进行评估，并出具房屋评估报告送达居民，让居民了解其房屋价值，存在异议的可以与工作人员进一步沟通，重新核实。

对评估结果进行公示，充分接受人民群众监督，做到公平公正（图 19–5–3）。

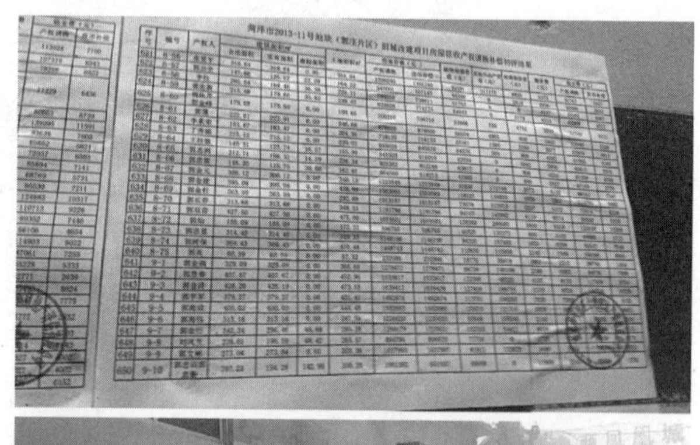

图 19–5–3　菏泽市某旧城改造项目过程示意
资料来源：案例项目方提供

（四）征收补偿协议签订

居民积极有序签订征收补偿协议，在工作人员详细讲解后，公证人员在场全程记录签订征收补偿协议（图 19–5–4）。

（五）领取搬家费和临时安置费

工作人员详细核对各项资料后发放搬家费和临时安置费（图 19–5–5）。

（六）房屋拆除

在各项手续都办理齐备后，对房屋进行拆除（图 19-5-6）。

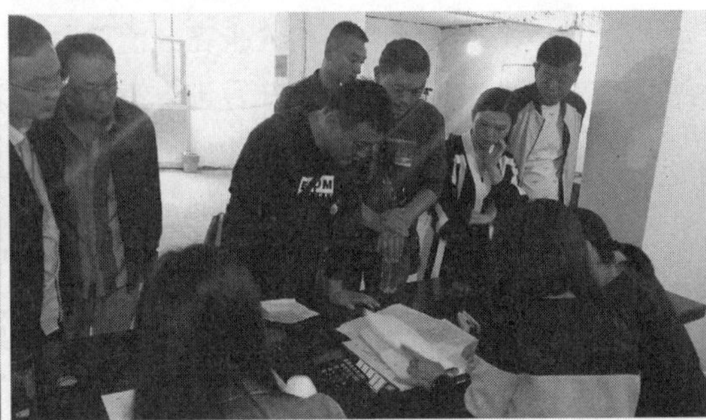

图 19-5-4 菏泽市某旧城改造项目过程示意
资料来源：案例项目方提供

图 19-5-5 菏泽市某旧城改造项目过程示意
资料来源：案例项目方提供

图 19-5-6 菏泽市某旧城改造项目过程示意
资料来源：案例项目方提供

第六节 新技术、新视角开发与研究案例

一、基于公众参与视角的旧城改造：安徽繁昌县旧城改造微调查案例

（一）项目概况

繁昌县是安徽省芜湖市下辖的一个县，古称春谷，西汉建县，位于芜湖市西南部，地处长江南岸，皖南丘陵地带，是皖南的门户，沪铜铁路、G50 沪渝高速公路、宁安城际铁路在此交汇。

如何引导当地政府在有限的城市建设资金条件下，行之有效地推进实施旧城改造，切实主导、落实体现民众利益和需求的民生项目成为基本出发点和研究目标。限于篇幅，以下将简单从问题初探、前期调研、民意调查准备工作、民意调查过程和项目小结与反思四个方面对案例进行剖析。

（二）问题初探

经过初步调研和走访，了解到当地政府在县城旧城区规划和建设中遇到了几类问题：

（1）民众对政府主导的旧城改造工作内容知晓度和认同感不高。

（2）政府主导的旧城改造项目与民众关注点和需求不完全一致。

（3）原有部分城市更新相关规划与现有旧改政策及民众需求有一定差距导致难以实施，等等。

为解决上述问题，需要进行广泛的群众民意调查，通过与市民的互动沟通，统计收集和分析在当前繁昌县城的旧城改造中群众的现状情况和对旧城改造的基本需求，并且进一步在民意调查基础上制定城市更新的行动规划，引导下一步旧城改造实践。

（三）前期调研

本项目始于 2015 年 3 月初，前期工作主要集中于：

（1）同当地政府沟通工作框架，确认第一次民意调查的目标是宣传推广旧城改造与普查旧城改造相关基本民意态度。

（2）现场调研和客观资料收集。

（3）协商主要工作周期与时间节点。

（4）在 3 月下旬甲方协作单位繁昌县规划局组织了由机关单位参与的座谈会，主题关于近年来县城的建设改造项目情况和对未来发展的部门意见。

（5）课题组根据以上信息，进行调查问卷设计，针对三类对象（本地居民、外来游客、走亲访友人员）共设计问题 90 余道，根据系统平台自动分配，每位调查对象回答的问题大约在 10~20 题之间。本次调查预期回收问卷 500~1000 份，抽样率 1.0%~2.0%（占县城常住人口）。关于问卷设计信息，详见图 19–6–1。

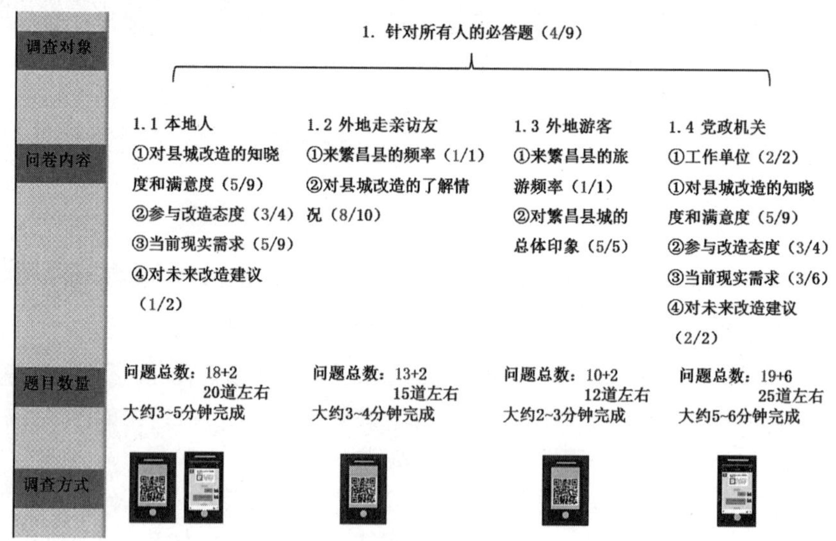

图 19–6–1 第一次民意调查问卷设计结构

资料来源：作者自绘

（四）第一次民意调查准备工作

第一次民意调查准备工作始于 2015 年 4 月初，历时一个月，主要完成工作如下：

（1）提交调查问卷与政府沟通调整修改。

（2）线上平台测试服务器运行状况。

（3）为民意调查和地推活动进行宣传造势，创建繁昌县规划局官方微信账号进行宣传，在当地媒体和芜湖市报刊上刊登相关信息（图 19–6–2）。

（4）在规划局范围内进行小规模测试调查。

美好家园，有你有我

繁昌县城旧城区规划建设民众意愿调查

近年来，繁昌县城在新区建设和旧城改造方面都取得了较大成就，受繁昌县人民政府和繁昌规划局委托，由同济大学“城市透镜”课题组策划发起“繁昌县城旧城区规划建设民众意愿调查”活动。这项活动的目的是为了更好地了解广大居民对繁昌县城旧城区规划建设的意见和想法，为下一步旧城改造决策提供依据。

主办：繁昌县人民政府　协办：繁昌县规划局　同济大学“城市透镜”课题组

美丽繁昌　你我共同努力

——繁昌县城旧城区规划建设民众意愿调查

近年来，繁昌县城在新区建设和旧城改造方面都取得了较大成就。为了充分了解广大居民对繁昌县城旧城区规划建设的意见和想法，以便更好地为下一步旧城改造决策提供依据，受县人民政府和县规划局委托，由同济大学“城市透镜”课题组策划发起“繁昌县城旧城区规划建设民众意愿调查”，活动将于近期在繁阳镇区展开，微信在线调查从即日起开始持续一个月。望广大居民积极参与到现场活动中来，扫微信二维码填写手机问卷后，均可抢红包赢好礼。关注官方微信平台，为建设美好繁昌献计献策，让我们携手为建设“魅力繁昌”共同努力！　（详见海报）

图 19–6–2　繁昌新闻和芜湖日报刊登本次调查相关信息

资料来源：网络摘录

（五）第一次民意调查过程

第一次民意调查整个过程始于 2015 年 5 月初，历时一个月，主要完成工作如下：

（1）5 月初在线平台正式开启，随着报刊、微信的陆续传播，在线平台收到当地群众填写的在线问卷。

（2）分别召开党政机关、社区居民代表的调研座谈会，当场完成在线调查，并对意见进行充分沟通（图 19–6–3）。

图 19–6–3　第一次民意调查民众座谈会现场

资料来源：作者拍摄

（3）结合之前座谈会内容，针对繁昌县旧城区所有七个社区进行深入实地调研，在社区现场展开深入调研座谈会，并且现场勘查旧城改造过程中群众反映的实际问题，倾听群众呼声（图 19–6–4）。

（4）在周五及周末、节假日，选取繁昌县城主要群众活动点进行地推活动，通过赠送话费、小礼品和支付宝红包形式宣传、推广旧城改造的民意调查。作为第三方研究机构课题组，工作人员在现场发放礼品和交流县城生活情况是政府与民众近距离沟通的有效方式（图 19–6–5）。

图 19-6-4　社区深入调研现场

资料来源：作者拍摄

图 19-6-5　地推活动现场

资料来源：作者拍摄

（六）项目小结与反思

第一阶段工作值得注意的问题有：①在收集民众对旧城改造项目意见时，应充分考虑各阶层代表以及旧城区内各个社区（不论规模大小）代表所反应的意见，调查问卷也应根据社会各阶层按比例发放，此外公众参与民主座谈会的形式和议程值得优化，可以参照《罗伯特议事规则》进行（亨利·M·罗伯特著、王宏昌译，1995）；②旧城改造项目中群众的意见往往集中于那些集中反应却得不到答复，以及没有渠道反应的问题，因此在第一次调查过程中，向群众宣传推广公众参与方法，沟通群众意见，往往比调查问题本身更加重要，因为只有在建立与群众真诚互信关系的基础上，才能更加顺利地进行后续框架的行动规划；③规划师在本项目研究中更多承担的是一种转译和沟通工作，一方面把规划专业信息以群众易懂和感兴趣的形式加以呈现并且收集整合群众意见；另一方面把群众的碎片信息和意见进行专业化整合，分析数据背后反映的民意动机和趋势，为旧城改造的决策者提供更多规划专业意见。

经过第一阶段的研究和实践，可以基本总结出公众对于旧城改造项目的意见和态度主要取决于以下三个方面：

第一，日常生活中的现实问题是否得到解决，什么时候可以解决。生活和工作在旧城改造地区的民众，最关心的还是自身生活环境相关的问题，诸如房屋维修、商业扰民、停车位不足等，往往比未来该地区是否成为城市中心更加现实和具体。因此在民众眼中旧城改造项目基本可以分为三类，改善自身生活环境的、与自己无关的城市更新以及既改善自己生活环境又对城市功能改善的更新项目。对于第一类和第三类项目，他们往往会更加热心参与。对于自身生活环境相关问题，民众往往很想知道政府旧城改造的时间表。

第二，旧城改造项目对自己有什么样的影响，带来好处还是造成麻烦。前文提到的第二类旧城改造项目，是对改造地区的城市功能和空间形态进行重大调整，此时改造地区及周边民众往往会对这种改变表现一定顾虑和反对意见，在此情况下政府需对改造项目的推动力和阻碍力有充分评估，并对可能出现的民众抵制风险进行预警，方能使此类项目顺利进行。

第三，是否参与旧城改造项目取决于参与的效果能否对结果造成影响。在当前的公众参与环境中，能否提供民众便捷参与规划的条件，以及公众参与对规划结果的影响程度将决定公众参与旧城改造项目的方式和深度。规划转型的总体发展趋势是使公众参与从负面情绪表达和抵制行为逐渐转向通过公众参与使地区规划往更优化更积极的方向发展。

二、旧城改造地区的文化价值评估：上海新天地地区旧城改造文化价值评估案例

（一）地区背景

太平桥新天地地区的发展是以上海法租界的创立和发展为背景的，1914年随着江浙两地的居民纷纷入沪，大量人口涌入加速了法租界的扩张，卢家湾的大部分地区被并入法租界内。上海的法国侨民在人数上虽然不比日、英、美、俄等国占优势，但是法兰西的文化涵养和生活品位使新天地地区成为上海独具文化魅力的地段，当时的霞飞路地段由于大量的餐饮、影院、酒吧、别墅、新村等被称为“东方巴黎”。虽然法租界地区在20世纪初进入了飞速发展的阶段，但这并不是呈现均衡发展的趋势。如太平桥东面是老城区，西面是西化的高级住区，其北面是繁华的淮海路，南面是肇家浜棚户区，正处于连接繁华片区到贫困片区的过渡区域，这一过渡性的特征，决定了这一太平桥地区的居民以中层、中下层华人为主体，建筑以旧式的石库门住宅为主（图19–6–6）。

1996年，由卢湾区人民政府组织编制，美国SOM国际有限公司规划设计，上海市城市规划设计研究院担任顾问，编制《上海市卢湾区太平桥地区控制性详细规划》，以指导地区开发。同时经过多方沟通后，瑞安集团和政府都确定了新天地地区的开发定位为一个国际化的集商业、娱乐、休闲、文化于一体的复合型地区。其中新天地项目位于109和112地块。

（二）建成环境文化演变

新天地建成环境文化风险的主要表征为物质空间的演变，所以在探讨地块

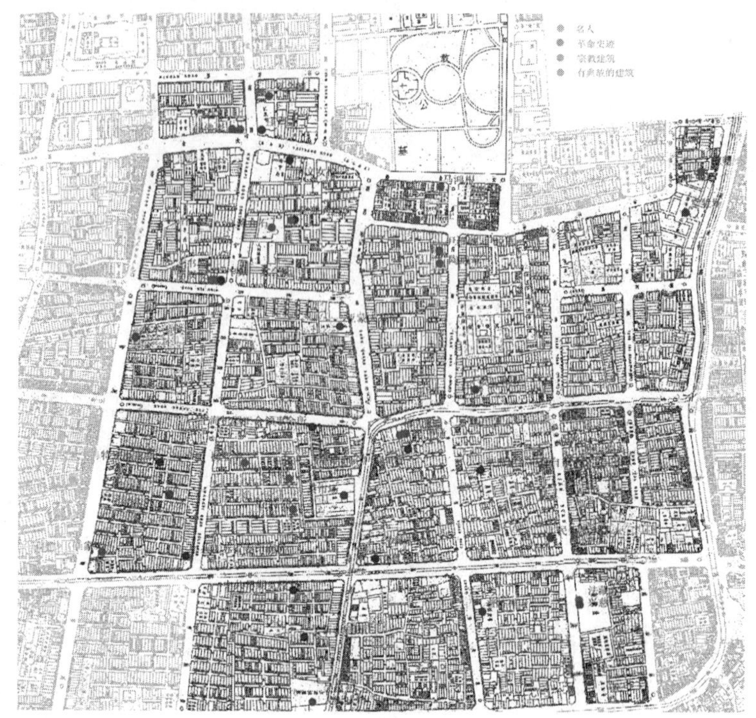

图 19-6-6　开发前太平桥地区肌理特征
资料来源：作者自绘

开发带来的文化风险之前，有必要对开发前后的物质空间的演变进行深入剖析，笔者将其分解为以下各层次：片区肌理演变、建筑风貌演变、公共空间演变、功能及人群演变。旨在通过这四个维度解读新天地地块开发前后的建成环境文化演变特征（表 19–6–1）。

物质空间文化演变内涵一览表　　**表 19–6–1**

一级	二级	三级	备注
物质空间文化演变	片区肌理演变	开发量	开发前后对比
		建筑密度	开发前后对比
		空间结构	开发前后对比
	建筑风貌演变	石库门元素	开发前后对比
		建筑色彩	开发前后对比
		建筑体量	开发前后对比
	公共空间演变	公共空间分布	开发前后对比
		公共空间类型	开发前后对比
	功能及人群演变	功能特征	开发前后对比

资料来源：作者自绘

通过分析，结论如下：

（1）建成环境文化内涵的翻转

随着新天地物质空间由单一封闭的居住空间转化为多样开放的商业旅游

休闲空间，原有的老上海风情石库门里弄居住空间文化也演变成为具有石库门特色和风情的商业空间文化。其在原有文化内涵的基础上，完全创造了一种新的文化，这种新的文化与原有文化的内涵完全不同，体现了与原有文化根源割裂的特征。

对于开发前后的文化特征来说，开发前新天地地块作为太平桥地区极为普通的一处居住地块，其物质空间的使用价值是高于社会价值的。而开发后虽然新天地地块内的商业休闲建筑也具有一定的使用价值，但是作为一个石库门里弄文化的展示窗口，其社会价值也极大提高。以原居民为例，开发前物质空间的使用价值为实质性的居住功能，而由于新天地开发定位的档次较高，开发后的物质空间的使用价值更多为观赏和休闲场所，成为居民怀念原石库门文化和老上海风情的主要场所。

(2) 建成环境文化表征的延续

原有的建筑风貌、建筑元素、建筑色彩在开发过程中得到了较好的保护与延续。保留修缮的石库门建筑量占开发前总建筑量的38%，修缮后新天地地区达到了“修旧如旧”的效果，新建建筑色彩也与原建筑色彩相协调，石库门里弄的物质空间的文化表征得到了延续。

(3) 建成环境文化类型的复合

新天地的开发无疑导致了一种由原有单一的居住文化向多维的商业、休闲、旅游、购物、观光文化演变。将原有上海普通群众的居住生活的典型区域转化成为一个人群多样化的商业文化典型区域，实现了文化类型的复合化。

（三）客体人群对新天地开发的价值评判

研究选取相关的人群对新天地开发前后的文化价值进行评判，主要涵盖以下几类：其一为城市开发最直接的利益相关者——老居民；其二为专家学者，他们不仅熟知新天地项目的开发，同时对相关案例都有研究，具有一定的代表性；其三为城市开发的主要参与者和引导者——政府官员；其四为开发后在新天地活动的主要人群——旅游者。最终得出结论如下：

(1) 新天地开发是地区及时代需求的产物

空间和时间的交汇促进了新天地广场的开发。从空间维度上来看，区位条件的成熟化、周边商业核心的复合化、轨道交通的完善化将新天地地块推向了一个更高的维度，原有的居住功能已经不再适合地区发展的需要，太平桥地区的发展也急需找到一个突破点。从时间维度上来看，1990 年代正值上海飞速发展的 10 年，城市建设的进程如火如荼，城市风貌和特色塑造成为时代发展的重心。基于地区与时代的需求，新天地的开发应运而生。

(2) 客体人群关注重点与文化价值评判

总结各客体人群对新天地开发的评判，发现各客体人群的评判结果迥异，老居民和旅游者基本认同新天地的开发；专家学者部分认同，部分不认同；政府官员完全认同。这一差异度的体现与不同客体对新天地开发的关注重点不一致有关，对此笔者对各客体对新天地开发的价值评判和关注重点进行总结，见表 19–6–2 和表 19–6–3。

各客体人群对新天地开发的价值评判　　表 19–6–2

客体人群	各客体人群对新天地开发的价值评判
老居民	基本认同新天地开发。认为开发后的建成环境文化价值要高于开发前
专家学者	部分认同，部分不认同新天地开发。争议的焦点在于开发导致了原有居民全部迁走，原有生活方式被破坏
政府官员	完全认同新天地开发。认为开发后的建成环境文化价值要远高于开发前
旅游者	基本认同新天地开发。由于对开发前的物质空间并未有了解，仅从开发后的物质空间表征来看，新天地建成环境文化价值较高

资料来源：作者自绘

各客体人群关注重点排序表　　表 19–6–3

客体人群	关注重点排序（从左至右关注度依次减弱）		
老居民	居住生活质量	建成环境文化保护	社会关系维系
专家学者	社会关系维系	建成环境文化保护	片区结构维系
政府官员	城市形象改善	片区功能特色	建成环境文化保护
旅游者	物质空间体验	片区功能特色	购物休闲体验

资料来源：作者自绘

从老居民的角度出发。他们最渴望的是提升居住生活质量，其次才是建成环境文化的保护和社会关系维系，对于这类人群来说，新天地原有里弄住宅的使用价值是远远大于社会价值的。则从他们的利益需求出发，最佳的方式是新天地地块得到开发，从生活和经济上补偿原居民。在开发过程中尽量保护原有建成环境文化。

从专家学者的角度出发。他们最希望能在地区经济价值最大化的基础上，维系部分社会关系，新天地的开发并不需要彻底的改变功能，而成为一个断绝与地区原文脉相关的展示品。所以在保护建成环境文化的基础上，保留部分原居民和原有生活方式将会使新天地更具魅力。

从政府官员的角度出发。他们最关注城市形象改造和片区功能提升，新天地的开发必须是有这两项作为前提下，再来考虑建成环境文化的保护问题。

从旅游者角度出发。由于大部分旅游者并不知晓开发前新天地的状态，旅游者所关注的是新天地这一个地块能否给他们带来一种独特的体验。所以片区空间体验为游客最为关注的内容。

三、居民自组织城市更新项目：上海田子坊城市更新案例

（一）田子坊更新演进过程

田子坊始建于 1930 年，原本只是指泰康路 210 弄，现在的田子坊地区是涵盖了周边几个弄堂的总称。1930 年代，在这个约 140 米长的老式里弄里汇集了 36 家作坊式小工厂[①]，花园住宅区、普通新式里弄住区、简陋里弄住区同时挤在狭窄的弄堂里，展现出丰富的建筑环境空间和格局，是较为典型的里弄式风格的传统街区（图 19–6–7）。

① 朱荣林. 解读田子坊 [M]. 上海：文艺出版社，2009：12.

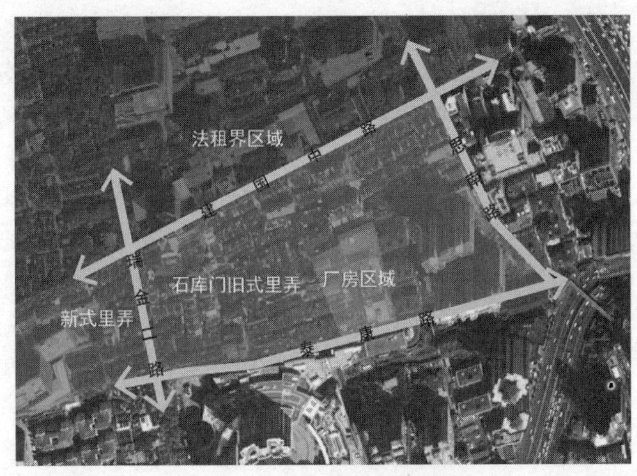

图 19-6-7 田子坊地区历史格局

资料来源：作者自绘

田子坊的当代发展起源于艺术家的入驻，具体可分为三个阶段：1998 年艺术家入驻到 2005 年授牌之前，为田子坊文化创意产业集聚区的形成期，具有典型的自发集聚、自下而上发展的特征；2005 年田子坊被授予上海市首批文化创意产业集聚区，到 2008 年田子坊管委会成立之前，田子坊经历了快速的发展的成长期；2008 年至今，随着田子坊管委会成立，标志着政府介入田子坊的管理中，各项制度也日益完善，田子坊已经进入到发展的成熟前期。在不同的发展时期内，田子坊内的产业发展和空间环境呈现出不同的特征，同时政策的发布、外部环境的变迁等也会对田子坊的发展产生影响（表 19-6-4）。

田子坊演化阶段和大事件统计 表 19-6-4

演化阶段	时期特征	时间	大事件
第一阶段（1998~2005 年）	以旧里弄厂房的改造为主，企业化运作	1998 年	陈逸飞、尔冬强等艺术家先后入驻
		1999 年	画家黄永玉为泰康路 210 弄提名“田子坊”
		2000 年 5 月	田子坊旧厂房开发改造
		2004 年 11 月	田子坊首家民居对外出租
第二阶段（2005~2008 年）	以石库门民居更新利用为主，居民自发组织	2005 年 4 月	田子坊被授牌为上海创意产业集聚区
		2006 年 5 月	业主自发成立石库门业主管理委员会
		2007 年 12 月	田子坊工作联席会议制度建立
第三阶段（2008 年至今）	区政府介入，规范化管理	2008 年 2 月	田子坊管理委员会成立
		2008 年	《田子坊地区房屋临时改变居住性质实行审批制的申请报告》获批
		2009 年	上海首批文化产业园区
		2010 年	国家 AAA 级旅游景区
		2011 年	上海名牌区域
		2011 年 11 月	区政府出台《田子坊地区管理办法》
		2012 年 3 月	田子坊商会成立
		2013 年	田子坊工会成立

资料来源：作者自绘

（二）“自下而上”城市更新模式的反思

（1）自下而上发展起来的文化创意产业集聚区在市场力的推动下面临文化让位于商业的危险

通过案例研究，发现自下而上发展的文化创意产业集聚区由于受市场规律的影响，随着租金的上涨会出现文化创意产业比例下降和其他消费类产业比例上升的趋势，如果任由市场力来推动田子坊的发展，文化创意产业有随着租金的上涨趋于消亡的趋势。

（2）政府的管理调节了业态结构，缓和了田子坊演化过程中的矛盾

从时间发展看，田子坊在演化过程中受市场力支配面临业态结构中文化创意减弱的趋势，从空间上看，田子坊是一个具有综合性文化创意产业集聚区，居住功能、产业功能、商业休闲功能等交织在一起，居民生活与商业、旅游业间的兼容性问题，这些反映出在田子坊的演化中，资源的挖掘利用、利益的再次分配、空间生产实践等都面临着制度与社会规范的深层次建设，因此政府对田子坊的管理是势在必行的。政府通过规范企业和商户的经营活动，提高公共服务水平，缓和了田子坊演化过程中的矛盾。

在田子坊的演化过程中，租金问题贯穿始终。在田子坊的形成期，低廉的租金是吸引艺术家入驻的主要原因；在田子坊的发展期，租金上的利益诱惑是居民自发出租住宅的动力来源，同时租金过高也是导致田子坊内业态结构失衡的导火索；如今在田子坊管委会的管理和引导下，文化创意类企业集聚的厂房区相较于里弄区租金要低很多，知名艺术家可以享受到租金优惠，是保持田子坊文化生态的重要手段。因此在田子坊未来发展中，政府应通过产业引导和提供租金优惠，保护好田子坊的文化生态，促进业态结构合理发展。

（3）在田子坊未来的发展中，要充分发挥政府、市场和社会三种动力的协同作用（图 19–6–8）

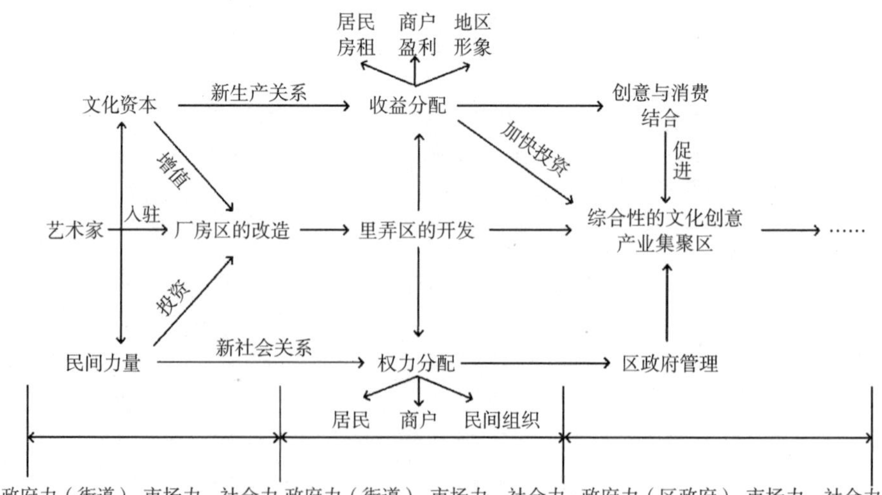

图 19–6–8　田子坊发展中的三种动力关系示意

资料来源：作者自绘

田子坊是在社会力、政府力的推动下初步形成，在市场力的作用下发展并出现了业态发展背离文化创意产业初衷的演化趋势，最后在政府力的管理下，产业问题和空间问题得以缓解的现状。田子坊的演化过程开启了利益分配的一种新方式，居民、企业、政府和社会等多主体间均能在田子坊的演化发展中获利，居民得租金，企业得利益，政府得税收，文化得发展，这种做法使利益的分配趋于稳定化和长期化。在未来的发展中，要充分发挥三种动力相互间的制衡作用。首先，在市场力的作用下，加快推动文化创意与消费的结合；其次，政府注重给予艺术家以相关优惠政策，继续对田子坊的发展进行规范化的引导和管理；最后，注重调动各方的积极性，参与到田子坊的发展建设中来。

思考题：

1. 掌握不同模式的旧城改造项目开发特征。
2. 熟悉旧城改造项目开发的完整过程。
3. 了解当前旧城改造规划中的新理念、新技术和新趋势。

参考文献：

罗小未，等．上海新天地：旧区改造的建筑历史、人文历史与开发模式研究[M]．南京：东南大学出版社，2002：10–86．

第二十章　小城镇开发

我国的城镇化发展水平至 2018 年已达到 59.58%，在到达 70% 的临界点前，仍将处于快速发展阶段，但城镇化发展的方向已出现显著变化。在国家新型城镇化战略和特色小（城）镇建设的强大政策推动下，小城镇一级的建设成为推进我国城镇化的重要支点。2012 年十八大[①]、2013 年中央城镇化会议[②]、2014 年《国家新型城镇化规划（2014—2020 年）》、2015 年中央城市工作会议[③]、2016 年《国务院关于深入推进新型城镇化建设的若干意见》[④]不断深化对新型城镇化内涵的阐释；其后 2016 年 7 月，住房和城乡建设部、国家发展改革委员会、财政部联合发布《关于开展特色小镇培育工作的通知》[⑤]；2016 年

① 人民网．中国共产党第十八次全国代表大会报告解读 [EB/OL]. http：//theory.people.com.cn/GB/40557/351494/.

② 中国城市网．中央城镇化工作会议公报 [EB/OL]. http：//www.urbanchina.org/n/2013/1227/c369519-23963079.html.

③ 中国城市规划网．2015 中央城市工作会议公报全文 [EB/OL]. http：//www.planning.org.cn/news/view?id=3482.

④ 中华人民共和国中央人民政府．国务院关于深入推进新型城镇化建设的若干意见 [EB/OL]. http：//www.gov.cn/zhengce/content/2016-02/06/content_5039947.htm.

⑤ 中华人民共和国住房和城乡建设部，中华人民共和国国家发展改革委员会，中华人民共和国财政部．关于开展特色小镇培育工作的通知（建村〔2016〕147 号）[EB/OL]. http：//www.mohurd.gov.cn/wjfb/201607/t20160720_228237.html.

10月，国家发改委公布《关于加快美丽特色小（城）镇建设的指导意见》[①]，均从宏观政策层面为小城镇发展提供新的方向和路径。然而不容忽视的是，在经历了前几十年的数量激增和规模膨胀后，量大面广、发展不均仍然是我国小城镇的现实特征，小城镇发展中的资源、产业、空间瓶颈日益凸显，小城镇的合理开发是小城镇健康发展的重要依托。

第一节　小城镇开发的内涵

小城镇开发是"新型城镇化"背景下提出的一个新概念，是对小城镇发展过程中的综合开发，目的是通过开发满足小城镇居民的生活和生产需要。小城镇开发是实现新型城镇化的基本推动力量，是建设新型城镇、发展生产的重要步骤。

小城镇开发一般包括：①土地一级开发，通过土地开发享受工程或土地升值收益；②二级房产开发，通过销售经营等方式形成销售运营模式；③产业项目开发，通过项目的运营获得收益；④城镇建设开发，包括公共交通、智慧化管理、社会服务等城市管理服务，以及银行、学校、医院、市政基础设施等城市配套建设。小城镇开发过程中需要解决的问题还包括人口户籍问题、土地制度问题和投融资体制改革问题等。

小城镇开发是以城镇资源价值策划、创造与提升为核心，以资源经营为手段，对小城镇的土地、空间、产业、文化等要素进行综合性开发的过程，构建小城镇产业发展、城镇功能、人居环境等动态平衡的空间形态。小城镇开发应站在城镇可持续发展的高度，明确提出城镇的价值主张，并通过经济发展规划、空间规划、土地利用规划、开发实施规划等手段，对城镇资源价值进行更充分的挖掘和配置。

第二节　小城镇开发的时代背景

一、我国城镇化进入转型发展新阶段

1978—2016年，我国城镇化率从17.92%提升到57.35%，城镇常住人口从1.7亿人增加到7.9亿人。根据国际城镇化发展规律，我国正处于城镇化率30%~70%的快速发展区间，未来一段时期，我国城镇化进程将保持较快速度增长。但由于面临产业转型升级、生态环境资源保护、社会矛盾风险增大等多重约束，我国传统的粗放型城镇化模式越来越难以为继。新时期，随着内外部环境和条件的深刻变化，城镇化必须进入以提升质量为主的转型发展新阶段。

二、新型城镇化已成为中国经济转型的重要抓手

我国未来几十年的发展潜力在城镇化，城镇化将成为拉动内需增长的强大

① 国家发展改革委．国家发展改革委关于加快美丽特色小（城）镇建设的指导意见．发改规划〔2016〕2125号[EB/OL].（2016-10-08）．http：//www.ndrc.gov.cn/zcfb/zcfbtz/201610/t20161031_824855.html.

动力。2014 年 3 月 16 日，我国正式对外公布《国家新型城镇化规划（2014—2020）》，规划提出到 2020 年，我国常住人口城镇化率将达到 60% 左右。这就意味着每年平均至少有近 2000 万农村人口变为城镇人口。随着城镇化水平的提高，人口不断向城镇转移，无论城镇数量还是城镇规模将进一步扩大。在中国城镇化快速进程中，如何通过城镇运营取得城镇资源的增值和城镇发展最大化是我们面临的重大课题。

三、小城镇成为践行新型城镇化的重要载体

我国当前所秉持和践行的新型城镇化是一条科学发展、集约高效、功能完善、环境友好、社会和谐、个性鲜明、城乡一体、大中小城市和小城镇协调发展的城镇化建设道路。新型城镇化的一个鲜明特色就是更加注重小城镇发展，强调把小城镇作为推进城乡一体化发展的战略节点和重要平台。发展小城镇，有利于解决现阶段农村一系列深层次矛盾，优化农业和农村经济结构，增加农村收入；有利于缓解当前国内需要不足和农产品阶段性过剩状况，为整个工业和服务业的长远发展拓展新的市场空间。如何充分发挥市场主体作用，因地制宜地开发建设特色鲜明、产城融合、充满魅力的小城镇，带动农业现代化和农民就近城镇化，成为我国新型城镇化进程中的重要目标任务之一。

第三节 我国小城镇开发的历史进程

中国小城镇开发历程大体可以归纳为以下四个阶段。

一、停滞发展阶段（1949~1978 年）

中华人民共和国成立初城镇化水平只有 10.64%，由于经历了特殊历史时期，到 1978 年我国城镇化水平只提高到 17.92%，年均增加 0.25 个百分点。该历史时期，国家实施了农业和农村支持工业和城市发展的“城市偏向”政策以尽快建立工业体系，没有将小城镇纳入国家工业化和城市化范畴，小城镇作为与城市隔离并行发展的农村地区被政府严格控制发展。中央政府颁布的民政、户籍、经济等一系列“重工业和工业城市优先”配套政策将小城镇长期锁定在低水平徘徊状态。

二、稳步发展阶段（1979~2000 年）

我国城镇化水平由 1978 年底的 17.92% 快速上升到 2000 年底的 36.22%，年均增加 0.83 个百分点，同期建制镇由 2173 个增加至 20312 个，增加迅速。这段时期宏观层面的大政方针为改革开放初期消除小城镇发展障碍营造了宽松的政策环境，小城镇得以迅速发展起来。而户籍管理制度的改革为增加小城镇数量、扩大小城镇规模、引导农业人口转入城镇并取得户籍后享用城镇社会福利提供了政策条件。小城镇开发建设重点主要集中在沿海地区。

三、快速发展阶段（2001~2015 年）

进入 21 世纪，我国城镇化进入快速发展阶段。2001~2009 年：我国正式制定了加速城镇化发展的总体战略，小城镇规模迅速扩张、城镇群发展显著，城镇化水平由 2001 年的 37.66% 上升到 2009 年的 46.59%，年均增加 1.15 个百分点。2010 年以后，城镇化发展水平进一步提速，平均每年提高 1.5 个百分点，至 2015 年已达到 56.10%。此时期，城镇开发建设重点是区位条件较好的建制镇，城镇规模扩大，城镇之间交往密度增加，分工协作的城镇群逐步形成。小城镇已被明确为我国特色城镇化体系中的重要一环，强化小城镇建设在城镇化体系建设中的基础作用以及在城乡经济一体化发展中的纽带作用。

四、特色化发展阶段（2016 年至今）

2015 年以来，借助强化小城镇特色化发展的政策①，特色小镇成为浙江省新型城镇化和产业转型升级的新动力和重要平台，并迅速推广至全国。与政策层面的引导相应，国内学术界短短几年内迅速涌现了大量关于特色小镇的研究，各地也纷纷掀起了“特色小镇”的建设热潮。以特色小镇为代表的小城镇建设成为我国新型城镇化和产业转型升级的重要平台和抓手，国家制定了相关政策强化小城镇的特色化发展。特色小镇的国家战略定位进一步提升为“国家和地方创新发展、转型升级的新动力和新平台”高度。作为新型城镇化和新常态下国家和地方产业转型升级的重要抓手，小城镇开发建设重点转向培育以特色产业为核心的特色小镇方面。但是，源于浙江省的特色小镇是独立于城区，区别于行政区划单元和产业园区，具有明确产业定位、文化内涵、旅游和一定社区功能的发展空间平台，本质上是产业区或开发区的精致版；而全国范围内对特色小镇的推广旨在促进小城镇的发展，实现了向小城镇的回归，是特色小城镇。从浙江实践到全国推广，实则是对小城镇建设有了更深刻的认识（表 20–1–1）。

我国小城镇开发历程及其支持政策 表 20–1–1

	宏观政策背景	相关配套政策
停滞发展阶段（1949~1978 年）	《关于调整市镇建制、缩小城市郊区的指示》（1963 年，中共中央、国务院）：“常住人口在 3000 人以上，其中非农人口占 70% 以上的居民区或人口在 2000~3000 人之间，其中非农人口在 85% 以上的地区才算城镇”	
稳步发展阶段（1979~2000 年）	《中共中央关于加快农业发展若干问题的决定》（1979 年，党的十一届四中全会）：“有计划地发展小城镇建设和加强城市对农村的支援。……要十分注意加强小城镇的建设……”； 全国城市规划工作会议（1980 年）：“控制大城市规模，合理发展中等城市，积极发展小城镇的方针”；	《中共中央关于 1984 年农村工作的通知》（1984 年）：“允许务工、经商、办服务业的农民自理口粮到集镇落户”； 《国务院关于农民进入集镇落户问题的通知》（1984 年）：“凡申请到集镇务工、经商、办服务业的农民和家属，在集镇有固定住所，有经营能力，或在乡镇企业单位长期务工的，公安部门应准予落常住户口，及时办理入户手续，发给《自理口粮户口簿》统计为非农业人口……”；

① 浙江省人民政府．浙江省人民政府关于加快特色小镇规划建设的指导意见．2015–05–05. 浙江省委城市工作会议．2016–05–18.

续表

	宏观政策背景	相关配套政策
稳步发展阶段（1979~2000年）	《关于调整建镇标准的报告》（1984年，国务院）："为了适应城乡经济发展的需要，适当放宽建镇标准，实行镇管村体制，对于加速小城镇的建设和发展，逐步缩小城乡差别，进行物质文明和精神文明建设，具有重要意义"； 中央农村工作会议、《关于加强小城镇建设的若干意见》（1994年，党的十四届三中全会）："要引导乡镇企业在小城镇适当集中，使小城镇成为区域的中心"，"在稳步发展农业的同时，积极发展农村二、三产业，搞好小城镇建设"。 《中共中央关于农业和农村工作若干重大问题的决定》（1998年）："发展小城镇，是带动农村经济和社会发展的一个大战略。" 党的十五届四中全会（1999年）："加快小城镇建设，是关系到我国经济和社会发展的重大战略问题"； 《关于促进小城镇健康发展的若干意见》（2000年，中共中央、国务院）：针对小城镇建设中存在的诸多"不容忽视的问题"，提出小城镇建设要遵循"尊重规律，循序渐进；因地制宜，科学规划；深化改革，创新机制；统筹兼顾，协调发展"的原则，促进小城镇健康发展	《关于建立社会主义市场经济体制若干问题的决定》（1993年，党的十四届三中全会）："逐步改革小城镇的户籍制度，允许农民进入小城镇务工经商，发展第三产业，促进农村剩余劳动力的转移。" 《关于促进小城镇健康发展的若干意见》（2000年）："吸引乡镇企业进镇。鼓励农村新办企业向镇区集中。吸引国有企业技术、人才和相关产业向小城镇转移。鼓励大中城市的工商企业和商业保险机构到小城镇开展经营活动。" "各地要制定相应的优惠政策，吸引企业、个人及外商以多种方式参与小城镇基础设施的投资、建设和经营。国有商业银行要采取多种形式，增加对小城镇建设的贷款数额。" "对重点小城镇的建设用地指标，由省级土地管理部门优先安排。对以迁村并点和土地整理等方式进行小城镇建设的，可在建设用地计划中予以适当支持。" "从2000年起，凡在县级市市区、县人民政府驻地镇及县以下小城镇有合法固定住所、稳定职业或生活来源的农民，均可根据本人意愿转为城镇户口，并在子女入学、参军、就业等方面享受与城镇居民同等待遇，不得实行歧视性政策。"
快速发展阶段（2001~2015年）	《中华人民共和国国民经济和社会发展第十一个五年规划纲要》（2006年）："坚持把解决好'三农'问题作为重中之重，实行工业反哺农业、城市支持农村，推进社会主义新农村建设，促进城镇化健康发展……坚持大中小城市和小城镇协调发展"。 《中共中央关于制定国民经济和社会发展第十二个五年规划的建议》（2010年）："按照统筹规划、合理布局、完善功能、以大带小的原则，遵循城市发展客观规律，以大城市为依托，以中小城市为重点，逐步形成辐射作用大的城市群，促进大中小城市和小城镇协调发展。" 《国家新型城镇化规划（2014–2020年）》（2014年）："以城市群为主体形态，推动大中小城市和小城镇协调发展"。 《中央城市工作会议公报》（2015年）："强化大中小城市和小城镇产业协作协同，逐步形成横向错位发展、纵向分工协作的发展格局。"	《中共中央关于推进农村改革发展若干重大问题的决定》（2008年10月，党的十七届三中全会）："逐步建立城乡统一的建设用地市场，对依法取得的农村集体经营性建设用地，必须通过统一有形的土地市场、以公开规范的方式转让土地使用权，在符合规划的前提下与国有土地享有平等权益"； 中央新型城镇化工作会议（2013年）："全面放开建制镇和小城市落户限制。"
特色化发展阶段（2016年以来）	《中华人民共和国国民经济和社会发展第十三个五年规划纲要》（2016年）："加快发展中小城市和特色镇，……因地制宜发展特色鲜明、产城融合、充满魅力的小城镇。" 《关于开展特色小镇培育工作的通知》（2016年，住房城乡建设部、国家发展改革委、财政部）："到2020年争取培育1000个左右各具特色、富有活力的特色小镇，引领带动全国小城镇建设"，"培育特色鲜明、产业发展、绿色生态、美丽宜居的特色小镇，探索小镇建设健康发展之路，促进经济转型升级，推动新型城镇化和新农村建设。"	《新型城镇化站在新起点》（2016年）："将强化对特色镇基础设施建设的资金支持，支持特色小城镇提升基础设施和公共服务设施等功能。选择1000个左右条件较好的小城镇，积极引导扶持发展为专业特色镇。" 《关于开展特色小镇培育工作的通知》（2016年，住房城乡建设部、国家发展改革委、财政部）："省、市、县支持政策有创新。……促进小镇健康发展，激发内生动力。""国家发展改革委等有关部门支持符合条件的特色小镇建设项目申请专项建设基金，中央财政对工作开展较好的特色小镇给予适当奖励。"

第四节 小城镇开发的特点及开发模式

一、小城镇开发的总体特征

（1）以特色经济和环境资源为基础产业资源是小城镇开发的前提，资源如何转化为面向市场的核心竞争力是其核心指向。小城镇开发应注重特色，特别注意保护文物古迹以及具有民族和地方特点的文化自然景观。同时培育小城镇的经济基础，根据小城镇的特点，以市场为导向，以产业为依托，大力发展特色经济。

（2）促进产城融合，以政府政策及投融资支持为依托，以产业为引领，打造具有明确产业定位、文化内涵、城镇功能、宜居社区的综合开发项目。促进产城融合和公共服务水平的提升，是促进小城镇人口集聚的必然要求。小城镇与县城相比较存在的人口吸纳劣势，一方面固然与县城和小城镇的层级差异有关，但另一方面也反映了小城镇的就业机会和服务水平需要进一步提升。就业机会是制约小城镇人口集聚的重要原因，小城镇人口向县城的迁移体现出与年龄结构相关的特征，年龄阶段越低，越倾向于基于工作机会考虑居住地，因此产业发展与城镇建设应相辅相成。

（3）发挥区域引擎综合效应，带动周边乡村发展。作为缩小城乡差距、推进浙江省新型城镇化进程的纽带，我国小城镇仍表现出显著的农村性特征，在人口的受教育程度、交通工具、收入水平、消费水平、职业构成等方面具有相似的水准，小城镇并未与农村真正拉开距离，更难以发挥带动农村地区发展的作用。小城镇开发应注重产业培育、持续经营、区域带动。公共服务水平的提升与人口的集聚相互促进，小城镇的吸引力很大程度上依赖于其公共服务能力，建议将更优质的公共资源向小城镇倾斜，将城市的优质公共服务向小城镇延伸，提升人口向小城镇的移居意愿，辐射和带动周边乡村的发展。

（4）妥善解决小城镇的全局规划和建设用地的布局。提升小城镇功能布局，营造城镇特色风貌，小城镇开发要统一规划，集中用地，做到集约用地和保护耕地。适当提高小城镇的规划建设标准，优化小城镇发展环境。小城镇居民对镇区建设存在不满的原因主要为交通混乱、配套设施不齐全，而城镇居民对所在镇的生活条件、配套设施等方面有更高的期望。建立快速便捷的道路交通体系、配套城乡一体的基础设施，提高小城镇生态环境质量，创造良好的人居环境，形成小城镇与周边城市、农村互连互通的城乡一体化格局。

二、小城镇开发的模式

我国小城镇开发主要有三种模式：政府主导模式、企业主导模式、政企合作模式。①

（1）政府主导模式

政府主导模式是指由当地政府自身全程主导的小城镇开发模式，是以城镇建设为主要内容的传统小城镇开发模式，基本上是由政府主导的财政投资推动。

① 资料来源：梅娟娟．政企合作成为小城镇建设的发展方向 [R]. 2014.

这种模式对政府管理能力、财政实力有较高的要求，比较适应快速城镇化阶段的开发建设要求，但往往后期运作难度大，可能加重政府财政负担，且在集聚产业、吸纳人口等方面不尽如人意。

（2）企业主导模式

企业主导模式是指一些财力有限且资源整合能力较弱的小城镇，交由资金实力强、资源水平高、运营经验丰富的企业主导开发的一种模式。企业主导模式可以为政府减轻资金压力，且有更丰富的项目运作经验，但这一模式可能过分追求经济利益而忽视社会公共利益。

（3）政企合作模式

新型城镇化和经济新常态下，政府将从广泛参与城镇建设的投资、经营向重视公共服务、社会民生建设转型。小城镇开发需要更充分和更有效地引入市场机制，并让市场机制发挥基础性作用。政府和企业的联合开发成为小城镇开发的主要模式。政企合作模式综合了以上两种模式的优点，弱化了两者的缺点，更符合小城镇建设的发展方向。这种模式下，政府和企业合作，发挥政府和市场两种力量，实现双方共赢。政企合作模式一般由多元化经济组成专业性商业机构，在政府领导下，经政府授权或委托，就小城镇开发的建设和运营，实施全程性总体责任统筹。①

第五节　特色小镇开发的过程及其运营模式

特色小镇遵循“政府主导、企业市场化运作”，政府推动成为主要动力。

一、特色小镇开发的过程

特色小镇的开发和运营，基于系统的规划和合理的策划，须在整个项目开始前就策划好整个开发过程，预估可能发生的一切情况，并且对资金预算的使用也需要提前做系统合理的规划。特色小镇开发的先决条件是土地，然后才是特色产业的导入，按近年开发的特色小镇项目的经验来看，土地规划规模通常在2~5平方千米，开发商如何获得土地指标，将直接关系到整个项目的运作。

如果一次性全额收购这部分土地，短期内的资金需求量过于庞大，对于绝大多数的开发商来说，风险过大，且容易造成资金链的断裂而导致整个项目的崩盘。建议开发商可与当地政府协商合作，签订项目整体开发的框架协议，内容包括整体项目合作内容，土地指标、土地转让价格、土地租赁价格、相关的优惠政策等。在与政府签订项目开发框架协议的同时，还需明确当地政府负责整个特色小镇的基础设施建设，包括城镇旧改工程，城镇道路、绿化、水电气、网络等基建配套，视具体项目情况，也可与政府协商以PPP模式②合作建设开发。

在项目规划范围内，以相对低于市场的价格先购买一部分土地作为项目

① 资料来源：世联地产．王平小城镇发展战略及开发模式研究[R]. 2012.

② PPP模式，是“政府－私人－合作”（Public-Private-Partnership）的缩写，是政府与私人组织之间，为了提供某种公共物品和服务，以特许权协议为基础，彼此之间形成一种伙伴式的合作关系，最终使合作各方达到比预期单独行动更为有利的结果。

第一期开发，面积可根据自有资金量而定，通常为整体规划面积的10%~15%左右。余下土地则与政府签订长期使用权的租赁协议，期限视整个项目的开发周期而定，至少为10年；租赁土地中，必须预先锁定约占规划总面积30%~50%的部分土地，预付长期租金，用于项目后期的持续开发，同时要明确一旦项目成功开发，后续的约定租赁土地范围中，开发商可以优先行使约定价格的购买权；这样在前期投入上，不会给开发商造成过大的资金压力，大大降低投资风险。

拿到第一期开发所需土地后，即可引进第一个战略合作伙伴联合开发，以其中的部分土地与房地产商联合开发具备销售条件的房地产项目，合作模式可以是土地股权转让，也可以是联合开发分成，这样可快速获得后期项目开发所需资金，而且在后期产业成熟的情况下，会产生大量的输入型产业人口，从而产生对住房的刚需；同时剩下的土地，可自主开发商业地产，主要以商铺、酒店、办公类地产为主，短期内即可产生一定的租金等经济效益，而且可大量解决当地原住居民的就业岗位。

二期项目的开发，主要以相关特色产业和产业配套设施的建设开发为主；此时可引进第二个战略合作伙伴，以土地租赁的合作模式联合开发运营，运营所得收益双方以一定比例分成；其中的一些产业、生活的配套设施，如医院、学校、保障房[①]、产业园区等，也可与政府协商以PPP的模式进行开发。

中后期的项目开发，以相关产业链开发或文旅休闲产业为主，同样，可引进相关的合作伙伴联合开发，以"合作运营－按比例分成"的合作模式；待后期产生稳定的门票、租金等的现金流收益，通过这些收益再进行债券发行或成立信托，进一步回笼资金。

综上所述，整个特色小镇项目的开发是一个繁琐且系统的运作流程，简单来说就是通过与政府的通力合作、项目资金的灵活运用、战略合作伙伴的引入以及合理的股权分配，以达到用最小的投入换取利益的最大化。

二、特色小镇运营模式

特色小镇的运营，通常会遇到"资金投入大、运营时间长、投资回报慢、资源整合难"这几大问题，如何合理地规避或缓解这些问题给投资方带来的压力，是特色小镇项目运营的关键。

（一）政府扶持

（1）确定城镇定位与合理规划。特色小镇的开发前提，在于当地政府对城镇用地的准确定位和合理规划，如土地区域的重新划分，土地性质的合理变更，旧城的改建、原住居民的安置措施等，这个大前提，是吸引民营资金投入的基础，最终促成特色小镇项目的合作和开发顺利发展。

（2）产业的培育和升级。政府需利用当地现有的特色产业，在整体规划的同时，结合对当下市场需求的理性分析，将自身的特色产业进行有效地培育和升级，在此基础上吸引投资者的目光。

① 保障房用于当地居民的优先回迁。

（3）基础设施建设。在与政府的合作开发框架协议中，应明确由当地政府负责小镇的基础设施建设；如政府财政无力独立负担，则应积极寻求BOT①、ROT②等合作开发运营模式，力求实现与投资方的双赢。

（4）相关优惠政策落地。政府对项目建设开发所提供的优惠政策，是吸引开发商投资的最重要的因素之一，如低于市价的土地转让价格、优惠的土地租赁价格，PPP资金的补贴，产业的引导和孵化基金、税收方面的优惠，以及招商引资的便利政策，都是开发商关注的焦点，这些优惠政策的落地及政策的持续性也将直接影响到整个项目的开发。

（二）引进战略合作伙伴

由投资方自身进行整体区域的综合运营管理，同时或逐步引入若干战略合作伙伴，通过股权的变更、稀释、联合运营分成等合作模式进行分区域的合作运营，不同的业态区域可引入相应的专业领域合作伙伴介入，如此可更合理有效地运营整个特色小镇项目，也可大大降低各投资伙伴的压力和风险。

（三）知识产权（IP③）资源运用

（1）整合资源形成自身品牌效应。在当下的市场环境下，IP的合理运用在项目运营中至关重要，特色小镇如果没有IP的植入，难有“特色”，就只是钢筋水泥的混合体而已，也无法避免同质化竞争的厄运。在今后一段时间里，中国所有的特色小镇项目都将顺应大势，进行IP上的角力与竞争。因此，在项目的策划运营过程中，须不断整合相关有利资源，同时做好充分的市场推广，加大宣传力度，如主流媒体的广告，优秀IP的冠名，明星代言，及新兴媒体的大力宣传等。从而建立自身品牌，树立品牌形象，强化自身IP品牌效应，造成市场影响力。

（2）输出自身IP吸引市场资源。通过自身IP优势，吸引市场各相关专业领域的有利资源，如设计、策划、建造、工程、管理、服务、营销、投融资等，并加以有效的整合、利用，形成全产业链的合理化方案，实施全过程持续跟进服务，加速项目的最终落地。

（3）导入优质IP资源合理运用。特色小镇的运营过程中，优质IP资源的导入至关重要，如大品牌的运营商、供应商、生产商、服务商、星级酒店等，既是支持小镇健康发展的重要元素，也是存量资产灵活运用的润滑剂；通过对市场各种IP的有效梳理、合理导入、充分利用，形成新的合作模式和产业体系，最终形成特色小镇产业联合发展、共同壮大的发展结构。

（4）IP资源运用经典案例

日本熊本县的“网红大使”熊本熊，就是一个通过创建自有IP而推动增

---

① BOT模式，是“建设－经营－转让”（Build-Operate-Transfer）的缩写，简单来说就是基础设施投资、建设和经营的一种风险共担模式，以政府和企业之间达成协议为前提，由政府向企业颁布特许，允许其在一定时期内筹集资金建设某项基础设施并管理和经营该设施及其相应的产品与服务，期满后再将整体设施全部移交给政府部门。

② ROT模式，是“重构－运营－移交”（Retrofit-Operate-Transfer）的缩写，是一种风险共担模式。民营机构负责已有设施一定期限内的运营管理和项目扩、改建所需资金的筹措、建设及其运营管理，期满将全部设施无偿移交给政府部门。

③ IP是“知识产权”（Intellectual Property）的缩写。

量资源开发的典型案例。

相比京都、奈良等文化重镇，熊本这个农业县在日本知名度较低，旅游资源更是缺乏。在预知 2011 年新干线贯通整个九州时，熊本县政府便看准这个千载难逢的机会。为了吸引更多的人在熊本下车旅行，熊本县在 2010 年创作了酷萌的熊本熊作为本地区的标志。2010 年“熊本熊失踪事件”、2013 年“熊本熊丢了红脸蛋”、2014 年“熊本熊亮相红白歌会”、在脸书和推特上与关注它的人积极互动等一系列营销推广活动，使熊本熊成了熊本县的代言。

为了更好地推广和宣传熊本县的形象，熊本县政府在熊本熊创立之初便实施“免收版权费”，只需向熊本县政府提出使用申请，得到批准后即可免费使用熊本熊形象。第一年吸引了超过 3600 家企业申请合作，第二年又增加了 5400 家，产品涉及衣食住行游购娱等整个产业链，仅在 2013 年，就有 1.6393 万件商品使用了它的形象。就是在熊本熊这个超级“IP”横空出世的 5 年内，熊本县旅游发展的经络就被打通了，旅游人数增长了近 20%，并且势头持续向好。

（四）项目转型

由于市场需求不断在变化，特色小镇的产业模式和业态结构可能在运营若干年后会遇到市场瓶颈，这时候项目的整体转型就势在必行，不然就是故步自封、坐以待毙，应根据市场的需求和变化趋势，结合自身资源和优势，在原来的产业模式和业态结构基础上，开发出新的特色项目或业态，使小镇自身形成一个良性循环机制，以最大限度地跟紧政策形势和市场需求，才能使特色小镇可持续地健康经营下去。

第六节　典型小城镇开发案例解析

一、山西平遥古城

（一）概况

平遥古城位于山西省中部平遥县内，有 2700 多年的历史，被认为是中国汉民族地区现存最完整的古城。联合国教科文组织评价说：平遥古城保存了所有特征，在中国历史的发展中为人们展示了一幅非同寻常的文化、经济、社会及宗教发展的完整画卷。1997 年山西平遥古城被列入世界文化遗产名录。2009 年，平遥古城被世界纪录协会评为中国现存最完整的古代县城。2015 年，平遥古城成为国家 5A 级旅游景点。2016 年，平遥古城综合收入 121.6 亿元。

（二）开发模式与开发历程

平遥古城属于整体申遗的政府主导模式，但也逐步开始走政府主导、市场化运作的道路。

1997 年平遥古城申报世界文化遗产前后，平遥县政府组织了 2 万多名居民搬迁出古城，占全古城人口近五成。平遥县政府组织包括县委、县政府在内的 30 余个党政机关以及 10 余所学校、10 余家医疗单位、10 余个企业厂矿等近 100 个单位从古城区前往平遥古城外的新城区。平遥古城被列入世界文化遗产名录后的 10 年间，地方各级政府采取一系列措施对古城进行保护，累计投入保护资金 1.8 亿元，确保古民宅、道路、城墙等在维修中保留原汁原味。

平遥古城于2002年成立了山西省旅游行业首家股份制企业——古城旅游股份有限公司，负责平遥古城景点经营、住宿、基础设施建设及房地产等项目，是古城保护和新城建设的实施主体。

2017年，平遥古城成为山西省首批确定实施体制改革的景区景点，将引进战略合作者参股控股或参与管理，并加强与国内外知名专业旅游运营公司的合作，实现专业化、公司化、市场化运作。

（三）经验总结

成功要素一：通过申遗提升平遥古城的文化旅游地位。同时注重古城形象的持续升华和重塑。通过各种节庆活动及影视话剧提升古城的文化内涵和品质，如平遥国际摄影节、平遥国际摄影大展、《又见平遥》等。

成功要素二：古城居民与景区相互交织、融合互联，实现古城历史空间格局与现代经济共生，传统建筑形式与现代生活方式共存。

成功要素三：实施古城景区一票制，大大加快平遥古城由社区向景区转变的过程。古城门票构成中，有一部分作为古城内原住居民因旅游开发对其生活造成影响而专设的经济补偿，有效化解了古城开发与原住居民的多项矛盾。同时注重走出门票经济不断探索盈利新模式。

成功要素四：逐渐成立城市管理综合行政执法局和城市管理监察大队，创新激励机制，落实标准化服务。

成功要素五：通过打包整合旅游资源，开发多层次旅游产品，实现旅游业向农村的延伸与辐射，全县30多万农民从中受益。

成功要素六：提升城市功能和品位，营造良好的旅游业发展环境，遵循开发服从保护的原则，围绕"吃住行游购娱"旅游发展要素，加快旅游配套设施建设。

二、四川阆中古城

（一）概况

阆中古城位于四川盆地东北缘、嘉陵江中游，有2300多年的建城历史，古为巴国蜀国军事重镇，现为国家5A级旅游景区、中国春节文化之乡、中国四大古城之一。阆中古城"5A"景区总面积达4.59平方千米，古城核心区域2平方千米。阆中古城山围四面，水绕三方，天造地设，风景优美，是完全按照唐代"天文风水理论"而建的一座城市，被誉为"风水古城"。

（二）开发模式

阆中古城属于"经营权出让"的企业主导模式。地方政府将阆中的旅游资源整体租赁给浙江周庄开发商，由政府统一规划，授权一家企业较长时间地控制和管理，成片租赁开发，垄断性建设、经营、管理该旅游景区，并按约定比例由景区所有者和出资经营者共同分享经营收益。

这种模式适应于经济发展水平低、市场机制不完善、产业不发达的地区开展小城镇开发。但由于"经营权的出让"，政府往往无法有效管控企业的无序开发，容易导致商业氛围过于浓厚而社区氛围不足，以及经营管理混乱等消极现象。

（三）经验总结

成功要素一：跳出古城看古城，以"风水"为魂、水为脉，整合古城，形成大规模、主题化、系列化产品。

成功要素二：注重文化载体的策划、设计与开发建设，将“风水”文化的观赏和体验转化为一系列产品。

成功要素三：深度挖掘文化与民俗内涵，创造新的游憩生活方式，提出一种深度体验中华文明及古城文化的模式。

三、浙江乌镇

（一）概况

乌镇是首批中国历史文化名镇、中国十大魅力名镇、全国环境优美乡镇、国家5A级景区，有“中国最后的枕水人家”之誉，拥有7000多年文明史和1300年建镇史。2006年底，国内著名旅游运营商“中青旅”加入并控股，由此组建了中青旅、桐乡市政府、IDG（创业基金）投资控股的两家香港公司三方共同持股的大型旅游集团，集合了旅游资源、政策支持和资金实力“三驾马车”共同推动古镇开发，从而实现了政府前期主导、宏观管理，运营商整体产权开发和复合多元经营的乌镇模式。2014年11月19日始，乌镇成为世界互联网大会永久会址。2016年，乌镇实现生产总值33.15亿元，乌镇景区全年游客接待量高达692.4万人次，同比增长21.7%，实现门票收入4.8亿元，同比增长28%。

（二）开发模式

乌镇开发是典型的政企合作模式。政府成立相应旅游开发公司，相关资产以政府财政划拨的形式注入项目公司，或者以资产作价形式出资，资产所有者拥有项目公司相应的股权，项目公司以政府组织注入的资产为抵押，向银行借款，获得的资金用于城镇项目开发。

具体运营中，以桐乡市政府财政出资成立项目公司，引入中青旅控股，中青旅斥资3.55亿元控股乌镇，占股50%以上。中青旅通过其遍布全国的旅行社，为乌镇招揽游客，并投资兴建了许多看点。公司不许居民私自开设各类商铺、饭馆，且乌镇二期的原住民全部迁出，居民参与很少。

这种模式下，政府负责宏观调控、监督管理，发挥政府在法律制定与执行、文物抢救与保护、居民搬迁等方面的行政优势。企业负责统一管理、控股经营，发挥企业在资金投入、项目经营等市场方面的优势。

（三）开发历程

第一阶段：1996年，以桐乡市政府财政出资成立项目公司。

第二阶段：2003年，中青旅斥资3.55亿元控股乌镇，占股50%以上，乌镇旅游快速发展。

第三阶段：2009年，引入战略投资IDG，迈向资本化运作过程。

（四）开发组织和结构

中青旅＋桐乡市政府＋IDG＝桐乡市乌镇旅游开发有限公司（表20–6–1）。

（五）经验总结

成功要素一：引入中青旅控股，通过其遍布全国的旅行社，为乌镇招揽游客。引入有实力的专业公司，大量资金注入，有利于项目实施和保证充分的客源。

成功要素二：制定中长期目标，不急功近利。每年投入大量资金和精力做

乌镇开发组织结构　　表 20-6-1

股东		持股
中青旅持股		51%
桐乡市乌镇古镇旅游投资有限公司		34%
IDG	Hao Tian Capital Ⅰ，Limited	5%
	Hao Tian Capital Ⅱ，Limited	10%

基础设施、管理服务的细节工作，对标准化、精细化孜孜以求。

成功要素三：不教条，结合自己的特点寻求突破口，建立自身的品牌优势。比如，不随波逐流办旅游节、印象系列，而是依托自己的特色，办"乌镇过大年""童玩节""戏剧节"。每次转型并不是完全推翻原有模式，而是在原有模式上继续更新加强，从最初的"乌镇模式"到乌镇戏剧节，再到如今的世界互联网大会，乌镇的每一次转型都走在同行业前列。

成功要素四：谨慎平衡文化与商业的关系，每家店铺开店需要提交详细的商业计划，与乌镇的理念不冲突才允许经营，不能随意抬高物价，不能低价恶性竞争。周边也没有大型的商业地产开发。

成功要素五：始终坚持在保护的前提下开发、不断完善基础设施、多方面拓展产业链。

第七节　典型特色小镇开发案例解析[①]

一、澎湖音乐风情小镇：山东张营镇

（一）概况

澎湖音乐风情小镇位于郓城县张营镇，是在彭庄煤矿沉陷区生态修复基础上，依托郓城地区历史文化背景、戏曲文化资源，建设以音乐产业为主体，集生态旅游、文化体验、音乐教育发展、音乐产业创新等功能为一体的特色小镇。镇域面积 113.60 平方千米，镇区常住人口 19600 人。2016 年，镇 GDP 为 62.1 亿元，城镇居民人均可支配收入 2.2 万元。该镇已获得山东省美丽宜居镇、省级文明镇、省平安建设先进乡镇、省精神文明先进乡镇等荣誉称号。

（二）开发特点与经验总结

(1) 公私合作创新开发模式。澎湖音乐风情小镇由张营镇政府牵头成立张营镇工作领导小组，联合企业及下属子公司，共同作为城镇的运营商，负责公共设施建设、产业项目开发、园区开发、交通设施建设、景观设施建设、市政设施建设等开发建设工作。

(2) 确立体现以音乐为特色的产业形态。张营镇以音乐产业为主打，以"文教 + 旅游 + 体验式消费"为特色，建设音乐文化主题园区与园林艺术融于一体的人文生态环境。打造以音乐、影视艺术教育为发展方向的澎湖国际艺术学院。并设立澎湖艺术基金，面向社会募集文化产业基金和慈善基金，共同组织

① 该部分特色小镇的案例的原始资料来自微信公众号"小城镇规划"中的相关文章。

投资、扶持、资助澎湖音乐风情小镇八大版块文化产业。以《澎湖·印象》及举办“华韵杯”等活动向全国乃至全世界展示山东文化。通过旅游演艺、影视音乐主题酒店等衍生产业为旅游质量和旅游体验带来提升，形成鲜明而富有特色的文化产业，从而带动吃、住、行、游、购、娱乐等产业的发展。

（3）彰显传统文化的特色。张营镇紧紧围绕“一周一活动、一月一赛事、一季一节事”展开，主要包括四个季节性节事演出（春蕾音乐节、天籁音乐节、国音节、礼乐节）及八类序列性演出活动（影视音乐华韵杯颁奖晚会、音乐电影活动月、戏剧音乐活动月、音乐剧活动月、现代戏曲活动月、舞曲音乐活动月、歌舞剧活动月、芭蕾舞剧活动月）。此外，还积极发展与音乐相关的其他产业，如齐鲁文化艺术产业、音乐文化创意产业等。并将作为全国各大卫视音乐节目选秀的海选、初赛、复赛指定的固定赛区。

二、童趣小镇：江苏陆家镇

（一）概况

陆家镇距离苏州 40 千米、距离上海 30 千米，临近京沪高速、沪宁城际、312 国道、轨交 S1 线，交通便捷。镇域面积 35.60 平方千米，镇区常住人口 35000 人。2016 年，镇 GDP 为 141.0 亿元，城镇居民人均年可支配收入 5.5 万元。

陆家镇拥有全世界最大的儿童耐用品供应商和品牌经营商——好孩子集团，在婴童用品制造质量、标准技术、品牌专利等方面有明显优势，特别在标准制订、参与国际标准企划方面有重要的话语权。陆家镇致力打造成为集生产、研发、展览、学习、商办、居住配套为一体的童趣小镇。

（二）开发特点与经验总结

（1）政府的扶持起到了重要的作用。陆家镇在土地利用上倡导集约用地，通过“退二进三”和“腾笼换鸟”的方式以及加强对产业用地出让企业的预审核来促进企业转型升级。在基础建设上，推进镇区“六纵六横”的道路建设、区域供水工程、污水处理工程、垃圾处理工程、园林绿化。在公共服务设施建设上，教育设施、医院、便民中心、农贸市场和超市均建设到位。

（2）探索创新经济发展模式。推进服务经济转型升级非常“6+1”行动计划，推动服务企业在增资扩股、技术升级、功能提升、创牌定标、上市融资、产业融合 + 资源整合等方面实现新提升，企业的发展活力和信心得到增强；互联网 + 服务方面，建成转型升级创新发展企业监管平台，在区镇中首推企业服务手机 APP。为企业与政府构建一个高效、便捷的沟通平台。

（3）确立以婴童用品为特色的产业形态。陆家镇形成以好孩子为代表的婴童用品研发制造产业，在好孩子集团带动下，陆家镇儿童用品产业不断积聚，拥有好孩子、黄色小鸭等 20 多家儿童用品生产企业，年产值超 120 亿元。还有以江苏亿科为代表的童婴专业检测服务产业、以好孩子星站和捷奥比展销中心为代表的体验式购物产业、以科普体验和动漫设计为代表的文化创意产业。

（4）彰显传统文化的特色。“菉溪虽小赛苏州，南更楼接北更楼”说的就是陆家镇的陆家浜老街。老街南市梢的木瓜河两岸亦为街，河南为严街，东出状元牌坊（全家坟），西至西城隍庙（西行宫），全长 250 余米均为砖石街。陆

家段龙舞曾入选《中国舞蹈集成》，为江苏省非物质文化遗产保护项目，陆家镇也被命名为中国龙舞之乡。集福桥、夏桥村的银杏（古树名木）都是重要的文化资源，也得到了较好的保护。

三、沙湾瑰宝小镇：广东沙湾镇

（一）概况

沙湾镇位于广东省广州市番禺区西南部，始建于南宋，是一个有着 800 多年历史的岭南文化古镇，承载了瑰丽的祠堂文化、宗族文化、建筑文化、农耕文化、民间文艺等。镇域面积 37.5 平方千米，镇域常住人口 12.46 万人，2016 年全镇 GDP 为 74.4 亿元。沙湾镇是中国历史文化名镇、全国文明小城镇示范点、全国文明村镇 、国家卫生镇 、中国民间艺术之乡 、广东名镇、广东省技术创新专业镇（珠宝首饰）、广东省宜居示范城镇。

（二）开发特点与经验总结

（1）推进政企合作。沙湾镇人民政府与广州市时代钻汇珠宝文化产业发展有限公司共同签订《沙湾国家珠宝旅游特色小镇项目战略合作框架协议》，“政企合作”共建沙湾国家珠宝旅游特色小镇。以建设国际珠宝交易文创之都为总体目标，力争到 2020 年，沙湾珠宝产业园区发展成为具有国际影响力的珠宝产业总部经济中心，带动产业链上下游产业及配套行业发展，成为国内最具规模和影响力的珠宝市场。

（2）以珠宝为特色的产业形态。沙湾镇是全国金银珠宝首饰行业最大的加工出口基地之一。沙湾镇整合国家珠宝玉石交易所的宝石产业与市场资源，以及沙湾古镇丰富多彩的艺术瑰宝资源，打造文化创意平台、国家级珠宝玉石交易平台、广东省珠宝商务金融平台、智能生产与文化融合体验平台，促进珠宝产业和文化生态旅游有机融合发展。

（3）彰显特色的传统文化。沙湾镇政府通过多种途径传承与发扬其优秀的传统文化，如强化规划引导、加强对传统文化遗产资源保护、加强对历史建筑的活化利用、加强非遗申报立项保护、打响沙湾非遗文化活动“品牌”、植根沙湾特色创作出一批文艺精品。

思考题：

1. 小城镇开发在城乡发展中的作用。
2. 小城镇开发的基本模式有哪些？

参考文献：

[1] 梅娟娟．政企合作成为小城镇建设的发展方向 [R].2014.
[2] 世联地产．王平小城镇发展战略及开发模式研究 [R].2012.

第二十一章　乡村开发

第一节　乡村开发的内涵

乡村开发是以各种类型的乡村、社区为区域单元，依托乡村文化、乡村生活和乡村风光，以市场需求为导向，将农业生产、农村生活和生态环境三者合一进行的一种综合性开发。乡村开发可以合理开发利用乡村地域的景观生态资源、旅游资源等，发展乡村旅游、生态农业、乡村工业等，实现城市和乡村优势互补、协调发展。"乡村性"是乡村开发经营的核心和独特卖点，因而乡村开发应建立在乡村的独特风貌基础之上，乡村开发应紧紧围绕乡村的产业景观、生态景观及人文景观来组织，其内容涵盖农业开发、生态开发、乡村文化旅游开发、乡村建筑开发等。

乡村开发迎合了全面建成小康社会、美丽乡村建设、休闲度假时代到来的大趋势，具有良好的发展前景和广阔的发展空间。乡村开发既可以满足城市居民日常休闲度假的需求，也能在保护生态环境的基础上解决"三农问题"，缩小城乡之间差别、促进城乡和谐发展，是落实党和国家"十三五"期间全面建成小康社会战略目标的重要手段，是建设美丽乡村、实现"农业要强、农民要富、农村要美"的重要途径。

第二节　乡村开发的时代背景

一、乡村开发顺应休闲度假时代市场需求

近年来，随着人们生活水平的提升和带薪休闲度假制度的逐步完善，中国正迈入全面休闲时代，市场需求向康体休闲、生态游憩、亲子教育、养生养老、文化体验等多元化转变。国家旅游局《全国农业旅游示范点、工业旅游示范点检查标准（试行）》定义的农业旅游是以农业生产过程、农村风貌、农民劳动生活场景为主要旅游吸引物的旅游点，而都市农业旅游是农业旅游或旅游农业在特定城郊区域的表现形态，是农业旅游发展到较高级阶段的特殊形式。保留着自然生态和传统文化的乡村地区，如果包涵运动、养生、田园休闲、文化体验等各种业态，附加绿色餐饮、有机餐饮、养生餐饮、特色餐饮等主题餐饮形式，成为城市居民日常休闲度假的最佳选择。

二、乡村开发是缩小城乡差距的重要抓手

2008 年党的十七届三中全会《推进农村改革发展的决定》指出：我国总体上已进入以工促农、以城带乡的发展阶段，进入加快改造传统农业、走中国特色农业现代化道路的关键时刻，进入着力破除城乡二元结构、形成城乡经济社会发展一体化新格局的重要时期。说明国家的经济实力和财政供给能力已具备调整分配格局、统筹城乡发展、强化“三农”条件。乡村开发和新农村建设成为缩小城乡差距、促进城乡和谐的重要抓手。

三、乡村开发是解决“三农问题”的重要平台

根据 2015 年 2 月中央一号文件《关于加大改革创新力度 加快农业现代化建设的若干意见》的指导思想，实现农业强、农民富、农村美的发展目标，应促进农业现代化、农业生态、食品安全、农产品流通；推进一、二、三产业融合发展，实施农业鼓励政策、促进投融资、健全法制；加强农村基础设施、公共服务和人居环境的建设。2016 年 4 月，习近平总书记在安徽凤阳县小岗村主持召开农村改革座谈会并发表重要讲话，强调：“中国要强，农业必须强；中国要美，农村必须美；中国要富农民必须富。要坚持把解决好“三农”问题作为全党工作重中之重。”“三农”问题关系到我国的经济发展、社会稳定、国家富强，是党和国家的大事。乡村开发和新农村建设，成为做好“三农”工作的重要平台，是解决“三农问题”的重要途径，也是促进农村经济社会持续发展的重要载体。

四、乡村开发是建设“美丽中国”“美丽乡村”的重要路径

党的十八大以来，中央基于对国内外形势的分析，顺应时代潮流，提出了“美丽中国”概念，明确了“美丽乡村”建设任务，并按此来统一思想、调整政策、深化改革、扩大开放。具体到农村，中央从政策改革、法制建设等各个方面致力于解决“三农问题”。如 2015 年 2 月，中央一号文件《关于加大改革创新力度 加快农业现代化建设的若干意见》提出构建新型农业经营体系，推进农村

集体产权制度改革，推进农村土地制度改革试点，推进农村金融体制改革，深化水利和林业改革，加快供销合作社和农垦改革发展，创新和完善乡村治理机制。法制方面，健全农村产权保护的法律制度，健全农业市场规范运行的法律制度，健全“三农”支持保护的法律制度，依法保障农村改革发展，提高农村基层法治水平。新农村开发是实现“美丽乡村”目标的重要选择，它对集中解决“三农”问题、促进农村经济社会全面发展起到引领推动作用。

五、乡村开发是实现全面小康的重要途径

2013 年 12 月，习近平总书记在中央农村工作会议上强调：“小康不小康，关键看老乡。”2015 年 10 月，党的十八届五中全会确定了“十三五”期间全面建成小康社会。农村是全面建成小康社会的重点区域。没有农村的稳定和全面进步，就没有全社会的稳定和全面进步；没有农业的发展和农民的小康，就没有全国的发展和全国人民的小康。因此要实现全面建成小康社会的目标，关键在农村，重点在农村，难点也在农村。实现广大农村全面小康社会的目标，乡村开发是一个现实途径。

六、乡村振兴战略是乡村开发的重要指导思想

2017 年 10 月，党的十九大报告纲领性地提出中国共产党带领乡村从农业产业体系、生产体系、经营体系等方面进行振兴，不断健全农业社会化服务体系，实现个体农户和现代农业发展的有机衔接，进而建设人与自然和谐共生的现代化，创造出符合乡村发展、农民富裕要求的物质财富和精神财富，推动我国发展不断朝着更高质量、更有效率、更加公平、更可持续的方向前进。农业、农村、农民问题是关系国计民生的根本性问题，必须始终把解决好“三农”问题作为全党工作的重中之重。要坚持农业农村优先发展，按照产业兴旺、生态宜居、乡风文明、治理有效、生活富裕的总要求，建立健全城乡融合发展体制机制和政策体系，加快推进农业农村现代化。巩固和完善农村基本经营制度，深化农村土地制度改革，完善承包地“三权”分置制度。保持土地承包关系稳定并长久不变，第二轮土地承包到期后再延长三十年。深化农村集体产权制度改革，保障农民财产权益，壮大集体经济。确保国家粮食安全，把中国人的饭碗牢牢端在自己手中。构建现代农业产业体系、生产体系、经营体系，完善农业支持保护制度，发展多种形式适度规模经营，培育新型农业经营主体，健全农业社会化服务体系，实现小农户和现代农业发展有机衔接。促进农村一、二、三产业融合发展，支持和鼓励农民就业创业，拓宽增收渠道。加强农村基层基础工作，健全自治、法治、德治相结合的乡村治理体系。培养造就一支懂农业、爱农村、爱农民的“三农”工作队伍。

2018 年 3 月第十三届全国人民代表大会第一次会议上的政府工作报告进一步提出要大力实施乡村振兴战略，科学制定规划，健全城乡融合发展体制机制，依靠改革创新壮大乡村发展新动能。乡村振兴战略成为乡村开发的重要指导思想。要让农业成为有奔头的产业，让农民成为有吸引力的职业，重视培养“新农人”，让农村成为安居乐业的美丽家园，用工业化的思维、农业化的手段、

市场化的运作，不断扩大优质供给和有效供给，打通供给侧结构性改革的“任督二脉”，进而走出一条城乡融合、共同富裕、质量兴农、绿色发展、文化兴盛、创新治理、精准脱贫的中国特色社会主义乡村振兴道路。

第三节　乡村开发的演进历程

按照乡村开发项目的升级换代，我国的乡村开发历程可以归纳为三个阶段：

一、以乡村观光为主题的“假日经济”阶段（1986~2004 年）

随着我国城镇化进程加快，越来越多的城市居民对乡村恬静、温馨、无污染的环境和淳朴的民风民俗向往不已。1986 年，发源于成都的农家乐“徐家大院”的诞生拉开了我国乡村开发的序幕。1994 年，我国“1+2”休假制度颁布并实施；1995 年 5 月 1 日起实行双休日；1999 年将春节、“五一”“十一”调整为 7 天长假；2000 年，国务院 46 号文明确提出了“黄金周”概念。生活水平提高带来的多元化消费需求，以及休憩时间的制度性保障，带动了乡村假日经济的快速发展。乡村开发也在全国范围尤其是大城市周边推广开来。但总体上，该时期乡村开发本质上属于“假日经济”的低消费阶段，核心是把乡村地区的休憩要素以观光方式体现，旅游者主要利用节假日享受大都市周边农村的生态环境和民俗文化、乡村美食。

二、以乡村休闲为主题的“休闲消费经济”阶段（2005~2012 年）

经过几十年的财富积累，中国居民具备了较强的消费能力，进入 21 世纪，中国逐步进入以消费为主导的经济发展时代。2005 年，国家开始实行土地承包经营权流转和发展适度规模经营；2006 年，我国健全了土地承包经营权流转机制；2008 年《中共中央关于推进农村改革发展若干重大问题的决定》为乡村开发项目大幅度升级打开了制度束缚，推动乡村开发经营模式更加科学化、合理化、多样化。在消费时代到来与农村改革制度红利的双重驱动下，乡村开发开始从最初“住农家房、吃农家菜、干农家活”的简单形态，逐步向多元化、休闲化、综合化转变。该时期乡村开发的重点转向乡村旅游、休闲农业、农场、民俗等多元化产业链打造为主。乡村开发的活跃区域也从大都市的近郊逐步向大都市远郊以及中小城市郊区发展。

三、以乡村度假为主题的“度假经济”阶段（2013 至今）

随着消费需求的升级，人们在休闲体验活动中越来越追求能使参与者身心得到全面发展的一种经历。基于主题特色化和功能多样化定位的乡村度假模式应运而生。2013 年，国务院印发《国民旅游休闲纲要（2013—2020 年）》，并设定发展目标，希望到 2020 年，职工带薪年休假制度能够得到基本落实；2014 年的政府工作报告提出“落实带薪休假制度”；2014 年 8 月国务院又公布了《关于促进旅游业改革发展的若干意见》（国发〔2014〕31 号），鼓励职

工结合个人需要和工作实际分段灵活安排带薪年休假；2015年的政府工作报告又一次提出"落实带薪休假"。带薪休假的全面落实将带来大众度假的全新时代。顺应时代潮流和消费趋势，乡村开发产品进一步从休闲产品向度假产品升级。乡村度假者不仅可以亲近自然、返璞归真，更可以陶冶情操、享受生活。乡村开发的重点转向以乡村度假地产为核心、以休闲商业为配套的乡村度假综合体。

第四节 乡村开发的趋势

一、注重生态和乡土文化保护

乡村地区是自然生态、历史文化、乡土民俗、农林产业等多元资源的综合体。天然、生态的乡村自然风光、历史积淀的乡村文化成为休闲体验者的钟爱。具有独特体验价值的自然生态环境和乡土文化是乡村开发项目核心竞争力的重要保障。因而乡村开发充分挖掘地方文化底蕴，将乡村文化特色充分融入乡村开发项目中，融入整个乡村建设特色中。同时应促进人与自然和谐发展，正确处理乡村资源开发与生态环境保护的关系。推行集约化、低碳化开发理念，避免急功近利、盲目开发，追求经济、社会、生态、文化等多重效益的最大化，实现乡村可持续发展。

二、构建复合多元产业体系

坚持产业融合发展理念，一方面依托农业、渔业、林果业、手工业，实现农业与乡村旅游、乡村工业的联动发展，延伸产业链条，推动乡村传统产业升级；另一方面，将乡村开发项目充分融入乡村产业结构调整升级中，吸引文化创意、体育、商贸等新型产业业态进入乡村，丰富和更新乡村产业体系，实现乡村地区一、二、三产业的高度融合，形成复合型经济模式。

三、推动乡村地区全面复兴

新时期，乡村开发肩负"全面建成小康社会""美丽乡村建设"的重大使命。通过项目导入，促进乡村的生态保护、产业发展、人居改善、文化传承，实现乡村地区的全面复兴，是乡村开发的本质任务。因此，从乡村整体发展和振兴的角度出发，将项目建设与乡村生产、生活活动进行充分对接，将产业发展与新农村建设、地域文化保护、生态环境维育融为一体，凝练乡村开发主题，提升乡村功能、优化乡村环境，打造乡村特色和个性，进行战略层面的目标与路径设计，是当前与未来一段时期乡村开发的重要方向。

四、精致化产品开发

乡村开发必须正视激烈竞争的市场环境，基于对乡土文化与自然环境的充分理解，导入生态与文化创意理念，打造乡村开发项目的亮点、卖点和拳头产品，注重乡村项目的精细化开发建设。通过文化渗入对乡村资源进行重构与设计，增强开发项目的参与性、体验性、独特性、吸引力，强化特色，形成丰富的乡村业态和产品类型，提供多元化的乡村体验，丰富乡村开发产品体系。

第五节　乡村开发的模式和开发过程

一、乡村开发的主要模式和案例解析

由于各地的资源禀赋和经营方式的不同以及城镇化和经济社会发展水平的差异，形成了特色各异的乡村开发运营模式。乡村开发模式整体上分为政府主导模式、社区主导模式（按运营主体又进一步分为基层组织运营方式、股份制运营方式、专业合作社运营方式）、股份合作模式等，近年来出现了田园综合体的合作模式。

（1）政府主导模式。这种模式由政府主导，财政划拨解决旅游区内基础设施、宣传促销、市场开拓、旅游行业管理等内容，居民自主个体经营。典型案例如杭州梅家坞。

（2）社区主导模式。这种模式以社区为开发主体，充分发挥社区的凝聚作用。典型案例为依托基层组织经营的上海前卫村，股份制运营为主的衢州大路村，以及专业合作社经营的北京西庄村。

(3)股份合作模式。这种模式下，政府引导，社区主导，居民参与；由村集体、村民、外来企业(个体)共同出资成立股份合作公司运营。典型案例如安吉章村。

（一）政府主导模式——杭州梅家坞

梅家坞，又称梅家坞茶文化村，地处杭州西湖风景名胜区西部腹地，梅灵隧道以南，沿梅灵路两侧纵深长达十余里，有“十里梅坞”之称。梅家坞是一个有着六百多年历史的古村，现有农居 500 余户。

（1）开发历程

2000 年，梅灵隧道开通，梅家坞旅游开始发展。2002 年，自发性的开发导致旅游秩序混乱、环境污染严重、村落风貌失范，“公地悲剧”愈演愈烈，旅游发展受阻。2002 年 10 月，启动公办民助。政府主要负责规划、环境整治、基础设施建设、旅游秩序管理、宣传促销等。一年内政府累计补助 4200 万元，效果明显。农户在政府统一管理下继续从事个体经营。2003 年全村即接待 30 万游客，黄金周连续多年日均流量 8000 人以上。

（2）开发模式和经验总结

梅家坞的开发是政府主导型。由政府主导，农民个体经营，公办民助，被誉为政府主导与农民主体成功结合的“梅家坞现象”。政府主导的乡村开发，非常利于环境保护；但容易出现“公地空巢”现象，对政府管理协调能力要求比较高。

（二）依托基层组织经营的社区主导模式——上海前卫村

上海崇明竖新镇前卫村地处长江入海口、中国第三大岛——崇明岛的中北部。全村面积 2.5 平方千米，总人口 700 余人。村庄环境优美，空气清新，民风淳朴，生活丰裕。1996 年，前卫村获得了联合国“全球生态 500 佳”提名奖，被誉为“上海市生态农业第一村”。

(1) 开发模式

依托基层组织的社区主导模式，村委会负责对村庄规划建设、集体土地利用、农家乐星级评定等进行统一管理，农户以家庭为单元进行个体经营。

(2) 经验总结

前卫村以靠近上海市区的独特优势和优良资源，以及独特的生态观光农业和农家乐旅游项目吸引稳定的客源前来。

缺点是，缺少动态监管，如星级评定是在农家乐开办之初对住宿条件等硬件标准的评定，星级一旦确定就几乎不会更改，一定程度上会导致农家乐的服务质量下降；缺少统一规划，乡村开发建设中内部同质化现象严重，仅限于农家乐的餐饮、住宿和观光农业，乡村开发缺乏持续的吸引力。

(三) 股份制运营为主的社区主导模式——衢州大路村

大路村是浙西一个美丽的畲族小山村，位于衢州城东南 28 千米处。大路村历史文化悠远，畲族风情独特，被称作浙西的西双版纳。大路村全村有 48 个自然村，200 多人，直接从业人员占村总人口的三分之二。

(1) 开发模式

①运营模式。股份制运营的社区主导模式。农户自发筹资成立股份公司，政府积极引导。农户每户一股，每股 5000 元，村集体以资金和资产折现入股。公司负责宣传策划、培训教育、景点开发和扶持经营户。

②开发主体。从开发主体看，是民办、民管、民收益，公司化运作。村委会 + 农户 = 衢州市大路畲族文化旅游服务有限公司。

③利益分配机制。利益分配机制的特点是，农户收益来自工资收入、股本分红、自制纪念品销售收入，村委会收益来自股本分红。

(2) 经验总结

①社区公司的管理运作能力是成功与否的决定性因素。

②科学规划，公司邀请相关单位进行景区全方位规划。并接受区旅游局的业务指导和监督管理。

③整合资源，统一经营。与旅行社联系，统一接待。打造品牌，举办三月三文化节，进行文化包装。

④规范管理。制定多项规章制度，对各户建设标准、经营、服务、收费进行统一管理。聘请专业人员培训经营户，组织农户外出学习管理经营方法；对符合经营条件的进行授牌，星级评定。

(四) 专业合作社经营的社区主导模式——北京西庄村

北京西庄村位于北京房山区十渡风景名胜区龙山脚下，京原铁路穿境而过，十渡火车站就在村北，拥有良好的区位和生态环境。

(1) 开发模式

合作社运营的社区主导模式。政府 + 村委会 + 农户 = “巧姑靓嫂”民俗旅游合作社，化零为整，联合经营，统一管理（图 21–5–1）。

(2) 利益分配机制

①专业合作社从当年盈余中提取公积金，并量化给每个成员，计入个人账户。

②可分配盈余的 60%，按照成员与本社的交易量（额）比例返还给社员；

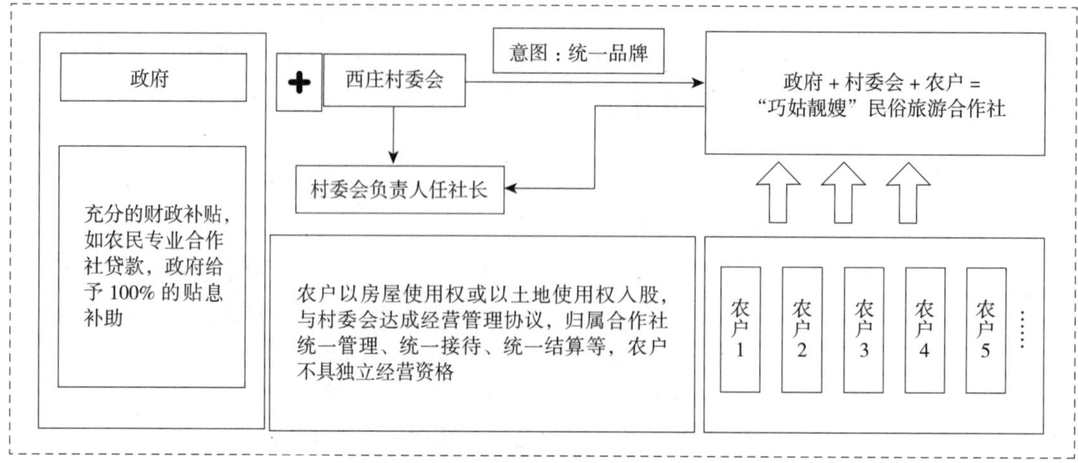

图 21-5-1　北京西庄村开发模式示意

其余的 40%，按照出资额和公积金份额的比例分配给社员。

③每年的分配方案要经社员大会讨论决定。

（3）经验总结

农户对不同于公司的分配制度的支持度直接影响该模式的可行性。

（五）股份合作模式——安吉章村

章村位于天目山北麓，安吉的西南面，地处浙皖二省三县交界处，为黄浦江源头。

（1）开发模式

股份合作制（政府 + 公司 + 居民）模式：政府引导，社区主导，居民参与。村集体 + 基地居民 + 外来企业和个体 = 旅游股份合作公司。通过政府、企业和股份制三种经营模式，确立各自开发与经营使命，明确盈利与分配模式，增加群众参与面和参与方式，做到真正强镇、兴商、富民三管齐下（图 21–5–2）。

（2）股权构成

①股权 = 村集体土地使用权（村集体）+ 房屋等固定资产使用权、技术（基地居民）+ 资金（外来企业或个体）。

②股东可以资金、房屋、土地使用权、技术等多种方式入股，其中无形资产比例不超过 20%。

③以本地居民股权为主，若自身资金实力较强则尽量控股，使社区利益得到保障。

（3）利益分配机制

按资分配 + 按劳分配的基本原则。工资：参与经营的居民的劳动报酬。公积金：用于公司发展的积累资金。公益金：用于公司的公益事业，包括对居民进行的经营培训、烹饪技能比赛、服务技能培训等。股金分红：按持股比例分红。

（4）经验总结

股份合作制相对合作社更具开放性，利于吸收社会资金和人才。若自身资金实力较弱，则考虑引入外来企业或个体的资金入股，但必须保证基地居民合股比例至少占 33.3%，以拥有否决权（图 21–5–3）。

分区	重点项目	开发经营模式	富民手段
章村旅游服务核心	黄浦江源旅游集散中心	政府经营	政府提供旅游配套
	浦江揽胜休闲区	企业承包	参与经营、增加就业
	浦源风情旅游街	股份合作制（宣树、河矸树）	商户参与经营、股份分红
龙王山－黄浦江源观光度假与户外运动组团	龙王山－黄浦江源风景区	政府主导经营	政府建立品牌核心吸引物
	黄浦江源山地运动公园	股份合作制（长潭树）	增加就业、股份分红
	“龙池集萃”高山湖泊度假中心	企业承包	增加就业
浦源风情文化休闲组团	“翡翠谷”主题竹乐园	股份合作制（河矸村）	商户参与经营、增加就业、股份分红
	“九峰翠色”时尚设计度假酒店	企业承包	增加就业
	畲族风情园	股份合作制（朗村）	商户参与经营、增加就业、股份分红
	南溪河湿地露营公园	股份合作制（河矸、长潭村）	增加就业、股份分红
云龙山－桐王山田园度假和生态农业组团	“源味高山”主题农场群	股份合作制（高山、浮塘）	商户参与经营、股份分红
	“神农谷”养生休闲会所群	企业承包	增加就业
	云龙山风景区	股份合作制（章里、高山）	商户参与经营、股份分红
	南溪河水上休闲运动公园	股份合作制（章里、茅山）	增加就业、股份分红

图 21-5-2　安吉章村开发模式示意

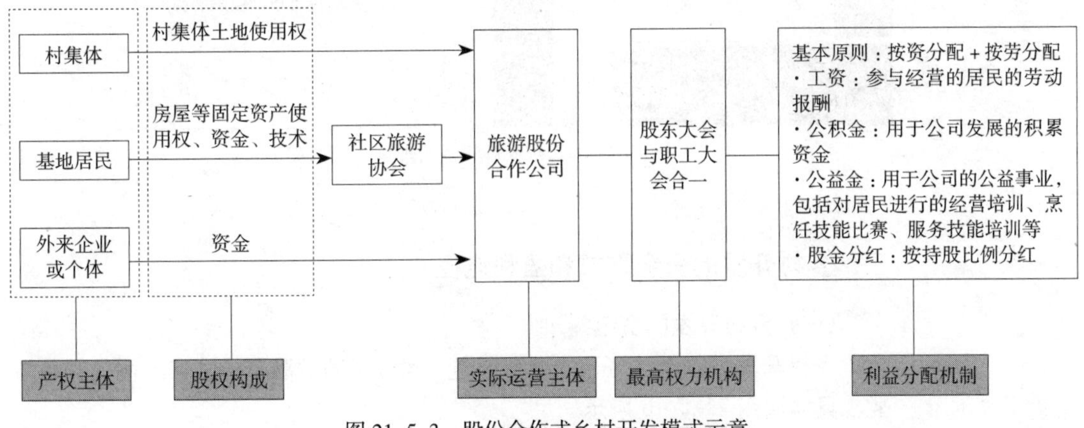

图 21-5-3　股份合作式乡村开发模式示意

二、乡村开发的规划与评估

对乡村开发的规划与评估分为两个层面，一是对旅游影响的评估，二是对规划实施的评估。

（一）旅游影响的评估

对旅游影响的评估，可以从经济、环境、社会文化三个方面评价乡村开发的正面和负面影响。经济方面，正面影响表现在增加居民收入、改善经济结构、增加就业机会、增加开发建设投资、改善公共服务设施、增加税收，负面影响表现在生活成本上涨、物资供给短缺、房产地价上涨。环境方面，正面影响表现在保护自然资源（动植物、水资源、林地等）、维护生态系统平衡、保护文物古迹，负面影响表现在引起交通拥堵、污染增加（噪声、空气、水、垃圾等）、破坏野生动物栖息环境。社会文化方面，正面影响表现在改善生活质量、增加休闲娱乐机会、增强消防治安等防护能力、促进文化交流、保持文化个性，负面影响表现在居民游客抢占资源、生活原真性消失、价值观和伦理道德蜕变。

（二）规划实施的评估

对规划实施的评估，如图 21-5-4 所示。

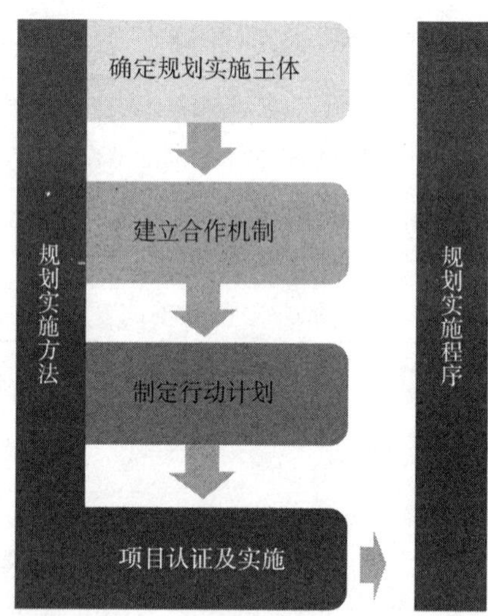

图 21-5-4　乡村开发的规划评估框架图

三、乡村开发的资金需求和盈利途径

（一）乡村开发的资金需求

乡村开发可以通过多元的融资渠道，对应不同的融资方式有不同的操作方式，具体如图 21-5-5 所示。

（二）乡村开发的盈利途径

乡村开发的盈利可以通过土地、产业、房地产开发、景区运营管理、经营性服务等方式获取收益。其中土地收益来自土地出让、土地使用税费、土地增值等；产业收益来自税收分成、企业经营税收等；房地产开发收益来自服务设施及生活商办用房开发等；景区运营管理收益来自物业管理费、治污费、水电管理费等公共服务；经营性服务收益来自有偿提供餐饮、娱乐、购物、医疗等（图 21-5-6）。

（三）经费筹措与损益分析

不同形式的盈利模式，如租金、销售利润、土地溢价、服务费等，其投入与回款方式的对比，优、劣势的分析如图 21-5-7 所示。

融资渠道	具体方式	适配项目
国家级产业、生态、旅游、扶贫等专项资金	申报地区为国家产业、生态、旅游、城乡统筹等方面的重点发展片区，争取国家资金扶持	基础设施建设，道路环境、设施的配置
银行贷款	· 向商业银行申请商业贷款 · 向政策性银行申请贴息贷款、国际信用 · 采用门票质押、开发经营权质押、土地质押等	有收益的景区基础设施建设、土地开发项目等，如景区人行道、停车场、水电配套等旅游基础设施建设等
整体项目融资	· 单个项目进行招商 · 向境内外的社会资金进行招商 · 合成开发、合资开发、转让项目开发经营权等	度假村、游乐园等大型主力项目
商业信用融资	· 利用开发商的信用，通过垫资方式进行信用融资 · 一般融资比例为 30% ~ 40%，若有相应的财务安排，融资 100%也有可能	与重点项目相配套的旅游商品、广告宣传、景观建设等
招商引资	招募入股融资、定向募股融资、项目融资、发展权转移、引进外资等	具体项目建设与活动举办
社会资本融资	· 向社会定向招募投资人入股，共同作为发起人 · 向社会定向募股，以增资扩股的方式，引入部分战略投资人、搭车投资人、资产整合进行融资	特色旅游项目开发及重点项目配套产业的发展，如观光夜市美食街、生态农业产业园
金融资本融资	转让、抵押、拍卖项目经营权、项目收费权等的各种形式引入资本，确定各个融资方式的比例和序列，如引入证券、基金公司合作融资	重点大型旅游项目，有望上市项目

图 21-5-5 乡村开发的融资方式示意

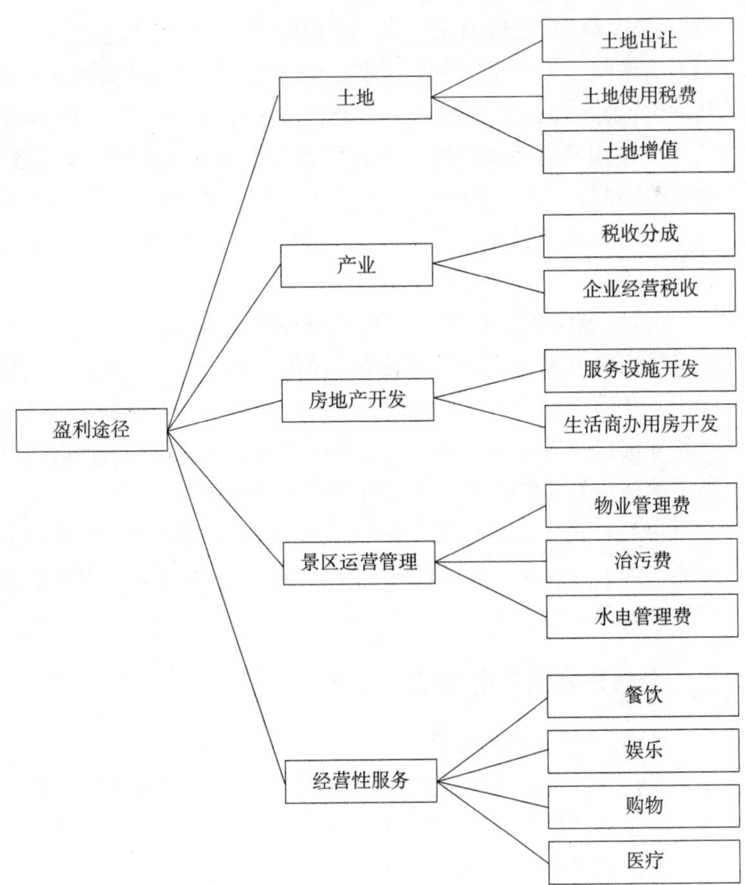

图 21-5-6 乡村开发的盈利途径示意

盈利模式	模式特点	投入	回款方式	优势	劣势
租金	采取出租的运营模式，长期持有物业，通过收取租金来获取利润	投入较大：土地成本＋建设成本	细水长流	自身持有物业，后期可根据市场情况转租为售，实现盈利转变	需投入一定的人力及物力
销售利润	采取出售运营模式，通过销售一次性回收成本并实现利润	投入较大：土地成本＋建设成本	一次性回收	盈利高，节约后期管理成本	存在产品滞销的风险
土地溢价	完成土地基础设施建设及项目推广后，将土地部分或整体转让，从土地溢价中获得利润	投入大：以前期土地成本为主	一次性回收	周期短，风险较低	初级开发，盈利相对有限
服务费	提供旅游及生活等方面的配套服务，从中获利	投入不定（视具体情况而定）	产品附加值：细水长流	风险低	盈利有限

图 21–5–7　乡村开发的盈利模式对比图

四、乡村开发的土地供给与采购

（一）国际上乡村开发的土地供给与采购的特点

国际上，土地分区和强制征购是促进旅游发展的常用方式，政府部门根据相应的土地使用法规和旅游开发详细规划，严格控制土地供给，避免投机、分割或者围圈土地的现象发生。成立专门土地利用机构解决政府与私营部门的利益冲突，并协调土地供给在服务游客与服务当地居民之间的平衡，以实现土地的高效使用和可持续发展。主要形式有：建立征购机构购买土地（最有效）；建造权限制，指定农业或环境保护用地进行建造权限制，以便未来旅游开发转化；对技术基础设施的控制（成本较低）；通过为批准项目发放财务贷款和补贴实行管制与引导（时效性）。

（二）国内乡村开发的土地供给与采购的特点

国内公共设施建设用地应统一征用，统一出让。道路用地依据具体情况可征用、租用，也可采用其他形式——公共建设用地最好采用征用方式。人文景点及主要自然景点宜征用，以利于景点保护与管理，其他区域可租用。国有土地中的河流可无偿提供于生态保护或旅游开发，其他建设用地、国有森林等可采用转包方式，允许在规定用途范围内从事经营活动。特色产业项目本身可以租赁、入股、收购等方式解决土地供给问题。主要建设管理形式有：村镇自管、管委会管理、企业代管。

五、乡村开发的产品营销

（一）品牌建设与营销

乡村开发可以通过建立品牌体系的方式来建设与营销品牌，如形成核心品牌、相应的子品牌，参考图 21–5–8 所示案例。

（二）营销平台建设

乡村开发可以通过产品展销会、旅游会展、DM 直投、高速广告、平面媒体、

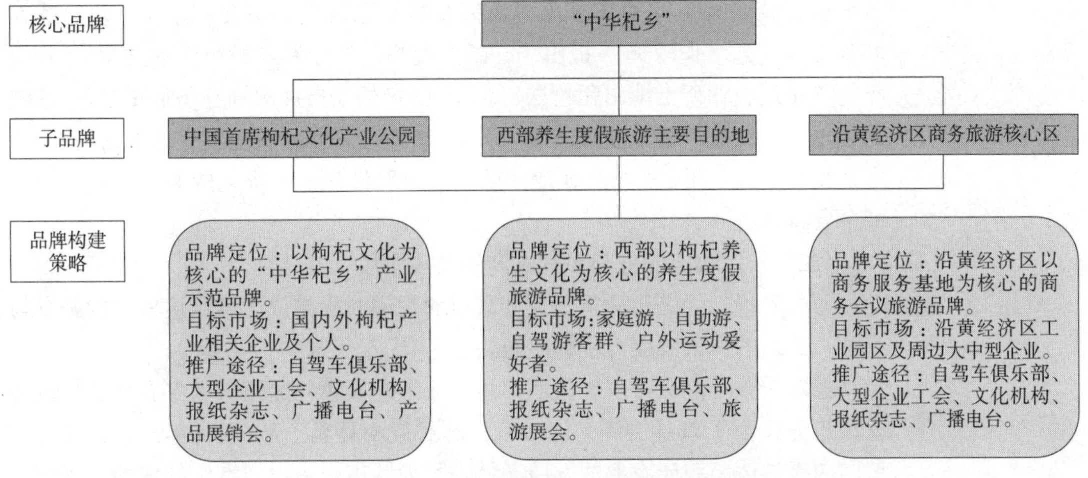

图 21–5–8　乡村开发的品牌营销案例示意

图 21–5–9　乡村开发的品牌营销平台示意

专业旅游网站、集散中心咨询点、广播广告、电视广告等多种方式对特色乡村品牌进行宣传推广（图 21–5–9）。

第六节　日本的乡村开发与案例解析

一、日本休闲农业与旅游发展概况

（一）日本休闲农业与乡村旅游发展的政策背景

日本战后工业化带来的高速城市化导致了农村的衰落，促进区域平衡一直是日本全国国土规划致力的目标，这一点在第五次全国综合国土规划中表现得尤为突出。发展绿色旅游是其中一项重要的规划措施。

相关政策有：1970年，山村振兴基本问题咨询委员会制定了“山村振兴和开发”计划；1992年，提出了“新的食品、农业和农村政策的方向”；1989年的《特定农业用土地出租付法》和1990年的《市民农场整备促进法》，使农用土地住宿设施的建立变成可能；1999年颁布《食品农业农村基本法》（新基本法），以法律的形式加以确定，规模化、现代化、市场化成为新的农业政策的主要纲领。

（二）日本休闲农业与乡村旅游的发展阶段

第一阶段：经济高速增长期，政府和民间共同推进了高级度假村的开发与经营。日本的休闲农业与乡村旅游始于1950年代末期。

第二阶段：泡沫经济破灭后，生态旅游、农事体验型休闲农业与乡村旅游发展迅速。为了改善经济泡沫带来的恶劣旅游环境，从1993年开始，在全国范围内推进休闲观光农业的发展，特别是大城市周边农村地区的水果采摘型农业园区的发展。

第三阶段：休闲农业与乡村旅游的新时期。日本城市居民的休闲生活需求在逐步增加。同时，由于城市化、工业化导致农业的萎缩，日本农业、农民也需要增进与市民的交流，加大宣传农业的生态保护、文化传承等作用。

（三）日本休闲农业与乡村旅游的运行机制与类型分析

产业集群化是日本乡村旅游可持续发展的关键。具体有观光体验型、休闲生活型、生态保健型乡村旅游发展模式。财政支持是日本乡村旅游跨越式发展的“催化剂”。农地的放松管制是日本乡村旅游可持续发展的“护身符”。从《特定农业用土地出租付法》（1989年）到《市民农场整备促进法》（1990年），农用土地住宿设施的建立变成可能。农园建设管理巧妙地把国家支农事业拨款与自我发展结合起来。

（四）日本休闲农业与乡村旅游的特点

城市与农村距离近，一日游类型的观光农业居多，过半数的农业休闲观光景点由政府机关或当地集体组织开发经营，重视当地的特色和农业的多功能性。

二、日本休闲农业与旅游发展的案例解析

（一）森林资源开发与利用型——茨城县那珂郡美和村

通过招商引资，与某著名育婴用品制造公司合作，并租借给该企业20公顷的国有用林，由企业开发管理。企业倡导“育人如育树”的理念，每年在全国募集3500名新生儿搞一次新生儿诞生植树纪念活动。这项活动的实施，为美和村的零售业以及其他服务业带来了巨大的利润。

（二）景区边缘与都市郊区型——和歌山县白滨町

和歌山县白滨町距离日本第二大城市大阪府驾车1小时的距离。早期主要依托附近的温泉、白良滨浴场、熊野古道等著名景区景点的二次客源开发民宿旅馆，以较低的价格和富有特色的旅游内容、接待设施满足游人需要，并与主要景区景点的旅游活动相互错位，成为其重要补充。白滨町抓住机遇，发挥距离大城市较近的地理优势，建立了多处农产品直销所，为城市居民提供当地新鲜、安全的农产品，显现了乡村旅游的绿色化，提高了当地农产品附加值。

（三）闲置农地开发利用型——饭田市

饭田市是位于长野县最南端的一个不足 11 万人口的中心城市。饭田市利用自然资源丰富、四季分明、环境优美、农业历史悠久、生物资源丰富的资源特点，充分发挥该市位于日本本州的中心位置、连接东西日本的区位优势，大力发展休闲农业与乡村旅游。具体措施是，首先通过发挥农业教育基地的作用吸引年轻游客群来了解农业生产，体会农村生活的乐趣，规划市民农园；吸引中老年游客群进行农业生产活动。在此基础之上，当地政府出资修建配套设施，开发滞留型市民农园，吸纳城市居民来此创业、居住，最终达到解决耕地荒废、农家住宅闲置等问题的目的。

第七节　我国台湾的乡村开发与案例解析

一、台湾观光休闲农业发展历程

（一）萌芽阶段（1960~1982 年）

1960 年代末至 1970 年代初，台湾农业由于受到快速发展工业和商业的竞争，开始步入明显的停滞、萎缩时期。为了解决农业农民问题，台湾加快农业转型，使农业从第一产业向第一、二、三产业综合发展，扩大农业经营范围，包括旅游农业、休闲农业、农业运输等。

（二）成长时期（1983~1994 年）

1970 年代末，台湾农业出现了通过开放农园供游客品尝、购买农产品的观光农园。

（三）转变时期（1994~1996 年）

1980 年代后期，观光农园向内容更丰富的休闲农业发展。目前台湾乡村旅游与休闲产业呈现多元化发展的态势，形成了乡村花园、乡村民宿、观光农园、休闲农场和市民农园、教育农园、休闲牧场等多种类，在旅游、教育、环保、医疗、经济、社会等方面发挥了重要作用，成为发展前景最好的新兴产业之一。

（四）成熟时期（1996 年至今）

1998 年，台湾休闲农业发展协会成立，1999 年 4 月 30 日颁布《休闲农业辅导管理办法》，自此，各级行政部门开始拟定相关政策及配套措施，并将休闲农业正式纳入财政预算的范畴。2000 年“农业发展条例”的修订使台湾农地流动与使用更具自由度，并放宽兴建农舍的相关规定。2001~2004 年，台湾开始推动“一乡一农业园区”的计划，休闲农业开始蓬勃发展起来。2001 年交通部门观光局发布“民宿管理办法”，指出民宿是利用空闲房间，结合当地人文、自然景观、生态、环境资源与农林渔牧生产活动的家庭副业经营。放宽兴建农舍的规定与民宿管理制度的建立，让乡村旅游的食宿问题得到切实解决，同时也增加了乡村旅游创意经营的深度与广度。

二、台湾乡村活化模式和典型村庄

（一）“一村一休闲”与“一村一品”

随着工业化、城镇化快速发展，大量农村人口尤其是青壮年劳力不断“外

流”，农村常住人口逐渐减少，很多村庄出现“人走房空”现象，并由人口空心化逐渐演化为人口、土地、产业和基础设施整体空心化。台湾“一村一休闲”通过休闲旅游业促进乡村在地产业的发展，实现“一村一休闲”与“一村一品”的共荣（图 21–7–1）。

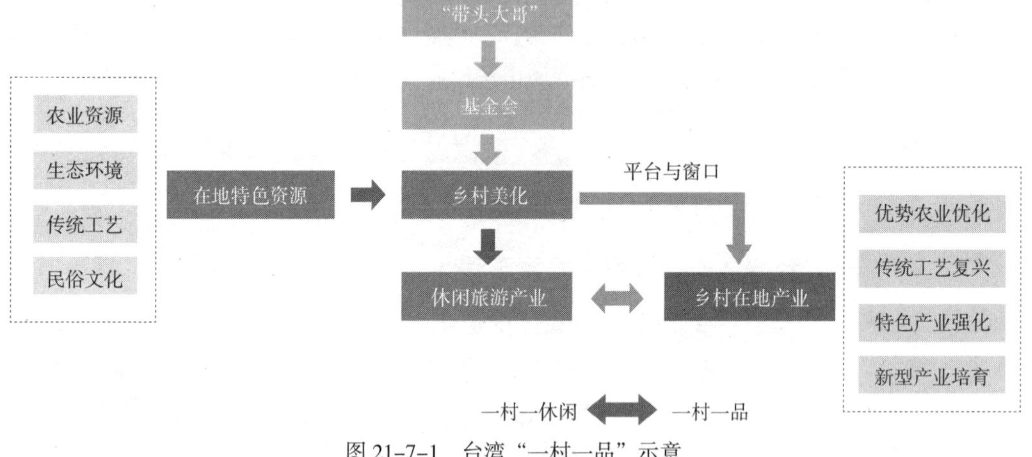

图 21-7-1　台湾“一村一品”示意

基于在地性特色资源形成的四种乡村活化模式如下。

（1）农业全息型：扎根农业，全息休闲。扎根自身独特的农业基础，打造全息化、创意化、体验化的项目，构建适合于都市人休闲的乡村独有的农业体验。

（2）生态情感型：情感导向，生态支撑。乡村仅有单纯的生态美化并不足够，尚需要挖掘生态背后的情感故事，并形成复合化的体验，去迎合都市人的情感诉求。

（3）技艺活化型：技艺活化，创意吸引。针对都市人的时尚消费之特征，对乡村传统技艺进行改造提升，让乡村本身成为传统技艺的展示窗口，同时增强乡村吸引力。

（4）文化沉浸型：深挖文化，沉浸体验。激活乡村独有的民族、民俗文化，并将乡村文化资源进行全方位、系统化的整合，带给都市人穿越式的沉浸式体验。

（二）台湾乡村活化的案例解析

（1）优势农业优化——台东池上乡

一切关于稻米，关于稻米的一切，通过“一心做好米”和“全息做体验”，完成从“冠军米的故乡”到“稻米之乡”的战略提升，反过来促进当地稻米主导产业的大发展。

（2）传统工艺复兴——嘉义板头村

利用没落的交趾陶艺术对社区进行生活化和全域化改造，重塑板头村的形象，同时，别具特色的乡村面貌打响了地方的知名度，成为交趾陶剪粘技术的展示窗口，复兴了传统工艺。最终，走出了一条“工艺为乡村换新貌，乡村为工艺树样板”的可持续之路。

（3）特色产业强化——台东布农部落

以文化旅游为先导，以加工产业为支撑，践行文化传承与经济升级兼顾的模式。社区即景点，挖掘布农族文化，营造布农族文化氛围，为都市人营造沉浸式的旅游体验。社区即工厂，打造原居住民能做的产业，与休闲旅游业深度互动，避免旅游的季节性缺陷。

（4）新型产业培育——南投桃米社区

桃米，一个把青蛙当作老板的地方。以当地特色物种青蛙为着眼点，进行情感包装和形象设计，进而美化原生生态环境，促进生态观光、生态民宿、有机农业的产业发展。

三、台湾观光休闲农业与乡村旅游的类型

（一）乡村花园

乡村花园的设计和建造盛行于英国，最初的乡村花园主要种植本土植物，且多数是可为餐桌提供食物的瓜果蔬菜类。如今的乡村花园建设已是包罗万象，摆脱了最初以实用性为主的特点。随着人们生活方式的不断变化，追求环境优美、景观独特、地域性强的乡村花园开始出现。如清境小瑞士花园位于南投县仁爱乡台 14 甲线公路清境农场旁，海拔大约有 1800 米，这里的空气清新自然，景色优美如画，兼具北欧风光，因此又有“台湾小瑞士”及“雾上桃源”之美名。

（二）乡村民宿

乡村民宿利用乡村自然环境、景观、特色文化、民俗，让人们深度地感受到民风、民俗，于优雅宁静中体验乡村生活。优雅的环境、朴素的民风民情，优美的风景和朴实亲切的主人，使乡村民俗为来自世界各地旅游者所喜爱。如台北黄金山城金瓜石则充分利用丰富的人文风情和优美的自然风景，把原先的台湾冶金矿区，如炼金厂、古烟道、废矿坑、战俘遗迹等进行合理规划开发，独特的景观吸引着无数到访的游客。

（三）休闲农场

农场原以生产蔬菜、茶或其他农作物为主，且具有生产杂异化的特性，休闲农场具有多种自然资源，如山溪、远山、水塘、多样化的景物景观、特有动物及昆虫等，活动项目更具多样性，主要包括农园体验、童玩活动、自然教室、农庄民宿、乡土民俗活动等。如清境农场位于南投县仁爱乡，全部面积逾 800 公顷，而其中的清境农场面积约有 760 公顷，坐落在群山之间，视野广阔。

（四）教育农园

利用农场环境和产业资源，将其改造成学校的户外教室，具备教学和体验活动之场所、教案和解说员。在教育农园里，各类树木、瓜果蔬菜均有标牌，还有昆虫如蝴蝶是怎样变化来的等活生生的教材。如台一教育休闲农场，位于南投县埔里镇，在场区规划设置多项深具文化教育和休闲娱乐的设施，如押花生活馆、DIY 才艺教室、亲子戏水区、浪漫花屋、可爱动物区、度假木屋、景观花桥、各类植物生态标本区等，是一处兼具农业休闲和教育的观光景点。

（五）市民农园

经营者利用都市地区及其近郊的农地划分成若干小块供市民承租耕种，以自给为目的，同时可让市民享受农耕乐趣，体验田园生活。如文山市民农园位于台北市文山区，此农地规划为市民农场，只要缴交费用，即可享受耕种的乐趣，品尝自己种的蔬菜。

四、台湾观光休闲农业与乡村旅游的经验与启示

（一）台湾乡村活化的“五个一”经验

一个“带头大哥”。带动社区复兴“造人”是乡村活化之前提。

一个基金会。启动初始，台湾有成熟的农村金融体系，加上可观的农村再生基金，保证了农村再生建设的进行。

一个独特在地资源。依此美化乡村。

一个乡村休闲旅游群落。每一个村庄本身都是一个完整的乡村休闲旅游聚落。

一个在地乡村产业。乡村发展休闲旅游，通过发展休闲旅游业来带动当地产业的复兴和发展，寻求乡村的可持续发展之道。

（二）对大陆乡村开发的启示

(1)完善的制度、法令及规范条文。台湾当局通过“休闲农业辅导管理办法”和“农业发展条例”来规范发展经营行为，涉及休闲农业和乡村旅游的规定合计约 50 部，主要分为 7 类:休闲农业类、地政类、水土保持类、环境保护类、观光游类、经营类、其他类。休闲农业和乡村旅游的规划、登记及运营均需遵循相关规定。

(2) 成熟的规划管理运作。台湾最高农业管理部门——台湾农委会对发展休闲农业极为重视，在农委会下设立休闲农业管理、辅导处和推广科，各县市也相应设立休闲农业管理、辅导机构，台湾从上到下形成了观光休闲农业的管理和辅导体系。

(3) 高质量的服务。台湾乡村旅游的成功在于在配套设施完善的同时，高质量的服务也起到了重要的作用。细节的服务最能体现旅游地的整体质量水平，台湾正是看到了这一点，在细节上给予游客最直观、完美的体验，收获了乡村旅游成功的案例。

(4) 突出农民的参与性。目前，大陆一些已经发展起来的乡村旅游地区，多是以村的形式有组织地参与发展旅游业，村委作为农民集体的代表承担了乡村旅游开发者、组织者的角色。今后还要进一步突出农民的项目参与性，积极发展“公司 + 农户”“政府 + 公司 + 旅行社 + 农村旅游协会”“农户 + 农户”“个体农庄”等农民参与的各种乡村旅游模式。

(5) 合理的区位与正确的选址。在进行项目具体选址时考虑可进入性问题和核算交通成本。对可进入性的评价取决于自然条件（植被、地形等）以及人工条件（交通方式、道路状况等）。

(6) 加大政府扶持力度。乡村游发展在很大程度上要靠政府的引导和组织协调，政府在乡村游发展过程中应充分发挥自己的作用。政府要出台相应的扶

持政策，支持乡村旅游的发展，包括在基层建立相应的专门机构，培养城市居民的乡村旅游意识，培育市场氛围，提高劳动者素质等。

第八节　田园综合体合作模式及案例解析

一、田园综合体合作模式

2017 年中央一号文件提出，建设以农民合作社为主要载体、让农民充分参与和受益，集循环农业、创意农业、农事体验于一体的田园综合体。田园综合体是以企业和地方合作的方式，在乡村社会进行大范围整体、综合的规划、开发、运营，形成的是一个新的社区与生活方式，是企业参与、农业＋文旅＋居住的综合发展模式。田园综合体依托于新田园主义，鼓励城乡互动与乡村消费创新，最终实现新型城镇化和城乡一体化的目标。田园综合体是集现代农业、休闲旅游、田园社区为一体的特色小镇和乡村综合发展模式，是在城乡一体格局下，顺应农村供给侧结构性改革、新型产业发展，结合农村产权制度改革，实现中国乡村现代化、新型城镇化、社会经济全面发展的一种可持续性模式。① 田园综合体的发展目标是村庄美、产业兴、农民富、环境优。

田园综合体模式，在开发运行上，重在确定合理的建设运营管理模式，形成健康发展的合力，政府重点负责政策引导和规划引领；企业、村集体组织、农民合作组织及其他市场主体要充分发挥在产业发展和实体运营中的作用；农民通过合作化、组织化等方式，实现收益分配、就近就业。在经营体系上，培育农业经营体系发展新动能，积极壮大新型农业经营主体实力；通过土地流转、股份合作、代耕代种、土地托管等方式促进农业适度规模经营；强化服务和利益联结，逐步将小农户生产、生活引入现代农业农村发展轨道，带动区域内农民可支配收入持续稳定增长。

二、美国农业合作社的模式

美国农业合作社的组织形式，有农业合作社、农工商联合体、联营制等；以共同销售为主，一般一个专业合作社只经营一种产品，对该产品进行深度开发。这种开发不仅包括销售，而且包括运输、储藏以及产品的初加工和深加工，充分体现了大农业产业化、现代化的特点。

美国农业合作社的运作原则包括：合作社由它的全体社员所拥有，其目的是为社员谋取共同的经济利益；合作社由社员民主管理，实行一人一票制；合作社是一种非盈利性组织，年终的盈余在扣除必要的公共提留后，按社员同合作社的业务交往量的比例返还给社员；社员要交纳或认购一定金额的合作社股金，但合作社对股金分红的比例进行限制，红利的年利率不得超过 8%；合作社主要为社员服务，对非社员的服务不得超过服务总量的 50%。

① 资料来源：https：//www.sohu.com/a/190704759_99943223。

三、田园综合体案例解析

（一）安吉鲁家村[①]

（1）发展概况

安吉“田园鲁家”是全国首批 15 个国家田园综合体试点项目。鲁家村占地 16.7 平方千米，现有人口 2200 人，其中有 610 户农户。虽然地处安吉城郊，交通便捷，但 2011 年前的鲁家村却是出了名的穷。2011 年，鲁家村启动美丽乡村建设工程。起初，村集体账户上只有 6000 块钱，背负贷款高达 150 万元。村班子通过捐款及各类项目资金凑齐了 1700 万元，用于村庄绿化与环保，以及修建道路、广场等惠民工程。为了更好地经营村庄，鲁家村引入旅游公司，共同组建经营公司，共同投资建设旅游配套基础设施，实行统一规划、统一包装、统一经营。

（2）建设模式

引入旅游公司，结合当地农场，按照“公司 + 村 + 农场”共同组建经营公司，与安吉浙北灵峰旅游有限公司共同投资成立安吉乡土农业发展有限公司、安吉浙北灵峰旅游有限公司鲁家分公司，前者负责串联游客接待场所、交通系统、风情街、18 个家庭农场等主要场所，后者利用多年经验和客源做好营销宣传。后来又成立了安吉乡土职业技能培训有限公司，为鲁家村民、村干部、创业者、就业者提供乡村旅游方面的培训。三家公司均由鲁家村集体占股 49%，旅游公司占 51%，旅游公司和村共同投资建设旅游配套基础设施，以统一规划、统一平台、统一品牌；以共建共营、共营共享、共享共赢的“三统三共”思想作为整个系统的指导。至 2016 年底，该村家庭人均年收入达到 32850 元，村集体总资产超过 1 亿元。

（3）经验总结

①利用村庄的现有资源。通过土地流转，把部分宅基地、集体建设用地、闲置土地、山林等土地资源变资本，吸引更多外来的企业工商资金进入乡村。

②产业融合创新。以打造家庭农场聚集区的理念在全村范围内建设了 18 个差异化的农场，同时关注一、二、三产的融合发展，孤立的农业种植不会提升土地的附加值，孤立的加工生产也不会提升产品的附加值。通过发展创意农业，把田园变乐园，把村庄变旅游景区，大幅提高土地收益，也让生产劳动更具乐趣、让加工生产更具体验性，随之带来产品价值的提升。

③利益分配机制合理化。鲁家村建立完整的利益分配机制，使得村集体、旅游公司、家庭农场主和村民都能从中获得相应的收益，调动了各方的积极性。合作分红机制由村集体、旅游公司、家庭农场主按照约定比例进行利益分配，村民再从村集体中享受分红。

④坚持市场导向为主体。坚持以市场为主导，以企业为主体的原则，走市场化道路，成立经营公司专注景区的管理和营销宣传。根据具体情况侧重打造其中某一项或几项功能，形成各具特色的旅游项目，从而带动整个区域的发展。通过市场化的机制让农场开发与之相适应的不同类型、不同层次、不同规模的

① 资料来源：http：//www.sohu.com/a/230665174_179557。

乡村旅游产品，各个农场内休闲项目通过有机组合而成若干条旅游线。旅游休闲项目可融合乡村观光、游乐、休闲、运动、体验、度假、会议、养老、居住等多种旅游功能，打造特有的“田园综合休闲旅游”。

（二）无锡阳山田园东方[①]

（1）发展概况

田园东方项目是由东方园林公司在无锡阳山打造的以生态农业为主体的国内首个大型田园综合体项目。田园东方位于“中国水蜜桃之乡”无锡惠山区阳山镇，打造以生态高效农业、农林乐园、园艺中心为主体的农林、旅游、度假、文化、居住综合性园区。规划总面积为433.3公顷，其中，建设用地面积为50公顷，占比11.5%。项目整体规划设计以“美丽乡村”的大环境营造为背景，以“田园生活”为目标，将田园东方与阳山的发展融为一体，贯穿生态环保的理念，是集现代农业、休闲旅游、田园社区等产业为一体的田园综合体，实现“三生”“三产”的结合与共生。

（2）建设模式

田园东方文旅板块中与清境农场合作的文化集市先建造开园，为项目的引擎产品导入客群，营造生态空间后别墅产品入市回现，也是旅游先行地产回现的开发模式。项目整体打造生态、生产、生活的“三生”产品功能，通过农业、加工业、服务业的有机结合与关联共生，实现生态农业、休闲旅游、田园居住的复合功能（图21-8-1）。

（3）经验总结

①特色产品极致化。将桃文化及农耕文化孕育于场地之中，不断深化、延伸产品内涵。

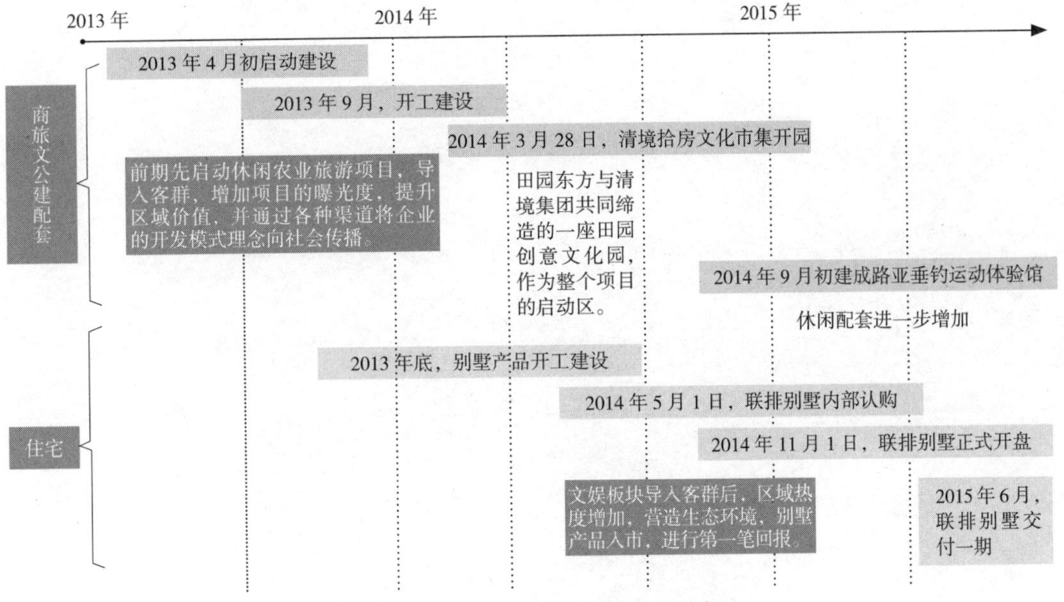

图21-8-1 无锡田园东方建设开发时序图

① 资料来源：http：//www.360doc.com/content/17/1217/02/36776596_713723851.shtml。

②三产联动化。生态空间塑造 + 文旅产业打造。

③生态可持续化。利用食物链、生态循环、垃圾回收利用、沼气等，实现农业的生态化可持续发展。

④持久运营的盈利模式。以区域开发的思路来开发，前期通过小尺度配套物业确保持久运营。首先以文旅板块顶级资源引入提升土地价值，旅游消费和住房销售同步进行的旅游 + 地产综合盈利模式。后期进行配套完善，做到良性循环可持续发展。整个项目采取开放式的运营模式。

思考题：

如何策划一个乡村地区的振兴？

参考文献：

[1] 十九大报告 [R].2017.

[2] 中共中央国务院．实施乡村振兴战略的意见 [Z].2018.

附录1　国家智慧城市（区、镇）试点指标体系（试行）

中华人民共和国住房和城乡建设部2012年发布

一级、二级、三级指标及指标说明

一级指标	二级指标	三级指标	指标说明
保障体系与基础设施	保障体系	智慧城市发展规划纲要及实施方案	指智慧城市发展规划纲要及实施方案的完整性和可行性
		组织机构	指成立专门的领导组织体系和执行机构，负责智慧城市创建工作
		政策法规	指保障智慧城市建设和运行的政策法规
		经费规划和持续保障	指智慧城市建设的经费规划和保障措施
		运行管理	指明确智慧城市的运营主体并建立运行监督体系
	网络基础设施	无线网络	指无线网络的覆盖面、速度等方面的基础条件
		宽带网络	指包括光纤在内的固定宽带接入覆盖面、接入速度等方面的基础条件
		下一代广播电视网	指下一代广播电视网络建设和使用情况
	公共平台与数据库	城市公共基础数据库	指建设城市基础空间数据库、人口基础数据库、法人基础数据库、宏观经济数据库、建筑物基础数据库等公共基础数据库
		城市公共信息平台	指建设能对城市的各类公共信息进行统一管理、交换的信息平台，满足城市各类业务和行业发展对公共信息交换和服务的需求
		信息安全	指智慧城市信息安全的保障措施和有效性
智慧建设与宜居	城市建设管理	城乡规划	指编制完整合理的城乡规划，并根据城市发展的需要，制定道路交通规划、历史文化保护规划、城市景观风貌规划等具体的专项规划，以综合指导城市建设
		数字化城市管理	指建有城市地理空间框架，并建成基于国家相关标准的数字化城市管理系统，建立完善的考核和激励机制，实现区域网格化管理
		建筑市场管理	通过制定建筑市场管理的法律法规，并利用信息化手段促进政府在建筑勘察、设计、施工、监理等环节的监督和管理能力提升
		房产管理	指通过制定和落实房产管理的有效政策，并利用信息技术手段进行房产管理，促进政府提升在住房规划、房产销售、中介服务、房产测绘等多个领域的综合管理服务能力
		园林绿化	指通过遥感等先进技术手段的应用，提升园林绿化的监测和管理水平，提升城市园林绿化水平
		历史文化保护	指通过信息技术手段的应用，促进城市历史文化的保护水平
		建筑节能	指通过信息技术手段的应用，提升城市在建筑节能监督、评价、控制和管理等方面的工作水平
		绿色建筑	指通过制定有效的政策，并结合信息技术手段的应用，提升城市在绿色建筑的建设、管理和评价等方面的水平
	城市功能提升	供水系统	指利用信息技术手段对从水源地监测到龙头水管理的整个供水过程实现实时监测管理，制定合理的信息公示制度，保障居民用水安全
		排水系统	指生活、工业污水排放，城市雨水收集、疏导等方面的排水系统设施建设情况，以及利用现代信息技术手段提升其整体功能的发展状况
		节水应用	指城市节水器具的使用和水资源的循环利用情况，以及利用现代信息技术手段提升其整体水平的发展状况

续表

一级指标	二级指标	三级指标	指标说明
智慧建设与宜居	城市功能提升	燃气系统	指城市清洁燃气使用的普及状况，以及利用现代信息技术手段提升其安全运行水平的发展状况
		垃圾分类与处理	指社区垃圾分类的普及情况及垃圾无害化处理能力，以及利用现代信息技术手段提升其整体水平的发展状况
		供热系统	指北方城市冬季供暖设施的建设情况，以及利用现代信息技术手段提升其整体水平的发展状况
		照明系统	指城市各类照明设施的覆盖面和节能自动化应用程度
		地下管线与空间综合管理	指实现城市地下管网数字化综合管理、监控，并利用三维可视化等技术手段提升管理水平
智慧管理与服务	政务服务	决策支持	指建立支撑政府决策的信息化手段和制度
		信息公开	指通过政府网站等途径，主动、及时、准确公开财政预算决算、重大建设项目批准和实施、社会公益事业建设等领域的政府信息
		网上办事	指完善政务门户网站的功能，扩大网上办事的范围，提升网上办事的效率
		政务服务体系	指各级各类政务服务平台的联接与融合，建立上下联动、层级清晰、覆盖城乡的政务服务体系
	基本公共服务	基本公共教育	指通过制定合理的教育发展规划，并利用信息技术手段提升目标人群获得基本公共教育服务的便捷度，并促进教育资源的覆盖和共享
		劳动就业服务	指通过法规和制度的不断完善，结合现代信息技术手段的应用，提升城市就业服务的管理水平，通过建立就业信息服务平台等措施提升就业信息的发布能力，加大免费就业培训的保障力度，保护劳动者合法权益
		社会保险	指通过信息技术手段的应用，在提升覆盖率的基础上，通过信息服务终端建设，提高目标人群享受基本养老保险，基本医疗保险，失业、工伤和生育保险服务的便捷程度，提升社会保险服务的质量监督水平，提高居民生活保障水平
		社会服务	指通过信息技术手段的应用，在提升覆盖率的基础上，通过信息服务终端建设，提高目标人群享受社会救助、社会福利、基本养老服务和优抚安置等服务的便捷程度，提升服务的质量监督水平，提高服务的透明度，保障社会公平
		医疗卫生	指通过信息技术手段应用，提升基本公共卫生服务的水平。通过信息化管理系统建设和终端服务，保障儿童、妇女、老人等各类人群获得满意的服务；通过建立食品药品的溯源系统等措施，保障食品药品安全供应，并促进社会舆论监督，提高服务质量监督的透明度
		公共文化体育	指通过信息技术手段应用，促进公益性文化服务的服务面，提高广播影视接入的普及率，通过信息应用终端的普及，提升各类人群获得文化内容的便捷度；提升体育设施服务的覆盖度和使用率
		残疾人服务	指在提高服务覆盖率的基础上，通过信息化、个性化应用开发，提升残疾人社会保障、基本服务的水平，提供健全的文、体、卫服务设施和丰富的服务内容
		基本住房保障	指通过信息技术手段应用，提升廉租房、公租房、棚户区改造等方面的服务水平，增强服务的便利性、提升服务的透明度
	专项应用	智能交通	指城市整体交通智慧化的建设及运行情况，包含公共交通建设、交通事故处理、电子地图应用、城市道路传感器建设和交通诱导信息应用等方面的情况
		智慧能源	指城市能源智慧化管理及利用的建设情况，包含智能表具安装、能源管理与利用、路灯智能化管理等方面的建设

续表

一级指标	二级指标	三级指标	指标说明
智慧管理与服务	专项应用	智慧环保	指城市环境、生态智慧化管理与服务的建设情况，包含空气质量监测与服务、地表水环境质量监测与服务、环境噪声监测与服务、污染源监控、城市饮用水环境等方面的建设
		智慧国土	指城市国土资源管理和服务的智慧化建设情况，包含土地利用规划实施、土地资源监测、土地利用变化监测、地籍管理等方面的建设
		智慧应急	指城市智慧应急的建设情况，包含应急救援物资建设、应急反应机制、应急响应体系、灾害预警能力、防灾减灾能力、应急指挥系统等方面的建设
		智慧安全	指城市公共安全体系智慧化建设，包含城市食品安全、药品安全、平安城市建设等建设情况
		智慧物流	指物流智慧化管理和服务的建设水平，包含物流公共服务平台、智能仓储服务、物流呼叫中心、物流溯源体系等方面的建设
		智慧社区	指社区管理和服务的数字化、便捷化、智慧化水平，包含社区服务信息推送、信息服务系统覆盖、社区传感器安装、社区运行保障等方面的建设
		智能家居	指家居安全性、便利性、舒适性、艺术性和环保节能的建设状况，包含家居智能控制，如智能家电控制、灯光控制、防盗控制和门禁控制等，家居数字化服务内容，家居设施安装等方面的建设
		智慧支付	指包含一卡通、手机支付、市民卡等智慧化支付新方式，支付终端卡设备、顾客支付服务便捷性、安全性和商家支付便捷性、安全性等方面的建设
		智能金融	指城市金融体系智慧化建设与服务，包含诚信监管体系、投融资体系、金融安全体系等方面的建设
智慧产业与经济	产业规划	产业规划	指城市产业规划制定及完成情况，围绕城市产业发展、产业转型与升级、新兴产业发展的战略性产业规划编制、规划公示及实施的情况
		创新投入	指城市创新产业投入情况，包括产业转型与升级的创新费用投入，新兴产业发展的创新投入等方面
	产业升级	产业要素聚集	指城市为产业发展、产业转型与升级而实现的产业要素聚集情况，增长情况
		传统产业改造	指在实现城市产业升级过程中，实现对传统产业的改造情况
	新兴产业发展	高新技术产业	指城市高新技术产业的服务与发展，包含支撑高新技术产业的人才环境、科研环境、金融环境及管理服务状况，高新技术产业的发展状况及在城市整体产业中的水平状况
		现代服务业	指城市现代服务业发展状况，包含现代服务业发展的政策环境、发展环境，发展水平及投入等方面
		其他新兴产业	反映城市其他新兴产业的发展及提升状况

附录2　开发策划报告——参考格式

第一章　策划对象

（描述策划对象的发展背景，如城市经济、历史文化、上位规划等中宏观情况）

（描述策划对象的基地情况，如四至范围、交通、用地、空间、景观等微观情况）

第二章　策划目标

（如策划对象的各项发展目标，社会目标、经济目标、环境目标等）

（还包括策划对象的发展定位等）

第三章　开发策划

（策划的基本原则）

（功能策划。基于功能定位，进行功能和业态策划）

（用地和空间策划。用地的规划方案）

（文化策划，或有）

（时序与行动策划。如开发时序，批租计划，租售方案等）

（形象与 LOGO 策划。用于项目展示、推广的宣传策划）

第四章　投入产出分析

（项目的投入分析，包含各个子项，并按照年份汇总；同时考虑资金来源和资金成本）

（项目的产出分析，包含各个子项，并按照年份汇总）

（项目存续期所有年份的投入产出汇总表，按照每一年的现金流量，测算静态收益率、动态收益率）

第五章　总结与评价

（对整个策划报告进行总结，对项目的经济性进行评价）

后 记

—— Afterword ——

参加本书编写的人员多为业内有多年城乡开发经验的规划、设计、管理、运营人士，简介如下：

夏南凯，同济大学建筑与城市规划学院，教授；上海同济城市规划设计研究院有限公司，资深总工，城市评估与开发研究中心，首席研究员；

周建军，浙江舟山群岛新区，总规划师，博士、教授；

侯丽，同济大学建筑与城市规划学院，教授；上海同济城市规划设计研究院有限公司城市评估与开发研究中心，主任；

崔宁，上海世博建设开发有限公司，副总经理，高级工程师，博士；

顾哲，浙江大学城市规划设计研究所，副研究员；

莫文竞，华中科技大学，博士后；

钱仁赞，上海同济城市规划设计研究院有限公司，主创规划师，国家注册城市规划师；

张剑，中国三峡集团上海勘测设计研究院有限公司，博士，工程师；

吕晓东，上海同济城市规划设计研究院有限公司，博士，高级工程师，国家注册城市规划师，主任规划师；

刘晟，同济大学建筑与城市规划学院博士生，上海市规划和自然资源局总体规划管理处，国家注册城市规划师；

燕雁，上海同济城市规划设计研究院有限公司，工程师；

张林兵，上海同济城市规划设计研究院有限公司；

郭广东，上海同济城市规划设计研究院有限公司，主任规划师，高级工程师；

夏慧怡，上海同济城市规划设计研究院有限公司城市开发与评估研究中心，研究员，全国乡村规划研究中心华东分中心，研究员，硕士，工程师；

陈红军，连为科技 CEO，上海同济城市规划设计研究院有限公司城市开发与评估研究中心，兼职研究员；

刘晓青，上海同济城市规划设计研究院有限公司，总工程师，高级工程师，国家注册城市规划师；

白涛，上海同济城市规划设计研究院有限公司，主任规划师，工程师；

匡晓明，同济大学建筑与城市规划学院，副教授；上海同济城市规划设计研究院有限公司城市设计研究院，常务副院长；城市空间与生态规划研究中心，主任；

陈君，上海同济城市规划设计研究院有限公司城市空间与生态规划研究中心，执行副主任，高级工程师；

陈敏，原上海浦东土地开发控股公司总经理，原上海陆家嘴（集团）副总经理；

苏振宇，昆明理工大学，教授级高级工程师；

刘爱萍，上海同济城市规划设计研究院有限公司，主任规划师，高级工程师，国家注册城市规划师；

任琛琛，上海北外滩（集团）有限公司，规划发展部主管，城乡规划学博士，国家注册城市规划师；

姚子刚，同济大学国家历史文化名城研究中心研究员，博士，国家注册城市规划师，华东理工大学旅游规划与会展研究所（校级）执行所长，副教授，硕士生导师；

王岱霞，浙江工业大学建筑工程学院，博士，高级工程师，国家注册城市规划师；

蒋婷婷，上海迈壹旅游咨询有限公司，总经理；

齐惠民，上海同济城市规划设计研究院有限公司。

在此对参与本书编写的单位和个人一并表示感谢！

主编　夏南凯

2019 年 2 月